データ分析のための統計学入門
OpenIntro Statistics
Fourth Edition
(原著第4版, 翻訳初版第4刷)

(著者)
David M Diez [1)]
Mine Çetinkaya-Rundel [2)]
Christopher D Barr [3)]

(訳者)
国友直人 [4)]
小暮厚之 [5)]
吉田靖 [6)]

[1)] データサイエンティスト (OpenIntro)
[2)] デューク大学准教授 (Duke University)
[3)] データサイエンティスト (Investment Analyst, Veradoro Capital)
[4)] 統計数理研究所特任教授 (Institute of Statistical Mathematics), 東京大学名誉教授
[5)] 慶応義塾大学名誉教授 (Keio University)
[6)] 東京経済大学教授 (Tokyo Keizai University)

(原著作権)
Copyright © 2019. Fourth Edition.
Updated: May 4th, 2019.

この書籍の原著 PDF は CCl(Creative Commons license) の条件下で以下より自由にダウンロード可能である. **openintro.org/os**.

目次

第1章 データ分析への誘い　8
- 1.1 事例研究：ステントにより発作を抑える? 10
- 1.2 データの形式 13
- 1.3 サンプリングの原理と方法 24
- 1.4 統計的実験 35

第2章 統計データの記述 　42
- 2.1 数値データの記述 44
- 2.2 カテゴリカル・データ 65
- 2.3 事例研究：マラリア・ワクチン 75

第3章 確率　83
- 3.1 確率を定義する 85
- 3.2 条件付き確率 99
- 3.3 有限標本からのサンプリング 115
- 3.4 確率変数 118
- 3.5 連続分布 128

第4章 確率変数の分布　134
- 4.1 正規分布 136
- 4.2 幾何分布 148
- 4.3 二項分布 153
- 4.4 負の二項分布 163
- 4.5 ポアソン分布 168

第5章 統計的推測の基本　173
- 5.1 点推定と標本による推測の変動性 175
- 5.2 比率の信頼区間 186
- 5.3 比率の仮説検定 195

第6章 カテゴリカル・データの統計的推測　213
- 6.1 母比率の推測 215
- 6.2 母比率の差 225
- 6.3 カイ二乗分布を用いた適合度検定 236
- 6.4 二元配置での独立性検定 247

第 7 章　量的データに対する推測　　256

- 7.1　1 標本の平均と t 分布 …………………………… 258
- 7.2　対応のあるデータ ………………………………… 270
- 7.3　2 つの平均の差 …………………………………… 275
- 7.4　平均の差に対する検出力の計算 ………………… 287
- 7.5　ANOVA による多くの平均の比較 ……………… 294

第 8 章　線形回帰への入門　　312

- 8.1　直線の当てはめ・残差・相関 …………………… 314
- 8.2　最小二乗回帰 ……………………………………… 327
- 8.3　線形回帰における外れ値 ………………………… 337
- 8.4　線形回帰の推測 …………………………………… 340

第 9 章　重回帰とロジスティック回帰　　350

- 9.1　重回帰への入門 …………………………………… 352
- 9.2　モデル選択 ………………………………………… 361
- 9.3　グラフを用いるモデル診断 ……………………… 367
- 9.4　重回帰のケース：マリオカート ………………… 374
- 9.5　ロジスティック回帰入門 ………………………… 380

付 録 A　解答例　　393

付 録 B　本書で利用したデータ　　410

付 録 C　分布表　　411

訳者 まえがき

本書は大学に入学して初めて統計学を学ぶ学生,大学に進学を目指す高校生,ビジネスなどの諸分野でデータ分析をしている社会人のために書かれた書籍である.2020年春になり日本をはじめとして世界中の高等教育は「新型コロナ・ウイルス」のために深刻な危機に陥った.日本の大学でもオンライン授業が開始されたが,学生にとりよりどころとなる教科書がオンラインで利用可能であることが非常に少なかった.訳者は私立大学文系における統計分野の授業のために必要に迫られ,統計学分野についてかなり探したが内容的に十分と判断した教科書は見つからず,学生諸氏に自由に利用してもらうことができなかった.

こうした中で幸いにも米国では既にOpenIntroなるNPOが配布しているOpenIntro Statistics (4th Edition)という統計学分野への入門的な教科書があることが分かった.当初は無料でpdfファイルをダウンロード可能(印刷物は有料)という手軽さに注目したが,一読してみると実データを含め非常に内容が充実していること,(既に中級の教科書を出版している翻訳者代表にとっても)日本で流布している多くの大学初級向けの教科書よりもむしろより適切であるように感じられたのである.そこでOpenIntro Statisticsの著者にメールで連絡したところ,CCl(Creative Commons license)に違反しない限り自由に活用してよいとのことであった.米国では大学で利用する教科書などの出版物の値段が高騰する中で一石を投じている高等教育における新しい流れのようである.

本書の著者はOpenIntroというNPOに属する有志のデータサイエンティスト,大学教員,投資ファンドのデータ分析家,である.残念ながら2022年1月時点において日本語では本書のようなネット上で配布されている本格的な統計学,データ科学分野での教科書は利用可能ではないようである.本書(日本語版)の出版を1つの契機として,日本においても関係するデータ分析や統計学の高等教育に関する議論が活発になることを希望する次第である.なお,幸いにもNPOの日本統計協会のご厚意により印刷物を書籍の形(有償・プリント版)で利用可能となった.教科書として利用するときの補助教材(原著・訳書に関する誤植・コメント,データ,その他)は日本統計協会のホームページ(https://www.jstat.or.jp/openstatistics/)からダウンロード可能である.なお,本書は日本における統計学教育の標準的な認定制度となっている統計検定®3級・2級(https://www.toukei-kentei.jp)の内容にほぼ対応している.

また本書は入門という性格上で内容の基礎や計算の説明が不十分と感じる諸氏には例えば「統計学」(久保川達也・国友直人,東京大学出版会),「Rによる統計データ分析入門」(小暮厚之,朝倉書店),「(応用をめざす)数理統計学」(国友直人,朝倉書店),英語なら原著などの一読を薦めておこう.

日本語版の作成は,まず第1章~第3章,第6章,第8章~第9章を国友直人,第4章~第5章を吉田靖,第7章を小暮厚之がそれぞれ担当,内容に齟齬が生じないように調整を行って最終稿を作成した.原著の誤植などは著者の了承のもとに修正したことを付け加えておく.

東京

国友直人

2022年3月

著者 まえがき

本書「データ分析のための統計学入門 (OpenIntro Statistics)」は社会における最近の課題を踏まえた統計学の学習の第一歩, 統計学のデータ分析への応用についての適切な入門, 明快かつ簡潔かつ学びやすさを目指している. 本書は主に大学生を念頭に置いて書かれているが, 場合によっては高校生, あるいは大学院生などにも適切な内容だろう. 著者は読者が統計的見方や方法の基礎を本書により理解すると共に, 次の3つの論点を理解してもらえることを希望している.

- 統計学は実際に幅広く利用されている応用分野である.
- 関心のある実際のデータを使って学ぶためには必ずしも数学の深い理解が必要というわけではない.
- 実際のデータは複雑であり, 統計学も完全ではない. しかし, 統計的分析の強みと弱みを理解することにより, 様々な世界を学ぶことに役立つ.

本書の概略

本書の各章はおおよそ次のような内容である.

1. **データ分析への誘い.** データの構造, 変数, および基本的なデータ収集の方法.
2. **データの記述.** データの要約法, グラフ, ランダム性を用いた推測の必要性.
3. **確率.** 確率の基本的原理. 本章は後の章に必ず必要というわけではない.
4. **確率分布.** 正規分布モデルと他の鍵となる確率分布.
5. **統計的推測の基本.** 点推定, 信頼区間, 仮説検定についての入門. 母集団の比推定を利用した統計的推測の一般的な考え方.
6. **カテゴリカル・データの推測.** 正規分布やカイ二乗分布を用いた比率や分割表の推測.
7. **数値データの推測.** t 分布を用いた1標本平均・2標本平均の統計的推測, さらに2つあるいは多数の群データ比較のための分散分析 (ANOVA) 法.
8. **線形回帰への入門.** 1変数を用いた数値変数の回帰. この章の大部分は第2章の後に扱うことが可能.
9. **重回帰とロジット回帰.** 複数の予測変数を用いた数値データやカテゴリカル・データの回帰分析.

学習目的により本書の内容を自由に選択したり順序付けることは可能である. 例えば主要な目的が第9章の重回帰分析をなるべく早く到達することなら, 次のように進むと良いだろう.

- 本書を通じてデータの構造とデータの記述法の入門を要約した第1章, 2.1節, および2.2節.
- 正規分布の正確な理解のための4.1節.
- 統計的推測のコアを説明した第5章.

- t 分布の基本についての 7.1 節.
- 説明変数が 1 つの単回帰の考え方と方法について第 8 章.

例題と練習問題

例題 (Examples) は統計的方法がどのように応用されるか理解を深めるために用意した.

> **例題 0.1**
> 一例を挙げる. ここでの質問への解答はどこにあるだろうか?
> ─────
> 解答はここであり, 例の解答セクションにある.

読者が例への解答に用意ができているはずと判断する場合には確認問題 (Guided Practice) に述べる.

> **確認問題 0.2**
> 読者は確認問題への解答を確かめるために脚注[1]にある解答により学ぶことができる. 読者はこの実際的な問題を解くことを強く勧める.

練習問題は各節の最後, 章末練習問題は各章の最後に与えてある. 奇数番の練習問題の解は付録 A に掲載されている.

補助教材

ビデオ収録教材, スライド, 統計ソフトラボ, 本書で利用したデータ, その他の教材は次の Web ページから利用可能である.

openintro.org/os

さらに第 4 版では本書で利用したデータについては付録 B に解説を加えた [訳注: データについては本書 Web ページにある.]. 各データ・セットについてはオンライン解説を以下の場所から利用できる: **openintro.org/data** および companion R package. Web(ウェブ) 情報を通じて誤植を含めコメントを歓迎している. 新たに見つけた誤植, これまでに分かっている誤植については次の Web(ウェブ Web 情報を参照: **openintro.org/os/typos**. 高校レベルでの統計学に関心のある人に *Advanced High School Statistics* を用意したが, これは Leah Dorazio が本書の内容を高校の授業および AP 試験 ® [訳注: 米国の AP 試験は高校・大学初級の認定試験, AP-Statistics は日本の統計検定 3 級・2 級 https://www.toukei-kentei.jp のような役割を果たしている.] のために用意したものである.

謝辞

本プロジェクトは著者リストを超えて多くの熱心な関係者の貢献なしには実現できなかっただろう. 著者は OpenIntro のスタッフに感謝したい. さらに 2009 年に本書を掲示して以来, 価値あるフィードバックを提供してくれた多くの学生や教員にも感謝する. また本書をレビューしてくれた教員, Laura Acion, Matthew E. Aiello-Lammens, Jonathan Akin, Stacey C. Behrensmeyer, Juan Gomez, Jo Hardin, Nicholas Horton, Danish Khan, Peter H.M. Klaren, Jesse Mostipak, Jon C. New, Mario Orsi, Steve Phelps, David Rockoff の諸氏に感謝する. これらの人々からのフィードバックにより様々な形で本書の内容を改善することができた.

---
[1] 確認問題 (Guided Practice) は思考の柔軟性を養うためのもので, 脚注にある解答により内容を確認できる.

第1章

データ分析への誘い

1.1 事例研究：ステントにより発作を抑える？

1.2 データの形式

1.3 サンプリングの原理と方法

1.4 統計的実験

科学者は厳密な方法および注意深い観察値をもとにして疑問に答えようとしている．ここで観測値とはフィールド調査メモ，調査，実験などから集められるが，統計的データ分析の鍵，**データ (Data)** と呼ばれる．統計学はどのようにデータを集め，データ分析を行い，結論が得られるか，研究する分野である．第 1 章ではまずデータの性質とデータの収集に焦点をあてよう．

日本語版の参考資料は https://www.jstat.or.jp/openstatistics/ (日本統計協会) を訪問されたい．
原著の資料は以下にある．www.openintro.org/os

1.1 事例研究：ステントにより発作を抑える？

1.1 節では統計学における古典的な課題，医療での治療効果の評価を例として説明しよう．この節およびこの章でよく利用する用語は後にもたびたび登場するが，本節の目的は統計的分析が実際問題の解決に大きな役割を演じることを理解してもらうためである．

この節では心臓発作のリスクを抑えるために患者に行われているステント処置の脳梗塞の発作 (stroke) への効果を検討した実験データを考察する．ステント (stents) は血管内に挿入して心臓発作からの回復を助け，更なる発作や死亡するリスクを抑制するための人工的装置である．多くの医師は発作のリスクがある患者に治療効果があると期待していた．そこで何人かの医師により治療効果があるとの期待のもとに研究が行われた．

ステント (stents) 利用により発作リスクを下げられるだろう？

この課題に答えるために行われたある研究では 451 名のリスクを持つ患者を対象に実験が行われたが，ボランティアの患者はランダムに次の 2 つのグループに振り分けられた．

処理群 (treatment group)．処理群の患者はステント治療および医療サービスを受けた．この医療サービスには薬，リスク要因の管理，ライフスタイルの管理などが含まれていた．

対照群 (control group)．対照群の患者は処理群の患者と同様の医療サービスを受けたが，ステント治療は受けなかった．

このように研究者は 224 名の患者を処理群，227 名を対照群に振り分けたが，この研究では対照群が処理群におけるステント治療の医学的インパクトを測ることができる比較点を提供してくれた．ステント治療の効果は 2 時点，開始から 30 日間と 365 日に検証された．例えばその中の 5 名の患者については図表 1.1 に要約されている．患者の状態は脳梗塞の発作 (stroke)，発作なし (no event) に分類，一定期間内で発作が起きたか否かを表している．

患者	群 (group)	0-30 日	0-365 日
1	処理 (treatment)	発作なし	発作なし
2	処理 (treatment)	発作	発作
3	処理 (treatment)	発作なし	発作なし
⋮	⋮	⋮	
450	対照 (control)	発作なし	発作なし
451	対照 (control)	発作なし	発作なし

図表 1.1: ステント研究の患者 5 名の例示

各患者から得られる個別のデータを調べることから最初の課題に対する回答を得るのは長く面倒な作業である．ここで統計的なデータ分析を行うことにより，すべてのデータを同時に考察することができる．図表 1.2 はより理解可能な形でデータを要約したものである．例えば処理群において 30 日以内に発作を経験した患者の数は処理群・発作の 33 を見ればよい．

1.1. 事例研究：ステントにより発作を抑える？

	0-30 日		0-365 日	
	発作	発作なし	発作	発作なし
処理群	33	191	45	179
対照群	13	214	28	199
合計	46	405	73	378

図表 1.2: ステント研究の記述統計.

確認問題 1.1
処理群の 224 人の内最初の 1 年以内に 45 名の患者が発作を経験した．この数字から処理群の患者の中で 1 年以内に発作を起こした割合を計算しなさい[1]．(**注意**：本文中の確認問題への解答は注に与えられている．)

図表から統計量が求められるが，要約統計量 (summary statistic) は多くのデータを要約している．例えば研究での 1 年後の患者についての主要な結果は 2 つの数値，処理群と対照群における発作経験の割合を見ればよいだろう．

処理群 (ステント) 内で発作を経験した患者の割合: $45/224 = 0.20 = 20\%$.

対照群内で発作を経験した割合: $28/227 = 0.12 = 12\%$.

この数値は群間の差を理解する上で有用であり，処理群の患者 8%は追加的に発作を経験している！これには 2 つの重要な意味がある．第 1 に医師が期待していたこと，ステントは発作の可能性を少なくするだろうという予見に反している．第 2 に，統計的な疑問，このデータは 2 つの群間の**本当の差**を示していると言えるか，である．

2 番目の疑問は微妙と言えるだろう．例えばコイン投げを 100 回行ってみよう．コイン面が表の可能性が 50%であっても，多分だが表が正確に 50 回だけは観察されないだろう．こうした変動はデータを発生させているほとんどすべての場合にあてはまる．すなわちステント研究における 8%の差はこうした自然的な変動であるかもしれない．しかしながら，データ数に対して観察される差が大きければ大きいほど，その差が単なる偶然によるとは信じられなくなる．そこで次のような疑問が生じる：この差は大きいので偶然生じたという考えを棄却すべきだろうか．

この疑問に正確に答える統計的準備はまだできていないが，公表された研究の結論：この患者の研究はステント治療には危険性がある証拠となることを理解はできるだろう．

(注意事項) この研究の結果を患者全体についてのステント治療の全体に一般化してはならないことに注意しておく．この研究は自主的に参加した特定の患者についての結果であり，すべての患者についての結果というわけではない．また医療現場では様々な種類のステントが使われているが，ここでの研究は自己拡張型 (self-expanding)Wingspan ステント (Boston Scientific 社) という特定の機器についてのものである．ただしこの研究は重要な教訓，すなわち予断を持たずに結果に臨むべきことを示唆している．

---

[1] 患者 224 人の中で 365 日内に発作が起きた患者の割合：$45/224 = 0.20$ となる．[訳注：本書ではしばしば等号を四捨五入された数値でも用いる．]

練習問題

1.1 片頭痛と針治療, パート I. 片頭痛に対する針治療の効果を測定するあるランダム化実験が行われた. この統計的実験では 89 名の女性患者をランダムに処理群と対照群に振り分け, 43 名を処理群として針治療が行われ, 対照群の 46 名を対照群としてプラセボ (偽薬, この場合は間違った場所への針治療) が用いられた. 針治療の 24 時間後に片頭痛から解放されたか否かを問診されたが, 結果は次表に要約されている[2].

		痛みの除去		全体
		はい	いいえ	
患者	処理群	10	33	43
	対照群	2	44	46
	合計	12	77	89

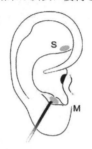

原論文から転載した図は片頭痛に対する適切な針治療の位置 (M) および不適切な針治療の位置 (S) を示している.

(a) 処理群の患者で針治療を受けた後, 24 時間に痛みから解放されたパーセントを求めよ.
(b) 対照群の患者で痛みから解放されたパーセントを求めよ.
(c) 針治療を受けて 24 時間後にどちらの群の患者がより痛みから解放されただろうか.
(d) この結果は片頭痛に苦しんでいるすべての患者にとり針治療が効果的であることを示唆しているだろうか. なおこの結論は観察事実に基づいた唯一の結論とは限らないだろう. 2 つの群に分けた患者への針治療による 24 時間後の効果の差についてどのような解釈が可能だろうか.

1.2 副鼻腔炎と抗生物質, パート I. 急性副鼻腔炎 (ふくびくうえん) に対する抗生物質治療として対象薬治療 (symptomatic treatments) の比較実験が行われた. 166 人の大人に対しランダムに 10 日間のアモキシリン (amoxicillin) の投与, 見た目や味が抗生物質に似ているプラセボ投与により患者を処理群と対照群のどちらかにランダムに割り付けて調べた. プラセボ群には薬アセタミノフォン (acetaminophen) や鼻炎薬 (nasal decongestants) などが用いられた. 10 日後に患者は症状の改善が見られたか否か問診されたが, 患者の反応は以下のようにまとめられている[3].

		改善 (自己申告) 症状		全体
		はい	いいえ	
患者	処理群	66	19	85
	対照群	65	16	81
	合計	131	35	166

(a) 処理群の患者で症状が改善したパーセントを求めよ.
(b) 対照群の患者で症状が改善したパーセントを求めよ.
(c) どちらの群の患者がより多く改善が見られただろうか.
(d) ここでの観察結果は鼻炎の症状を改善するために抗生物質とプラセボの効果の真の差を表しているとすると, その結論は観察結果から導かれる唯一の結論とは限らない. 鼻炎の症状を改善した抗生物質による処理群と対照群の患者の改善した割合についての観察された差を説明できる可能な他の案があるだろうか.

---

[2] G. Allais et al. "Ear acupuncture in the treatment of migraine attacks: a randomized trial on the efficacy of appropriate versus inappropriate acupoints". In: *Neurological Sci.* 32.1 (2011), pp. 173–175.

[3] J.M. Garbutt et al. "Amoxicillin for Acute Rhinosinusitis: A Randomized Controlled Trial". In: *JAMA: The Journal of the American Medical Association* 307.7 (2012), pp. 685–692.

1.2 データの形式

データを効果的に要約, 記述することは多くのデータ分析の第一歩である. この節では**データ行列** (data matrix) および本書で扱われるデータの要約, 様々な形式のデータ記述の基本的方法を導入する.

1.2.1 観測値・変数・データ行列

図表 1.3 はある融資仲介サービス (peer-to-peer lending, ソーシャル・レンディング, 一種の貸付組合) により提供されたデータから, ランダムに抽出された 50 ケースのデータをそれぞれ 1, 2, 3,...,50 行目に示している. 図表の各行はある資金貸付 (ローン) を示している. 各行の名前はある事例 (ケース), **観測単位**である. 各列は各ローンについての**変数 (variables)** と呼ばれる特性値を表している. 例えば第 1 行は 7,500 ドルのローン, 金利は 7.34%, 借り手の所在はメリーランド州 (Maryland, MD), 個人所得は 70,000 ドルである.

> **確認問題 1.2**
> 図表 1.3 の第 1 行の等級 (grade) とは何だろうか, また最初の借り手の住居の所有状態は何だろうか? こうした疑問についての解答は脚注に与えてあるので確認してみよう[4].

ここでデータが含む重要な側面を明らかにするためには疑問を抱くことが重要である. 例えば各変数が何を意味しているか, 計測の単位は何か, 確認しておくことが必要である. ここでは図表 1.4 により変数の内容を説明しておこう.

	loan_amount	interest_rate	term	grade	state	total_income	homeownership
1	7500	7.34	36	A	MD	70000	借家
2	25000	9.43	60	B	OH	254000	モーゲージ
3	14500	6.08	36	A	MO	80000	モーゲージ
⋮	⋮	⋮	⋮	⋮	⋮	⋮	⋮
50	3000	7.96	36	A	CA	34000	借家

図表 1.3: データ loan50 のデータ行列から 5 列.

変数 (variable)	説明
loan_amount	貸付金額 (ローン金額, US ドル).
interest_rate	ローンの金利 (年率).
term	ローンの期間 (月数で計算).
grade	ローンの等級, A-G のどれかに分類, ローンの質と返済の可能性を表す.
state	借り手が居住する US 州.
total_income	借り手の総所得, 副業からの所得を含み US ドルで表示.
homeownership	自宅, モーゲージ (抵当権付きの自宅), あるいは借家を示す指標.

図表 1.4: データ loan50 における変数と内容.

図表 1.3 のデータ形式は**データ行列** (data matrix) と呼ばれているが, スプレッド・シートで収集されているときにはデータを表現する便利で一般的な方法である. データ行列の各行は事例 (観測単位), 各列は各変数の観測値に対応している.

データを記録する場合には他の形式を使いたい理由がない限り, データ行列を使うべきである. この形式なら新しい観測値は 1 行を加える, 新たな変数は 1 列を加えるだけでよい.

---
[4] ローンの等級は A, 借り手の住居は借家である.

確認問題 1.3

授業の課題, クイズ, 試験などの成績はしばしばデータ行列の成績表に記録される. それではどのようにデータ行列を使って成績をつけるだろうか[5].

確認問題 1.4

米国内 3,142 の郡 (counties) データを考察するが, 郡の名前, 属する州, 2017 年の人口, 2010 年-2017 年の人口変化, 貧困率, その他 6 個の特性値が得られる. ではデータ行列はどう作れるだろうか[6].

　　確認問題 1.4 で説明しているデータは郡データを表し, 図表 1.5 のデータ行列を示している. 変数は図表 1.6 で説明されている.

---

[5] 例えば次のような方法がある. 各学生に各行を割り当て, 課題, クイズ, 試験を行う度に列を付け加えていく. この方法ならある学生の評価履歴が一行で分かる. また各列に学生の名前などの情報をつけることも容易となる.

[6] 各郡を 1 ケースと見て 11 の属性情報を記入する. 3,142 行 11 列の表によりデータが表現され, 各行には郡, 各列には郡の情報が示される.

1.2. データの形式

	name	state	pop	pop_change	poverty	homeownership	multi_unit	unemp_rate	metro	median_edu	median_hh_income
1	Autauga	Alabama	55504	1.48	13.7	77.5	7.2	3.86	yes	some_college	55317
2	Baldwin	Alabama	212628	9.19	11.8	76.7	22.6	3.99	yes	some_college	52562
3	Barbour	Alabama	25270	-6.22	27.2	68.0	11.1	5.90	no	hs_diploma	33368
4	Bibb	Alabama	22668	0.73	15.2	82.9	6.6	4.39	yes	hs_diploma	43404
5	Blount	Alabama	58013	0.68	15.6	82.0	3.7	4.02	yes	hs_diploma	47412
6	Bullock	Alabama	10309	-2.28	28.5	76.9	9.9	4.93	no	hs_diploma	29655
7	Butler	Alabama	19825	-2.69	24.4	69.0	13.7	5.49	no	hs_diploma	36326
8	Calhoun	Alabama	114728	-1.51	18.6	70.7	14.3	4.93	yes	some_college	43686
9	Chambers	Alabama	33713	-1.20	18.8	71.4	8.7	4.08	no	hs_diploma	37342
10	Cherokee	Alabama	25857	-0.60	16.1	77.5	4.3	4.05	no	hs_diploma	40041
⋮	⋮	⋮	⋮	⋮	⋮	⋮	⋮	⋮	⋮	⋮	⋮
3142	Weston	Wyoming	6927	-2.93	14.4	77.9	6.5	3.98	no	some_college	59605

図表 1.5: データ county からの抜粋

変数	説明
name	郡名 (county name).
state	郡が属する州またはコロンビア特別区.
pop	2017 年の人口.
pop_change	2010 年から 2017 年にかけての人口の変化率. 例えば最初の列 1.48 は 2010 年から 2017 年にかけて人口が 1.48% 増加を示している.
poverty	人口に占める貧困層の割合.
homeownership	人口に占める自宅所有あるいは同居者 (持ち家の親と同居の子供).
multi_unit	多重構造住居, アパートに居住している割合.
unemp_rate	失業率.
metro	郡が都市部を含むか否か.
median_edu	教育の中位レベル (高校以下, 高卒, 大学, 大卒: それぞれ below_hs, hs_diploma, some_college, bachelors).
median_hh_income	郡における家計所得の中位数. ただし家計における 15 歳以上の構成員の総所得.

図表 1.6: データ county の変数と説明.

1.2.2 変数のタイプ

ここでデータ county における失業率, 人口, 州, 中位教育水準を見てみよう. これらの変数はそれぞれ他とは異なる特徴があるが, 幾つかの共通の特質も備えている.

第 1 に, 失業率 (変数 unemp_rate) は様々な値を取り得る数値変数 (numerical) と呼ばれるが, 互いに足したり, 引いたり, 平均を取ることに意味がある変数である. 他方, 電話番号コードは数値とは呼ばないが, これは幾つかのコード番号を足したり, 和をとったり, 差をとることの意味がはっきりしないからである. 変数 pop は数値変数であるが, 失業率とは少し意味が異なる. 人口を表すこの変数は非負整数 0,1,2,... の値をとる. このことから人口変数は**離散的** (discrete) と呼ばれるが, 数値としては実数ではなくとびとびの値をとる, これに対して失業率は**連続的** (continuous) と呼ばれる. 変数 state はワシントン DC を除けば 51 個の値をとり, アラバマ州 (AL), アーカンソー州 (AK), ワイオミング州 (WY) などである. ここでの変数は幾つかの分類 (カテゴリー) の値をとるので変数 state はカテゴリカル (categorical, 非数値, 質的) 変数と呼び, 取りうる可能な値を水準 (levels) と言う. 最後に教育中位水準を取り上げると, これは郡の居住者の中位教育水準を示し, 高校以下 (below-hs), 高卒 (hs-diploma), 大学進学 (some-college), 大卒 (bachelors) などの値をとる. この変数は一種のハイブリッド, カテゴリカル変数ではあるが順序付けられている. こうした性質を持つ変数は順序的 (ordinal) と呼ばれ, 順序に意味を持たないカテゴリカル変数を名目的 (nominal) と呼ぶ. データ分析を簡単化するために本書では名目的変数は名目的 (順序付けられない) カテゴリカル変数とする.

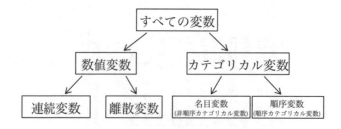

図表 1.7: 変数タイプの分類.

1.2. データの形式

例題 1.5

ある統計学の講義を聴講している学生のデータである．各学生について兄弟・姉妹，身長，既に統計学のコースを履修したかどうか，という変数の値が記録されている．この変数を連続型数値，離散型数値，カテゴリカル型に分類しなさい．

兄弟・姉妹の身長は数値変数である．兄弟・姉妹の数は正整数なので離散型である．身長は連続的に変化するので連続型である．最後の変数は 2 つのカテゴリー値をとる変数，既に統計学の講義を履修したか否かであるから，カテゴリカル変数である．

確認問題 1.6

片頭痛 (migraines) への新しい治療薬の効果を測定する実験を考えよう．実験変数として各患者のグループ分け，処理群と対照群を用いる．変数 num-migraines は 3 か月に患者が経験する片頭痛の回数を表すとする．この変数は数値変数，あるいはカテゴリカル変数だろうか[7]．

1.2.3 変数間の関係

多くの研究者は 2 つ，あるいはそれ以上の変数間の関係を求めて研究を行っている．例えばある社会科学者は次のような疑問に対する答えを探しているとしよう．

(1) ある郡の住宅保有が全国平均より低ければ，その郡の多層住宅 (multi-unit structures) の居住率は全国平均より高い，あるいは低い傾向があるだろうか．
(2) 人口増加が平均より多い郡の中位家計所得は他の郡より高い (あるいは低い) 傾向があるだろうか．
(3) 米国の郡データでは家計の中位所得は中位の教育水準の予測量として役に立つだろうか．

このような疑問に答えるために図表 1.5 で示すようなデータ *county* を集める必要がある．このデータの要約統計量は郡に関する 3 つの疑問へ鍵を与えてくれる．またグラフはデータを視覚的に表現してくれる．散布図 (scatterplot) はグラフの一種であるが 2 つの数値変数の関係を研究するために用いられる．図表 1.8 は自宅保有とアパート居住・多層構造 (つまりアパートやコンドミニアム) 居住を比較したものである．図表の中の各点は各郡を示している．例えばハイライトされている 1 点は郡データの郡 413：ジョージア州のチャタフーチ (Chattahoochee) 郡では多層構造 39.4%，自宅所有 31.3% である．この散布図は 2 つの変数の間の関係，多層構造住居が多ければ自宅所有は低いことを示している．この関係はなぜなのか，その理由を挙げてそれぞれ最も妥当な説明を考察してみると良いだろう．

この散布図には明確なパターンがあるので多層構造住居率と自宅保有率は関連している．2 つの変数が互いに関連しているとき，変数を関連 (associated) 変数と呼ぼう．関連する変数は互いに従属 (dependent) 変数とも呼ばれる．[**訳注**：日本語ではしばしば相関があると呼ばれる．]

---

[7] 実験グループを示す変数は 2 値の内 1 つをとるのでカテゴリカル変数である．変数 num-migraines は片頭痛の回数を示しているので離散数値変数である．

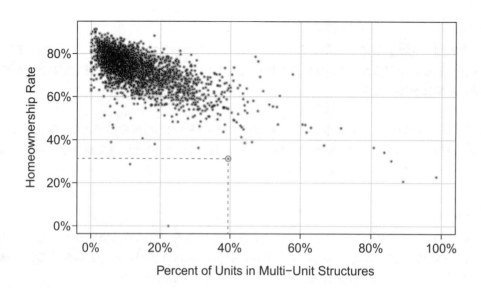

図表 1.8: 郡における自宅保有と多層構造住居率の散布図 (点はジョージア州のチャタフーチ郡, 多層率 39.4%と自宅保有率 31.3%, を示す).

確認問題 1.7
図表 1.4 で説明されているデータ *loan50* の変数を調べてみよう．このデータの中で関心のありそうな変数間における関係について課題を設定してみよう[8]．

例題 1.8
図表 1.9 の散布図にある郡の人口の 2010 年から 2017 年への変化と家計所得の中位数 (中央値, Median) との関係を調べると, これらの変数に関係があるだろうか．

郡の家計所得の中位数が高ければ郡で観察される人口成長が高い．この関係はすべての郡について正しいとは言えないが, こうした傾向にあるのは図表から確かである．したがってこれらの変数には何らかの関係があり変数は関連 (associated) している．

　図表 1.8 には負のトレンドがあり, 多層構造住居が多ければ自宅保有は少ない傾向, 負の関係 (negative association) がある．正の関係 (positive association) の例は図表 1.9 に見られる中位所得と人口変化, 中位所得が多ければ人口増加が大きい, などである．2 つの変数に関連がなければ独立 (independent) と呼ばれる．つまり 2 つの変数間に明らかな関係を見いだせなければ独立と呼ばれる．

関連しているか, あるいは独立か, 並立はあり得ない
2 つの変数は何らかの意味で関連している (associated) 場合は独立ではなく, 同時に関連してかつ 独立 となることはない．

---

[8] 2 つの疑問 (1) ローン金額と総所得の関係はないか．(2) 平均所得より上であれば金利はより高い, あるいは低いか．

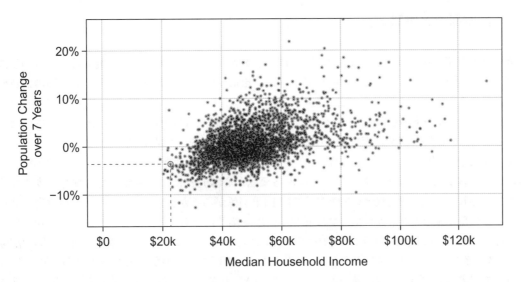

図表 1.9: 散布図 (人口変化と中位家計所得): 印のある観測点はケンタッキー州オスレー (Owsley) 郡, 2010 年から 2017 年に 3.63%人口減少, 中位家計所得は 22,736 ドル).

1.2.4 説明変数と目的変数

2 つの変数間の関係を調べるとき, ある変数の変化が他の変数の変化を引き起こすか否か, 知りたいことがある. 例えばデータ *county* について幾つかの疑問を既に述べた.

ある郡の家計所得の中位数の増加は人口増加につながるだろうか？

この疑問はある変数が別の変数に影響するか否かを訪ねていることを意味する. こう理解すると, 仮説的関係において中位家計所得は説明変数, 人口変化は反応変数 (あるいは目的変数) となる[9].

説明変数と目的変数

ここである変数が別の変数に因果的な意味で影響すると考えられる場合に, 最初の変数を説明変数, 他の変数を目的変数と呼ぶ.

$$\text{説明変数} \xrightarrow{\text{影響する(可能性)}} \text{目的変数}$$

多くの 2 つの変数の組について, 特に仮説的にも関係が考えられない場合にはこうした用語を用いることはない.

なお注意点としては, このように変数を呼ぶからと言って, 因果的な関係があることを保証するものではないことである. ある変数が他の変数の変化の原因となることを正しい評価を行うには, 後述する (統計的) 実験を行う必要がある.

---

[9] しばしば説明変数は**独立変数**, 目的変数は**従属変数**, **被説明変数**と呼ばれている. なお本書では, どちらの変数も独立変数, 従属変数になりうるので議論を混乱させないためにこの用語は用いない.

1.2.5 観察研究と実験研究

統計データの収集方法には2つの主なタイプ, 観察研究と統計的実験がある. 研究者はデータの生成に自ら直接的に関与できないときには観察研究 (observational study) を行う. 例えばある種の病気がどのように起きるかについて仮説を立てるために, 多くの個人について調査, 医療・会社の記録を辿り, あるいは, 属するコホート (cohort) を調べる. この場合には研究者は実際に発生したデータを観察するだけである. 一般に観察研究は変数間に関連があることの証拠を示すだけである.

　研究者が因果的関係の可能性を調べたいときには, (統計的) 実験 (experiment) を行うが, 通常は変数には説明変数と目的変数がある. 例えばある薬品が心臓発作による翌年の死亡率を減少させる可能性があるとしよう. 説明変数と目的変数の間に因果関係があるか否かを調べるには, 研究者は個体を集めて2つの群に振り分け, 各グループに異なる処理を割り付ける. 個体はランダムに幾つかの群に割り付けられる場合, この実験はランダム化実験 (randomized experiment) と呼ぶ. 例えば薬効試験の場合, 患者はランダムに割り付けられるが, 多分, コイン投げで2つの群のどちらかに振り分けられる. 最初の群の患者にはプラセボ (偽薬, placebo), 第2の群の患者には薬が与えられる. なお, 1.1節では統計的実験例を挙げたが, プラセボは用いられてはいない.

関連性 (ASSOCIATION) ≠ 因果 (CAUSATION)
　一般に関連性 (あるいは相関) は因果性を意味せず, 因果関係はランダム化実験により推測される.

1.2. データの形式   21

練習問題

1.3 大気汚染と出産, 研究例. ある研究者グループは南カリフォルニアでデータを集め, 大気汚染物質と早産の関係を調べた. 期間中の空気汚染水準は空気モニタリング所で観測, 一酸化炭素 (carbon monoxide) は 100 万分の 1 単位, 二酸化窒素 (nitrogen dioxide) とオゾンは 1 億分の 1 単位 (PPM), 粒子状浮遊物質 (PM_{10}) の単位は $\mu g/m^3$(マイクログラム) で記録されている. 出産データは 1989 年-1993 年間の 143,196 件が集められ, 各出産における大気汚染への露出度が計算された. データ分析によれば, PM_{10} 環境が悪化, より少ない影響ではあるが CO 濃度が早産の頻度と関係があるとのことだった[10].

(a) 研究の主要な課題を述べなさい.
(b) 誰が研究対象, 関わっているのは何人だろう.
(c) 研究における変数は何だろうか. 変数は数値変数, あるいはカテゴリカル変数だろうか. 数値変数なら離散型, あるいは連続型だろうか. またカテゴリカル変数なら順序変数だろうか.

1.4 ブチェンコ法, 研究例. ブチェンコ法とは 1952 年にロシアの医師コンスタンチン・ブチェンコ (Konstantin Buteyko) により開発された呼吸法である. 言い伝えではこの方法により喘息症状をやわらげ, 生活の質を向上させると言われていた. この治療法の効果についてある科学的研究では研究者が 18 歳-69 歳間の 600 名の治療を受けている喘息患者に協力を依頼した. 患者を処理群と対照群の 2 群にランダムに割り付け, 処理群の患者にブチェンコ治療を行った. 参加者は生活の質, 喘息の症状, 投薬量の削減を 0-10 のスケールで点をつけたが, 平均的にはブチェンコ法で治療した患者は喘息の症状と生活の質においてかなりの改善が見られた[11].

(a) この研究の主要な課題を述べなさい.
(b) この研究の対象はどういう人々で幾人が関係するだろうか.
(c) 研究での変数は何だろうか, 各変数は数値変数, カテゴリカル変数, のどちらだろうか. 数値変数の場合, 離散変数, 連続変数のどちらだろうか. カテゴリカル変数の場合, 順序変数だろうか.

1.5 うその研究例. ある研究者が正直, 年齢, 自己抑制などの関係に関心があり 5 歳～15 歳間の 160 名の子供を対象に実験を行った. 参加者はまず年齢, 性別, 1 人っ子か否か, を報告した. 次にコイン投げを各人で行ってもらい, 紙に裏か表を記録, 報告してもらうが, 表と報告した者にのみ褒美を与えるとあらかじめ説明しておいた[12].

(a) 研究の課題を述べよ.
(b) この研究の対象は誰で何人が関係するだろうか.
(c) 研究結果は次のようにまとめられた. 「半分の生徒はずるをしないように言われ, 半分は何も言われない, とする. 何の指示もない生徒のグループは生徒の分類に関わらずうそを言う確率は一様であった. うそを言わないように言われた生徒のグループでは女子生徒はよりうそをつかないが, 男子生徒ではうそをつく傾向があり, これは年齢に依存しなかった.」この研究ではこうした発見を導くため幾つの変数が記録されただろうか. 変数名とそのタイプを述べよ.

1.6 ごまかしの研究例. 社会・経済的階層と非倫理的行動の関係を調べるため, カリフォルニア大学バークレー校の 129 名の学生は各々他の学生と比べて金銭, 教育, 尊敬できる仕事について, 自分が低クラス, 高クラスのどちらかに属するか, を聞かれた. 次に 1 つ 1 つ包まれた箱を示され, 研究室近くの子供のために用意されたキャンデーだが欲しければ幾つか食べてもよいと言われた. さらに全く関係がない作業を行った後に食べたキャンデーの数を報告させた[13].

(a) この研究の主な課題を述べなさい.
(b) 研究の対象には何名が関わっているか.
(c) この研究では自分を高クラスと見なす学生がより多くのキャンディを食べたことが分かった. 研究結果を結論付けるために各対象者について記録した変数は幾つあるだろうか, 変数とそのタイプを述べなさい.

1.7 片頭痛と針治療, パート II. 練習問題 1.1 では針治療が片頭痛に有効か否かの研究について議論した. 研究者はランダム化比較研究を行い, 患者を 2 つの群, 処理群と対照群にランダムに割り付けた. 処理群の患者は片頭痛のために特に準備された針治療を受けたが, 対照群の患者は偽治療 (プラセボ) としてツボではない場所に針治療を行った. 実験では治療を行い 24 時間後に患者は痛みが和らいだか否かを聞いた. この研究では何が説明変数, 目的変数だろうか.

1.8 不整脈と抗生物質, パート II. 練習問題 1.2 では急性の不整脈への抗生物質による治療効果に関する研究を議論した. 研究プロジェクトの参加者は 10 日の抗生物質 (処理) の投与, あるいは薬に外見と味が似た偽薬の投与

---

[10] B. Ritz et al. "Effect of air pollution on preterm birth among children born in Southern California between 1989 and 1993". In: *Epidemiology* 11.5 (2000), pp. 502–511.

[11] J. McGowan. "Health Education: Does the Buteyko Institute Method make a difference?" In: *Thorax* 58 (2003).

[12] Alessandro Bucciol and Marco Piovesan. "Luck or cheating? A field experiment on honesty with children". In: *Journal of Economic Psychology* 32.1 (2011), pp. 73–78.

[13] P.K. Piff et al. "Higher social class predicts increased unethical behavior". In: *Proceedings of the National Academy of Sciences* (2012).

を受けた．10 日の治療期間の後，患者は症状の改善があったか否か質問を受けた．この研究における説明変数と目的変数は何だろうか．

1.9 フィッシャーのアイリス・データ． ロナルド・フィッシャー卿は英国の統計家，生物学者，遺伝学者であったが 3 種類のアイリス (あやめ, *setosa, versicolor, virginica*) のがくの長さと深さ，花びらの長さと深さを含むデータを分析した．データ・セットには各種類の 50 個の花が含まれていた[14]．

Ryan Claussen 氏の写真
(http://flic.kr/p/6QTcuX)
CC BY-SA 2.0 license

(a) データには何個の個体があるだろうか．
(b) データに含まれる数値変数は幾つだろうか．何が数値変数だろうか，また離散変数か連続変数であるかも述べなさい．
(c) データに含まれるカテゴリカル変数は幾つあるだろうか．変数名と対応するカテゴリーを述べなさい．

1.10 英国民の喫煙習慣． 英国 (UK) の住民の喫煙の習慣について調査が行われた．以下のデータ行列はこの調査で集められたデータの一部分である．なお ポンド (£) は英国ポンド (British Pounds Sterling)，N/A は欠損データを意味する[15]．

	性別	年齢	婚姻	粗所得	喫煙	休日	平日
1	女性	42	単身	£2,600 以下	はい	1 日 12 本	1 日 12 本
2	男性	44	単身	£10,400 - £15,600	いいえ	N/A	N/A
3	男性	53	既婚	£36,400 以上	はい	1 日 6 本	1 日 6 本
⋮	⋮	⋮	⋮	⋮	⋮	⋮	⋮
1691	Male	40	Single	£2,600 to £5,200	はい	1 日 8 本	1 日 18 本

(a) データ行列の各行は何を表しているだろうか．
(b) この調査では何人の参加者がいるだろうか．
(c) この研究での変数について数値変数，カテゴリカル変数かどうかを示し，数値データについては連続変数か離散変数かを識別しなさい．カテゴリカル変数なら順序付けられるだろうか．

1.11 US 空港． 以下の図は合衆国本土とワシントン DC 内の空港の地理的分布を示しているが，この図は各観測点が空港であるデータベースに基づいて作成された (個人利用・所有 (private use,owened) と公共利用・所有 (public use,owned) がある)．

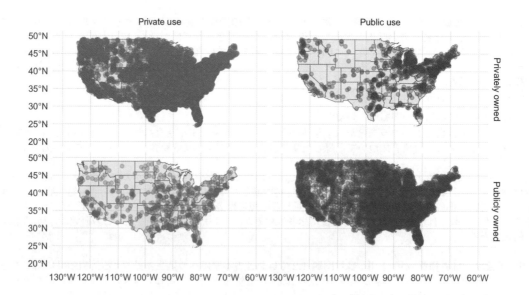

(a) この図の作成で用いられた変数を述べなさい．

---

[14] R.A Fisher. "The Use of Multiple Measurements in Taxonomic Problems". In: *Annals of Eugenics* 7 (1936), pp. 179–188.

[15] National STEM Centre, Large Datasets from stats4schools.

1.2. データの形式

(b) この研究で使われた各変数は数値変数, カテゴリカル変数だろうか. 数値変数なら連続変数, 離散変数のどちらだろうか. またカテゴリカル変数なら順序付けられるだろうか.

1.12 UN 投票行動. 以下の図は米国 (US), カナダ (Canada), メキシコ (Mexico) の国連総会での様々な問題についての投票行動を示している. 特に 1946 年と 2015 年の間ある 1 年間に各問題に賛成投票を行ったか, 投票結果のパーセンテージを示している. (この図は各観測値が国/年の組データ・ベースから作成されたものである.)

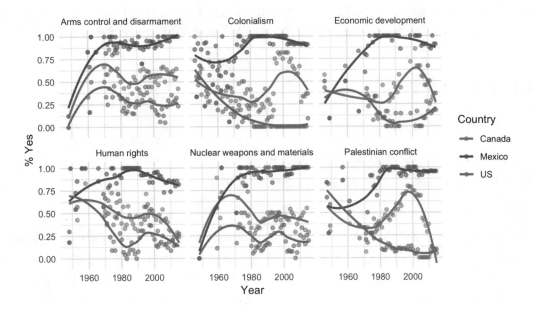

(a) この図の作成に用いられた変数リストを述べなさい.
(b) この研究で使われた各変数は数値変数, カテゴリカル変数どちらだろうか. 数値変数なら連続変数, 離散変数のどちらだろうか. またカテゴリカル変数なら順序付けられるだろうか.

1.3 サンプリングの原理と方法

多くの研究は研究テーマや研究課題を特定化することから始まる．どういう対象についての問題を研究するか，どの変数が重要なのかを特定化することで課題を設定することができるのである．次にどのようなデータを集めれば，信頼がおけるような研究の目標を達成できるかを考察することが重要となる．

1.3.1 母集団と標本

次の3つの研究課題を考えよう．

1. 大西洋のトビウオに含まれる平均水銀成分量．
2. 過去5年間でのデューク大学学部生の平均的な学位修了年数．
3. ある新薬が重篤な心臓病患者の死亡数を減らすだろうか？

こうした研究課題はいずれも目標となる母集団 (population) についてである．最初の課題では研究目的の母集団は大西洋に住むすべてのトビウオであり，各トビウオはその中の1匹にすぎない．しかし母集団のすべての個体データを集めるには費用がかかりすぎるので標本をとる．ここで標本とは個体からなる部分集合，母集団のごく一部分の意味である．例えば60匹（あるいは他の数値）が母集団から選ばれ，その標本から母集団平均の推定値が得られれば，課題への解答に用いることができる．

確認問題 1.9
第2問・第3問について研究目標の母集団を識別し，各個体が何を代表しているか答えなさい[16]．

1.3.2 事例証拠

3つの問題について次のように回答することも可能かもしれない．

1. トビウオから毒性のある水銀を摂取した人のニュースがあった，このことからトビウオの平均的水銀集中度は危険なほど高いと考えられる．
2. デューク大学学部を卒業するのに7年以上かかった元学生2名に会ったので，デューク大学を卒業することは多くの他の大学より卒業に時間がかかるに違いない．
3. 友人の父親が心臓発作を起こし，新しい薬剤を摂取した後に亡くなった．その薬は効果がないと思われる．

これらの結論はデータに基づいて導かれているが，そこには2つの問題が潜んでいる．第1に，データは1つか2つの事例に限られていることだろう．第2により重要なことは，これらの事例が母集団全体を代表しているか否か不透明である．特殊な状況で得られたこうしたデータは事例証拠 (anecdotal evidence) と呼ばれる．

---

[16] (2) 第2問では学位を終了した学生のみが該当するので，学位を終了しなかった学生の平均年数は計算されない．過去5年間に卒業したデューク大学学部生のみがデータには含まれている．(3) 第3問では重篤な患者なので，母集団は重篤な心臓病のすべての患者を意味する．

図表 1.10: 2010年2月にあるメディアは大規模な吹雪を報道, 地球温暖化に反対する証拠として報じた. コメディアンのジョン・スティワート (Jon Stewart) は「単なる1つの吹雪, ある地域, しかもある国の」と指摘した.

事例証拠

偶然に得られたデータには特に注意しよう. そうした事例の証拠で正しいかもしれないが, 単にある特殊な事例にすぎないかもしれない.

事例証拠とはしばしば人々にとってかなり衝撃的な内容の異常事態の事例のことがある. 例えば4年間で大学の学部を卒業した6名より7年かかって卒業した2名の事例をよく覚えているだろう. かなり特異な事例よりも母集団を代表する多くの事例を表す標本をより重視すべきである.

1.3.3 母集団からの標本

元学生を集めて標本として, 過去5年間のデューク大学学部生が卒業に要する時間を推定することができる. 過去5年間の卒業生が**母集団** (population) である. 調査された元学生をまとめて**標本** (サンプル, sample) と呼ぼう. 母集団から標本をランダムに (randomly) に選ぶことが一般的であるが, 最も単純なランダムな選択としてくじ引きを挙げておこう. 例えば卒業生を選ぶ際に各学生の名前をくじに記入し, くじ100枚を引くことが考えられる. このとき選ばれた名前は100のランダム・サンプル (無作為標本) の実現値を表現しているが, ランダムに標本を選ぶことにより起こり得るバイアスの発生の可能性を小さくしている.

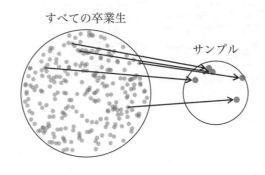

図表 1.11: 5名の卒業生は母集団からランダムに選ばれた標本.

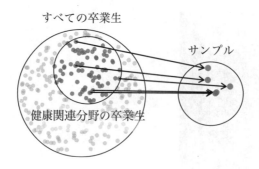

図表 1.12: 健康関連分野 (health related fields) の学生が卒業生の標本を選択すると，健康関連の卒業生に偏った選択を行う可能性がある．

例題 1.10

例えば偶然に栄養学を専攻している学生にデータ調査を依頼したとしよう．この学生はどのようにデータを選ぶだろうか，選んだ標本はすべての卒業生を代表することになるだろうか？

単なる想像にすぎないが，その学生は健康関連の卒業生を多く選ぶかもしれない．つまりその学生が選択したデータは母集団をよく表現していないかもしれない．人的操作で標本を選ぶと，意図的ではなくともバイアス (biased) を持つ標本となるリスクがある．

仮に誰かがどの卒業生を入れるかを選ぶことになると，全く意図しないとしても標本 (sample) はその特定の人物の関心が反映され，歪んでいる可能性がある．これが標本に**偏り** (バイアス, bias) をもたらしうる．標本をランダムにとることによりこうした偏りを防ぐことができる．ここで基本的なランダム標本は**単純無作為標本** (ランダム・サンプル, simple random sample) と呼ばれるが，これはくじ引きで選ぶことと同等である．したがって母集団の各個体は同等に選ばれる可能性があり，標本内の個体間に何らかの関係性は生じない．

単純無作為抽出は偏りを小さくすることに役立つ．しかし，偏り（バイアス）は様々な形で入り込む．標本をランダムに選んだとしても，例えば，統計調査 (survey) では非回答率 (non-response rate) が高くないか，注意して実施すべきである．ある調査で対象者の 30%しか回答がない場合にはその結果が母集団全体を表現しているかどうかには疑問がある．この非回答バイアス (non-response bias) は結果に歪みをもたらす．

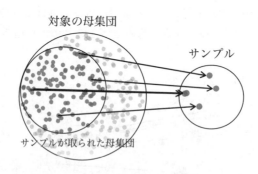

図表 1.13: 非回答の可能性があると調査研究は母集団の一部分を示すことになる．問題を解決することは困難，あるいは不可能となる．

もう 1 つの注意点は有意標本 (convenience sample, 便宜的な標本) を巡る問題であり，しばしば標本ではより容易に得られる個体がデータの中に多く含まれる傾向があることである．例えば政治的意味のある世論調査がニューヨーク・ブロンクス (Bronx) を歩いている人を対象としたとすると，ニューヨーク市の住民を代表するかは疑問である．ただし有意標本が母集団の一部のみを反映しているか否かを

1.3. サンプリングの原理と方法

判断するのは困難なことが多い.

確認問題 1.11

今では各種の Web サイトを通して製品, 販売人, 会社, などの順位 (rating) を簡単に知ることができる. こうした順位付けはそれぞれ格付けを行う人々の意見によっている. 例えば 50%の人が製品のオンライン調査で否定的とすると, 購入者の 50%が製品に満足していない と判断してよいだろうか[17].

1.3.4 観察研究

統計的処理が適用されていない (つまり何も処理されていない) データは観測データ (observational data) と呼ばれる. 例えば 1.2 節で説明したローン・データや郡データはともに観測データである. 統計的実験に基づいた因果関係の分析結果にはかなり妥当性があるが, 観測データに基づく因果関係についての結論はしばしば誤ることがあり, 推奨できない. つまり観測データに基づく研究は一般的には関連性を示すには十分だったり, 仮説を立てるには役立つが, その結果はあとで統計的実験で検証すべきなのである.

確認問題 1.12

例えば日焼け止めの利用とガンについてのある観測研究により, 日焼け止めをより利用した方が皮膚ガンになりやすいと分かったとしよう. このことは日焼け止めに利用した物質が皮膚ガンの原因となることを意味するだろうか[18].

これまでに行われた幾つかの研究により, 日焼け止めは皮膚ガンのリスクを減少させることが知られているので, おそらく他の変数があり, 遮蔽物と皮膚ガンの間の連関を説明しうると考えられる. ここで重要で欠けている情報は太陽への露出度が挙げられる. 人間が一日中屋外に出ていれば, 日焼け止めを使わないと皮膚ガンになる可能性があるが, 単純化された前の説明では日差しへの露出度が考慮されていない.

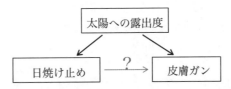

ここで日差しへの露出度は**交絡変数** (confounding variable) と呼んでいるが[19], 説明変数と目的変数の両方と相関している変数を意味する. 観察研究から因果関係を結論付ける 1 つの方法はあらゆる交絡変数を調べることであるが, すべての交絡変数を見つけ出したり測定できるとは限らない.

確認問題 1.13

図表 1.8 は郡の住宅保有率と多層住宅比率に負の (相関) 関係があることを示している. しかしこれらの変数間に因果的関係があると結論付けるのは妥当ではないだろう. この負の関係を説明しうる別の変数があるかもしれない[20].

---

[17] 解答は一義的ではないだろう. 個人的経験では, 人は期待した通りよりも期待以下であった製品についてより大声で主張する傾向がある. したがってアマゾンのようなサイトでの評価では負のバイアスがあるのではと疑われる. むろんこの経験は一般的ではないかもしれないので注意深く判断する必要がある.
[18] 否. 1 つの説明を次の一文が与えている.
[19] 潜在変数 (lurking variable), 交絡因子 (confounding factor), あるいは交絡項 (confounder) とも呼ばれる.
[20] この設問には様々な解答があり得る. 例えば人口密度が重要かもしれない. ある郡の人口が密集していると多くの住民は多層住宅に住まざるを得ない. また人口密度が高くなると住宅価値が上昇し, 多くの住民は住宅保有が困難となるかもしれない.

観察研究には大きく分けると 2 つの形態,**前向き研究**と**後ろ向き研究**がある.前向き研究 (prospective study) とは個体を識別,起きうる事象の情報を集めて行われる研究を意味する.例えば医療研究者が患者を特定化,長い年月をかけて様々な行動のガン・リスクへの影響を調べることなどが挙げられる.このタイプの研究としては 1976 年に始まり 1989 年に拡大された看護師の健康研究 (Nurses' Health Study) 例がある.この前向き研究では看護師を登録し,質問票をもとにデータを集めて行われた.後ろ向き研究 (retrospective studies) とは事象が起きた後のデータを観察する研究,つまり研究者が医療記録にあるデータを調べる研究である.なおデータによっては前向きかつ後ろ向きの変数を含むものもある.

1.3.5 4 つのサンプリング法

ほとんどすべての統計的方法はランダムネスがデータに含まれていることを前提としている.観測データが母集団からランダムに得られた標本とみなせなければ,標本に基づく推定値や推定値の誤差など統計的方法は信頼できるものとはならない.ここでは 4 種類のランダム標本の抽出法:単純無作為法,層別抽出法,集落 (クラスター) 抽出法,多段抽出法,を考察しよう.図表 1.14, 1.15 は 4 つの標本抽出法を図表で説明したものである.

単純無作為抽出法 (ランダム・サンプリング) は最も直観的に分かりやすい無作為 (ランダム) 抽出法である.例としてベースボールの 30 チームのどれかに属している大リーグ (MLB) 選手をサンプリングしてみよう.120 の選手と年俸をランダム・サンプルにとるにはシーズン登録の数百人の名前を書いた紙をバケツに入れ,よくかき混ぜて 120 人になるまで名札を取り出せばランダムな標本が得られる.このとき標本は各個体が最終的に選ばれる可能性が等しく,1 人の選手が標本に含まれることが分かっても他の選手が含まれるか否かの情報を与えない"単純無作為(ランダム)"を意味している.

層別標本抽出法 (stratified sampling) とは母集団を分割してサンプリングする方法である.母集団を層 (strata) と呼ばれる群に分割する.各層は類似の事例を同一の群として扱い,次に各層にたいしてランダムにサンプリング,通常は単純無作為抽出を行う.野球選手の給与の例なら各チームが層であるが,層としてのチームにより経済力が (4 倍ほどにも) 差があるから意味がある.各チームから 4 選手を選べば 120 名の層別サンプルが作れる.層別サンプリングが特に有用なのは各層に属する個体が関心のある対象について類似性が高い場合である.他方,層別サンプリングのデータを分析することは単純無作為標本よりも複雑になるが,本書で議論する統計的分析方法は層別標本調査によるデータを分析するには若干の拡張が必要となる.

例題 1.14
なぜ各層内の事例が類似していることが良いのか?

各層に属する個体が類似しているとその層を副母集団とする推定値が安定し,各層の推定が正確になるからである.各層の推定値により母集団全体の推定値を作ると,各層の群推定値が正確なために全体の精度が良くなる可能性が高くなる.

集落抽出法 (クラスター法,cluster sample) では母集団を**集落** (clusters) と呼ばれる多くの群に分ける.次に決められた集落をサンプリングで選び,選ばれたクラスターに所属するすべての個体を調べる.**多段抽出標本** (multistage sample) とはクラスター法と似てはいるが,各クラスター内でさらに無作為抽出により標本を得る方法である.

1.3. サンプリングの原理と方法

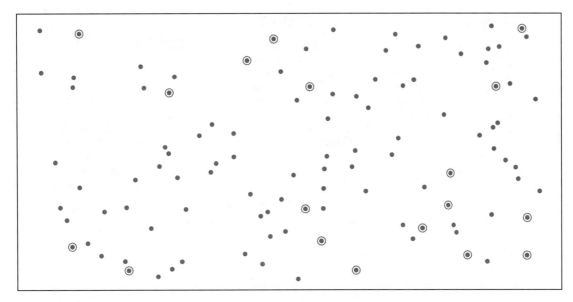

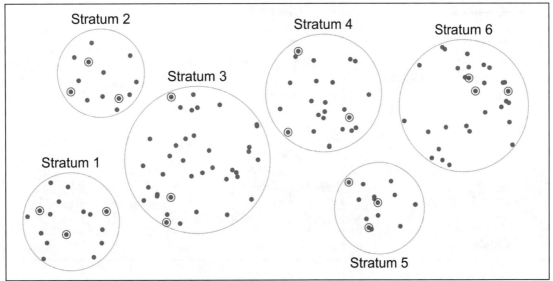

図表 1.14: 単純無作為抽出法と層別標本抽出法の例. 上図は単純無作為抽出で 18 個を選び, 下図では層別抽出を利用, 初めに層に分割, 各層からランダムに標本を抽出.

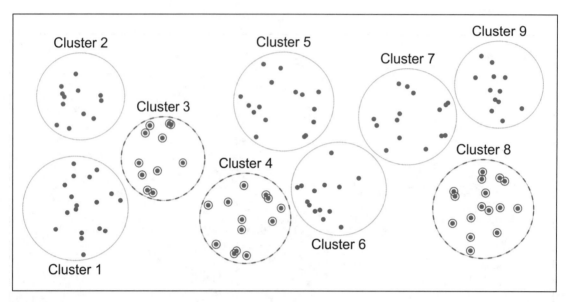
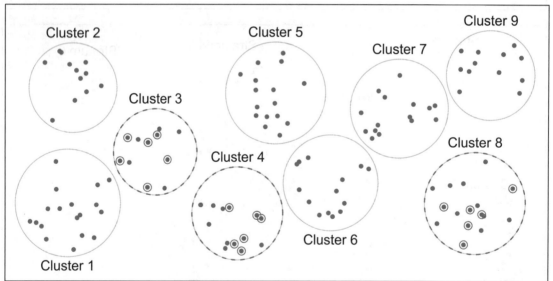

図表 1.15: 集落抽出法と多段階抽出法の例. 上段では集落法が用いられ, 9個のクラスターに分けられ, 3つのクラスタが選ばれクラスター内すべての個体が選ばれている. 下段では多段抽出法が利用され, クラスター内のすべての個体ではなくランダムに選ばれた個体のみ選ばれている.

1.3. サンプリングの原理と方法

しばしば集落抽出法や多段抽出法の方が他の方法より経済的になる．層別抽出法とは異なり，クラスター自体が互いにかなり異なっているのではなく，集落 (クラスター) 内の個体間に差があるときにより有効になる．例えばクラスター内の個体の近隣性が互いに異なっているときに集落法や多段抽出法が最も有効となる．こうした方法の弱点としてはデータを分析する際にはより高度な方法が必要となることだろう．むろん本書で説明する方法を拡張することは可能である．

例題 1.15
仮にインドネシアの田舎の人口密度の高い熱帯地域におけるマラリア感染率の推定に関心があるとしよう．インドネシアのジャングルには 30 の村があり，隣村とは多かれ少なかれ類似性があり，マラリア調査のために 150 人をテストするのが目的としよう．どの標本調査法を選んだらよいだろうか？

単純無作為抽出は 30 村から同等の確からしさでランダムに個体を抽出するので非常にコストがかかる．層別抽出ではどのように層を選ぶか，かなり困難であるが，このとき集落抽出法や多段抽出法はかなり有用となる．例えば多段抽出の場合にはまずランダムに半分の村を選び，各村から 10 名を選ぶことが考えられる．この方法によりデータ収集のコストは単純無作為抽出より軽減され，クラスターは (本書で説明する方法よりはより高度な方法が必要とはなるが) かなり信頼できる情報を与えてくれる．

練習問題

1.13 大気汚染と出産・推測へ. 練習問題 1.3 では南カリフォルニアでの大気汚染物質と早産の関係を調べるために研究者が集めたデータによる研究を説明した. 研究期間における空気汚染レベルを観測ステーションで空気の質から計測, 妊娠期間のデータは 1989 年から 1993 年にかけての 143,196 件を集計, 妊娠期間での空気汚染への露出度が各出産について計算された.

(a) この研究での関心のある母集団と標本を識別しなさい.
(b) この研究結果は母集団に一般化できるだろうか, またこの研究で見出されたことから因果関係を導くことができるだろうか, コメントしなさい.

1.14 ずる・推測へ. 練習問題 1.5 では正直, 年齢, 自己制御の関係に関心のある研究者が 5 歳から 15 歳までの 160 名について行った実験を説明した. 子供にそれぞれコインを投げ, 結果 (白か黒) を記録してもらい, 白と答えた子供だけに報酬を貰えると述べておいた. 半分の生徒はずるをするなとはっきりといわれたが, 残りの生徒は何も聞かされなかった. 指示があった群となかった群の間で各群内で各子供の性格により違いがあったが, それと共に群間で異なるごまかし率が観察された.

(a) この研究で関心のある母集団と標本を識別しなさい.
(b) この研究の結果を母集団に一般化できるだろうか. 研究で発見した事実を因果関係を確認するのに利用できるだろうか.

1.15 ブチェンコ法・推測へ. 練習問題 1.4 で説明したようにブチェンコの呼吸法が喘息の症状を和らげ, 生活改善につながるか否かの研究が行われた. この研究の一部として医学的治療に頼っていた 18-69 歳の 600 名の患者が参加, ランダムに 2 群, ブチェンコ法を適用した群, そうでない群に患者を振り分けた. ブチェンコ法を適用した患者群では平均的に喘息の症状は改善され, 生活の改善が見られた.

(a) この研究で関心のある母集団と標本を識別しなさい.
(b) この研究の結果は母集団に一般化できるだろうか. また研究結果から因果関係を確立することに使えるだろうか.

1.16 倫理・推測へ. 練習問題 1.6 では社会経済的階層と非倫理的行動の関係についてのある研究を紹介した. 研究の一環として 129 名のカリフォルニア大学バークレー校の学部学生に金銭, 教育, 評価する仕事, について他の学生と比較して自分が低社会階層か高社会階層かを尋ねた. 次に各学生は各々つまれたキャンディーの入った箱を示され, キャンディは研究室の近隣の子供のためのものだが, 好きなだけ食べてもよいことが告げられた. さらに関係のない作業の後に食べたキャンディの数を報告させた. このとき上層と回答した学生の方が多くキャンディをとったことが分かった.

(a) この研究で関心のある母集団と標本を識別しなさい.
(b) この研究の結果は母集団に一般化できるだろうか. また研究結果から因果関係を確立することに使えるだろうか.

1.17 仕事の後の余暇. ある世論調査で次のような質問を行った. 1,155 の米国人のランダムな標本に対し"平均的な仕事日の後"何時間リラックス, あるいは楽しみの活動をするかとの問いに対し, 平均時間は 1.65 時間であった. (a)-(d) は次の項目の内 何に該当するだろうか. 観測値, 変数, 統計量 (観察された標本に基づいて計算された値), 母集団の母数 (パラメータ).

(a) サンプル内のある米国人.
(b) 平均的仕事日の後のリラックスする時間.
(c) 1.65.
(d) 平均的仕事日の後にすべての米国人が過ごす平均的時間.

1.18 ユーチューブ上の猫. ユーチューブ上のビデオが猫であるパーセントを推定しよう. ユーチューブ上のすべてのビデオを見るのは不可能なのでランダムにビデオを 1000 選んだ見たところ, 2% が猫のビデオであった. このときに観測値, 変数, 統計量 (観察された標本から計算される値), 母集団の母数 (パラメータ) は何だろうか.

(a) ユーチューブ上のすべてのビデオの中の猫のビデオのパーセント.
(b) 2%.
(c) 選んだ標本のビデオ.
(d) ビデオが猫のビデオか否か.

1.19 授業評価. あるクラスの学生は 160 名であった. 160 名すべての学生は講義に出席したが, 学生は異なる助手 (TA, ティチング・アシスタント) が担当するラボ授業に 40 名ずつ 4 グループに分けられた. 教授はサーベイを行いコースについてどの程度満足したかを知りたいが, 割り当てられたラボ授業がコースの評価に影響すると思われた.

1.3. サンプリングの原理と方法

(a) この研究はどのようなタイプだろうか．
(b) この研究を実行するためのサンプリングの方法を述べなさい．

1.20 学生寮の計画． ある大きな大学では 1 年生・2 年生はキャンパスの東側に位置する学生寮に住み，3 年生・4 年生はキャンパスの西側に位置する学生寮に住んでいるとする．ここで学生に大学本部が計画している新しい住宅構造について学生の意見を集めたいと希望しているが，あらゆる学年から学生の意見を平等に聞くことを希望しているとする．

(a) この検討のタイプは何だろうか．
(b) この検討を実行するサンプリングの方法を提案しなさい．

1.21 インターネット利用と平均寿命． 次の散布図はデータが利用可能な 208 の国における平均寿命 (2014 年, Life Expectancy at birth) とインターネットの普及率 (2009 年) の関係を評価する研究のために作成された．

(a) 平均寿命とインターネット利用者の関係を説明しなさい．
(b) この研究はどういうタイプと言えるだろうか．
(c) この関係を説明する可能な交絡変数を述べ，可能な効果を説明しなさい．

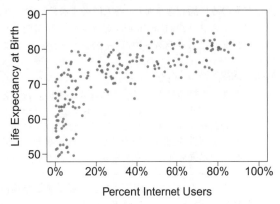

1.22 ストレス，パート I． 健康な高校生についてのあるランダム標本による研究によると，ストレスがあるときには筋肉痛が起きやすいとのことだった．またその研究ではストレスがあるとコーヒーをより多く飲みがちで睡眠は減る，とのことであった．

(a) これはどのようなタイプの研究だろうか．
(b) この研究によりストレスと筋肉痛の因果関係を結論付けてよいだろうか．
(c) 観察されたストレスと筋肉痛の関係を説明することが可能な交絡効果は何だろうか．

1.23 標本抽出 (サンプリング) 法の評価． ある大学でどの程度の割合の学生が年間 25 ドルの新規料金で学生自治会 (student union) を改善することを支持するかを知りたいとしよう．次にあげる提案について合理的か否か説明しなさい．

(a) 単純無作為抽出 (ランダムサンプリング) で 500 名を調査する．
(b) 学生を研究分野別に分け，各層から 10%の学生をサンプリングする．
(c) 年齢別に集落 (クラスター) を作り (18 歳を 1 つのクラスター，19 歳を別のクラスター etc.) 3 つのクラスターをランダムに選び，そのクラスターに属するすべての学生に聞いてみる．

1.24 RDD． (世論調査の) ギャロップ調査では RDD(random digit dialing) と呼ばれるランダム標本調査法を利用している．米国での家族の居住地につくすべてのエリアコードに基づき電話番号は作成されているが，ギャロップ社は電話帳から電話番号を選ぶ方法ではなく RDD 法を利用している．そうしている理由と思われる事項を説明しなさい．

1.25 趣向の心理・ある研究． 学術誌「個性と社会心理」(Journal of Personality and Social Psychology) に発表された研究によると，200 名のランダムに選んだ男性と女性に様々なものをどう感じるか聞いたが，項目はキャンプ，健康，建築，はく製術，クロスワード・パズル，日本，などほどんど互いに無関係な項目である．次に参加者に新しい製品，マイクロオーブンの情報を与えた．このオーブンは実在しないが，参加者はそのことは知らない上でオーブンについて 3 つの好意的 (ポジティブな) 質問，否定的 (ネガティブな) 質問を行った．与えられた刺激にポジティブに反応した参加者はマイクロオーブンにもポジティブに反応，ネガティブに反応した参加者はネガティブに反応した．このことから研究者は「ものを好む人々」および「ものを好まない人々」がいる，より詳細な人々の心理態度を理解する必要があると結論付けている[21]．

(a) これはどのような事例だろうか．
(b) この研究での目的変数は何だろうか．
(c) この研究での説明変数は何だろうか．
(d) この研究はランダム・サンプリングを利用しているだろうか．

---

[21] Justin Hepler and Dolores Albarracín. "Attitudes without objects - Evidence for a dispositional attitude, its measurement, and its consequences". In: *Journal of personality and social psychology* 104.6 (2013), p. 1060.

(e) この研究は観察研究か実験研究のどちらだろうか. 理由を述べなさい.
(f) 説明変数と目的変数間に因果関係を確立できるだろうか.
(g) この研究は何らかの意味で母集団に一般化できるだろうか.

1.26 家族の規模. 家計 (household) の大きさを推定しよう. ここで家計とは同じ住居, 生活環境を使って同居している人々と定める. もしある小学校でランダムに生徒を選び, 家族人数を聞くとすると, 家族サイズをうまく測れるだろうか, また平均的にバイアスはあるだろうか, もしあるなら過大評価, 過小評価のどちらだろうか.

1.27 サンプリングの戦略. 統計学を履修している学生が SNS(social networking sites) を使う時間と学校での成績の関係を調べるための調査を計画しているとする. 次に述べるようにデータを収集する様々な方法があるが, それぞれについて提案されているサンプリングの名前を述べ, どのようなバイアスがあり得るか述べなさい.

(a) ランダムに 40 名の学生を履修学生から選び, 調査票を渡して書き込んでもらい翌日返却するように依頼する.
(b) 友人のみに調査票を渡し, 各人に必ず書き込むように依頼する.
(c) フェイスブック (Facebook) のオンライン調査にリンクを張り, 友人に書き込むように依頼する.
(d) ランダムに 5 クラスを選び, そのクラスからランダムに選んだ学生に記入を依頼する.

1.28 論説を読む. 次の記事はニューヨーク・タイムズ (*NY Times*) の 2 つの記事からの抜粋である.

(a) リスク「喫煙者はより認知性になりやすい」は次のような記事であった[22].

> 「ある研究者は 1978 年から 1985 年にかけてボランティアを募り検査と健康調査を 23,123 健康保険加入者のデータを検証した. 23 年後にグループの約 25%が痴呆症, 内 1,136 はアルツハイマー, 416 は血液性痴呆症を患っていた. 他の要因を調整したのち, 毎日 1 パックほどの喫煙者は非喫煙者に比べて約 37%痴呆症を発生しやすくなり, 喫煙のリスクは 1 日 1 パック—2 パックで 44%増加, 2 パック以上だとリスクは 2 倍になる」ことが分かった.

この研究により喫煙が痴呆症を引き起こすと結論付けられるだろうか, 理由を述べなさい.

(b) 別の論説「生徒が荒れる原因は睡眠」は次のような記事であった[23].

> 「ミシガン大学のある研究では両親から子供の睡眠の習慣, 両親と先生からクラスでの生徒の行動を聞いてデータを収集した. 調べた生徒の約 1/3 は両親と教師の両方からいたずら行動が問題があると認識された. 研究者は睡眠が不規則だと問題を起こす生徒は 2 倍になることを発見した」

この論説を読んだ友人が「報道された研究により寝つきが悪いと子供はぐれることが分かった」と述べた. この説明は正当化されるだろうか, そうでなければこの研究から導かれる結論はどのように説明できるだろうか.

---

[22] R.C. Rabin. "Risks: Smokers Found More Prone to Dementia". In: *New York Times* (2010).
[23] T. Parker-Pope. "The School Bully Is Sleepy". In: *New York Times* (2011).

1.4 統計的実験

研究者が各個体に対して処理を割り当てる研究を実験 (experiment) あるいは統計的実験と呼ぶ. この割り付けにはランダム化を含み, 例えばある個体に割り付けるか否かをコイン投げで決める処理を**ランダム化実験** (randomized experiment) と呼ぶ. ランダム化実験は 2 つの変数間の因果関係を示すために基本的に重要な方法である.

1.4.1 実験計画の原理

ランダム化実験は 4 つの原理に基づいている.

管理. 研究者は処理 (treatments) を個体に割り付け, 群内に生じうる相違をできるだけ制御 (control) する[24]. 例えば患者が経口薬 (ピル) を飲む時, ほんの少しの水とともに飲む患者, コップ一杯の水とともに飲む患者がいるかもしれない. 水の摂取の効果を管理するためには医師はすべての患者に 12 オンスの水とともにピルを服用するように指示することなどが考えられる.

ランダム化. 研究者は管理できない変数の影響を考慮してランダム化により個体を処理群に割り付ける. 例えばある患者は食習慣により病気になりやすいとの疑いがあるかもしれない. 処理群と対照群にランダム化に割り付けられた患者はそうした効果を相殺することに役立ち, 研究に偶然に入り込むかもしれないバイアスを防いでくれるだろう.

繰り返し. 研究者がより多くの事例を観察できれば説明変数の目的変数への効果をより正確に推定できるだろう. 1 つの研究では繰り返し (replicate) とは十分に多くのデータを集められることを意味する. また科学者は以前の知見を確かめるために研究全体をもう一度実行することがある.

ブロック化 (局所化). 研究者はときどき処理変数とは別の変数が目的変数に影響を与えることが分かることがある. こうした状況ではまずそうした変数に基づき個体をグループ化してブロック (blocks) を作り, 各ブロックでランダム化することが考えられる. この方法は局所化 (ブロック化, blocking) と呼ばれている. 例えば心臓発作に対する薬剤の効果を調べる場合, はじめに患者を低リスクと高リスクに分け, 各ブックの患者を半分ずつ図表 1.16 のように処理群と対照群に分けることが考えられる. この方法により処理群には低リスクと高リスクの等しい患者を割り付けられる.

どのような研究を行う場合にも特に実験計画についての最初に挙げた 3 つの原理に基づくことが重要である. 局所化 (Blocking) は少し高度な方法だが, 本書で説明する統計的方法を局所化で得られたデータの分析に拡張することは可能である.

1.4.2 統計的実験のバイアス削減法

ランダム化実験はデータ収集における最も望ましい標準である. しかしすべての場合において原因と結果の関係の分析にバイアスのない結果をもたらすとは限らない. 人間が関わる研究では無意識のうちにバイアスが入り込む可能性がある. ここでは心臓発作に対する新薬の使用を例として挙げ, 特に研究者は薬が患者の死亡リスクを軽減するか否かを知りたい状況を考える. 研究者はランダム化実験を企画するだろうが, これは薬効についての因果的結論を得るためである. 実験の参加者[25]はランダ

---
[24] この差異は次の原理および 1.4.2 節で議論する対照群 (control group, 制御群) とは意味が異なる
[25] 人間が対象の場合, 患者 (patients), ボランティア (volunteers), 研究協力者 (study participants) などと呼ばれる.

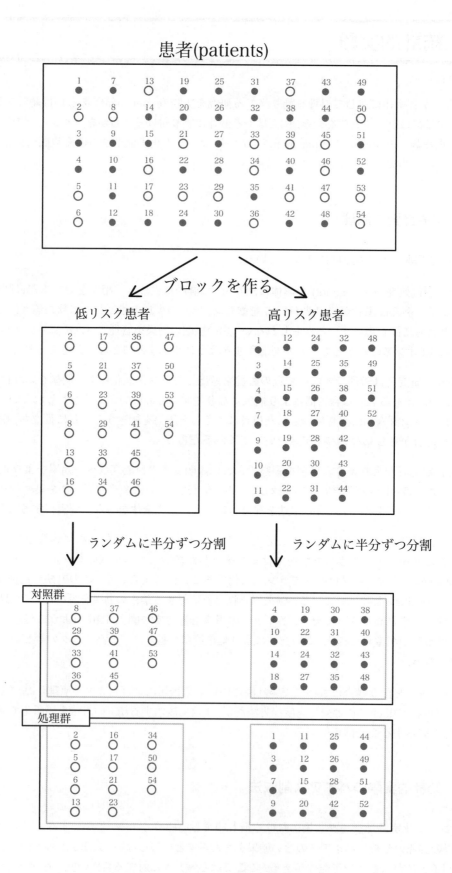

図表 1.16: 患者リスクの変数による局所化. 最初に低リスク, 高リスクに患者を分割, 次に各ブロックの患者を処理群と対照群に分割する. この方法により低リスクと高リスクの患者を処理群と対照群に割り付ける.

1.4. 統計的実験

ムに 2 つの群に分けられる. そして処理群 (treatment group) の参加者には薬を与え, 対照群 (control group) の参加者には薬は与えない. 仮に研究に参加しているとすると, 処理群に入れば助けてくれそうな素敵な新薬が与えられるが, 対照群に入ると薬は投与されずただ待っていて参加したことでは死に近づくことはないはずだと祈ることになる. この状況では 2 つの効果が考えられ, 第一に新薬の効果, 第二に量的には測ることが困難な心理的効果がありうる. 研究者は通常は研究にバイアスをもたらしうる心理的効果を考慮したくないので, この問題を回避するために研究者は参加者にどちらの群に入っているかを知らせたくはない. 研究者が参加者に処理の内容を知らせない場合, この研究は目隠し (blind) していると言う. しかし, 患者が明らかに処理を受けていなければ対照群に入っていることが分かってしまう. そこでこの問題を解決するために対照群の参加者に偽の処理を受けてもらうことにする. 偽の処理は偽薬 (プラセボ, placebo) と呼ばれるが, 効果的な偽薬の利用は研究を真に目隠し (blind) となる上での鍵である. 偽薬の古典的例としては本当の処理に使われる錠剤に似せた砂糖の錠剤であるが, 偽薬は小さいがときどき実際に症状の改善につながることが知られていて, この効果はプラセボ効果 (placebo effect) と呼ばれている. 患者が目隠し (blinded) されるだけでは, 医師や研究者の関与により偶然にバイアスがもたらされることがある. 仮に薬を処方する医師がある患者が真の処理群に入っていることを知っていれば, 偽薬が与えられている患者よりも無意識に注目してしまうだろう. このバイアスを遮断するために現代の多くの研究では二重盲検 (double-blind) 法を採用し, 患者自身と同様に医師や研究者もどの患者が処理を受けているか分からないようにしている[26].

確認問題 1.16

1.1 節の研究を振り返ると, 研究者はステント治療が心臓発作のリスクを軽減するのに効果的か否か検証していた. この研究では目隠しはされていただろうか, あるいは二重盲検法が使われただろうか[27].

確認問題 1.17

1.1 節の研究では研究者は偽薬を採用していただろうか, もしそうであれば偽薬はどんなものだっただろうか[28].

ここで確認問題 1.17 を一読すると, 例えば偽手術がプラセボ効果をもたらしうることの倫理について疑問が生じるだろう. こうした疑問は統計的実験ではより一般的に対照群に属する個人について生じうる. 相違点は偽手術は追加的な手術リスクを作り出すが, 処理群での処理は個人リスクのみに関係する. 統計的実験や偽薬については様々な見解があり, 倫理的に「正しい解答」が得られることはあまりない. 例えば患者にリスクを生じさせるような偽手術を利用するのは倫理的と言えるだろうか？ しかし, この偽手術を利用しなければ何の効果もないコストのかかる手術が推進される可能性もあり, 費用やリソースがより役に立つと判断できる他の処理にむけられるかもしれない. 結局のところ, これは困難な状況, ボランティアで参加した患者と将来に行われるかもしれない処理から便益を受ける (あるいは受けない) 患者の両方の便益を完全に保護することはできないと言うことである.

---

[26] 通常, 研究に関係してどの参加者が処理を受けているかを知る者は存在する. しかし, そうした知識を持つものが研究の参加者と接触をすることはない, 処理を受けている参加者, 目隠しされている (blinded) のは誰なのかは健康管理の関係者にも告げることはない.

[27] 研究者は患者を処理群に割り付けを行っていたので統計的実験と言える. しかし, 各患者はどの処理を受けたかは識別することができたので, 目隠しはされていなかった. 目隠しされていなかったのでむろん二重盲検法ではなかった.

[28] 例えば患者が手術という処理を受けていると信じさせられているだろうか？ 実際, 実験では偽手術 (sham surgery) も利用可能である. 偽手術では手術を行うが 本来の手術処理は行われないのでプラセボとしての効果がある.

練習問題

1.29 照明と試験の成績. 照明の試験成績への効果を調べるためにある研究が計画された．研究者は照明レベルは男性と女性で効果が異なるかもしれないと考え，男性と女性の同数を処理群に配置，処理は蛍光灯，黄色の頭上の照明，卓上灯により実施した．

(a) 目的変数は何だろうか．
(b) 何が説明変数，その水準は何だろうか．
(c) 何がブロック化変数，その水準は何だろうか．

1.30 ビタミンのサプリ. 普通の風邪からの回復期間を短くするためにビタミンCを大量に摂取する効果を評価するために研究者は400名の学生ボランティアをある大学で募った．患者の1/4にプラセボを割り当て，残りの患者には風邪をひいた後2日間，1gビタミンC，3gビタミンC，さらに3gビタミンCを追加で服用させた．すべてのカプセルは見た目，つつみは同一とした．処方された薬を服用させる看護師はどの患者にどの処理を行ったかを知っているが，病気の診断をする研究者は知らされなかった．3群の間で風邪の長さや症状の重さについてどの尺度で測っても有意な違いが見いだせなかったが，風邪の症状の期間についてはプラセボの服用者が最も短かった[29]．

(a) これは実験研究，あるいは観察研究のどちらだろうか．理由を述べなさい．
(b) この研究における説明変数と目的変数は何だろうか．
(c) 患者は処理について目隠しされているだろうか．
(d) この研究は二重目隠しされているだろうか．
(e) 最終的には各人が処方されたピルを飲むか飲まないか決められる．この場合には すべての参加者が素直に処方されたピルを飲むとは限らないと考えるべきだろうか．このことは交絡変数 (confounding variable) として研究に影響をもたらさないだろうか．理由を説明しなさい．

1.31 照明, 騒音, 試験の成績. 照明の水準と騒音が学生の試験での成績に与える影響についての研究がある．研究者は照明と騒音の影響は男性と女性で異なるかもしれないと考え，各処理群に男女別に同数を割り付けた．照明は蛍光灯，頭上の照明，黄色の頭上の照明，頭上の照明なしで (卓上灯) であった．騒音の処理はノイズなし，建設現場のノイズ，人間のおしゃべり，である．

(a) これはどんなタイプの研究だろうか．
(b) この研究では幾つの因子があるか識別し，その水準を説明しなさい．
(c) この研究では性別変数の役割は何だろうか．

1.32 音楽と学習. あるクラスで実験を行い，学生が勉強の際に音楽なし，音楽あり，声がない (楽器のみ)，音声付き，のそれぞれでよりよく勉学が進むか否かを知りたいとする．この研究をどのように設計したらよいか説明しなさい．

1.33 コーラの嗜好. あなたのクラスメートが普通のコーラ，ダイエット・コーラのどちらを好むか実験を行いたいとしよう．この研究の設計を簡単に述べなさい．

1.34 エクササイズと精神衛生. エクササイズが精神的健康に与える影響を知りたい研究者が次のような研究を提案した．層別サンプリングにより18歳〜30歳，31歳〜40歳，41歳〜55歳の比率を母集団と一致させる．次にランダムに各年齢層から参加者を半分選び週に2回エクササイズをしてもらい，他の半分にはエクササイズをしないようにして，研究の最初と最後にメンタル・テストを行う．

(a) これはどのようなタイプの研究だろうか．
(b) この研究での処理群と対照群は何だろうか．
(c) この研究では局所化 (ブロッキング) を用いているだろうか．そうであるなら局所化 (ブロッキング) 変数は何だろうか．
(d) この研究は「目隠し」(blinding) をしているだろうか．
(e) この研究の結果はエクササイズと精神衛生の間の因果関係を確立するのに役立つだろうか．また結論をさらに母集団における関係に一般化は可能だろうか．
(f) 仮に提案されたこの研究に資金 (ファンド) を提供するか否かを決める仕事についたとしよう．提案の研究に何か条件を付けるべきだろうか．

---

[29] C. Audera et al. "Mega-dose vitamin C in treatment of the common cold: a randomised controlled trial". In: *Medical Journal of Australia* 175.7 (2001), pp. 359–362.

章末練習問題

1.35 ペットの名前. シアトル市 (WA) のデータ・ポータルには市に登録されているペットの名前がある. 登録されたペットにはペットの名前と種類が書かれている. 次の図は犬の名前と同じ名前の猫の比率であり, 20 の最も多い猫と犬の名前が表示されている. プロットの 45 度線 ($x = y$): もし名前がこの線上にあれば, 名前の人気度は犬と猫と厳密に等しい.

(a) このデータは実験研究, あるいは観察研究の一部分と見なせるだろうか.
(b) 最も人気のある犬の名前は何か. 最も人気のある猫の名前は何だろうか.
(c) 犬よりも猫により多い名前は何だろうか.
(d) 2 つの変数には関係があると言えるか. 正の関係, あるいは負の関係だろうか. データからはこの関係は何を意味するだろうか.

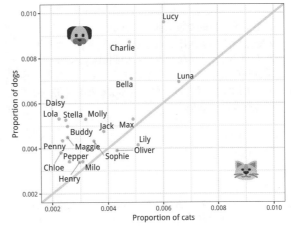

1.36 ストレス, パートⅡ. ストレスと筋肉痛の関係に関するある研究ではランダムに割り付けられた半分の患者はエレベーターに入れられ, 急速に落下, 突然の停止によりストレスにさらされ, 残りの半分にはストレスなし, あるいは最低のストレス状態が設定された.

(a) この研究はどのタイプだろうか.
(b) この研究によりストレスの増加と筋肉痛に因果関係があると結論付けられるだろうか.

1.37 ダイエット. チアペット (Chia Pets) とは緑の髪の赤土の人形, チア (chia) は家族名が良く知られている. しかしここでのチアはダイエット・サプリとして新たな名声を博しているものの意味である. 2009 年のある研究では研究者は男性 38 名をリクルート, ランダムに 2 群, 処理群と対照群に振り分けた. また女性 38 名も同様に振り分けた. 処理群では日に 2 回 25 グラムのチアシード (chia seeds) が与えられ, 残りの群にはプラセボが与えられたが, 参加者は全員がボランティアである. 12 週後に科学者は食欲や体重の減少など群間で目立った差は認められなかったことを発見した[30].

(a) この研究はどのようなタイプだろうか.
(b) この研究における実験の処理 (処理群) と非処理 (対照群) は何だろうか.
(c) この研究ではブロック化が利用されているだろうか. そうであれば何が局所化 (ブロック) 変数だろうか.
(d) この研究では目隠しはされているだろうか.
(e) 因果関係についての主張を述べ, 結論を母集団について拡張できるか否かコメントしなさい.

1.38 市議会の調査. ある市議会が市の周辺地域で世帯調査を行うことを求めた. 地域は多くの異なる性格の異なる独特の地区, 大きな家々, アパート, 雑多な建物, などに分かれている. 次に述べる項目についてサンプリングの方法を説明し, 当該の市での方法として良い点と悪い点を述べなさい.

(a) 市から無作為抽出で 200 世帯を選ぶ.
(b) 市を 20 地区に分け, 各地区から 10 世帯をサンプルに選ぶ.
(c) 市を 20 地区に分け, ランダムに 3 地区をサンプリングして選んだ地区のすべての世帯を調べる.
(d) 市を 20 地区に分け, ランダムに 8 地区をサンプリング, その地区の 50 世帯をランダムに選ぶ.
(e) 市議会のオフィスに近い 200 世帯をサンプルとして選ぶ.

1.39 誤りの理由 (Flawed reasoning). 次に述べる話題について理由付けの誤りを識別しなさい. 研究者が強い結論を導くにはどうすべきなのか説明しなさい.

(a) 小学校の生徒に次のような質問票を渡し 両親が記入したのちに返却するように指示した. 質問の 1 つは以下のようである.「あなたの仕事の都合で学校の後で子供と過ごす時間を見つけるのが困難ですか?」. 返事をくれた両親の 85% が「いいえ (No)」と答えた. この結果に基づき学校の職員は大部分の両親は子供と過ごす時間を見つけるのは困難でないと結論付けた.

---

[30] D.C. Nieman et al. "Chia seed does not promote weight loss or alter disease risk factors in overweight adults". In: *Nutrition Research* 29.6 (2009), pp. 414–418.

(b) 単純無作為抽出で最近子供を産んだ女性 1,000 名に妊娠期間中に喫煙したか否かを質問した. 3 年後に子供に呼吸器系の問題が無いか, フォローアップ調査が行われたが, 587 名の女性が同一の住所にいた. 研究者はこの 587 名をすべての女性の代表と見なした.

(c) ある整形外科医が関節に問題がない 30 名の患者に質問したところ 20 名が規則的にランニングをしていることが分かり, ランニングが関節に問題が生じるリスクを減らす, と結論付けた.

1.40 US 郡の所得と教育. 次の散布図は 2010 年の米国 3,143 郡における 1 人当たり所得 (千ドル単位) と大学 (学部) 卒業者のパーセンテージを示している.

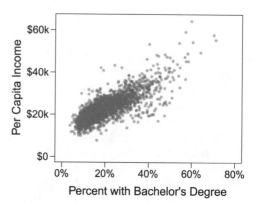

(a) 説明変数と目的変数は何だろうか.
(b) 2 変数の関係を説明しなさい. もしあればであるが, 他とはかなり異なる観測値について議論しなさい.
(c) 大学 (学部) 卒業者は所得が増加すると結論付けられるだろうか.

1.41 食品と心理? ある公的な健康調査では果物と野菜の消費量が若者の心理的幸福感に及ぼす影響の研究のために参加者はランダムに 3 群が割り当てられた. (1) いつもの通り食事する, (2) 果物と野菜を食べるようにメッセージおよび割引券を含む健康についての定期的な介入, (3) 果物と野菜の介入: 参加者は日に 2 回正規の食事の最初に新鮮な果物と野菜が与えられる. 参加者は毎日スマートフォンで調査された. これはニュージーランドのオタゴ (Otago) 大学の学生であった. 14 日目の終わりには 第 3 群の参加者のみが他の参加者と比べて心理的幸福感の改善が認められた.

(a) これはどのようなタイプの研究だろうか.
(b) 説明変数と目的変数を識別しなさい.
(c) この研究の結果は母集団に一般化できるだろうか コメントしなさい.
(d) この研究は因果関係を確立するか否か コメントしなさい.
(e) この研究についてある新聞は次のように報道した.「研究の結果, 若者に果物と野菜を食べるように与えることは期間は短くとも心理的便益があることが証明された.」研究で支持されたとするこの論評内容をどのように修正したらよいだろうか.

1.42 視聴時間・10 代・幸福感. アイルランド, 米国, 英国の 3 か国を代表する大規模データ (n = 17,247) の研究が行われ, 12 歳から 15 歳の若者が毎日のスクリーン視聴時間とどのように感じ, 行動するかを調査された. 質問は心理的幸福度に変換されたが, 性別, 年齢, 母親の教育, 倫理観, 心理的不安, 雇用, などである. 研究ではスクリーン視聴時間が思春期の幸福感を減少させるという明確な証拠は乏しかったと結論された.

(a) これはどういうタイプの研究だろうか.
(b) 説明変数を識別しなさい.
(c) 目的変数を識別しなさい.
(d) この研究の結果は母集団に対して一般化できるだろうか. 理由も述べよ.
(e) この研究の結果は因果関係を確立するのに役立つだろうか.

1.43 スタンフォードでの警察規制の研究. スタンフォード・オープン警察プロジェクトは米国における法的な交通規制の記録を収集, 分析, 公表している. その目的は研究者, ジャーナリスト, 政策担当者が警察と大衆の間の交流を検討, 改善することを意図している[31]. 次の表はこのプロジェクトの過程で集められたデータをもとに作成した要約表である.

---

[31] Emma Pierson et al. "A large-scale analysis of racial disparities in police stops across the United States". In: *arXiv preprint arXiv:1706.05678* (2017).

1.4. 統計的実験

郡	州	運転手人種	検問年間件数	車の捜索	検問%逮捕された運転手
Apaice County	Arizona	黒人	266	0.08	0.02
Apaice County	Arizona	ヒスパニック	1008	0.05	0.02
Apaice County	Arizona	白人	6322	0.02	0.01
Cochise County	Arizona	黒人	1169	0.05	0.01
Cochise County	Arizona	ヒスパニック	9453	0.04	0.01
Cochise County	Arizona	白人	10826	0.02	0.01
...	...	...	...	...	...
Wood County	Wisconsin	黒人	16	0.24	0.10
Wood County	Wisconsin	ヒスパニック	27	0.04	0.03
Wood County	Wisconsin	白人	1157	0.03	0.03

(a) 要約表を作るために交通規制に関して集められた変数は何だろうか.

(b) 変数は数値変数かカテゴリカル変数だろうか. 数値変数なら連続変数か離散変数のどちらだろうか. カテゴリカル変数なら順序変数か そうでないだろうか.

(c) 仮に人種により車の検閲率が異なるか否か評価したいとする. この分析では何が目的変数, 説明変数だろうか.

1.44 衛星打ち上げ. 次の表は米国 (US) における宇宙空間への打ち上げ数と打ち上げ機関のタイプ, 打ち上げの結果 (成功か失敗か) の要約である[32].

	1957 - 1999		2000 - 2018	
	失敗	成功	失敗	成功
民間 (Private)	13	295	10	562
国営 (State)	281	3751	33	711
スタートアップ (Startup)	-	-	5	65

(a) この表を作成するために各打ち上げについて集められた変数は何か述べなさい.

(b) 各変数は数値変数か, カテゴリカル変数だろうか. 数値変数なら連続変数か離散変数か. カテゴリカル変数なら順序変数かそうではないか述べなさい.

(c) 仮に打ち上げの成功率が打上げ機関と期間でどう異なるかを調べたいとする. この研究では何が目的変数, 説明変数だろうか.

---

[32] JSR Launch Vehicle Database, A comprehensive list of suborbital space launches, 2019 Feb 10 Edition.

第 2 章

統計データの記述

2.1 数値データの記述

2.2 カテゴリカル・データ

2.3 事例研究：マラリア・ワクチン

本章では統計データの記述統計とグラフの作成法に焦点をあてる．今日では本書・本章で扱われる統計量やグラフは計算機ソフトウエアを利用して作成する．しかし，最初に本書で説明される概念や方法に遭遇するときには，時間を使ってどのように記述統計量やグラフを作成するか学ぶことが必要である．本章で説明される概念を理解することは後で展開される方法を理解する上で重要である．

日本語版の参考資料は https://www.jstat.or.jp/openstatistics/ (日本統計協会) を訪問されたい．
原著の資料は以下にある．www.openintro.org/os

2.1 数値データの記述

本節では数値データを要約する記述的方法を追求する.例えばデータ loan50 から変数 loan_amount を取り上げるが,50 個のローン (借入) のデータである.2 つのローンの大きさを比較できるので数値変数である.他方,地域コードや郵便 zip コードなどは数値変数ではなくカテゴリカル変数である.

本節・次節を通じて 1.2 節で説明したデータ loan50 およびデータ county を利用する.データ・セットの変数の意味を復習したければ,図表1.3と図表1.5を参照されたい.

2.1.1 2次元データの散布図

散布図 (scatterplot) は 2 つの数値変数についてのデータを示してくれる.図表 1.8 (18 頁) はデータ county の中の自宅保有率 (homeownership rate) や多層構造建物 [訳注:日本ではマンションと呼ばれている物件も含まれる,アパート] の一部分を自宅として利用している率を調べるため散布図を利用した.別の散布図の例としては図表2.1はデータ loan50 の中のローン借り手の総所得 (total_income) と借入金額 (loan_amount) を (単位は千ドル) 示したものである.この散布図では各点は各個体,事例 (ケース) を示しているが,図表2.1は 50 観測値である.

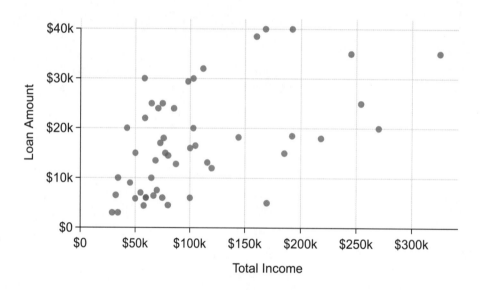

図表 2.1: 散布図 (データ loan50 の中の変数 total_income vs. 変数 loan_amount)

図表 2.1 からグラフの左側には所得が 100,000 ドル以下の借り手が多数いること,250,000 ドルを超える借り手が少しいることが分かる.

例題 2.1
図表 2.2 は 3,142 の郡について中位家計所得と貧困率の散布図である.これらの変数について何が言えるだろうか?

変数間の関係は明らかに非線形 (nonlinear) であり点線で示しておいた.この関係は前の散布図とはかなり異なり,直線的関係ではなく,トレンドとして曲線的である.

2.1. 数値データの記述

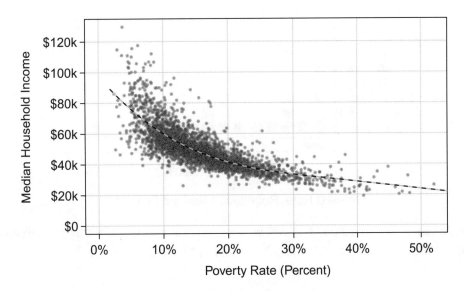

図表 2.2: データ county 上の中位家計所得水準と貧困率の散布図. データに当てはめられた統計モデルが点線である.

確認問題 2.2
散布図はデータの何を示しているか, また何に役立つだろうか[1]).

確認問題 2.3
散布図から2変数の間で蹄鉄型の連関が見られることがありうるか, あるいは ∩ 型, ⌒ 型はありうるだろうか[2]).

2.1.2 ドット・プロットと平均

しばしば2変数ではなく1変数のみに関心があることがある. その場合にはドット・プロットが表示の基本となる. ドット・プロット (dot plot) は1変数の散布図であるが, 50個のローン金利のデータを用いた例を図表2.3に示しておこう. このドット・プロットを簡略化すると図表2.4が得られる.

図表 2.3: データ loan50 における変数 interest_rate(ローン金利) のドット・プロット. 三角は分布の平均を表している.

---

1) 色々な解答があり得る. 散布図は変数間の連関 (association) を簡単に探り当てることに有益であり, 関係が単純な傾向的なのか, より複雑なのかなどを教えてくれる.
2) 例えば縦軸に何か「良い」もの, 横軸に中間だけは良いものを選ぶ, 健康と水分摂取量などがこの例である. 生きるためには水が必要だが, 必要以上に摂取すると害になり得るし, 死をもたらすこともあり得る.

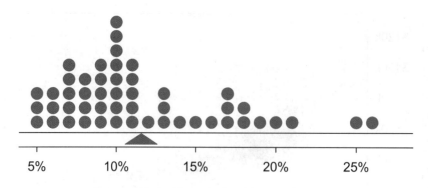

図表 2.4: データ loan50 における変数 interest_rate のドット・プロットの簡略版. 金利をパーセントで四捨五入した分布の平均を三角で示した.

平均 (mean) はよくアベレージ (average) とも呼ばれるが, 分布 (distribution) の中心を測る一般的数値である. 例えば平均金利を計算するにはすべての金利の和を観測数で割り

$$\bar{x} = \frac{10.90\% + 9.92\% + 26.30\% + \cdots + 6.08\%}{50} = 11.57\% .$$

標本平均はしばしば $\bar{x}$ と書かれるが, ここで x は関心のある変数 interest_rate を表し, x の上のバーは平均金利を意味する. 50 個のローンの平均は 11.57%である. 平均を分布の重心と見なすと有益であり, 図表 2.3 と図表 2.4. では三角で表されている.

平均 (MEAN)

標本平均は観測値の和を観測数で割れば得られる：

$$\bar{x} = \frac{x_1 + x_2 + \cdots + x_n}{n} .$$

ただし $x_1, x_2, \ldots, x_n$ は n 個の観測値を表している.

確認問題 2.4

平均を表す式を調べよう. x_1 は何に対応するだろうか, 次に x_2, より一般に x_i は何を表しているだろうか[3].

確認問題 2.5

このローン金利の標本では n は幾つだろうか[4].

データ loan50 は貸出組合によるローンのより大きな母集団からサンプリングしたものだった. 標本平均と同様に母集団についても平均を計算できる. ここでよく母集団平均には特別な記号: μ が用いられる. 記号 μ はギリシャ文字ミューであり, 母集団のすべてのデータの平均を表している. しばしば右下添え字, 例えば x は母集団のある数値を示し, 例えば μ_x などと利用される. 正確な母集団平均を求めるのは困難なことが多いので, よく μ は標本平均 $\bar{x}$ により推定される.

---

[3] x_1 は標本 (10.90%) における最初のローンに対する金利, x_2 は 2 番目のローンに対する金利 (9.92%), x_i はデータの i 番目のローンに対する金利を表している. 例えば $i = 4$ なら x_4 はデータ上の 4 番目の観測値に対応する.

[4] 標本サイズは $n = 50$ となる. (訳注：sample size は日本語では通常は標本サイズ, サンプルサイズと訳されることが多いので本書でも踏襲する. これは標本数と訳すると集合としての標本の数 (number of samples) と混乱する可能性がある, と考えたからである.)

2.1. 数値データの記述

例題 2.6
母集団におけるすべてのローンの平均金利は標本データによって推定できる．50個の標本に基づき，すべてのローンに対する平均金利 μ_x の妥当な推定値は何だろうか？

標本平均 11.57% は μ_x の簡単な推定値である．完璧ではないが，研究の対象とする母集団におけるすべてのローンの平均金利の1つの最適な推定値となる．第5章では標本平均のような点推定値 (point estimates) の精度を特徴付ける統計的方法を展開する．ここで容易に想像できると思われるが，大標本に基づく点推定値はより小さい標本に基づく推定値よりも精度は高くなる．

例題 2.7
算術平均は有用であり，スケールを変更，あるいは計測を標準化してより容易にデータを理解したり，比較することを可能にしてくれる．ここで2つの例を用いてデータを比較するときに平均が有用となることを説明する．

---

1. 新薬が標準薬に比べて喘息により効果的か否か理解したい状況を考えよう．1500名の実験を計画，500名を新薬，1000名には対照群として標準薬を処方する．

	新薬	標準薬
患者数	500	1000
喘息の発作回数	200	300

ここで200と300の喘息発作を比較すると新薬の方が良く見えるかもしれないが，これは2群のデータ数がバランスしていない結果である．ここでは各群での患者当たりの喘息発作の平均値を見る必要がある．

$$\text{新薬}: 200/500 = 0.4 \quad , \qquad \text{標準薬}: 300/1000 = 0.3 \; .$$

この例では標準薬は患者当たりの喘息発作の平均は処理群の平均よりも低くなっている．

2. エミリオは昨年にメキシコ料理 (ブリトー) を店としてトラック移動販売をはじめ，3か月間は順調だった．3か月間で11,000ドルを販売，労働時間は625時間だった．エミリオの平均時間当たりの稼ぎは統計量として少なくとも経済面ではこの仕事の評価に役立つだろう．

$$\frac{11000(\text{ドル})}{625(\text{時間})} = 17.60 (\text{時間当たりドル}) \; .$$

平均の時間当たり賃金を知れば，エミリオは稼ぎを標準化でき，他に考えられる仕事と比較することが可能になる．

例題 2.8

米国における 1 人当たり平均所得を計算しよう. 例えばデータ county 内の 3,142 郡について 1 人当たり所得の平均をとることが考えられるが, より良いアプローチはないだろうか.

データ county は各郡に居住する人々を表現している. 単に変数 income について平均をとると, 5,000 人が居住する郡と 5,000,000 人が居住する郡を計算上では同等に扱うことになる. そこで各郡の総所得を計算, 郡の総所得を加え, すべての郡に居住する人口で割って計算すべきであろう. データ county を用いてこの計算ステップを踏んで計算すると, 米国での 1 人当たり所得は 30,861 ドルとなる. 仮に各郡の 1 人当たり所得の平均を計算していたら, 26,093 ドル！となっていただろう. この例では加重和 (weighted mean) が用いられたが, この話題についてもっと知りたければ, 例えば加重平均についてのオンライン教材 openintro.org/d?file=stat_wtd_mean を参照されたい.

2.1.3 ヒストグラムと頻度分布の型

ドット・プロットは各観測値の値をドットで示している. データセットが小さければ有用であるが, 標本サイズが多くなるとドットを読むのが難しくなる. そこで各観測値を示すのではなく, 観測値が各階級 (*bin*) に属するか否かを示す方法がより有用となる. 例えばデータ loan50 において, ローン金利 5.0% と 7.5% 間の数を表に記録, 次に 7.5% から 10.0% 間の数を記録, 等々としてみよう. なお端 (例えば 10.00%) を超える数は下の階級に入れておくことにする. こうしてできた表が図表 2.5 である. 階級別に数え上げた数を棒 (バー) として図表 2.6 にまとめたものをヒストグラム (histogram) と呼ぶが, この図は図表 2.4 に示したようなより大きな階級別に作成したドット・プロットに類似している.

金利	5.0% - 7.5%	7.5% - 10.0%	10.0% - 12.5%	12.5% - 15.0%	⋯	25.0% - 27.5%
件数	11	15	8	4	⋯	1

図表 2.5: 階級に分けたデータ interest_rate.

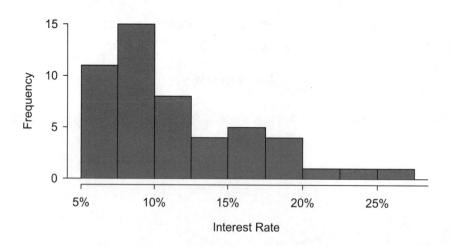

図表 2.6: データ interest_rate のヒストグラム (分布は右に強く歪んでいる).

ヒストグラムは**データ密度** (data density) を与える. 高い棒はデータが相対的により多く含まれていることを意味する. 例えばデータには金利が 20% 〜 25% 間よりも 5% 〜 10% 間の方が多い. このように棒グラフを使うと, 金利に関してデータ密度がどう変わるのか分かりやすい. ヒストグラムは**データ分布**の形を理解するのに適している. 図表 2.6 により大部分のローンは 15% 以下であり, ごく少数が 20% 以上であることが分かる. データがこのように右に裾が引きずられ, 右裾が長ければ分布は

2.1. 数値データの記述

右に歪んでいる (right skewed) と言われる[5]. これとは逆の性質：つまり左に薄く長い，データは左に歪んでいる (left skewed)，分布は左裾が長いと言われる. 両方の裾がほぼ同等になっているとき，分布は対称 (symmetric) と言われる.

長い裾から歪みを見つける

データが一方向に裾が伸びているとき裾が長い (long tail) と言われる. 分布の裾が左に長いと左に歪み，分布の裾が右に長いと右に歪んでいる.

確認問題 2.9

図表 2.3 と図表 2.4 のドット・プロットを見てみよう. データに歪みはあるだろうか，歪みを見るにはヒストグラム，ドット・プロットのどちらが分かりやすいだろうか[6].

確認問題 2.10

平均 (既に述べた) の他に，ヒストグラムでは分からないがドット・プロットで分かることは何だろうか[7].

分布の歪みや対称性に加えてヒストグラムは最頻値 (モード) を見つけることに使われる. ここでモード (mode) は分布を代表するピーク（峰）を表す. 変数 loan_amount の分布には 1 つのピークのみがある. モード ($mode$) の定義として数学の授業ではときどきデータ集合で最も多くとる値とすることがあるかもしれない. しかし現実の多くのデータではデータ集合上で同一の値をとる観測値がない場合もよくあるので，この定義はデータ分析では実際的でない. 図表 2.7 はそれぞれピークが 1 つ，2 つ，3 つあるヒストグラムを示している. このような分布は単峰 (unimodal)，双峰 (bimodal)，多峰 (multimodal) とそれぞれ呼ばれている. 2 個以上のピークを持つ分布は多峰である. なお単峰分布で 1 つの峰で近くとほとんど観測数が異ならない 2 番目の小さなピークを持つこともある.

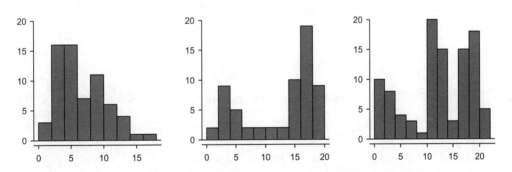

図表 2.7: 主要なピークのみによる分布（左から右）を単峰，双峰．多峰．左の分布を単峰と呼んだが，これはピーク全体ではなく主なピークのみを数えたためである.

---

[5] データが右に歪んでいる他の説明は右に歪んでいる (skewed to the right)，高い方に歪んでいる (skewed to the high end)，正の方向に歪んでいる (skewed to the positive end) などと言われる.

[6] 分布の歪みは 3 つのプロットすべてで見られるが，平坦なドット・プロットは最も役立たない. 階級幅のドット・プロットとヒストグラムは歪みを視覚的にすることに効果的となる.

[7] 個別のローン金利

例題 2.11

図表 2.6 は金利データには 1 つの主なモードがある分布を持つ. 分布は単峰, 双峰, 多峰だろうか.

単峰, ここで 単 (uni) は 1 (例えば単輪 $unicycles$), 同様に 複 (bi) は 2 (例えば 2 輪 $bicycles$) というように, 多輪 ($multicycle$) と同様な用語を使っている.

確認問題 2.12

ある K-3 小学校で若い生徒と年配の教員の身長を計測したとする. 身長データには幾つのモードがあると予想するだろうか[8].

最頻値 (モード) を視覚的に探すとき, 分布のモードを正確に見つけ出すことが困難なことが多い. それが本書ではなぜモードという言葉を厳密に定義しない理由である. 最頻値 (モード) を調べる試みで最も重要なことはそれによりデータをより理解できることである.

2.1.4 分散と標準偏差

平均をデータの中心を示す指標として導入したが, データのばらつき (変動性) も重要である. 本節では 2 つのばらつきの指標, 分散と標準偏差を導入する. この 2 つの式は手で計算するには少し面倒ではあるとしてもデータ分析において非常に有用である. 2 つの指標の中で標準偏差の方が理解しやすく, 典型的な観測値が平均からどの程度離れているかを表現している. 各観測値から平均までの距離を偏差 (deviation) と呼ぼう. ここで変数 `interest_rate` における 1 番目 (1st), 2 番目 (2nd), 3 番目 (3rd),..., 50 番目 (50th) の観測値を次のように表そう.

$$x_1 - \bar{x} = 10.90 - 11.57 = -0.67 ,$$
$$x_2 - \bar{x} = 9.92 - 11.57 = -1.65 ,$$
$$x_3 - \bar{x} = 26.30 - 11.57 = 14.73 ,$$
$$\vdots$$
$$x_{50} - \bar{x} = 6.08 - 11.57 = -5.49 .$$

さらに偏差を二乗して平均をとると**標本分散** (sample variance) が得られるが, これを s^2 と書く.

$$\begin{aligned} s^2 &= \frac{(-0.67)^2 + (-1.65)^2 + (14.73)^2 + \cdots + (-5.49)^2}{50 - 1} \\ &= \frac{0.45 + 2.72 + 216.97 + \cdots + 30.14}{49} \\ &= 25.52 \end{aligned}$$

なお標本分散の計算では n ではなく $n-1$ で割ったことに注意しておく. 数理的に若干の議論が必要ではあるが, この統計量の方が若干は信頼がおけるので $n-1$ を採用している. 偏差を二乗したことには 2 つの理由がある. 第 1 に例えば $(-0.67)^2, (-1.65)^2, (14.73)^2, (-5.49)^2$ を比較すれば分かるが, 大きな値はより増幅されて大きくなる. 第 2 に負の値の符号を無視できることである.

標準偏差 (standard deviation) は分散の平方根 (ルート) で定義される:

$$s = \sqrt{25.52} = 5.05$$

---

[8] このデータセットには明らかに 2 つのグループを含んでいる. 生徒のグループと大人のグループである. したがって分布は双峰と言うことになるだろう.

2.1. 数値データの記述

なお省かれることもあるが分散や標準偏差には右下添字 $_x$ をつけ, s_x^2, s_x と表すが, これは観測値 x_1, $x_2, ..., x_n$ を確認するためである.

分散と標準偏差

分散は平均からの平均二乗距離, 標準偏差は分散の平方根である. 標準偏差はデータが平均からどの程度離れているかを考察するときに有用となる. 標準偏差は平均から観察値が典型的にはどの程度乖離しているかを表現する. 通常はデータの約 70% は平均からの 1 標準偏差内にあり, 約 95% は 2 標準偏差内にある. ただし図表 2.8 と図表 2.9 から分かるようにこのパーセント数は厳密なルールというわけではない.

平均と同様, 母集団の分散と標準偏差には特別の記号:分散には σ^2, 標準偏差には σ が用いられる. 記号 σ はギリシャ文字のシグマである.

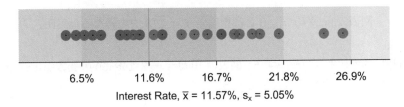

図表 2.8: 変数 interest_rate について 50 の中 34 のローン (68%) は平均から 1 標準偏差以内, 50 の中の 48 のローンは 2 標準偏差内にある. 通常はデータの約 70% が平均から 1 標準偏差以内, 2 標準偏差内が約 95% 以内となる.

確認問題 2.13

48 頁では分布の形という概念を説明した. 分布の形を記述するには峰 (ピーク) の数, 左右対称, あるいは片方に歪んでいるか などの情報が必要である. ここでは例として図表 2.9 を用いてなぜ分布の形の記述が重要なのかを説明しよう[9)].

例題 2.14

図表 2.6 のヒストグラムを用いて変数 interest_rate(ローン金利) の分布を説明しなさい. 記述は分布に関係して平均, ばらつき, 分布の形状などを含めなさい. 特に特徴的な事例に注意しなさい.

金利の分布は単峰, 右に歪みがある. 大部分の金利は平均金利 11.57% の周りにあり, 標準偏差 5.05% を超えない. しかし 20% を超える幾つかの例外がある.

実例では分散や標準偏差の評価自体が分析目的となることがあるが, この目的とは統計量に関する不確実性の評価だからである. 例えば第 5 章では標本平均が標本ごとにどの程度まで変化するかの評価に標準偏差が用いられている.

2.1.5 箱ひげ図, 分位点, 中位数 (中央値)

箱ひげ図 (ボックス・プロット, box plot) では 5 個の統計量を使ってデータを要約するが, 通常

[9)] 図表 2.9 はかなり形状の異なる 3 つの分布であるが, 平均, 分散, 標準偏差は等しい. 単峰性を利用すると最初の図 (双峰) と残りの 2 つ (単峰) を区別できる. こうしてヒストグラムの図より詳しく分布を語ることができ, 分布の単峰性や形状 (対称/歪み) などの基本的情報を特徴付けることができる.

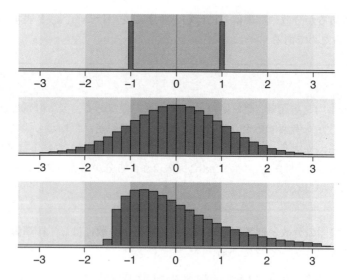

図表 2.9: 平均 $\mu = 0$ と標準偏差 $\sigma = 1$ (3つの異なる母集団).

とは異なる観測値, 外れ値もプロットする. 図表 2.10 はデータ loan50 の変数 interest_rate についての縦のドットプロットおよび箱ひげ図である.

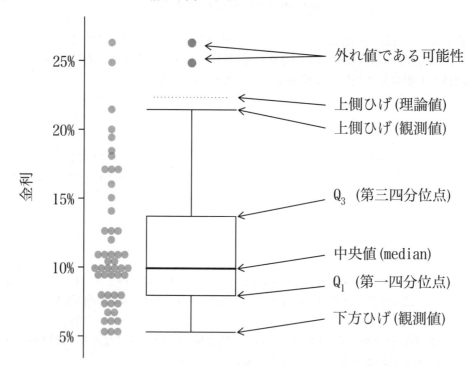

図表 2.10: 50 ローン金利の縦ドット・プロットと箱ひげ図.

　　箱ひげ図への第一歩は太線で表される **中位数** (中央値, median) を引くことであり, この線によりデータを半分に分割する. 実際, 図表 2.10 では 50% のデータが中位数以下, 残りの 50%はそれ以上となっている. このデータセットには 50 個のローン(偶数)があるので, データは完全に 25 個づつ分割できる. この場合には中位数は 50th パーセント点に最も近い 2 つの観測値の平均とするが, このデータではたまたまデータ内のある値に一致して : $(9.93\% + 9.93\%)/2 = 9.93\%$. データが奇数個のときには 1 つの観測値が正確に他のデータを 2 分割するので, その値を (平均をとることなく) 中位数とすればよい.

2.1. 数値データの記述

> **中位数 (中央値): 中央の値**
>
> データが最小値から最大値までに順序付けられていると, 中位数 (中央値, median) は中央の観察値で定められる. 観測値が偶数なら中央の2つの観測値をとり平均すればよい.

箱ひげ図を作成する第二段階は箱を作成し, データの中央 50% を表現することである. 図表 2.10 で示されているように箱ひげ図の長さは四分位範囲 (interquartile range), 略して IQR と呼ばれる. この量は標準偏差と同様にデータの変動性 (variability) を測る尺度である. データの変動性が大きければ標準偏差も IQR も大きくなる傾向がある. 箱ひげ図の2つの境界は第一四分位点 (first quartile), (25 パーセンタイル (percentile), つまり 25% のデータがこの値以下), および第三四分位点 (third quartile) (75 パーセンタイル) で, それぞれ Q_1 および Q_3 と表記する.

> **四分位範囲 (IQR)**
>
> IQR (四分位範囲) は箱ひげ図の箱の長さであり, 次のように計算される:
>
> $$IQR = Q_3 - Q_1 .$$
>
> ここで Q_1 および Q_3 は 25 パーセンタイルと 75 パーセンタイルである.

確認問題 2.15

Q_1 と中位数の間に何パーセントのデータがあるだろうか. また中位数と Q_3 の間には何パーセントのデータがあるだろうか[10].

箱から伸びるひげ (whiskers) は箱の外側のデータをとらえている. このひげは $1.5 \times IQR$ 以上には延ばさないで, この範囲のデータをとらえることができる. 図表 2.10 では上部のひげの上には 2 点あり, これらは $Q_3 + 1.5 \times IQR$ 以上の点であり, この限界点より小さい点まで延長されている. 下側のひげは最小値 5.31% で止まっているが, これは $Q_1 - 1.5 \times IQR$ より小さい点はないので下側のひげは途中で止まっているのである. ある意味で箱は箱ひげ図の本体, ひげは外のデータをとらえようとする腕のようである. ひげを超えた観測値はドットで表される. このような点にラベルをつける理由 (ひげを最大値と最小値まで伸ばさない) はデータ上で他の点からかなり離れていることを識別できる. 通常のデータと異なり遠く離れている観測点は外れ値 (outliers) と呼ばれている. 例では 24.85% と 26.30% は他の観測値からかなり外れているので外れ値と分類されるのが妥当だろう.

> **外れ値は極端な値**
>
> 外れ値 (outlier) は他のデータとは相対的には極端に異なる観測値のことである. データの外れ値を調べるのは有益なことが少なくない. 例えば
>
> 1. 分布の強い歪みを識別する.
> 2. データの集計上やデータの入力エラーなどを識別する.
> 3. データの興味深い性質について洞察を与えてくれる.

---

[10] Q_1 と Q_3 はデータの中央の 50% により決まり, 中位数はデータ全体を半分に分割するので 25% のデータは Q_1 と中位数, 他の 25% は中位数と Q_3 の間にある.

確認問題 2.16

図表 2.10 を用いてデータ loan50 上の変数 interest_rate の次の値を推定しなさい。(a) Q_1, (b) Q_3, (c) IQR [11].

2.1.6 頑健な統計量

データ interest_rate 上の標本統計量はどれほど 1 つの観測値 26.3% に影響されるだろうか. 例えばデータ interest_rate から求めた標本統計量は 1 つのデータ 26.3% にどの程度影響されるだろうか, もしこのデータが 15% であったとしたらどうなるだろうか. あるいはもしデータ 26.3% がより大きな 35% であったとしたら要約統計量はどうなるだろうか. こうした異なるシナリオにおけるプロットを図表 2.11 に元データと共に示しておくが, 変更に伴う統計量を図表 2.12 に示しておく.

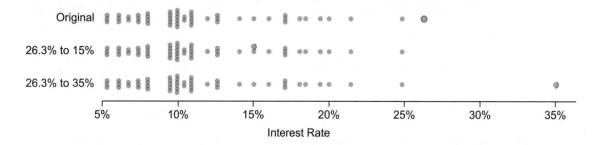

図表 2.11: 元の金利データと 2 つデータを修正したドット・プロット.

シナリオ	頑健 中位数 (median)	IQR	非頑健 $\bar{x}$	s
原変数 interest_rate データ	9.93%	5.76%	11.57%	5.05%
変更 26.3% → 15%	9.93%	5.76%	11.34%	4.61%
変更 26.3% → 35%	9.93%	5.76%	11.74%	5.68%

図表 2.12: 変数 interest_rate における外れ値がどのように中央値, IQR, 平均値, 標準偏差を変化させるか調べた比較表.

確認問題 2.17

(a) 平均値と中位数 (中央値) のどちらが極端な観測値の影響が大きいだろうか. この問題については図表 2.12 が有益である. (b) 標準偏差と IQR のどちらが極端な観測値の影響を受けやすいだろうか[12].

中位数 (中央値) と IQR は頑健統計量と呼ばれているが, 極端な観測値がその値に与える影響が少ない為である. 多くの場合に極端な観測値に影響を受けることはほとんどない. 他方, 平均と標準偏差は極端な観察値にかなりの影響を受けるが, 状況によってはそのことに重要な意味がありうる.

---

[11] 図から見ただけでは推定値は各人で少しづつ異なるが, $Q_1 = 8\%$, $Q_3 = 14\%$, IQR $= Q_3 - Q_1 = 6\%$. (なお真値は $Q_1 = 7.96\%$, $Q_3 = 13.72\%$, IQR $= 5.76\%$.)

[12] (a) 平均の方がより影響が大きい. (b) 標準偏差の方がより影響される. この論点については確認問題 2.17 で説明されている.

2.1. 数値データの記述

例題 2.18

図表 2.12 では3つのシナリオ下では中位数と IQR は影響を受けないことを示している。なぜこうなるのだろうか。

中位数と IQR は Q_1, 中位数, Q_3 に近い値にのみ鋭敏 (センシテイブ) である。これらの値は3つのデータセットでは安定しているので中位数と IQR もまた安定的となっている。

確認問題 2.19

データ loan50 のローン金額の分布は右に歪み、右裾に大きなローン金額がある。典型的なローン金額の大きさに関心があるのであれば、平均、中位数のどちらを見るのが妥当だろうか[13]。

2.1.7 データ変換

データが非常に強く歪んでいるときには、データを変換することでより適切にモデル分析できることがある。

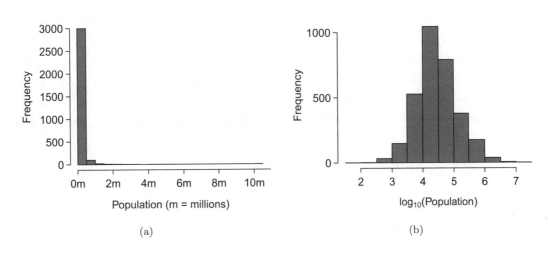

図表 2.13: (a) すべての米国の郡の人口のヒストグラムと $\log_{10}$ 変換した郡人口のヒストグラム。(プロットでは x-値は 10 のベキ、例えば "4" は $10^4 = 10{,}000$ を意味する)。

例題 2.20

郡人口のヒストグラムを考えよう。図表 2.13(a) は極端に歪んでいるがこのプロットは有益だろうか。

ほとんどすべてのデータは左端の階級にあり、この歪みにより潜在的には興味深い内容を不透明にしている。

右裾に強く歪み、正値をとるがゼロ付近に密集しているデータには幾つかの標準的な変換があり得る。ここで変換 (transformation) とはデータをある関数を利用してスケールを変更することである。例えば郡人口の対数変換 (底 10) をとるとヒストグラムは図表 2.13(b) となる。このデータは対称、外

---

[13] 様々な解答があり得る！典型的なローン金額がどの程度か理解したいのなら、中央値がより適切だろう。しかし目的がローンの大きさ、例えば 1,000 ローンにおいての総ローン金額を知りたい、などであれば平均の方がより役立つだろう。

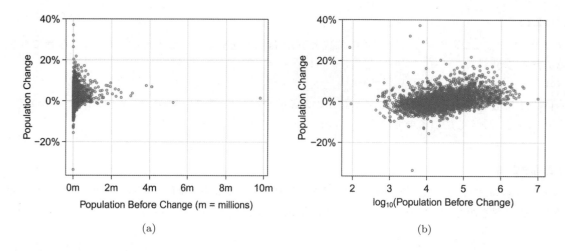

図表 2.14: (a) 人口変化の散布図 (対前人口) (b) 人口を対数変換したデータの散布図

れ値は元のデータよりも極端ではなくなる．外れ値や極端な歪みを処理することで対数変換はデータに対して統計モデルを利用しやすくしてくれる．さらに変換は散布図の片方，あるいは両方の変数に適用することもできる．2010 から 2017 の人口変化 vs. 2010 年の人口は図表 2.14(a) に示されている．この散布図から興味深いパターンを見出すことは困難であるが，それは人口変数の分布が極端に歪んでいるからである．人口変数に $\log_{10}$ 変換を施したのが図表 2.14(b) であるが，変数間に正の関連が見えてくる．実際，第 8 章では直線のあてはめ法を学ぶが，トレンド線を当てはめて見ることが考えられる．

対数変換の他の変換も有用である．例えば平方根変換 ($\sqrt{原観測値}$) や逆数変換 ($\frac{1}{原観測値}$) などをデータサイエンティストはよく使っている．データを変換する目的はデータ構造を異なる眼で眺めることで歪みを減らし，統計的モデリングを容易にしたり，散布図上での非線形な関係を線形化するなどである．

2.1.8 データのマッピング

データ county は多くの数値データを含んでいるが, ドット・プロット, 散布図, 箱ひげ図などの図だけではデータの本質を表せないことがある. 例えば地域的なグラフィカルデータの場合, 強度地図 (intensity map) と呼ぶべき図を作り, 色彩を利用して変数の高低を表現することがある. 図表 2.15 と図表 2.16 はこの強度地図 (intensity map) と呼ぶもので貧困率 (パーセント, poverty), 失業率 (unemployment_rate), 住宅保有率 (homeownership), 世帯所得中央値 (median_hh_income) を示しているが, 色彩がデータの値を意味するように色が利用されている. なお密度地図 (intensity マップ) は各郡の正確な値を示すというわけではなく, 地域的傾向や興味深い研究テーマや仮説を示してくれる.

例題 2.21
変数 poverty と変数 unemployment_rate の強度地図 (intensity マップ) からはどのような興味あるデータの特徴が分かるだろうか.

貧困率は幾つかの地域で明らかに高い. 例えば米国最南部 (ディープ南部) の貧困率は高く, アリゾナやニューメキシコも同じような傾向がある. 高貧困率はニューオリンズの北, ミシシッピー川流域やケンタッキーのかなりの部分などでも見られる.

失業率でも同様の傾向があり, これら 2 つの変数は関係があることが分かる. 実際, 失業率が高いと貧困率につながるだろう. この密度地図から得られる観察事実：貧困率は失業率よりはるかに高く, 多くの人が働いていたとしても貧困から脱出するまでには至っていないのだろう.

確認問題 2.22
図表 2.16(b) における変数 median_hh_income の強度地図から分かることは何だろう[14].

---

[14] 様々な解答があり得る. 高収入と都市部にはある種の関係があり, 灰色の地域 (世帯所得がより高い中央値) が対応するが, 幾つかの例外もある. 大都市としてよく知られている地域を探し, 地図上の灰色の地区と照合することができる.

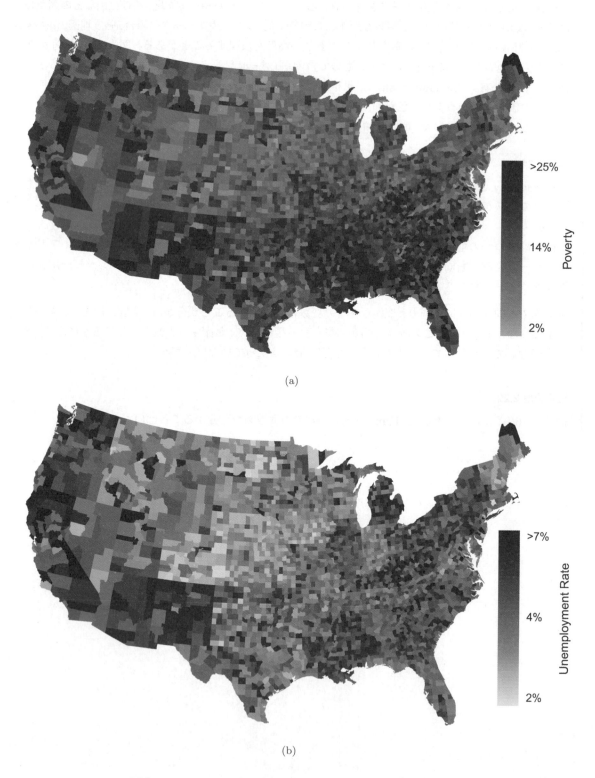

図表 2.15: (a) 貧困率の強度地図. (b) 失業率の強度地図.

2.1. 数値データの記述

図表 2.16: (a) 自宅保有率の強度地図. (b) 中位数所得の強度地図 (千ドル).

練習問題

2.1 哺乳類の寿命. 62 の哺乳類について寿命 (life span, 年) と懐妊期間 (gestation, 日) のデータが集められたが, 次の図は寿命 (年) と懐妊期間 (日) の散布図である.[15].

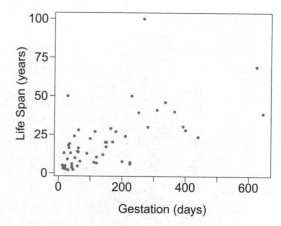

(a) 寿命と懐妊期間の間にはどのようなタイプの関連性 (association) があるだろうか.
(b) 散布図の軸の取り方を反対にとると (つまり懐妊期間 vs. 寿命) どのようなタイプの関連性 (association) があるだろうか.
(c) 寿命と懐妊期間は独立だろうか. 理由も説明しなさい.

2.2 関連性. 次のプロットはどれを示しているだろうか. (a) 正の関連, (b) 負の関連, (c) 関連なし. さらに正の関連性と負の関連性は線形, あるいは非線形だろうか. なお 各プロット 1 個以上が対応してもよいとする.

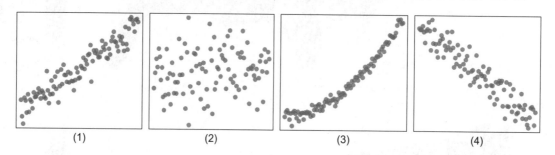

2.3 バクテリアの増殖. あるシャーレには 100 個のバクテリアが生きるのに十分なスペースと栄養があるとしよう. このシャーレに幾つかのバクテリア細胞を増殖できるように入れてある期間にバクテリアの数を記録した. バクテリアの数と時間のプロットをスケッチしなさい.

2.4 オフィスの生産性. オフィスの生産性は被雇用者が仕事や仕事を失うなどのストレスがないと低いことが知られている. しかしストレスがあまりにも高いと感じると生産性が落ちる. ストレスと生産性の関係を表すプロットを示しなさい.

2.5 パラメータと統計量. どの値が標本平均 および元の母集団平均を表すか識別しなさい.

(a) 米国の家計は 2007 年には平均で約 52 ドルをハロウイーン商品 (コスチューム, 飾り, キャンディなど) に支出している. この数値が変化してきたか見るために, 研究者は 2008 年に産業から数字が出る前に新しい調査を行った. 調査では 1,500 世帯の家計が調査され, ハロウイーンでの平均支出は 1 世帯 58 ドルであった.
(b) 2001 年ある私立大学の学生の平均 GPA は 3.37 であった. 10 年後にこの大学で行った 203 名の学生の標本の平均 GPA は 3.59 であった.

2.6 大学生の睡眠時間. ある大学新聞のある記事によると, 毎晩の睡眠時間は平均で 5.5 時間 (hrs) であった. この数値に疑いを持ったある学生はランダム・サンプリングで 25 名を調査することとした. 平均では標本の学生の睡眠時間は一晩 6.25 時間であった. どの値が標本平均でどの値が元の母集団平均だろうか.

2.7 鉱山工場での休日数. ある鉱山の労働者は平均で 35 日の有給休暇があるが, 全国平均より低かった. 組合からのプレッシャーを受けた工場長は有給休暇を増加することとした. しかし, コストがかかるので, 既存の労働者により多くの有給休暇を与えることは望まなかった. その代わりに, 労働者により報告される平均有給休暇時間を上げるために 10 名を解雇することとした. この目的を達成するためには最も少なく有給休暇を取っている労働者を解雇すべき, あるいは平均的な有給休暇を取っているものを解雇すべきだろうか.

2.8 中位数と四分位数. それぞれ (1) と (2) の分布を中央値と IQR をもとに分布を比較しなさい. なおこれらの

---

[15] T. Allison and D.V. Cicchetti. "Sleep in mammals: ecological and constitutional correlates". In: *Arch. Hydrobiol* 75 (1975), p. 442.

2.1. 数値データの記述

統計量を正確に計算せずに中央値と IQR をどのように比較したらよいか説明するだけでもよいが，必ず理由は説明しなさい．

(a) (1) 3, 5, 6, 7, 9
    (2) 3, 5, 6, 7, 20
(b) (1) 3, 5, 6, 7, 9
    (2) 3, 5, 7, 8, 9
(c) (1) 1, 2, 3, 4, 5
    (2) 6, 7, 8, 9, 10
(d) (1) 0, 10, 50, 60, 100
    (2) 0, 100, 500, 600, 1000

2.9 平均と標準偏差． 次に挙げる各々の例について平均と標準偏差をもとに (1) と (2) の分布を比較しなさい．なおこれらの統計量を計算する必要はなく，中央値と標準偏差をどのように比較したらよいか説明するだけでよいが，必ず理由は説明すること．(ヒント：分布のドット・プロットを書くことが有用だろう．)

(a) (1) 3, 5, 5, 5, 8, 11, 11, 11, 13
    (2) 3, 5, 5, 5, 8, 11, 11, 11, 20
(b) (1) -20, 0, 0, 0, 15, 25, 30, 30
    (2) -40, 0, 0, 0, 15, 25, 30, 30
(c) (1) 0, 2, 4, 6, 8, 10
    (2) 20, 22, 24, 26, 28, 30
(d) (1) 100, 200, 300, 400, 500
    (2) 0, 50, 300, 550, 600

2.10 分布と箱ひげ図． 次のヒストグラムの分布を説明，箱ひげ図と照合しなさい．

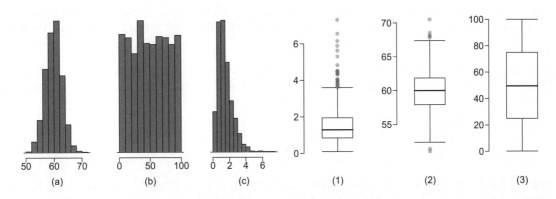

2.11 空気の質． 日次の空気の質は環境保護局が発表する空気質指標 (Air Quality Index, AQI) で測られている．この指標は汚染状況および健康に影響しそうなことを報告しているが，指標は大気浄化法 (Clean Air Act) で規制されている 5 つの汚染物質より計算され，0～300 の値をとり，高い値ほど低い空気の質を示す．次の AQI はダーラム (Durham, NC) で 2011 年の 91 日間の標本として報告されたもので，次の相対ヒストグラムはこの AQI の分布である[16]．

(a) この標本の AQI の中央値を推定しなさい．
(b) この標本では AQI の平均は中央値より高いだろうか 低いだろうか．理由も説明しなさい．
(c) この分布の Q1, Q3, IQR を推定しなさい．
(d) この標本では風痛でないほど高い，日の数値の中に普通でないほど AQI が高い，あるいは AQI が低い日があるだろうか．理由も説明しなさい．

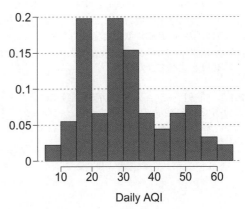

2.12 中央値と平均値． 次のヒストグラムに示されている 400 個の観察値の中央値を推定，平均は中央値より高いか低いと思われるか，その理由を述べなさい．

---
[16] US Environmental Protection Agency, AirData, 2011.

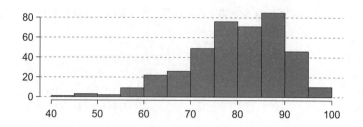

2.13 ヒストグラムと箱ひげ図. 次のプロットを比較しなさい．ヒストグラムではっきりしているが，箱ひげ図ではそうでもない分布の特徴はあるか．箱ひげ図でははっきりしているがヒストグラムではそうでない特徴は何だろうか．

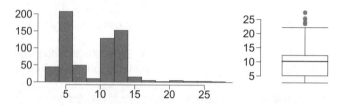

2.14 フェイスブックと友人. ファイスブック・データによるとユーザーの 50% は 100 名かそれ以上の友人がいて，平均は約 190 名である．この数値はフェイスブック利用者の友人数の分布の形状について何を示してるだろうか[17]．

2.15 分布と統計量: パート I. 次の説明は分布が対称，右に歪んでいる，あるいは左に歪んでいる，の中のどれと推測されるだろうか．平均か中央値はデータの典型的データを表現しているだろうか，さらにデータの変動は標準偏差か IQR のどちらで表現されるだろうか，理由も説明しなさい．

(a) 世帯ごとのペット数．
(b) 仕事場までの距離，つまり職場と自宅間のマイル数．
(c) 大人の男性の背の高さ．

2.16 分布と統計量: パート II. 次の説明は分布は対称，右に歪む，あるいは左に歪む，のいずれかと考えられるか．平均か中央値はデータの最も典型的な値と見なせるだろうか，また標準偏差か IQR が観測値の変動性を最も示していると考えられるだろうか．その理由も述べなさい．

(a) ある郡の住宅価格，25% は 350,000 ドル以下，50% は 450,000 ドル以下，75% は 1,000,000 ドル以下，さらにある程度の比率の住宅価格は 6,000,000 ドル以上．
(b) ある郡の住宅価格，25% は 300,000 ドル以下，50% は 600,000 ドル以下，75% は 900,000 ドル以下，さらに 1,200,000 ドル以上の住宅は非常に少ない．
(c) ある週に学生が飲むアルコール飲料の数．なお大部分の学生は 21 歳以下なのでアルコールを飲まないが，少数の学生は過剰に飲むと考えられる．
(d) 雑誌フォーチュン (Fortune) に出ている 500 の企業の従業員の年俸，ただし一握りの管理職の給与は他の従業員と比べてかなり高い．

2.17 コーヒーショップでの所得. 最初のヒストグラムはある大学のコーヒーショップの得意客 40 名の年間所得の分布である．2 人の客が新たにコーヒショップ客となり，それぞれが 225,000 ドルと 250,000 ドルであったとしよう．第二のヒストグラムは新たに 2 名を加えた所得分布を表している．2 つのデータの要約統計量 (単位は千ドル) も示しておく．

---

[17] Lars Backstrom. "Anatomy of Facebook". In: *Facebook Data Team's Notes* (2011).

2.1. 数値データの記述

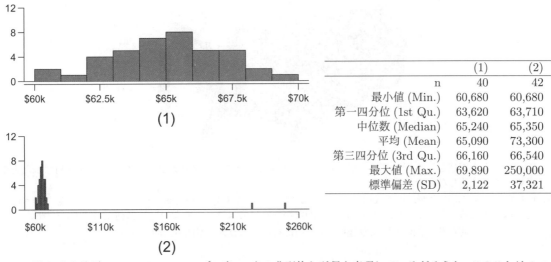

	(1)	(2)
n	40	42
最小値 (Min.)	60,680	60,680
第一四分位 (1st Qu.)	63,620	63,710
中位数 (Median)	65,240	65,350
平均 (Mean)	65,090	73,300
第三四分位 (3rd Qu.)	66,160	66,540
最大値 (Max.)	69,890	250,000
標準偏差 (SD)	2,122	37,321

(a) 平均と中央値がこのコーヒーショップの客42名の典型的な所得を表現しているだろうか．このことは2つの尺度のロバストネス (頑健性) について何か語っているだろうか．

(b) 標準偏差，あるいはIQRはこのコーヒーショップの客42名の典型的な所得の変動性を表現しているだろうか．このことは2つの尺度のロバストネス (頑健性) について何か語っているだろうか．

2.18 中央範囲. 分布の中央範囲 (*midrange*) は分布の最大値と最小値の平均として定義しよう．この統計量は外れ値や極端な歪みに対しロバストだろうか，その理由も説明しなさい．

2.19 通勤時間. USセンサス局では米国人が職場に通勤する時間のデータを他の多くの変数と共に集めている．次のヒストグラムは2010年の3,142郡での平均通勤時間の分布を示している．さらに以下の図は同じデータの空間密度マップである．

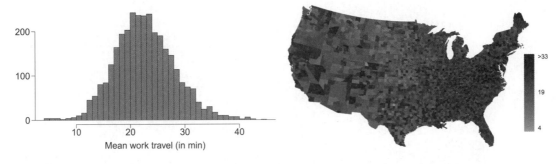

(a) 数値の分布を記述し，このデータに対し対数変換を施したほうが良いか否かコメントしなさい．

(b) マップにある通勤時間の空間分布を記述しなさい．

2.20 ヒスパニックの人口. USセンサス局では他の変数と共に米国人の人種や宗教のデータを集めている．次のヒストグラムは2010年米国の3,142郡のヒスパニック系が人口に占める割合の分布を示している．さらに対数変換した値のヒストグラムも示しておく．

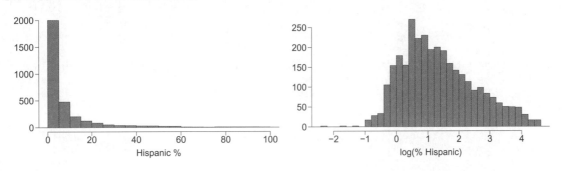

(a) 数値の分布を記述しこのデータを分析したりモデル化したりするために対数変換したデータを利用した方が良いか否か説明しなさい.
(b) US 郡でヒスパニックが占める人口の分布について, マップでは明らかだが, ヒストグラムではそうでもない特徴はあるだろうか. ヒストグラムでは明らかだがマップではそうでもない特徴は何だろうか.
(c) どれか 1 つの可視化が他の方法より適切, あるいは有益だろうか. 理由も説明しなさい.

2.2 カテゴリカル・データ

本節では本書で扱うカテゴリカル・データに対する分割表や他の分析用具を導入しよう．データ loan50 はより大きな貸出 (ローン) データ loans からの標本であるが，貸出組合 (Lending Club) による 10,000 のローン情報が含まれている．本節では変数 homeownership を利用する (データ loans 中では借家 (rent)，モーゲージ (mortgage，モーゲージは抵当権が付いているか否か)，自宅所有 (own) のいずれか値をとる)，さらにこの変数と変数 app_type (ローン応募が共同か単独のいずれか) との関係を調べる．

2.2.1 分割表と棒グラフ

図表 2.17 は 2 変数として変数 app_type と変数 homeownership の関係を要約している．2 つのカテゴリカル・データをこのようにまとめる表を分割表 (contingency table) と呼ぶ．表の各要素は変数が特定の組み合わせの値をとる頻度を表現している．例えば 3496 はデータセットの中で借り手が借家でかつ応募が単独の場合の数に対応している．行和と列和も含まれ，行和 (row totals) は各行の和を表す (つまり $3496 + 3839 + 1170 = 8505$)，列和 (column totals) は各列の和を表している．したがって各カテゴリーのパーセンテージ，比率で表現される表，あるいは図表 2.18 の中の変数 homeownership のように 1 変数の表を作ることができる．

		所有形態 (変数 homeownership)			
		借家	モーゲージ	自宅 (所有)	合計
変数 app_type	個人	3496	3839	1170	8505
	共同	362	950	183	1495
	合計	3858	4789	1353	10000

図表 2.17: 変数 app_type と変数 homeownership の分割表．

所有形態	件数
借家	3858
モーゲージ	4789
自宅	1353
合計	10000

図表 2.18: 変数 homeownership の値の各頻度の要約．

棒グラフ (バー・プロット) は 1 個のカテゴリカル変数を表現する一般的な方法である．図表 2.19 は変数 homeownership の棒グラフを示している．右側のパネルでは各レベルへの比率を示すように比率に変換されている (借家 (rent) の比率は $3858/10000 = 0.3858$)．

2.2.2 行比と列比

しばしばある変数の値を割合で表現すると役立つことがあるが，分割表を修正することで利用が可能となる．図表 2.20 が示しているのは図表 2.17 の行比 (row proportions) であり，各要素を行和で割って作成したものである．値 3496 は個人 (individual) と借家 (rent) に対応し，$3496/8505 = 0.411$，つ

図表 2.19: 変数 number についての 2 つの棒グラフ (左側は各群の頻度, 右側は比率).

まり 3496 を行和 8505 で割った数値である. ここで 0.41 の意味であるが, 個人による応募者の中で借家である割合に対応している.

	借家	モーゲージ	自宅 (所有)	全体
個人	0.411	0.451	0.138	1.000
共同	0.242	0.635	0.122	1.000
合計	0.386	0.479	0.135	1.000

図表 2.20: 変数 app_type と変数 homeownership について行比の分割表 (なお行和は 0.001 だけ四捨五入の誤差がある).

列比の分割表も同様に計算され, それぞれの列比 (column proportion) は各要素を対応する列の合計で割ることで作成される. 図表 2.21 はそうした表であり値 0.906 は借家の 90.6% が個人であることを意味している. この数値はモーゲージを持つ個人 (80.2%), あるいは自宅所有 (85.1%) よりも高い. こうした比率は変数 homeownership を借家 (rent), モーゲージ (mortgage), 自宅所有 (own) という 3 水準により変化するので変数 app_type と変数 homeownership に関連性があることを示唆している.

	借家 (rent)	モーゲージ (mortgage)	自宅所有 (own)	合計
個人	0.906	0.802	0.865	0.851
共同	0.094	0.198	0.135	0.150
合計	1.000	1.000	1.000	1.000

図表 2.21: 変数 app_type と変数 homeownership についての列比の分割表 (なお最後の列の合計は四捨五入の誤差により 0.001 のずれがある).

また列比を利用して表 2.20 では変数 app_type と変数 homeownership の関連を調べることができる. 列比を比較すると, ローンの借り手が借家, モーゲージあり, 自宅 のどれかによるばらつきを個人 (individual), 共同 (joint) などのローン応募のタイプごとに理解できる.

2.2. カテゴリカル・データ

確認問題 2.23

(a) 図表 2.20 における 0.451 は何を示しているだろうか. (b) 図表 2.21 における 0.802 は何を示しているだろうか[18]).

確認問題 2.24

(a) 図表 2.20 において共同 (joint) と自宅所有 (own) の欄の 0.122 は何を示しているだろうか. (b) 図表 2.21 における 0.135 は何を示しているだろうか[19]).

例題 2.25

データサイエンティストは受け取る電子メール・メッセージにおけるスパム (迷惑メール) を除くために統計量を利用することがある. メールについての幾つかの指標を見ることでデータサイエンティストはかなりの精度でメールがスパムか否かを分類できる. メールの 1 つの特徴としては中に番号なし, 小さな番号, 大きな番号を含んでいるか否かである. その他, メールの形, 太字の文章を含む HTML 文を含んでいるかなどがある. ここでデータ email を使ってメールの形式, スパムの形に焦点を当て, これらの変数の一例を図表 2.22 の分割表にまとめておいた. スパムメールか否かを分類したいものにはこの表のうち行比, 列比のどちらが有用だろうか.

データサイエンティストはスパムが各メール形式でどう変化するかに関心があるだろう. これは列比に対応するが, すなわち普通のメール形と HTML メールでのスパスの比である. この列比を計算すると, 普通のメールにおけるスパム (209/1195 = 17.5%) の方が HTML 形のスパム (158/2726 = 5.8%) よりも比率が高い. むろんこの情報だけではあるメールがスパムか否かを分類するには不十分であり, 普通の形式の 80%以上はスパムでない. しかしこの情報を注意深く他の情報と組み合わせれば, メールがスパムか否かをかなりの確信度で分類できる.

	文	HTML	全体
スパム (spam)	209	158	367
非スパム (not spam)	986	2568	3554
合計	1195	2726	3921

図表 2.22: 変数 spam と変数 format の分割表.

例 2.25 は行比と列比が同等でないことを示している. 分割表から別の表を作成するときには最も有用な表を作るように心がけると良いだろう. ただし, ときにはどちらの形式がより有用かはっきりしない場合もある.

---

[18]) (a) 0.451 はモーゲージを持つ個人の応募割合を表している. (b) 0.802 は個人で応募したモーゲージ付きの割合を示している.

[19]) (a) 0.122 は共同借り手の中で自宅所有の割合を示している. (b) 0.135 は自宅所有の中でローンの共同応募者の割合を示している.

例題 2.26

図表 2.20 と図表 2.21 を振り返ろう．何か片方が他より役立つというシナリオがありうるだろうか．

明確な解答はないだろう！ 変数 app_type 対 変数 homeownership ではスパム・メールの例とは異なり，2 つの変数の間の関係として仮説的に考えられる説明変数-目的変数というはっきりした関係はない（これらの用語については 1.2.4 節を参照）．なお通常は説明変数を"条件"と見なすと有益である．例えばメールの例ではメール形式がスパムか否かの説明変数の可能性が考えられるので，各メール形式について相対頻度（あるいは比率）を計算する意味がある．

2.2.3 2 変数と棒グラフ(バー・プロット)

分割表は行比や列比を利用するなど 2 つのカテゴリカル変数がどのように関係するかを調べることに便利である．また積み重ね棒グラフ (stacked bar plots) を分割表の情報を可視化することに利用できる．積み重ね棒グラフは分割表の情報をグラフで示したものである．例えば図表 2.21 に対する積み重ね棒グラフは図表 2.23(a) ではまず変数 homeownership を用いて棒グラフを作成，次に変数 app_type のレベルにしたがいデータ群を分けている．積み重ね棒グラフに関係するデータの可視化として並列棒グラフ (side-by-side bar plot) が挙げられるが，例を図表2.23(b)に示しておこう．棒グラフの最後の形として変数 app_type と変数 homeownership の分割表での列比を図表 2.23(c) では標準化した積み重ね棒グラフに翻訳しておいた．このタイプの可視化は変数 homeownership の各レベルでのローンを個人，あるいは共同で応募しているかを理解することに役立つ．また共同 (joint) と個人 (individual) はグループごとに変動するので，2 変数は連関していると結論付けられる．

例題 2.27

図表 2.23 の 3 つの棒グラフを調べよう．積み重ね棒グラフ，平行棒グラフ，標準化した積み重ね棒グラフ はどの場合に最も役立つだろうか．

積み重ね棒グラフはある変数を説明変数，他の変数が目的変数に割り付けるときに最も役立つが，1 つの変数を割り付け，他の変数で分割するからである．並列棒グラフはどちらの変数が説明変数，目的変数なのか変数の示し方がよく分からないときに役立つ．また幾つかのケース，例えば 6 個の群の比較などにも有用となる．ただし，より横軸にスペースが必要の場合，例えば図表 2.23(b) は少し窮屈になる．また，例えば 自宅保有 (own) と他の群のように，2 群のそれぞれの大きさが異なるとき，変数が連関しているか否か判断が難しくなる．標準化された重ね合わせ棒グラフは重ね合わせ棒グラフの 1 つの変数がバランスを欠いているときには有用となる．例えば自宅 (own) カテゴリーはモーゲージ (mortgage) カテゴリーの 1/3 程度なので単純な重ね合わせ棒グラフは関連性が見えにくい．ただ標準化すると各棒グラフが幾つなのか分からなくなるという問題がある．

2.2.4 モザイク・プロット

モザイク・プロット (mosaic plot) は分割表を可視化するには適した方法であり，標準化された積み重ね棒グラフのようだが，主要な変数の相対的群サイズも変わるという長所がある．モザイク・プロットを作るためには，まず図表 2.24(a) のように，正方形を変数 homeownership にカテゴリーごとに列に分ける．各列は変数 homeownership のレベルを表し，列の広さは各カテゴリーが占めるローンの割合を表す．例えばローンの借り手では自宅所有の方がモーゲージよりも少ない．一般にはモザイク・プロットの箱の面積は各カテゴリーの数を表している．

2.2. カテゴリカル・データ

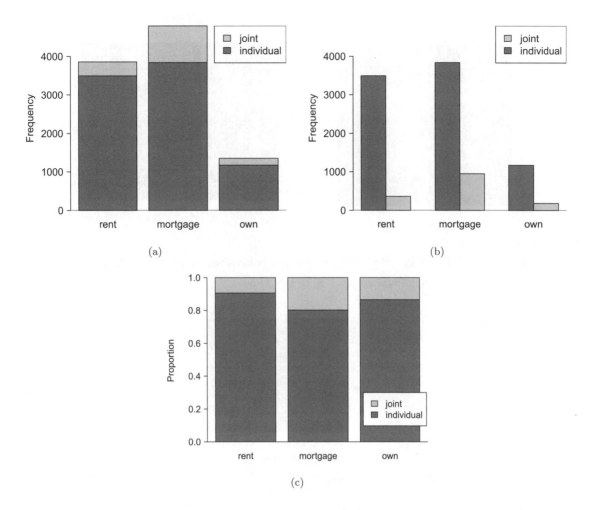

図表 2.23: (a) 変数 homeownership の積み重ね棒グラフ (変数 app_type により分割), (b) 平行棒グラフ, (c) 標準化された積み重ね棒グラフ.

モザイク・プロットを完成するには, 1 変数のモザイク・プロットを図表 2.24(b) のように変数 app_type を用いて部分に分解する. 各列を個人の借り手と共同の借り手からのローン数に比例して分割する. 例えば 2 番目の列はモーゲージを持っている借り手のローンを示しているが, これを個人ローンと共同ローンに分割している. もう 1 つの例としては, 第 3 列の下の層では借り手が自宅保有, 個人・共同ローンとしてファイルされていることを示している. このプロットを用いると, 幾つかの列が他とは異なる水平線を示しているので, 変数 homeownership と変数 app_type が関連していることが分かるが, この方法は標準化された積み重ね棒グラフで利用されたものと同様となる. 図表 2.25 では借り手の自宅保有の有無により分割した. しかし図表 2.25 のように応募のタイプにより分割することも可能である. 棒グラフと同様にモザイク・プロットでも説明変数により最初の分割を行い, 次に目的変数により説明変数の各水準に対して (この水準が考察している変数への関連付けに妥当なら) 分割することが一般的だろう.

2.2.5 本書で唯一の円グラフ

円グラフ (pie chart) を図表 2.26 に棒グラフと共に示すが, ともに同じ情報を持つ. 円グラフは一組の異なるケースを概観するのに適している. ただし, 円グラフで詳細な細部を記述するのは困難でもある. 例えば円グラフではローンの借り手が借家よりモーゲージ付きが多いことを理解するには少し時間がかかるが, 棒グラフなら直ぐに分かる. 円グラフは有用であるが, 例えば群データを比較する場

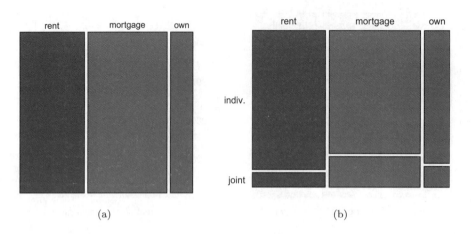

図表 2.24: (a) 1 変数モザイクプロット (変数 homeownership). (b) 2 変数モザイクプロット (変数 homeownership と変数 app_type).

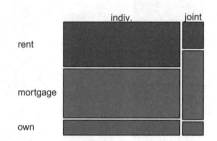

図表 2.25: モザイク・プロット: 個人 (individual)・共同 (joint) 応募のタイプで分割したのちに変数 homeownership でグループ化.

合には棒グラフの方が良いだろう.

2.2.6 数値データの群間比較

複数のグループに属するデータを調べることによりより有用な検討が可能となることがある. ここで必要な方法は特に新しいものではない. 必要なことは各グループの数値プロットを同一のグラフに記入することである. ここでは 2 つの方法, 並列箱ひげ図 (side-by-side box plots) と 2 重ヒストグラム (hollow histograms) を述べておこう.

データ county を再び利用して, 2010 年から 2017 年に人口が増加した郡の中位家計所得と人口増加がなかった郡を比較してみよう. なおここでは因果的関係に関心があるかもしれないが, 観測データなので最大限に疑い, 慎重に解釈すべきである.

ここで 1,454 の郡では 2010 年から 2017 年にかけて人口増加があり, 1,672 の郡で人口増加がない最初のグループからランダム標本 100, 2 番目のグループからランダム標本 50 を選び, 図表 2.27 にまとめたが, 元の中位家計所得データの様子が分かる.

並列箱ひげ図 (side-by-side box plots) はグループ・データを比較する上での伝統的な方法である. この例を図表 2.28 の左側パネルに示しておくが, 2 つの箱ひげ図がありそれぞれの図が各グループを示し, 同一のスケールで 1 つの図としている.

もう 1 つのプロットは 2 重ヒストグラム (hollow histograms) であり, グループ間の数値を比較している. これは各グループのヒストグラムの外郭を図表 2.28 のように同一の図に書いたものである.

2.2. カテゴリカル・データ

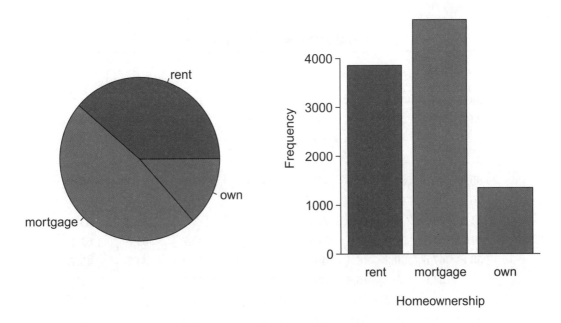

図表 2.26: 円グラフと変数 homeownership の棒グラフ.

確認問題 2.28

図表 2.28 を用いて 2 つのグループの郡における中位家計所得を比較してみよう. 各グループでの大体の中心と各グループにおける変動性は, 分布の形状はグループでほぼ同じだろうか. また各グループでは主要なモード (最頻値) は幾つあるだろうか[20]).

確認問題 2.29

図表 2.28 のそれぞれのプロットのどの部分が有用と考えられるだろうか[21]).

---

[20]) 次の解答はそれほど確かではない. 人口増加のある郡では中位家計所得約 45,000 ドル, 増加のない郡の約 40,000 ドルより少し高い. 変動性は人口増加のある州の方が少し大きい. これは IQR では明らかで約 50%大きくなっている. 分布は両方ともほんの少し左に歪んでいるが単峰となっている. 箱ひげ図によれば各グルプともに中位数から離れた観測値がかなりあるが, 数百より多くのデータではかなり多くの観測値がヒゲを超えていると考えられる.

[21]) この問いについては様々な解答があり得る. 並列箱ひげ図は中心やばらつきを比較するには特に役立つだろう. 二重ヒストグラムは分布の形状や歪み, あり得る不規則性などに役立つだろう.

150 郡の中位家計所得 (1000 ドル)

人口増加						非人口増加		
38.2	43.6	42.2	61.5	51.1	45.7	48.3	60.3	50.7
44.6	51.8	40.7	48.1	56.4	41.9	39.3	40.4	40.3
40.6	63.3	52.1	60.3	49.8	51.7	57	47.2	45.9
51.1	34.1	45.5	52.8	49.1	51	42.3	41.5	46.1
80.8	46.3	82.2	43.6	39.7	49.4	44.9	51.7	46.4
75.2	40.6	46.3	62.4	44.1	51.3	29.1	51.8	50.5
51.9	34.7	54	42.9	52.2	45.1	27	30.9	34.9
61	51.4	56.5	62	46	46.4	40.7	51.8	61.1
53.8	57.6	69.2	48.4	40.5	48.6	43.4	34.7	45.7
53.1	54.6	55	46.4	39.9	56.7	33.1	21	37
63	49.1	57.2	44.1	50	38.9	52	31.9	45.7
46.6	46.5	38.9	50.9	56	34.6	56.3	38.7	45.7
74.2	63	49.6	53.7	77.5	60	56.2	43	21.7
63.2	47.6	55.9	39.1	57.8	42.6	44.5	34.5	48.9
50.4	49	45.6	39	38.8	37.1	50.9	42.1	43.2
57.2	44.7	71.7	35.3	100.2		35.4	41.3	33.6
42.6	55.5	38.6	52.7	63		43.4	56.5	

図表 2.27: 表では左に人口増加が見られた 100 のランダムサンプルの中位家計所得 (1000 ドル単位). 右は人口増加が見られない 50 のランダム・サンプルを示している.

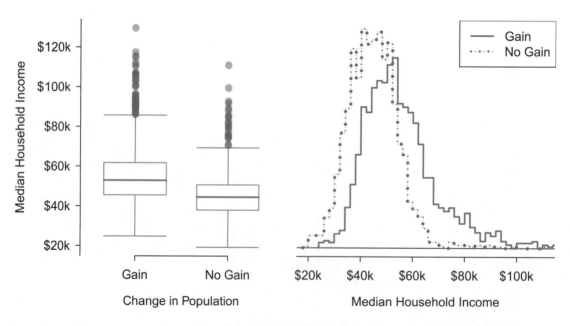

図表 2.28: 変数 med_hh_income に対する並列箱ひげ図 (左) と 2 重ヒストグラム (右). それぞれ郡の人口増加の有無で分割.

練習問題

2.21 子供と抗生物質. 次の棒グラフと円グラフは 上部呼吸器の感染による気管支炎治療における抗生物質の投与期間についてのある研究に参加した子供の医療前の症状の分布を示している.

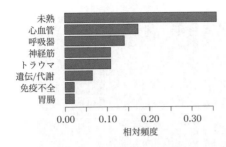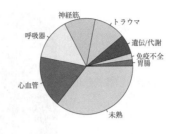

(a) 棒グラフでは明らかであるが, 円グラフではそうでない要素は何かあるだろうか.
(b) 円グラフでは明らかだが, 棒グラフではそうでない要素は何かあるだろうか.
(c) このカテゴリカルデータを表示するのはどちらのグラフが好ましいだろうか.

2.22 移民への意見. タンパ (Tampa, フロリダ州,FL) で 910 名のランダムに選んだ有権者に不法に米国に入国した労働者について次のことを認めるか尋ねた. (i) 仕事はそのまま続け, 米国市民権に応募する, (ii) 仕事は一時的ゲスト労働者として認めるが, 市民権への応募は認めない, (iii) 仕事は失われ, 国外に退去する. 政治イデオロギー別の調査結果は次のようである[22].

		政治イデオロギー			
		保守	中道	リベラル	合計
対応	(i) 市民権応募	57	120	101	278
	(ii) ゲスト労働者	121	113	28	262
	(iii) 国外退去	179	126	45	350
	(iv) 未回答	15	4	1	20
	合計	372	363	175	910

(a) タンパの投票権を持つ住民の何パーセントが自分を保守と見なしているだろうか.
(b) タンパの投票権を持つ住民の何パーセントが市民権の応募に賛成しているだろうか.
(c) タンパの投票権を持つ住民の何パーセントが自分を保守, かつ市民権の選択を認めているだろうか.
(d) 自分を保守と認識しているタンパの有権者の何パーセントが市民権の応募に賛成しているだろうか, 中道派, リベラル派はどうだろうか.
(e) 政治的イデオロギーと移民政策への見解は独立だろうか, その理由も述べなさい.

2.23 ドリーム (Dream) 法への見解. タンパ (フロリダ州) の有権者からランダムに選ばれた人がドリーム法「米国に子供として不法に入国した人にも市民権への道を提供する提案」を支持するかどうか聞かれた. 調査は同時に本人の政治イデオロギー (下の図の左から保守, 中道, リベラル) についての情報も集めている. 次のモザイク・グラフからドリーム法への見解と政治イデオロギーとは独立のようだろうか. 図から得られる理由も説明しなさい[23].

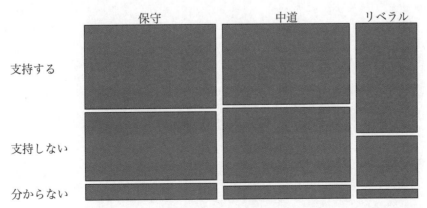

---

[22] SurveyUSA, News Poll #18927, data collected Jan 27-29, 2012.
[23] SurveyUSA, News Poll #18927, data collected Jan 27-29, 2012.

2.24 税金の引き上げ. 全国的な調査によりランダムな有権者のサンプルにより, 富裕層への税金の引き上げ (Raise taxes on ther rich), あるいは貧困層への税金の引き上げ (Raise taxes on the poor) のどちらが良いか聞いた. (ただし Not sure は分からないとする.) 次に示すモザイクプロットによると税金の引き上げは政治イデオロギー (左から民主党 (Democrat), 共和党 (Republican), 独立・無党派 (Indep/Other) とその他 とする,) と独立のように思えるか. その理由も説明しなさい[24].

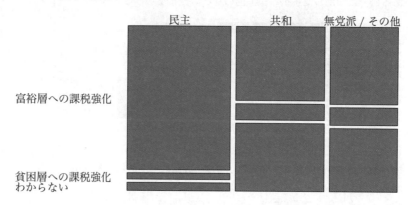

---

[24] Public Policy Polling, Americans on College Degrees, Classic Literature, the Seasons, and More, data collected Feb 20-22, 2015.

2.3 事例研究：マラリア・ワクチン

例題 2.30
ある教授がクラスの学生を2つに分け，それぞれ左側と右側の学生として，$\hat{p}_L$ と $\hat{p}_R$ を左側と右側でアップルPCを持っている割合とする．このとき $\hat{p}_L$ が正確に $\hat{p}_R$ に一致していなければ驚くだろうか？

比率は多分かなり近いであろうが，正確に等しいことは通常はあり得ないだろう．偶然性の為に小さいだろうが差が観察されるだろう．

確認問題 2.31
クラスで座っている位置が学生がアップルPCを持っているか否かに関係しないとすると，これらの変数間の関係について何を想定しているのだろうか[25]．

2.3.1 データ内の変動性

ここでPfSPZと呼ばれる新しいマラリア・ワクチンの研究を取り上げよう．この研究ではボランティアの参加者を2つのグループにランダムに割り付け，14名は実験用のワクチンを投与，6名は偽薬を投与されるとしよう．19週後に20名の患者すべて薬に敏感な系統のマラリア・ウイルスを罹患させたが，薬に敏感な系統マラリアを使った理由は倫理的な考慮からである．結果を図表 2.29 に要約しておくが，14名の処理群の9名が罹患していないにもかかわらず，対照群の6名はすべて罹患していた．

		結果		
		感染	非感染	全体
処理	ワクチン	5	9	14
	プラセボ	6	0	6
	合計	11	9	20

図表 2.29: マラリア・ワクチン実験の結果．

確認問題 2.32
これは観察研究，それとも実験だろうか．またこの結果からどんなことが推測できるだろうか[26]．

この実験ではワクチンを摂取した患者ではより少ない比率で感染者がいることが確認されている (35.7% 対 100%)．ただし標本はかなり少ないので患者間の差がワクチンの効果について説得的な証拠と見なせるか否かは不透明である．

---

[25] これらに変数は互いに独立であると仮定している．
[26] これは実験研究であり，患者はランダムに実験群に割り付けられている．実験研究なのでマラリア・ワクチンと患者の感染とは因果関係があると評価できる．

例題 2.33

データサイエンティストは証拠を評価する必要がある．この2群による研究では患者の感染率をみると，データが真の差異についての十分な証拠があるか否かを決める必要がある．

観察された感染率の差（処理群の35.7%対 対照群の100%）はワクチンの有効性を示しているように見える．しかしながら観察された差異がワクチンの効果なのかランダム性の結果なのかは確かではない．一般に標本データには変動がつきものであり，仮に感染率がワクチンの接種と独立であったとしても標本において同一の比率が観察されることを期待すべきでない．また小標本では標本をランダムに分割したときには差が大きくなければ偶然に観察されるかもしれない！

例 2.33 のように標本データの観察値が変数間に真の関係があったとしても標本誤差 (random noise) があるので真の関係が完全に再現するとは限らない．大きな感染率の差を観察したとしても，標本サイズが小さいので観察された差がワクチンの有効性を示しているとは限らないのである．ここで次の2つの主張 H_0 と H_A を「H-帰無」と「H-対立」と呼ぼう．

H_0: 独立性モデル(Independence model). 変数 treatment(ワクチン接種) と変数 outcome (非感染) は独立，つまり変数間に関係がなく，観察された2群64.3% での感染率の差は偶然による．

H_A: 対立モデル (Alternative model). 変数は独立ではない，つまり感染率の差64.3%は偶然ではなくワクチンは感染率に影響を与えている．

ここで独立性モデルが正しいとはどういう意味だろうか．ワクチン接種は感染率に何の影響もないということであるが，これは正しいだろうか．もし正しければ患者をどのようにランダムに群に割り付けたとしても11名は感染，9名は感染しないことになる．すなわちワクチン接種が感染率に影響しないとすると感染率の差はランダム化したことから生じる偶然性のみが理由となる．

次に対立モデルを考えてみよう：感染率は患者がワクチンを接種したのか否かに依存するというものである．この仮説が正しく，しかも十分に影響が大きければ，2群に分けた患者で感染率の差が生じることになる．

ここではデータが独立性モデル H_0 と十分に矛盾するかを評価することで2つの対立する仮説から1つを選択する．もしデータが H_0 に矛盾するのであれば H_A を支持することになるので独立性モデルを棄却し，感染率に差があると結論付けることになる．

2.3.2 シミュレーション研究

シミュレーション (simulation) を設定するとマラリア・ワクチンの効果が意味あるかを知ることができる．最終的には観測される大きな差がシミュレーションにより観察事実が一般的に起きるものか否かを知りたい．もしシミュレーションにより観察事実がよく起きるならば，観測される差は単なる偶然性によるものとも考えられる．逆に滅多に起きないことであればワクチンが有効という解釈がより妥当で考えられる．図表 2.29 は 11人の患者が感染，9人が感染しないことを示している．シミュレーションでは感染がワクチン接種とは独立，研究者はこの研究に参加している患者をランダムに群に分けていると仮定する．もし患者をもう一度ランダム化すれば，ワクチンが感染に影響しないという仮想的な世界では異なる結果を得るかもしれない．そこでシミュレーションにより何度も実験をランダム化 (randomization) してみることになる．

このシミュレーションでは20名の患者に20枚のカードを渡すが，11枚には「感染」，9枚には「非感染」と書かれている．仮説的状況では患者がどの群に入っていても患者が感染するカードをもらう可能性があるが，再びランダムに患者を処理群と対照群に振り分けたらどうなるか見てみよう．カードをかき混ぜて14枚をワクチン側，6枚を偽薬側に振り分ける．最終的な結果は表にまとめられるが，それは図表 2.30 のようになる．

2.3. 事例研究：マラリア・ワクチン

		結果		
		感染	非感染	合計
処理群	ワクチン	7	7	14
(シミュレート値)	偽薬	4	2	6
	合計	11	9	20

図表 2.30: シミュレーションの結果 (差は偶然性による).

確認問題 2.34

図表 2.30 における 2 つのシミュレートした群での感染の差は何だろうか．この違いを観察された 64.3%とどのように比較したらよいだろうか[27]．

2.3.3 独立性を調べる

独立性モデルの下で 1 つの可能な差を計算して，確認問題 2.34 に偶然性により実現した差を示しておいた．最初のシミュレーションでは物理的にカードを患者に示すとしたが，計算機上でこのシミュレーションを行う方が効率的である．シミュレーションを計算機上で繰り返せば，偶然性による別の差が得られる．

$$\frac{2}{6} - \frac{9}{14} = -0.310 \ .$$

さらに別の結果は

$$\frac{3}{6} - \frac{8}{14} = -0.071 \ .$$

こうして差の分布が得られるまで十分にシミュレーションを繰り返す．図表 2.31 は 100 回のシミュレーションで得た差の階級別のドット・プロットであり，各ドットは感染率のシミュレートした差 (対照群における率)-(処理群における率) を示している．

ここでシミュレーションで得られた差の分布はゼロの周りにあることに注意しよう．このシミュレーションは独立性モデルが正しいことを仮定し，この条件の下で差はゼロの周りでランダムに変動するが，この研究では標本サイズは小さいのでゼロの周りの変動はかなりある．

例題 2.35

図表 2.31 では 64.3% (0.643) 程度の差を観測する頻度はどのくらいだろうか．しばしば，時々は，滅多にない，決してない，のいずれだろうか？

ここで 64.3% 程度の差が生じるのは図表 2.31 では 2%程度である．この確率はシミュレーションで観察されたのは稀な現象であることを示している．

シミュレーションでの 64.3%の差が稀な現象であることからこの研究について 2 つの解釈が可能である．

- H_0 独立性モデル (Independence model). ワクチンは感染率には効果がなく，稀な現象として差を偶然に観察した．

- H_A 対立モデル (Alternative model). ワクチン接種は感染可能性に影響があり，観察された差はワクチンがマラリア対策に効果的であることから図表 64.3%の大きな差が説明できる．

---

[27] $4/6 - 7/14 = 0.167$ あるいは約 16.7% ワクチンの効果．この違いは実際に観察された 2 群での差よりもかなり小さい．

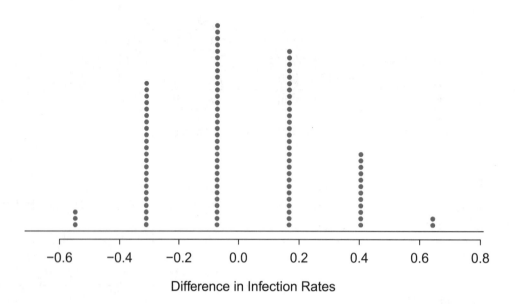

図表 2.31: 独立性モデル H_0 の下で 100 回のシミュレーションによる差の階級別ドット・プロット，シミュレーションではワクチン効果なし．100 回のシミュレーション中 2 回は実際に観察された差 64.3%程度の差がある．

このシミュレーションから導かれる結論について 2 つの選択肢がある．(1) この研究では独立性モデルに反する十分に強い結果が得られなかった．つまり，この臨床試験ではワクチンに効果がある十分な証拠が得られなかった．(2) データの証拠は仮説 H_0 を棄却するのに十分に強いものである．統計的研究では通常は稀な現象がたまたま観察された，という考えを棄却する[28]．この場合，対立モデルを念頭に独立性モデルを棄却する．つまりこの臨床試験ではデータはワクチンがマラリアを予防する強い証拠があると結論付ける．

統計学分野では統計的推測が開発され，観察される差が偶然性によるか否かを評価する．統計的推測ではデータサイエンティストは与えられたデータの下でどのモデルが最も妥当なのかを評価する．稀な現象が実際に起きるように誤りは生じて誤った統計モデルを選択しうる．常に正しく選択しているというわけではないが，統計的推測はこうして誤る可能性を制御，評価するのである．また第 5 章ではモデル選択の問題をより詳しく扱うが，これからの第 3 章と第 4 章ではより正確に議論を進めるために確率の基本理論を扱うことにする．

---

[28] この考え方は一般的には例示的な観察に拡張できない．人々は毎日のように極めて稀な現象を観察するが，そうした事象は予測可能とは考えられない．しかし例示的な証拠について厳密ではない設定により日々の活動での稀な現象を探し求めるというのはあまり意味がないだろう．例えばくじを見れば 292 百万分の 1 で史上最大の大当たり (jackpot) は宝くじ (Powerball) 番号 (1 月 13 日, 2016 年) は (04, 08, 19, 27, 34) かつ宝くじ (Powerball) 番号 (10) であったが，そうした数字が出たことは確かである！しかしどんな数字が出ようとも，それは驚くべき稀な比率であることは確かだろう．つまり我々が観察するどの数字も驚くほど稀である．このような状況は日々の生活ではよくあることであり，その意味では驚くべき稀ではないが，他のあらゆる可能性を考えると驚くほど稀なのである．したがって，例示的な証拠を誤って解釈しないように注意する必要がある．

2.3. 事例研究：マラリア・ワクチン

練習問題

2.25 薬アバンディア (Avandia) の副作用. ロシグリタゾン (Rosiglitazone) は論争的なタイプ 2 の糖尿病の薬アバンディア (Avandia) の主要な成分であり, 心臓発作, 心臓疾患, 死亡など深刻な心臓病のリスクを増大させることが疑われている. 他の一般的な治療はアクトス (Actos) と呼ばれている糖尿病薬に含まれるピオグリタゾン (pioglitazone) によるものである. 65 歳以上の 227,571 名の高齢者向け医療保険受益者についてのある全国的な後ろ向き観察研究によれば, ロシグリタゾンを用いた患者 67,593 の中で 2,593 名, ピオグリタゾンを用いた患者 159,978 の中で 5,386 名が心臓に深刻な問題が発生したとのことであった. このデータは次の表にまとめられている[29)].

		心臓に副作用		
		はい	いいえ	合計
処理	ロシグリタゾン	2,593	65,000	67,593
	ピオグリタゾン	5,386	154,592	159,978
	合計	7,979	219,592	227,571

(a) 次の説明は正しいか, 正しくないか述べなさい. 正しくないならなぜなのか説明しなさい. (**注意**: 説明の結論が正しくとも理由付けが間違っている場合もあり得るが, その場合は誤りとする.)

  i. ピオグリタゾン (pioglitazone) には心臓への副作用 (5,386 対 2,593) が確認されたので, ピオグリタゾン (pioglitazone) 治療の心臓への副作用はより高いと結論付けられる.
  ii. 糖尿病患者の内, ロシグリタゾン (rosiglitazone) 治療の心臓への副作用は (2,593 / 67,593 = 0.038) 3.8% であり, ピオグリタゾン (pioglitazone) 治療では (5,386 / 159,978 = 0.034) 3.4% なのでより副作用の可能性がより高い.
  iii. ロシグリタゾン (rosiglitazone) 群の方が副作用率が高いのでロシグリタゾン (rosiglitazone) 群の方が心臓へ深刻な副作用を引き起こす可能性がある.
  iv. これまでの情報からは副作用が起きる差は 2 つの変数間の関係なのか偶然であるか区別できない.

(b) すべての患者が心臓について副作用の問題が生じる割合を求めよ.
(c) 治療のタイプと心臓での問題が独立としてロシグリタゾン (rosiglitazone) 群の患者が心臓に問題が生じる患者数を求めよ.
(d) ランダム化実験によりこの研究でも結果と処理の関係を調べることができる. 実際には統計ソフトを利用してランダム化のシミュレーションできるが, ここでは識別カードを使って行ってみよう. すべての患者はカードに心臓に問題が生じたか否かを記入, カードをかき混ぜ, 67,593 名と 159,978 名の 2 群に分ける. シミュレーションを 1,000 回繰り返し, 毎回ロシグリタゾン (rosiglitazone) 群に心臓に問題がある患者数を記録する. この数のヒストグラムについて次の (i)-(iii) に答えなさい.

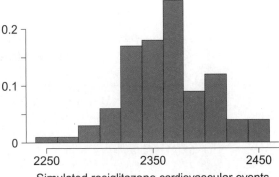

  i. ここで検定するのはどういう主張だろうか.
  ii. (b) で計算した数と比較して, より支持される対立仮説はロシグリタゾン (rosiglitazone) 群でより多くの心血管障害が発生しているか, あるいはより少なく発生しているかのどちらだろうか.
  iii. このシミュレーションの結果は糖尿病患者にとりロシグリタゾン (rosiglitazone) の服用と心臓への副作用の関係に何か示唆しているだろうか.

2.26 心臓移植. スタンフォード大においてある心臓移植研究が実験的な心臓移植プログラムが寿命を長くしたか否か知るために行われた. 実験に参加した患者はオフィシャルな心臓移植候補, 重い病気で新しい心臓で利益が得られそうな患者である. 患者の何人かには心臓移植が行われ, 何人かには行われなかった. 変数 `transplant` は移植された群, 処理群は移植された患者, 対照群はそうでない患者である. 対照群の患者 34 名の内 30 名が死亡したが, 処理群の 69 名の内 45 名が死亡した. 別の変数 `survived`(生存) は研究終了時点でなお生存していることを意味している[30)].

[29)] D.J. Graham et al. "Risk of acute myocardial infarction, stroke, heart failure, and death in elderly Medicare patients treated with rosiglitazone or pioglitazone". In: *JAMA* 304.4 (2010), p. 411. ISSN: 0098-7484.

[30)] B. Turnbull et al. "Survivorship of Heart Transplant Data". In: *Journal of the American Statistical Association* 69 (1974), pp. 74–80.

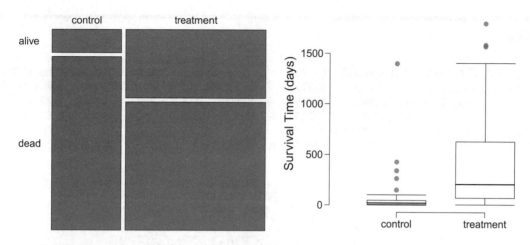

(a) モザイク・プロットによると生存率は患者が移植を受けているか否かは独立だろうか，理由も説明しなさい．
(b) 次の箱ひげ図から心臓移植の処理の効果について何を示唆しているか．
(c) 処理群の患者，対照群の患者が死亡する割合を求めよ．
(d) 処理が効果的か否かを調べる方法の1つはランダム化である．

  i. 統計的に検定したい主張は何だろうか．
  ii. 次の説明は検定アプローチを統計的ソフトを利用しないで実行しようとする手順である．次の空白に必要と思われる数字や説明を挿入しなさい．

   まずカードA,Dの中で＿＿＿＿＿＿枚の生存(A)で研究終了時に生存を示し，カード＿＿＿＿＿＿枚の死亡(D)で生存していないことを示しておく．次にカードをよくかき混ぜて，2群に分け，＿＿＿＿＿＿枚を処理群，＿＿＿＿＿＿枚を対照群とする．処理群と制御群での死亡(D)カードの比率の差を計算する．この操作を100回繰り返し，＿＿＿＿＿＿の周りで分布を作成する．最後にシミュレーションで発生させた差が＿＿＿＿＿＿かどうか計算する．比率が小さければ観察された差は偶然とは見なしにくいので帰無仮説を棄却する．
  iii. 次に示すシミュレーション結果によると移植の効果が良好と見なせるだろうか．

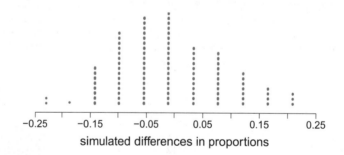

章末練習問題

2.27 追試. 25 名のあるクラスで 24 名がクラス試験を受け，1 名が次の日に追加試験を受けた．教授は 24 名の成績をつけ，平均は 74 点，標準偏差 8.9 点であった．次の日に追試験を受けた学生の成績は 64 点であった.
(a) 追加の学生の成績は平均点を引き上げる，あるいは引き下げるだろうか.
(b) 新しい平均点は幾つだろうか.
(c) 新たな学生の点により点数の標準偏差は増加，あるいは減少するだろうか.

2.28 乳児死亡率. 乳児死亡率とは 1,000 名の生存出生当たりの死亡乳児数 (infant Mortality) である．この値はしばしば国の健康水準の代表値として利用されている．次の相対ヒストグラムは 224 ヵ国の推定された乳児死亡率の分布を示しているがデータは 2014 年のものである[31]．

(a) ヒストグラムから推定された Q1, 中央値, Q3
(b) このデータでは平均は中央値よりも小さいか，それとも大きいか. の理由も説明しなさい.

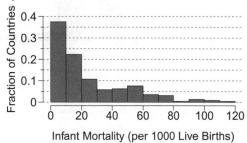

2.29 テレビの視聴時間. AP 統計学のクラスの学生が週に何時間テレビ (オンライン映像を含む) を見ているか聞かれたとする．この標本では平均は 4.71 時間，標準偏差 4.18 時間であった．学生がテレビを見る時間の分布は対称的だろうか．そうでない場合には分布はどのような形状をしていると考えられるだろうか．理由も説明しなさい.

2.30 新しい統計量. 統計量 $\bar{x}/(中央値)$ は分布の歪みの尺度として使える．例えばすべてのデータは正, $x_i > 0$ の分布があるとしよう．次の条件の下では分布の形状はどのようなものと予想されるだろうか，理由も説明しなさい.
(a) $\bar{x}/(中央値) = 1$.
(b) $\bar{x}/(中央値) < 1$.
(c) $\bar{x}/(中央値) > 1$.

2.31 オスカー受賞者. 最優秀男優と最優秀女優に対するオスカー賞は 1929 年に創設された．次のヒストグラムは 1929 年-2018 年までのすべての最優秀男優 (Best actor), 最優秀女優 (Best actress) の年齢を示している．これらの分布についての要約統計量も与えられている．最優秀男優賞と最優秀女優賞の年齢分布を比較しなさい[32].

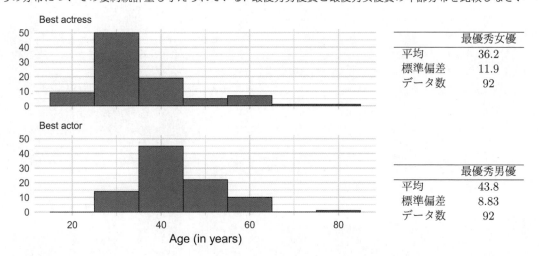

2.32 試験の成績. ある歴史の試験の平均点 (満点は 100) は 85, 標準偏差は 15 点であった．この試験の成績分布は対称だろうか．そうでないとするとどのような分布の形状と考えられるだろうか.

---
[31] CIA Factbook, Country Comparisons, 2014.
[32] Oscar winners from 1929 – 2012, data up to 2009 from the Journal of Statistics Education data archive and more current data from wikipedia.org.

2.33 統計学の成績. 次の表は入門統計学を履修している 20 名の最終試験の成績である.

57, 66, 69, 71, 72, 73, 74, 77, 78, 78, 79, 79, 81, 81, 82, 83, 83, 88, 89, 94

成績分布の箱ひげ図を作成しなさい. 5 個の要約統計量は有用だろうか.

最小値 (Min)	Q1	Q2 (中央値,Median)	Q3	最大値 (Max)
57	72.5	78.5	82.5	94

2.34 マラソン優勝者. 次のヒストグラムと箱ひげ図は 1970-1999 年に行われたニューヨークマラソン大会の男女の優勝者の記録分布を示している.

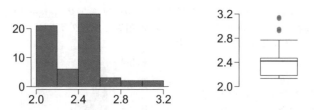

(a) ヒストグラムからは分かるが箱ひげ図では分からない分布の特徴は何だろうか. 箱ひげ図からは分かるがヒストグラムからは分からない特徴は何だろうか.
(b) 双峰分布となる理由は何だろうか, 説明しなさい.
(c) 以下の箱ひげ図をもとに男性 (Men) と女性 (Women) のマラソン時間の分布を比較しなさい.

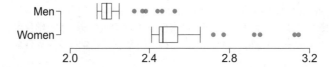

(d) 次に示す時系列はもう 1 つのデータの視点である. このプロットから分かり, 他では分からないことを説明しなさい.

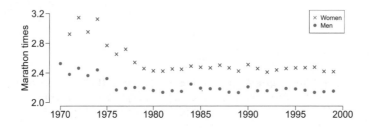

第 3 章

確率

3.1 確率を定義する

3.2 条件付き確率

3.3 有限標本からのサンプリング

3.4 確率変数

3.5 連続分布

　本書で扱う確率は統計学の基礎であるが, 既に本章で説明される多くの内容について理解している読者がいるかもしれない. しかし多くの読者にとっては確率概念を正確に理解する機会はこれが初めてだろう. 本章は後の章で利用する概念の理論的基礎を説明するが, このことにより本書で導入する統計的方法のより深く理解する可能性を与えるが, 統計的方法を応用するには必ずしもすべての内容を理解する必要はない.

日本語版の参考資料はhttps://www.jstat.or.jp/openstatistics/ (日本統計協会) を訪問されたい.
原著の資料は以下にある. www.openintro.org/os

3.1 確率を定義する

統計学は確率を基礎としているが，確率論そのものは本書の応用的方法を理解することにとって必須というわけではない．しかし本書で述べる内容の理解を深めたり，将来のより進んだ学習の基礎となる．

3.1.1 幾つかの例

技術的な議論を行う前に，まずは確率を親しみやすい例で見てみよう．

例題 3.1

サイコロは 6 つの目 1, 2, 3, 4, 5, 6 を持つ立方体である．サイコロを振ると 1 が出るチャンスを求めなさい．

公平なサイコロであれば 1 が出るチャンスは他の番号が出るチャンスと同等であり，6 の内 1 つまり 1/6 である．

例題 3.2

2 回目にサイコロを振るとき 1 あるいは 2 が出るチャンスを求めなさい．

1 および 2 は 6 個の同等にもっともらしい結果の 2 つあり，2 つの内どちらかが出るチャンスは $2/6 = 1/3$ となる．

例題 3.3

次にサイコロを振るとき事象 1, 2, 3, 4, 5, 6 のいずれかが出るチャンスを求めなさい．

100%．結果としてどれかの目は必ずでる．

例題 3.4

2 ではないチャンスを求めなさい．

2 が出る目は 1/6, $16.\bar{6}\%$ であるから 2 ではないチャンスは $100\% - 16.\bar{6}\% = 83.\bar{3}\%$, 5/6 である．あるいは 2 の目ではない事象は 1, 3, 4, 5, 6 のどれかが出るチャンスと等しいので 5/6 となる．

例題 3.5

2 つのサイコロを振り，最初のサイコロが 1, 2 つ目のサイコロが 1 のとき，2 つの 1 が出るチャンスを求めなさい．

最初の目が 1 となるチャンスは 1/6, 2 つ目が 1 となるチャンスは 1/6 であるから，両方の目が 1 となるチャンスは $(1/6) \times (1/6)$, 1/36 となる．

3.1.2 確率

確率を使って明らかにランダムと見なせる現象を記述・理解する道具立てを構成しよう．確率を用いた結果としてのランダム過程 (random process) を組み立てる．

$$\text{サイコロ投げ} \to 1, 2, 3, 4, 5, 6$$
$$\text{コイン投げ} \to \text{H , T}$$

サイコロ投げやコイン投げはランダム過程の例であり，事前には知ることができない不確実なある結果が起きる事象である．

確率

事象の確率とはランダム過程が無限に観察されたとするときに事象が起きる割合を意味する．

　確率を割合として定義すると 0 から 1(0,1 を含む) の間の値をとり，0%から 100%のパーセンテージでも表される．確率はサイコロ投げを多数回行うことで例示される．ここで $\hat{p}_n$ を最初の n 回で 1 が出る回数としよう．回数を増やしていくと $\hat{p}_n$ は 1 が出る確率 $p = 1/6$ に収束するだろう．図表 3.1 は 100,000 回の試行での収束を示しておいた．$\hat{p}_n$ が p の周りで安定する傾向は大数の法則 (Law of Large Numbers) と呼ばれている．

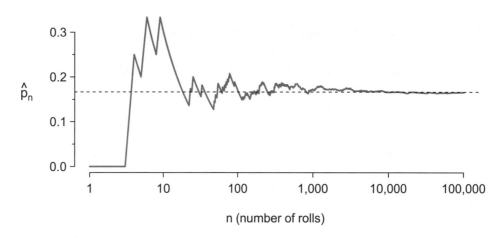

図表 3.1: シミュレーションの各段階でサイコロで 1 が出る比率．この比率は回数が増えると確率 $1/6 \approx 0.167$ に近づく．

大数の法則

観測数を増やすと 1 つの事象が起きる比率 $\hat{p}_n$ はその事象の確率に収束する．

　図表 3.1 で見られるように時々は比率は真の確率から外れていき，大数の法則にしたがわないように見えることもある．しかしその乖離はコイン投げの回数を増やすと小さくなる．ここでは 1 が出る確率を p と記した．この確率は

$$P(\{\,1\text{ が出る}\,\})$$

とも表現される．この表現に慣れればより簡便な表現を使う．例えばサイコロを転がすことがが明らかなら $P(\{\,1\text{ が出る}\,\})$ を $P(1)$ と書く．

確認問題 3.6
ランダム過程はサイコロ投げやコイン投げの結果を含む. (a) 他のランダム過程が何かないか考えてみよう. (b) そのランダム過程のすべての事象を記述しなさい. 例えばランダム過程としてのサイコロ投げの事象は1, 2, ..., 6である[1]).

3.1.3 排反事象

2つの事象が同時に起きることがなければ排反 (disjoint) あるいは互いに排反 (mutually exclusive) という. 例えばサイコロ投げでは1と2は同時に起きることがないのでこれらの事象は排反である. 他方, 事象1と事象"奇数の目が出る"は後者は事象1の結果であるから排反ではない. 用語の排反 (*disjoint*) と互いに排反 (*mutually exclusive*) は同等であり交換可能である. 互いに排反な事象の確率計算は容易である. サイコロ投げにおいて1と2の事象が排反なら, 各確率を加えることで複数の事象の1つが起きる確率を計算できる.

$$P(\{1 \text{ or } 2\}) = P(1) + P(2) = 1/6 + 1/6 = 1/3 .$$

ここでサイコロ投げの事象 1, 2, 3, 4, 5, 6 の確率を求めなさい. すべての事象が互いに排反なので

$$P(\{1 \text{ or } 2 \text{ or } 3 \text{ or } 4 \text{ or } 5 \text{ or } 6\})$$
$$= P(1) + P(2) + P(3) + P(4) + P(5) + P(6)$$
$$= 1/6 + 1/6 + 1/6 + 1/6 + 1/6 + 1/6 = 1 .$$

ここでは加法ルール (Addition Rule) は事象が互いに排反ならこの評価の妥当性を保証している.

排反事象の加法ルール

A_1 と A_2 を2つの排反事象とすると, これらの片方が起きる確率は次のようになる:

$$P(\{A_1 \text{ or } A_2\}) = P(A_1) + P(A_2) .$$

互いに排反な事象 $A_1, ..., A_k$ について, これらの1つが起きる確率は

$$P(A_1) + P(A_2) + \cdots + P(A_k)$$

で与えられる.

確認問題 3.7
サイコロ投げにおける事象 1, 4, 5 の確率に関心があるとき. (a) なぜ事象 1, 4, 5 が互いに排反なのか説明しなさい. (b) 互いに排反な事象に加法ルールを適用, $P(\{1 \text{ or } 4 \text{ or } 5\})$ の確率を求めなさい[2]).

---

[1]) 4つの例を挙げる. (i) ある人が来月に病気になるか否かは明らかにランダムな過程であり, 事象は病気 (sick) と健康 (not) である. (ii) ランダムに人を選び, 背の高さを測ることでランダムな過程を作り出せる. 結果の事象は正数である. (iii) 株価が上がるか下がるかはランダムな過程に見えるが, 結果の事象は上昇 (up), 下降 (down), 横ばい (no_change) である. (iv) ルーム・メートが今晩は皿を洗ってくれるか否かはランダムな過程のようであり, 結果の事象は洗う (cleans_dishes) と洗わない (leaves_dishes) である. これらのランダム過程は本当は必ずしもランダムではないかもしれないが, これらの事象を完全に予見するのは困難すぎる. 確認問題 3.6 の4番目の例ではルーム・メートの行動がランダム過程と見なすことの妥当性を示唆している. その行動が真に確率的ではないとしても行動をランダムとモデル化することは有益である.

[2]) (a) サイコロ投げのランダム過程では多くの事象の1つだけが実現する. (b) $P(1 \text{ or } 4 \text{ or } 5) = P(1) + P(4) + P(5) = \frac{1}{6} + \frac{1}{6} + \frac{1}{6} = \frac{3}{6} = \frac{1}{2}$.

確認問題 3.8

第2章のデータ loans の中に変数 homeownership は資金の借り手が借家・モーゲージ・自宅所有のいずれかを記述している．ローンの借り手 10000 名の中で 3858 名が借家, 4789 名がモーゲージ, 1353 名が自宅所有であった[3]．

(a) 事象 { 借家, rent }, { モーゲージ, mortgage }, { 自宅所有, own } は排反だろうか．

(b) { モーゲージ, mortgage } と { 自宅所有, own } それぞれについてローン比率を計算しなさい．

(c) 排反事象についての加法ルールを用いてデータからランダムに選んだとき，モーゲージかあるいは自宅所有となる確率を求めなさい．

データサイエンティストはこうした排反の事象に関わることは滅多になく，多くの場合には幾つかの事象の結果，集合 (sets)，を扱う．A をサイコロ投げで目が 1 か 2，B をサイコロの目が 4 か 6 という事象とする．このとき A を集合 $\{1, 2\}$, $B = \{4, 6\}$ と書く．これらの集合を一般的に事象 (events) と呼ぶが，集合 A と B は共通部分を持たないので排反事象である．事象 A と B を図表 3.2 で示しておく．

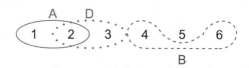

図表 3.2: 3 つの事象 A,B,D はサイコロ投げの結果であり A と B は共通部分がないので排反．

加法ルールは排反な結果，排反事象に適用される．排反事象の A と B のどちらかが起きる確率は各基本事象の確率を加えればよい．

$$P(\{A \text{ or } B\}) = P(A) + P(B) = 1/3 + 1/3 = 2/3$$

確認問題 3.9

(a) 加法ルールを用いて A, $P(A)$ が $1/3$ となることを示しなさい．(b) 事象 B についても同じことを行いなさい[4]．

確認問題 3.10

(a) 図表3.2を用いると事象 D は何の基本事象を表しているだろうか．(b) 事象 B と事象 D は排反だろうか．(c) 事象 A と事象 D は排反だろうか[5]．

確認問題 3.11

確認問題 3.10 では図表 3.2 より B と D が排反なことを確認できる．事象 B あるいは事象 D の確率を計算してみよう[6]．

---

[3] (a) 排反. 住宅ローンは保有形態の変数 homeownership の中の 1 つに分類されている. (b) モーゲージ率: $\frac{4789}{10000} = 0.479$, 自宅所有率: $\frac{1353}{10000} = 0.135$. (c) $P(\{ \text{モーゲージか自宅所有} \}) = P(\{ \text{モーゲージ} \}) + P(\{ \text{自宅所有} \}) = 0.479 + 0.135 = 0.614$

[4] (a) $P(A) = P(\{ 1 \text{ or } 2 \}) = P(1) + P(2) = \frac{1}{6} + \frac{1}{6} = \frac{2}{6} = \frac{1}{3}$. (b) 同様に $P(B) = 1/3$.

[5] (a) 基本事象 2 と 3. (b) 正しい. 事象 B と D は共通の事象を持たないので排反である. (c) 事象 A と D は共通の事象 2 を持つので排反ではない.

3.1.4 互いに排反とは限らない事象の確率

図表 3.3 にある 52 枚のトランプを用いて互いに排反でない 2 つの事象の確率計算を考えよう. なおカード・ゲームの札の意味が分からなければ注を見ておこう[7].

2♣ 3♣ 4♣ 5♣ 6♣ 7♣ 8♣ 9♣ 10♣ J♣ Q♣ K♣ A♣
2♢ 3♢ 4♢ 5♢ 6♢ 7♢ 8♢ 9♢ 10♢ J♢ Q♢ K♢ A♢
2♡ 3♡ 4♡ 5♡ 6♡ 7♡ 8♡ 9♡ 10♡ J♡ Q♡ K♡ A♡
2♠ 3♠ 4♠ 5♠ 6♠ 7♠ 8♠ 9♠ 10♠ J♠ Q♠ K♠ A♠

図表 3.3: トランプ 1 組, カード 52 枚の表現.

確認問題 3.12

(a) ランダムに選んだカードがダイヤモンドである確率を求めなさい. (b) ランダムに選んだカードが絵札となる確率を求めなさい[8].

ベン図 (Venn diagrams) は 2〜3 の変数, その属性, ランダム過程について事象に入っているか否かに分類する場合に有益である. ベン図 3.4 では円でダイヤモンド, と絵札をそれぞれ示している. カードがダイヤで絵札であれば 2 つの円の共通部分に入る. ダイヤで絵札でなければを左側の円には入るが右側の円には入らない. ダイヤ札の数はダイヤの円で表現され $10+3=13$ であり, 確率が示されている ($10/52 = 0.1923$).

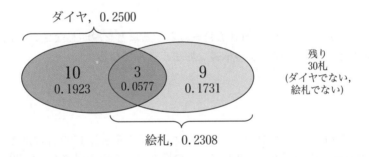

図表 3.4: ダイヤモンド札と絵札のベン図.

A をダイヤモンドからランダムに選んだカードの事象, B を絵札を表す事象としよう. このとき $P(A\;\text{or(あるいは)}\;B)$ をどう計算した良いだろうか?事象 A と B は排反ではない:– カード $J\diamond$, $Q\diamond$, および $K\diamond$ は両方のカテゴリーに属する – したがって排反事象の加法ルールを用いることはできない. そこでベン図を用いて考えよう. まず 2 つの事象の確率を加えると

$$P(A) + P(B) = P(\{\diamond\}) + P(\{\text{絵札}\}) = 13/52 + 12/52 \;.$$

このとき 2 つの事象に含まれる 3 つのカードは二重に計算されている. そこで二重計算を修正する必

---

[6] 事象 B と事象 D は排反なので加法ルールを用いると $P(B\;\text{or}\;D) = P(B) + P(D) = \frac{1}{3} + \frac{1}{3} = \frac{2}{3}$.

[7] 52 の札 (suits) は 4 種類: ♣(クラブ,club), ♢ (ダイヤモンド,diamond), ♡ (ハート,heart), ♠ (スペード,spade) に分けられる. 各種類の札は 13 枚: 2, 3, ..., 10, J (ジャック), Q (クイーン), K (キング), A (エース) から成る. 各札は種類と番号の異なる組み合わせ, つまり 4♡ と J♣ などである. 12 枚のカード, ジャック, クイーン, キングは絵札 (face card) と呼ばれる. カードは ♢ や ♡ は赤カード red, 他の 2 種類は黒カードと呼ばれる.

[8] (a) 全部で 52 枚, 13 のダイヤカードがある. カードをよくかき混ぜて等確率で引けるようにする. ランダムに選んだカードがダイヤモンドとなる確率は $P(\{\diamond\}) = \frac{13}{52} = 0.250$. (b) 同様に 12 枚の絵札があるので, $P(\{\text{絵札}\}) = \frac{12}{52} = \frac{3}{13} = 0.231$.

要があり，

$$P(\{A \text{ or } B\}) = P(\{\diamond \text{ or 絵札}\})$$
$$= P(\{\diamond\}) + P(\{\text{絵札}\}) - P(\{\diamond \text{ and 絵札}\})$$
$$= 13/52 + 12/52 - 3/52$$
$$= 22/52 = 11/26 \ .$$

この式は一般加法ルール (General Addition Rule) の一例である．

> **一般加法ルール (GENERAL ADDITION RULE)**
>
> 2つの事象 A と事象 B が互いに排反，あるいは排反でない場合，少なくとも1つの事象が起きる確率は
>
> $$P(\{A \text{ or } B\}) = P(A) + P(B) - P(\{A \text{ and } B\})$$
>
> となる．ここで $P(\{A \text{ and } B\})$ は両方の事象が同時に起きる確率である．

(注意) 記号 "or" の意味 統計学では他に明示していなければ「or (あるいは)」は「and/or」を意味する．したがって事象 A あるいは (or) 事象 B は事象 A，事象 B のどちらかか，A と B の両方が起こることを意味する．

確認問題 3.13

(a) 事象 A と事象 B が排反なら $P(\{A \text{ and } B\}) = 0$ となることを説明しなさい．(b) (a) を用いて一般加法ルールは事象 A と事象 B が排反なら単純な加法ルールになる[9]．

確認問題 3.14

データ loans の中で 1495 件は共同応募 (つまりカップルでの応募)，4789 件は抵当付き (モーゲージ)，950 件は同時にこれら両者の性質を持っている．この場合のベン図を書きなさい[10]．

---

[9] (a) 事象 A と事象 B が排反なら，事象 A と事象 B が同時に起きることはない．(b) 事象 A と事象 B が排反なら，一般加法ルールの最後の項 $P(\{A \text{ and } B\})$ は 0 ((a) を参照) であり，排反事象に対する加法ルールによる．

[10] 数値と対応する確率 (つまり $3839/10000 = 0.384$) は示されている．左円のローン数は $3839 + 950 = 4789$ に対応，右円の数値は $950 + 545 = 1495$ である．

3.1. 確率を定義する

確認問題 3.15

(a) 確認問題 3.14 のベン図を用いてデータ loans からランダムに選んだ時にカップルからの応募でモーゲージ付きの確率を求めよ. (b) ローン・データがこれらの属性のどちらかとなる確率を求めよ[11].

3.1.5 確率分布

確率分布 (probability distribution) とはすべての排反事象とその確率の表を意味する. 図表 3.5 は 2 つのサイコロの目の和の確率分布を示している.

サイコロ目の和	2	3	4	5	6	7	8	9	10	11	12
確率	$\frac{1}{36}$	$\frac{2}{36}$	$\frac{3}{36}$	$\frac{4}{36}$	$\frac{5}{36}$	$\frac{6}{36}$	$\frac{5}{36}$	$\frac{4}{36}$	$\frac{3}{36}$	$\frac{2}{36}$	$\frac{1}{36}$

図表 3.5: 2 個のサイコロ目の確率分布.

確率分布のルール

確率分布とは確率的結果と次の 3 ルールを満たす確率の表現 (リスト) である.

1. 結果の事象は排反となる.
2. 各々の確率は 0 と 1 の間にある.
3. 確率の和は 1 となる.

確認問題 3.16

図表 3.6 は米国の家計所得の 3 つの分布を示している. 1 つだけが正しいが, どれだろうか. なぜ他は間違っているのだろうか[12].

所得範囲 (千ドル)	0-25k	25k-50k	50k-100k	100k+
(a)	0.18	0.39	0.33	0.16
(b)	0.38	-0.27	0.52	0.37
(c)	0.28	0.27	0.29	0.16

図表 3.6: 米国家計の所得分布.

第 1 章ではデータの要約としてプロットすることの重要性を指摘したが, 確率分布も棒グラフで要約される. 例えば米国家計所得の棒グラフを図表 3.7 に示しておく. 2 つのサイコロの目の和に対する確率分布は図表 3.8 に示しておく.

これらの棒グラフの高さは事象の確率を表現している. 事象の結果が数値型, 離散変数であれば棒グラフはヒストグラムと類似しているので, 2 つのサイコロの目の和のような場合の計算には便利である. もう 1 つの棒グラフを図表 3.18(119 頁) に示しておく.

---

[11] (a) 解は 2 つの円の共通部分で与えられ, 0.095. (b) この確率は 3 つの互いに排反事象の確率の和 $0.384 + 0.095 + 0.055 = 0.534$ で与えられる.(ただし四捨五入の誤差 0.001 がある.)

[12] (a) の確率の和は 1 でない. (b) の確率は負, したがって (c) が残る. 米国の家計所得はどれかなので (c).

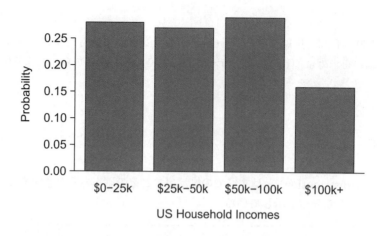

図表 3.7: 米国家計所得の確率分布.

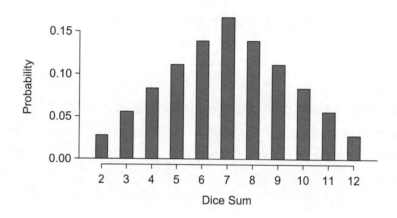

図表 3.8: 2 つのサイコロの目の確率分布.

3.1.6 事象の補集合

サイコロ投げは集合 $\{1, 2, 3, 4, 5, 6\}$ 上に値をとる．可能なすべての事象の集合を標本空間 (sample space, S) と呼ぶ．なお標本空間を利用して起きない事象も表現しておく．ここで集合 $D = \{2,3\}$ をサイコロ投げの結果 2 あるいは 3 の事象を表そう．このとき D の補集合 (complement) は集合 D でない標本空間の集合を表し，集合 $D^c = \{1, 4, 5, 6\}$ と書く．すなわち D^c は D に含まれないすべての要素からなる集合を意味する．図表 3.9 は集合 D, 集合 D^c, および標本空間 S を表している．

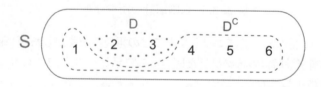

図表 3.9: 事象 $D = \{2, 3\}$ と補集合，$D^c = \{1, 4, 5, 6\}$．集合 S は標本空間，可能なすべての事象を示す．

確認問題 3.17

(a) 確率 $P(D^c) = P(\{1, 4, 5, 6\})$ を計算しなさい．(b) 確率 $P(D) + P(D^c)$ を求めなさい[13]．

3.1. 確率を定義する

確認問題 3.18

事象 $A = \{1, 2\}$, 事象 $B = \{4, 6\}$ は図表 3.2 (88 頁) に示されている. (a) 集合 A^c と集合 B^c は何を表しているか. (b) 確率 $P(A^c)$ および確率 $P(B^c)$ を求めなさい. (c) 確率 $P(A) + P(A^c)$ と確率 $P(B) + P(B^c)$ を求めなさい[14].

事象 A の補集合は 2 つの重要な性質を持つ: (i) 集合 A に入らないすべての事象は 集合 A^c の中にあり, (ii) 集合 A と 集合 A^c 排反である. 性質 (i) より

$$P(\{A \text{ or } A^c\}) = 1 .$$

すなわちある事象が集合 A に入っていなければ事象 A^c に入っているはずである. 加法ルールを (ii) に適用すると,

$$P(\{A \text{ or } A^c\}) = P(A) + P(A^c) .$$

この 2 つの式から事象とその補集合の確率について有益な関係が得られる.

補集合

事象 A の補集合を A^c で表し, A^c は集合 A に属さないすべての事象を表す. 事象 A と集合 A^c は数理的に次の関係がある.

$$P(A) + P(A^c) = 1, \quad \text{i.e.} \quad P(A) = 1 - P(A^c) .$$

簡単な例では集合 A から集合 A^c の確率は数ステップで求まる. しかし問題が複雑になるにつれて, 補集合を用いることでかなり手間が節約できることがある.

確認問題 3.19

集合 A を 2 つのサイコロ投げで 和が 12 未満の事象としよう. (a) 集合 A^c はどんな事象だろうか. (b) 図表 3.5 (91 頁) より $P(A^c)$ を定めなさい. (c) 確率 $P(A)$ を求めなさい[15].

確認問題 3.20

2 つのサイコロ投げについて次の確率を求めなさい[16].

(a) サイコロの和が 6 でない.

(b) 和が最低でも 4. すなわち次の事象の確率を求めなさい: $B = \{4, 5, ..., 12\}$.

(c) 和が 10 以上ではない. すなわち次の事象の確率を求めなさい. $D = \{2, 3,...,10\}$.

---

[13] (a) 事象はそれぞれ排反で確率 1/6. したがって確率は $4/6 = 2/3$. (b) さらに $P(D) = \frac{1}{6} + \frac{1}{6} = 1/3$. ここで集合 D と集合 D^c は排反なので $P(D) + P(D^c) = 1$ となる.

[14] (解答) (a) $A^c = \{3, 4, 5, 6\}$ and $B^c = \{1, 2, 3, 5\}$. (b) 各事象は排反であり, 各確率から $P(A^c) = 2/3$ および $P(B^c) = 2/3$. (c) 集合 A と集合 A^c は排反, また集合 B 集合 B^c も排反となる. したがって $P(A) + P(A^c) = 1$, $P(B) + P(B^c) = 1$.

[15] (a) A の補集合: サイコロの目の和が 12 となる集合とする. (b) $P(A^c) = 1/36$. (c) (b) から補集合の確率, $P(A^c) = 1/36$ および補集合は: $P(12 \text{ より小}) = 1 - P(12) = 1 - 1/36 = 35/36$.

[16] (a) $P(6) = 5/36$ より補集合: $P(\{6 \text{ でない}\}) = 1 - P(6) = 31/36$. (b) 補集合を確率を求めるとより簡単に計算できて: $P(\{2 \text{ or } 3\}) = 1/36 + 2/36 = 1/12$. 次に $P(B) = 1 - P(B^c) = 1 - 1/12 = 11/12$ と計算する. (c) 同様であるが補集合の確率を計算する方が賢い: $P(D)$. まず $P(D^c) = P(\{11 \text{ or } 12\}) = 2/36 + 1/36 = 1/12$. 次に $P(D) = 1 - P(D^c) = 11/12$ と求める.

3.1.7 独立性

変数や観測値が独立なようにランダム過程の独立性も考えられる．2つのランダム過程が独立 (independent) とはあるランダム過程の結果が他のランダム過程の結果に何の有益な情報をもたらさないことを意味する．例えばあるコイン投げとサイコロ投げが独立な過程であるとは，コイン投げの結果が表と分かってもサイコロ面の結果の情報を与えないことを意味する．これに対して，例えば複数の株価の上下動は連動していることが一般的，その場合は互いに独立でない．例題 3.5 は2つの独立な過程の単純な例を与えているが，2つのサイコロ投げである．2つのサイコロがともに 1 となる確率を決めてみよう．サイコロの1つが赤でもう1つを白とする．最初に赤のサイコロの目が 1 のとき，この情報は白のサイコロに何の情報ももたらさない．この問題は既に例題 3.5(85 頁) で議論しているが，赤のサイコロが 1 となる確率が1/6, 次に白のサイコロが 1 となる確率は 1/6 であった．この例は図表 3.10 で例示したように 2 回サイコロを振る事象は独立なので，この確率は掛け算により $(1/6) \times (1/6) = 1/36$ となる．この計算は多数の独立なランダム過程に一般化される．

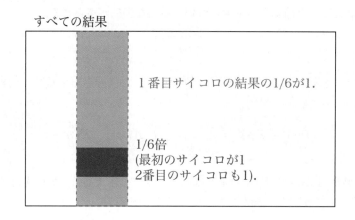

図表 3.10: 最初の目が 1 の確率は 1/6. このとき次の目も 1 となる確率は 1/6 を乗じる．

例題 3.21
2個のサイコロと独立な青のサイコロなら確率はどうなるだろうか．3個のサイコロ投げですべて 1 が出る確率を求めなさい．

例 3.5 と同様な議論を応用しよう．1/36 が白と赤のサイコロが同時に 1 となる確率なので，青のサイコロも 1 となる確率は 1/6 を乗じると，

$$P(\{白\}=1,\{赤\}=1,\{青\}=1) = P(\{白\}=1) \times P(\{赤\}=1) \times P(\{青\}=1)$$
$$= (1/6) \times (1/6) \times (1/6) = 1/216 .$$

例 3.21 は独立な過程の乗法ルールと呼ばれる内容を例示している．

3.1. 確率を定義する

独立な過程に対する乗法ルール

A と B を 2 つの異なる独立な過程を表す事象とする．このとき事象 A と B が同時に起きる確率はそれぞれの確率の積で与えられる：

$$P(\{A \text{ and } B\}) = P(A) \times P(B) .$$

同様に，もし k 個の独立な過程から得られる k 個の事象を $A_1, ..., A_k$ とすると，すべてが起きる確率は各確率の積で与えられ，

$$P(A_1) \times P(A_2) \times \cdots \times P(A_k) .$$

確認問題 3.22

人間の約 9% は左利きである．例えば米国国民からランダムに 2 人を選んだとする．全体の人口に対して標本サイズ 2 は小さいので，この 2 人の属性は互いに独立と仮定することは合理的と言えよう．(a) 2 人とも左利きである確率を求めなさい．(b) 2 人とも右利きである確率を求めなさい[17]．

確認問題 3.23

仮に 5 名がランダムに選ばれたとしよう[18]．

(a) 標本に選ばれたすべての人が右利きの確率を求めなさい．

(b) 標本に選ばれたすべての人が左利きの確率を求めなさい．

(c) 標本に選ばれたすべての人が左利きとは限らない確率を求めなさい．

変数 handedness(利き腕) と変数 sex(性別) が独立としよう．このとき，ある人の性別 (sex) を知ることで利き腕 (handedness) の情報には役立たない．ランダムに選ばれた人が右利きで女性である確率を求めよう[19]．乗法ルールを用いると

$$P(\{\text{左利き and 女性}\}) = P(\{\text{左利き}\}) \times P(\{\text{女性}\})$$
$$= 0.91 \times 0.50 = 0.455 .$$

---

[17] (a) 最初に選択された個人が左利きの確率は 0.09 であり，2 番目の個人の確率も同一である．独立なランダム過程について乗法ルールを適用すると $0.09 \times 0.09 = 0.0081$ となる．
(b) 両手利き (右利きかつ左利き) の確率がほぼゼロと仮定すると，$P(\text{左利き}) = 1 - 0.09 = 0.91$ となる．(a) と同様にして 2 人とも右利きの確率は $0.91 \times 0.91 = 0.8281$ となる．

[18] (a) 事象 RH と事象 LH をそれぞれ右利きと左利きとする．それぞれ独立事象とすると独立な過程への乗法ルールを適用できる．

$$P(\{5 \text{ 人すべて RH}\}) = P(\{\text{最初} = \text{RH}, 2 \text{ 番目} = \text{RH}, ..., 5 \text{ 番目} = \text{RH}\})$$
$$= P(\{\text{最初} = \text{RH}\}) \times P(\{2 \text{ 番目} = \text{RH}\}) \times \cdots \times P(\{5 \text{ 番目} = \text{RH}\})$$
$$= 0.91 \times 0.91 \times 0.91 \times 0.91 \times 0.91 = 0.624$$

(b) (a) と同様に $0.09 \times 0.09 \times 0.09 \times 0.09 \times 0.09 = 0.0000059$ となる．(c) 補集合を用いる．$P(\{5 \text{ 人すべて RH}\})$ により答えが得られる：

$$P(\{\text{皆とは限らない RH}\}) = 1 - P(\{\text{皆が RH}\}) = 1 - 0.624 = 0.376$$

[19] 米国の人口での女性 (female) の比率は約 50%，女性が標本となる確率は 0.5 である．(この確率は国により異なる．)

確認問題 3.24

3 名がランダムに選ばれたとする[20].

(a) 最初の標本が男性で右利きである確率を求めなさい.

(b) 最初の 2 人が男性で右利きである確率を求めなさい.

(c) 3 番目が女性で左利きの確率を求めなさい.

(d) 最初の 2 人が男性かつ右利き, 3 番目が女性かつ左利きの確率を求めなさい.

ときどきある事象の結果が他の事象の結果について役立つ情報を与えるか否か疑問が生じる. この疑問は 2 つの事象が独立に起きているか否かの問いと同じである. もし $P(\{A \text{ and } B\}) = P(A) \times P(B)$. が成り立つなら 2 つの事象 A と B は独立である.

例題 3.25

トランプ札をよくかき混ぜて 1 枚を引くとき, ハートのカードの事象はエースのカードを引く事象とは独立だろうか.

カードがハート札の確率は 1/4, エース札の確率は 1/13. カードがハートのエース札の確率は 1/52. このとき $P(\{A \text{ and } B\}) = P(A) \times P(B)$ が成り立つ.

$$P(\{\heartsuit\}) \times P(\{\text{エース}\}) = \frac{1}{4} \times \frac{1}{13} = \frac{1}{52} = P(\{\heartsuit \text{ and エース}\}).$$

この等式が成り立つのでカードがハートの事象とエースの事象は独立となる.

---

[20] 解答を与えておく. (a) $P(\{\text{ランダムな標本が男性かつ左利き}\}) = 0.455$. (b) 0.207. (c) 0.045. (d) 0.0093.

練習問題

3.1 真か偽か. 次に挙げる説明は正しいか誤りか,その理由も説明しなさい.

(a) 公平なコインを多数回繰り返して投げ,8回続けて表が出ると次のコイン投げで表が出る可能性は50%より少なくなる.

(b) 絵札 (ジャック,クイーン,キング) を引く事象と赤札を引く事象は互いに排反である.

(c) トランプゲームで絵札を引く事象とエースを引く事象は排反となる.

3.2 ルーレット. ルーレットゲームでは38スロット,赤18, 黒18, 緑2が回転盤にある.ボールが回転盤を回り最終的には一か所のスロットに落ちるが,各スロットにボールが落ちる可能性は等しい.

(a) ルーレットを3回まわしたところ,毎回,赤のスロットに落ちることを見た.ボールが次の回転で赤のスロットに落ちる確率を求めよ.

(b) 300回ルーレットの結果を見たところ,300回ともに赤のスロットに落ちた.次の回にボールが赤のスロットに落ちる確率を求めよ.

(c) (a) と (b) の解答は同じように信頼してよいだろうか.

Håkan Dahlström 氏による写真 (http://flic.kr/p/93fEzp)

3.3 4つのゲーム. 次は同一のゲームについての4つの変種である.あなたの相手がどれかを採用,その後にあなたはコイン投げの回数を10回, 100回のいずれかを選ぶ.ゲームの各説明に対して何回コイン投げを選ぶべきか決めなさい.ここでゲーム1回に1ドルのコストがかかるとするが,あなたが決めた理由を説明しなさい.

(a) 表の割合が0.60なら1ドルもらえる.
(b) 表の割合が0.40以上なら1ドルもらえる.
(c) 表の割合が0.40-0.60なら1ドルもらえる.
(d) 表の割合が0.30より小さければ1ドルもらえる.

3.4 バックギャモン. バックギャモン (Backgammon) は2人のプレーヤーが2つのサイコロを投げてコマを最後まで移動させるゲームである.プレーヤーが盤から自分の駒をすべて移動させれば勝利となるので,普通は大きな番号が出ることが望ましい.友人とバックギャモンで遊んでいたところ,最初に6が2つ, 2回目も6が2つ,友人が3が2つ, 2回目も3が2つであった.友人はこれはいかさま, 6が2つは起こりそうもないと主張した.確率を利用してあなたのサイコロの結果は友人の結果と同じ程度に起こり得ることを示しなさい.

3.5 コイン投げ. 公平なコイン投げを10回行うとき,次の確率を求めよ.

(a) すべてが裏.
(b) すべてが表.
(c) 少なくとも1回は裏.

3.6 サイコロ投げ. 公平な2つのサイコロを転がすとき次の確率を求めよ.

(a) 和が1となる事象.
(b) 和が5となる事象.
(c) 和が12となる事象.

3.7 浮動票. ピュー研究所調査 (Pew Research survey) では2,373名のランダムに選んだ投票登録者にその所属 (共和党,民主党,無党派) と自分が浮動層であるか否かを調査した.回答者の35%が無党派, 23%が浮動層, 11%が両方と答えた.

(a) 無党派と浮動層は互いに排反だろうか.
(b) 変数と関連する確率をまとめたベン図を描きなさい.
(c) 無党派だが浮動層ではない割合を求めよ.
(d) 無党派であるかまたは浮動層である割合を求めよ.
(e) 無党派ではなくかつ浮動層ではない割合を求めよ.
(f) 浮動層である事象は政治的に無党派である事象とは独立だろうか.

3.8 貧困と言葉. アメリカン・コミュニティ・サーベイ (米国センサス局,American Community Survey) は現在も続いている調査で毎年,コミュニティへの投資やサービスを計画するために必要な最近の情報を提供している.

2010 アメリカン・コミュニティ・サーベイによると, 14.6%の米国人は貧困線以下で生活している, 20.7%は家では英語以外 (外国語) の言葉で会話している, 4.2%は両方のカテゴリーに入ると推定される[21].

(a) 貧困線以下で暮らしている事象と家で外国語を話している事象は排反だろうか.
(b) ベン図により変数とその確率を求めよ.
(c) 米国人の中で貧困線以下の暮らし, かつ家で英語で話している割合を求めよ.
(d) 米国人の中で貧困線以下で暮らし, または自宅で外国語を話している人の割合を求めよ.
(e) 米国人の中で貧困線以上で暮らし, かつ家で英語を使っている割合を求めよ.
(f) 貧困線以下で暮らしている事象と家で外国語を話している事象は独立だろうか.

3.9 排反と独立性. (a) と (b) における各事象が排反, 独立, どちらでもない (排反かつ独立でない事象) かを識別しなさい.

(a) あなたとクラスからランダムに選んだ学生がともに A を取得する.
(b) あなたとあなたの勉強仲間の学生がともに A を取得する.
(c) 2 つの事象が同時に起きれば独立とはならない.

3.10 あてずっぽうと試験. 多選択問題が 5 問あり, 選択肢は (a, b, c, d) だった. ナンシーは全く勉強しなかったのでランダムに回答することにした. 次の確率を求めよ.

(a) 彼女が正しく答えた最初が 5 問目となる.
(b) すべて正解.
(c) 少なくとも 1 つは正解.

3.11 教育水準. 次の表は 2010 アメリカン・コミュニティ・サーベイ (米国センサス局,American Community Survey) により集められたデータに基づき, 米国の住民の性別の教育レベルの分布である[22].

		性別	
		男性	女性
	9 学年以下	0.07	0.13
	9-12 学年 (学位なし)	0.10	0.09
最終学歴	高卒あるいは同等	0.30	0.20
	大学 (学位なし)	0.22	0.24
	短大卒	0.06	0.08
	学卒 (学位)	0.16	0.17
	大学院, 専門学位	0.09	0.09
	合計	1.00	1.00

(a) ランダムに選ばれた男性が少なくとも大学卒の確率を求めよ.
(b) ランダムに選ばれた女性が少なくとも大学卒である確率を求めよ.
(c) 1 組の夫婦がどちらも大学卒である確率を求めよ. この質問に答えるに必要なら仮定は置いてもよい.
(d) (c) で仮定を置いた場合, 妥当と考えられるかどうか説明せよ. もし仮定を置かなかった場合に以前の答えをもう一度チェックして問題を考えなさい.

3.12 欠席. ジョージア州ディカーブ (DeKalb) 郡の小学校で集められたデータによると, 生徒の約 25%が 1 日のみ休み, 15%は 2 日間, 28%は 3 日, それ以上病気で休んでいる[23].

(a) ランダムに選んだ生徒がこの年に病気で 1 日も休まなかった確率を求めよ.
(b) ランダムに選んだ生徒が 1 日以上休んだ確率を求めよ.
(c) ランダムに選んだ生徒が少なくとも 1 日を超えて休んでいない確率を求めよ.
(d) もしディカーブ郡で 2 人の子供が学校に通っているとすると, どちらの子供も 1 日も休まなかった確率を求めよ. この質問への答えには仮定を置いてもよいことに注意する.
(e) もしディカーブ郡で 2 人の子供が学校に通っているとすると, どちらの子供も少なくとも 1 日休む確率を求めよ. この質問への答えには仮定を置いてもよいことに注意する.
(f) (d) と (e) で仮定を置いたならその仮定は妥当だろうか. 仮定を置いていなかったとしたら, もう一度チェックして答えを考えなさい.

---

[21] U.S. Census Bureau, 2010 American Community Survey 1-Year Estimates, Characteristics of People by Language Spoken at Home.
[22] U.S. Census Bureau, 2010 American Community Survey 1-Year Estimates, Educational Attainment.
[23] S.S. Mizan et al. "Absence, Extended Absence, and Repeat Tardiness Related to Asthma Status among Elementary School Children". In: *Journal of Asthma* 48.3 (2011), pp. 228–234.

3.2 条件付き確率

2変数, あるいは多変数間の様々な関係を理解することは有用である. 例えば, 車両保険の会社は加入者が事故に遭うリスクを評価するために運転履歴上の情報を考慮するだろう. そうした関係を分析するための鍵は条件付き確率にある.

3.2.1 分割表に関する確率

データ photo_classify は Web サイト上の写真から 1822 枚の写真 (フォト) を分類 (classifier) した標本を示している. データサイエンティストはフォトがファッションに関係するか否かの分類するアルゴリズムの改善を試みているが, ここで 1822 個のフォトは一例である. 各フォトには 2 つの分類基準があり, 最初の分類は変数 mach_learn と呼ばれているが機械学習 (ML) によるファッション予測 (pred_fashion) か非ファッション予測 (pred_not) かの分類である. このフォト 1822 枚は真のデータソースを知り得る数名のチームにより事前に注意深く分類されている. この変数である真の状態 (truth) は値ファッション (fashion, F) と非ファション (not, NF) のいずれかをとるが, 図表 3.11 はこの予測の結果を要約している.

		真の状態		合計
		F	NF	
予測	F	197	22	219
	NF	112	1491	1603
	合計	309	1513	1822

図表 3.11: データ photo_classify の分割表.

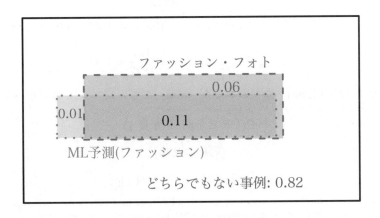

図表 3.12: データ photo_classify のベン図.

例題 3.26

ある写真が本当にファションに関係するとき，機械学習ソフトは正しく分類しているだろうか？

データを用いてその確率を推定することはできる．309 ファション写真の中で ML アルゴリズムで正しく 197 と分類できたので

$$P(\{\text{真が F, 予測が F}\}) = \frac{197}{309} = 0.638 \ .$$

例題 3.27

データから一枚の写真をサンプリングして ML アルゴリズムによりそれがファションでないと予測すると，この分類が正しくなく本当はファション関係である確率は何だろうか？

1603 枚の写真の中で 112 枚が本当はファション関係なのは

$$P(\{\text{予測が NF, 真が F}\}) = \frac{112}{1603} = 0.070 \ .$$

3.2.2 周辺確率と同時確率

図表 3.11 にはデータ photo_classify の各変数について行と列の合計も含まれている．その合計は標本における周辺確率 (marginal probabilities) を示しているが，これは他の変数を考慮することなくある変数のみに基づく確率である．例えば変数 mach_learn のみに基づく確率は：

$$P(\{\text{F と予測}\}) = \frac{219}{1822} = 0.12 \ .$$

2 変数，多変数．あるいは複数のランダム過程に関わる確率は同時確率 (joint probability) と呼ばれ，

$$P(\{\text{F と予測, F が真}\}) = \frac{197}{1822} = 0.11 \ .$$

通常は同時確率では「かつ (and)」が使われるが「and」でもカンマ「,」のどちらでもよく

$$P(\{\text{ F と予測, F が真 }\})$$

(同様の意味)

$$P(\{\text{F と予測 and F が真 }\}) \ .$$

周辺確率と同時確率

1 変数に基づく確率は周辺確率 (marginal probability) である．2 変数, 多変数, 複数のランダム過程に対する確率は同時確率 (joint probability) である．

ここではデータ photo_classify に対して同時確率を要約するために表の比率という用語を利用しよう．これは図表 3.11 における各欄の数値を全体で割って計算したもので，図表 3.13 の比率である．変数 mach_learn および変数 truth の同時分布は図表 3.14 に示されている．

3.2. 条件付き確率

	真 : F	真 : NF	合計
F と予測	0.1081	0.0121	0.1202
NF と予測	0.0615	0.8183	0.8798
合計	0.1696	0.8304	1.00

図表 3.13: データ photo_classify を要約した確率表.

同時事象 (Joint outcome)	確率 (Probability)
F と予測 and F が真	0.1081
F と予測 and NF が真	0.0121
NF と予測 and F が真	0.0615
NF と予測 and NF が真	0.8183
合計	1.0000

図表 3.14: データ photo_classify に関する同時確率.

確認問題 3.28

図表 3.14 は確率を表現していることを示しなさい．事象は互いに排反，確率は非負で合計は 1 となる[24]．

同時確率を用いて周辺確率を計算できる．例えばデータからランダムに取り出した写真がファッションに関する確率は変数の真 (truth) が値 F(fashion) をとり，

$$P(\{\text{真が F}\}) = P(\{\text{F と予測, 真が F}\})$$
$$+ P(\{\text{NF と予測, 真が F}\})$$
$$= 0.1081 + 0.0615$$
$$= 0.1696 \ .$$

3.2.3 条件付き確率の定義

機械学習分類器 (ML classifier) の性能は完璧ではなくフォトをファッション関係か否かを予測していた．変数 mach_learn を用いることにより，第 2 の変数，この例では変数である真の状態 (truth) の確率の推定を改善できることが期待されるだろう．データからランダムに選んだ写真がファッションに関連する確率は約 0.17 である．ML 分類器によりあるフォトがファッションに関するものと予測するとき，フォトが本当にファッションに関するものである確率のよい推定が得られているだろうか．確かにそうなっているのである．例えば 219 件に注目して，ML 分類器が写真がファッションと予測のときに実際にファッションである比率を見てみよう．

$$P(\{\text{予測が F という条件の下で真が F}\}) = \frac{197}{219} = 0.900 \ .$$

この確率を条件付き確率 (conditional probability) と呼ぶが，条件「ML 分類器がファッションと予測した」もとでの確率計算だからである．条件付き確率には 2 つの要素関心の事象と条件 (condition) が関わる．この条件は真の事象を知る上での情報と見ることが有用であり，情報は基本事象，あるいは事象

---

[24] 4 つの事象はそれぞれ排反，すべての確率は非負，合計は $0.1081 + 0.0121 + 0.0615 + 0.8183 = 1.00$.

として表現される．確率記号の中で関心のある事象と条件を縦バーで区別して，

$$P(\{\text{F と予測した条件の下で真が F}\}) = P(\{\text{真が F }\}|\{\text{F と予測}\}) = \frac{197}{219} = 0.900.$$

ここで縦バー「|」は**所与** *(given)*, あるいは「条件の下で」と読む．最後の式では ML 分類器でファッションと予測されたという条件の下で実際にファッションであった確率が比率として計算,

$$P(\{\text{真が F }\}|\{\text{F と予測}\}) = \frac{(\text{真が F and F と予測した事例数})}{(\text{F と予測した事例数})}$$
$$= \frac{197}{219} = 0.900.$$

ここでは条件として変数 mach_learn がファッションと予測した場合のみを考え，関心のある事象（本当にファッション関係）の比率を計算した．

しばしば，データの頻度ではなく周辺分布と同時分布そのものが与えられることがある．例えば発病率は通常は件数ではなく率で表現される．条件付き確率は件数が分からなくても計算できるので，この方法を理解するために最後の式を利用する．

ここでは ML 分類器が予測した条件を満たす事例のみを考察した．この場合には条件付き確率は関心のある事象，真の写真がファッションである比率であった．ここで仮に図表 3.13 にある情報，確率データのみが利用可能としよう．標本として 1000 個のフォトをとると，約 12.0%, $0.120 \times 1000 = 120$ がファッション関係と予想される（変数 mach_learn は F となる）．同様に約 10.8% あるいは $0.108 \times 1000 = 108$ がファッションとの情報, かつ真の状態がファッションである関心のある事象としよう．条件付き確率は次のように計算され，

$$P(\{\text{真が F}\} | \{\text{F と予測}\})$$
$$= \frac{(\text{真が F and 予測が F の事例数})}{(\text{F と予測の事例数})}$$
$$= \frac{108}{120} = \frac{0.108}{0.120} = 0.90.$$

ここでは 2 つの確率 0.108 と 0.120 の比率はそれぞれ,

$$P(\{\text{真が F and 予測が F}\}) \quad \text{および} \quad P(\{\text{予測が F}\}).$$

こうした確率の比は条件付き確率の一般公式の例となっている．

条件付き確率

条件 B の下での事象 A の条件付き確率は以下で与えられる：

$$P(A|B) = \frac{P(\{A \text{ and } B\})}{P(B)}.$$

確認問題 3.29

(a) 条件付き確率の記号を用いて次を表現しなさい．「ファッション写真について ML 予測が正しい確率」ここで条件は真の値であり ML アルゴリズムの値ではない．

(b) (a) から確率を求めなさい．ただし図表 3.14 が利用できる[25]．

---

[25] (a) 写真がファッション関係であり ML アリゴリズムが正しければこのアルゴリズムは価値があるだろう：

$$P(\{\text{予測は F}\} | \{\text{真は F}\}).$$

(b) 求める条件付き確率は

3.2. 条件付き確率

確認問題 3.30

(a) フォトがファッション関係のとき ML アルゴリズムが正しくない確率を求めよ．

(b) (a) の結果と確認問題 3.29 (b) を使い計算すると

$$P(\{ \text{予測は F} \} \mid \{ \text{真は F} \})$$
$$+ P(\{ \text{予測は NF} \} \mid \{ \text{真は F} \}) \ .$$

(c) なぜ (b) の和が 1 となるか直観的に説明しなさい[26]．

3.2.4 ボストンでの天然痘の大流行, 1721

データ smallpox は 1721 年, ボストンで天然痘に罹患した 6,224 の患者データである．その時代の医師は病気を接種, 制御された形で患者を罹患させることで死亡リスクを減少させられると信じていた．各個体データは 2 つの変数 inoculated と変数 result で表現されている．変数 inoculated は二つの値：予防接種を受けているか否かを示す接種 (yes), 非接種 (no) をとる．変数 result は事象:生存 (lived), 死亡 (died) を表している．このデータは図表 3.16 に要約されている．

		接種		
		はい (yes)	いいえ (no)	合計
結果	生存	238	5136	5374
	死亡	6	844	850
	合計	244	5980	6224

図表 3.15: データ smallpox の分割表．

		接種		
		はい (Yes)	いいえ (No)	全体
結果	生存	0.0382	0.8252	0.8634
	死亡	0.0010	0.135 6	0.1366
	合計	0.0392	0.9608	1.0000

図表 3.16: データ smallpox の数値を全体 6224 で割って計算した比率．

確認問題 3.31

確率の記号を使ってランダムに選んだ患者の中で接種しなかった患者が天然痘により死亡した確率を求めなさい[27]．

$P(\{ \text{予測は F and 真は F} \}) = 0.1081$ および $P(\{ \text{真は F} \}) = 0.1696$．これより条件付き確率は: $0.1081/0.1696 = 0.6374$．

[26] (a) この確率は $\frac{P(\{ \text{予測は NF, 真は F} \})}{P(\{ \text{真は F} \})} = \frac{0.0615}{0.1696} = 0.3626$．(b) 和は 1．(c) 写真がファッション関係という条件の下では ML アルゴリズムはファッション関係かそうでないかのどちらかを予測している．補事象は条件付き確率においても同一の条件であれば意味がある．

[27] $P(\{ \text{死亡} \} \mid \{ \text{非接種} \}) = \frac{P(\{ \text{死亡かつ非接種} \})}{P(\{ \text{非接種} \})} = \frac{0.1356}{0.9608} = 0.1411$．

確認問題 3.32

接種した患者が天然痘で死亡した確率を求めよ．この結果を確認問題 3.31 の接種しなかった患者とどう比較したらよいだろうか[28]．

確認問題 3.33

ボストンの患者は接種するか否かは自己選択であった．(a) この研究は観察研究，あるいは (統計的) 実験のどちらだろう．(b) このデータから因果関係を推測できるだろうか．(c) 潜在的な交絡変数，生存 (lived) と死亡 (died) に影響，患者が接種するか否かに影響する可能性があるだろうか[29]．

3.2.5 一般乗法ルール

節 3.1.7 では独立な過程についての乗法ルールを導入した．ここでは独立とは限らない事象に対して一般乗法ルール (General Multiplication Rule) を導入しよう．

> **一般の乗法ルール**
> 集合 A および B を事象とする．このとき
> $$P(\{A \text{ and } B\}) = P(A|B) \times P(B) \ .$$
> ここで A を関心のある事象，B を条件とすると分かりやすいだろう．

一般乗法ルールは単に条件付確率の式を表現しなおしたものである．

例題 3.34

データ smallpox で考えてみよう．ここで 2 つの情報：住民の 96.08% は接種していないことと接種しなかった住民の 85.88% が生存したとすると，接種せずかつ生存した確率をどう計算したらよいだろうか？

一般乗法ルールを用いて答えを計算し，図表 3.16 を用いて確かめよう．ここで次の確率を求めたい：

$$P(\{\text{result} = 生存\,(\texttt{lived}) \text{ かつ } \text{inoculated} = 接種なし\,(\texttt{no})\}) \ .$$

他方，ここで与えられるのは

$$P(\{\,生存\,\}|\{\,非接種\,\}) = 0.8588 \ , \qquad P(\{\,非接種\,\}) = 0.9608 \ .$$

住民の 96.08% が接種なし，85.88% 接種なしでが生存したので，

$$P(\{\,生存 \text{ and } 非接種\,\}) = 0.8588 \times 0.9608 = 0.8251 \ .$$

この式は一般乗法ルールと同等である．この確率は図表 3.16 の中の非接種 (no) と生存 (lived) の共通部分で確かめられる (ただし四捨五入の誤差がある)．

---

[28] $P(\{\,死亡\,\}|\{\,接種\,\}) = \frac{P(\{\,死亡かつ接種\,\})}{P(\{\,接種\,\})} = \frac{0.0010}{0.0392} = 0.0255$ (ここで四捨五入の誤差を避けるなら $6/244 = 0.0246$ となる.) 接種した患者の死亡率はほぼ 1/40 であるが，接種しなかった患者の死亡率はほぼ 1/7 であった．

[29] (解答) (a) 観察研究．(b) 否．この観察研究からは因果性の推論はできない．(c) 当時としては最新のベストな医療であったが，他の変数との関連は可能性はあるだろう．

3.2. 条件付き確率

確認問題 3.35

式 $P(\{\text{接種}\}) = 0.0392$ および $P(\{\text{生存}\}|\{\text{接種}\}) = 0.9754$ を用いて，接種を受けかつ生存した確率を求めなさい[30]．

確認問題 3.36

接種した住民の 97.54% が生き残ったが，接種した住民の何パーセントが死亡しただろうか[31]．

条件付き確率の和

集合 $A_1, ..., A_k$ がある変数，あるいはランダム過程の排反な事象を表すとする．さらに B を別の変数，あるいはランダム過程とするとき：

$$P(A_1|B) + \cdots + P(A_k|B) = 1 .$$

補集合の事象に対するルールは事象と補事象が同じ情報の下で成立して

$$P(A|B) = 1 - P(A^c|B) .$$

確認問題 3.37

上の確率計算に基づくと，接種は天然痘による死亡リスクを軽減させただろうか[32]．

3.2.6 条件付き確率と独立性

2つの事象が独立なら片方の結果を知ることは他の結果の情報にはつながらない．このことを条件付き確率を用いて数理的に示すことができる．

確認問題 3.38

X と Y を 2 個のサイコロの目としよう[33]．

(a) 最初のサイコロの目 X が 1 となる確率を求めなさい．

(b) 2 個のサイコロの目 X と Y がともに 1 となる確率を求めなさい．

(c) 条件付確率を用いて $P(\{Y=1\} \mid \{X=1\})$ を求めなさい．

(d) 確率 $P(\{Y=1\})$ は (c) と異なるだろうか，その理由を述べなさい．

確認問題 3.38(c) において条件付けの情報は独立な過程では乗法ルールを適用することで何の影

---

[30] 答えは 0.0382 となるが，図表 3.16 で確かめられる．

[31] ここでは 2 つの可能性しかない：生存 (lived) あるいは死亡 (died) である．これから 100% - 97.54% = 2.46% の摂取した住民は死亡していることが分かる．

[32] 標本は接種した患者グループと接種しなかった患者グループの死亡率の差を見る際にかなり大きい．したがって変数 inoculated と outcome の関連が見られるようである．しかし確認問題 3.33 の解で述べたようにある観測研究からの結果により因果的関連を主張することはできない．（更なる研究によれば接種により死亡率の低下は確認されている．）

[33] (解答) (a) 1/6. (b) 1/36. (c) $P(\{Y = 1 \text{ and } X = 1\})/P(\{X = 1\}) = \frac{1/36}{1/6} = 1/6$. (d) 確率は (c) と同一：$P(Y=1) = 1/6$. 事象 $Y = 1$ の確率は X に関する情報の如何に関わらず変化せず，X と Y が独立であることが分かる．

響もないことが分かり，

$$P(\{Y = 1\} \mid \{X = 1\}) = \frac{P(\{Y = 1 \text{ and } X = 1\})}{P(\{X = 1\})}$$
$$= \frac{P(\{Y = 1\}) \times P(\{X = 1\})}{P(\{X = 1\})} = P(\{Y = 1\}) \ .$$

確認問題 3.39

ロンはカジノ・ルーレットを見ていて最近の 5 回の結果が黒 (black) であることに気がついた．黒 (black) が 1 ラウンドに 6 回出る確率は小さい (約 1/64) ことに気がついたので赤に賭けることにした．この理由付けに誤りはあるだろうか[34]．

3.2.7 樹形図

樹形図 (tree diagrams) はデータ構造に関する事象と確率を表示する道具である．2 個，あるいは多数のランダム過程が順番に連続して起き，前の結果に次が依存する場合に最も役立つ．データ smallpox を使って説明しよう．母集団を 変数の接種 (inoculation)：接種 (yes) と非接種 (no) に分割する．次に各群に生残率が観測された．そこで図表 3.17 に樹形図 (tree diagram) を示しておこう．接種 (inoculation) の最初の枝は 一次 (primary) 枝と呼ばれ，他の枝は二次的 (secondary) と言われることがある．

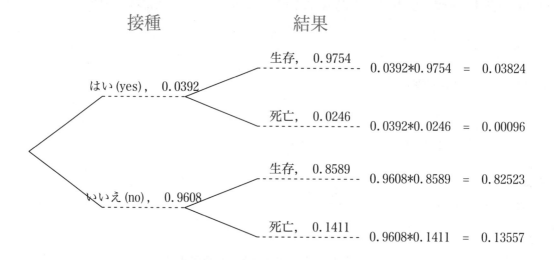

図表 3.17: データ smallpox の樹形図．

図表 3.17 で示されているように樹形図は周辺確率と条件付き確率を含んでいる．この樹形図では天然痘データを変数 inoculation により接種 (yes) と非接種 (no) のデータ群に分割，周辺確率はそれぞれ 0.0392 と 0.9608 である．最初の変数で条件付けられた枝では条件付き確率が与えられている．例えば図表 3.17 の最上位の枝には接種 (inoculated) = はい (yes) で条件付けられた結果 (result) = 生存 (lived) の確率である．各枝の最後に左から右に伸びるにしたがい確率を乗じることで同時確率を（よく行うが）計算できる．この同時確率は一般乗法ルールを用いて：

$$P(\{ \text{接種, 生存} \}) = P(\{ \text{接種} \}) \times P(\{ \text{生存} \}|\{ \text{接種} \}) = 0.0392 \times 0.9754 = 0.0382 \ .$$

---

[34] 毎回の回転 (スピン) は過去の回転と独立であることを忘れている．カジノは最後の数回の結果を表示して不用意なギャンブラーに有利と思わせるようにしている．このことはギャンブラーの誤解 (gambler's fallacy) と呼ばれている．

例題 3.40

ある統計学コースで中間試験 (midterm) と期末試験 (final) を考え, 学生の 13% が中間で A を得たとしよう. さらに中間で A をとった学生の中では期末に 47% が A, 中間試験で A より低い評価の学生の 11% が期末試験では A の評価だったとしよう. ランダムに 1 人を選んだところ, 期末試験の成績は A であった. この学生が中間試験が A だった確率を求めよ.

ここでの目的は確率 $P(\{\text{中間 (midterm)} = \text{A}\}|\{\text{期末 (final)} = \text{A}\})$ を評価することである. この条件付き確率を計算するには次の確率が必要である:

$$P(\{\text{中間試験} = \text{A}, \text{期末試験} = \text{A}\}) \quad, \quad P(\{\text{期末試験} = \text{A}\}).$$

しかし, この情報は与えられていないのでどのように確率を評価するか定かではない. どのように進むか分からなくても, 樹形図に情報をまとめるのは有益である.

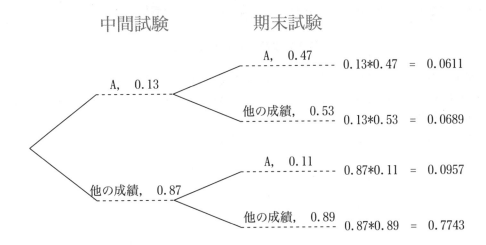

樹形図を作成するとき周辺確率が分かる変数を最初の枝としよう. 上の例では中間試験の周辺確率が与えられている. 条件付き確率が与えられた後の最終評価は第 2 の枝に示される. 樹形図を作れば, 必要な確率は計算できる:

$$P(\{\text{中間試験} = \text{A}, \quad \text{期末試験} = \text{A}\}) = 0.0611$$

$$P(\{\text{期末試験} = \text{A}\})$$
$$= P(\{\text{中間試験} = \text{その他 (other)}, \text{期末試験} = \text{A}\}) + P(\{\text{中間試験} = \text{A}, \text{期末試験} = \text{A}\})$$
$$= 0.0957 + 0.0611 = 0.1568.$$

周辺確率 $P(\{\text{期末試験} = \text{A}\})$ は期末試験が A に対応する左側の同時確率を足して計算した. 最終的には 2 つの確率の比を計算:

$$P(\{\text{中間試験} = \text{A}\}|\{\text{期末試験} = \text{A}\}) = \frac{P(\{\text{中間試験} = \text{A}, \text{期末試験} = \text{A}\})}{P(\{\text{期末試験} = \text{A}\})}$$
$$= \frac{0.0611}{0.1568} = 0.3897$$

より中間試験で A をとる確率は大体 0.39 であった.

確認問題 3.41

入門統計学コースの後に 78% の学生は樹形図を作成でき，樹形図を作れた学生の 97%はコースを修了できたが，樹形図を作成できなかった学生 57% しか修了できなかったとする．(a) 樹形図に情報をまとめなさい．(b) ランダムに選んだ学生がコースを修了できた確率を求めよ．(c) コースを履修できたことを知っているとき，樹形図を作れる確率を求めよ[35]．

3.2.8 ベイズの定理

多くの場合に条件付き確率は次の形で与えられる：

$$P(\{\text{第1の事象}\}|\{\text{第2の事象}\}).$$

しかし条件を逆転した条件付確率を知りたいことがある

$$P(\{\text{第2の事象}\}|\{\text{第1の事象}\}).$$

樹形図は最初の選択が与えられたときの第 2 の選択の条件付き確率を評価することに使えることを述べた．ただし樹形図により表現できないシナリオを扱いたいこともしばしば生じる．こうした場合に、非常に有用で一般的な公式がベイズの定理である．

　ここではまず樹形図が適応できる場合に条件付き確率を反転する例を取り上げよう．

---

[35] (a) 樹形図は下図に示されている．
(b) コースを修了できた学生の 2 つの確率を加えると $P(\{(\text{修了})\}) = 0.7566 + 0.1254 = 0.8820$.
(c) $P((\text{樹形図を作成}) \mid (\text{修了})) = \frac{0.7566}{0.8820} = 0.8578$.

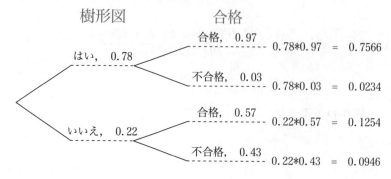

例題 3.42

カナダでは 40 歳以上の女性の約 0.35% がいつかは胸がんを患うことが知られている．一般的ながん検査はマンモグラム (mammogram) であるがこの検査は完全なものではない．胸がん患者の約 11%で偽陰性 (false negative)：がんがあるにもかかわらずがんがないとしてしまう．同様に検査はがんにかかっていない患者の 7%は擬陽性 (false positive)：がんにかかっていないのにがんと診断してしまう．40 歳以上の女性が胸がんのマンモグラム検査を行い，陽性となったとき，つまり検査でがんと診断されたとき本当にがんである確率は幾つだろうか？

ここで胸がんであることが分かっていれば，陽性のテストの確率を計算するには十分な情報がある ($1.00 - 0.11 = 0.89$)．しかし陽性の検査結果を所与として本当にがんである逆確率を求めたいのである．ここでは聞きなれない医学用語：陽性 (positive) の検査結果はマンモグラム検査はがんの存在を示唆しているが，求めたい逆確率は

$$P(\{\text{BC 罹患}\}|\{\text{マンモグラム}^+\}) = \frac{P(\{\text{BC 罹患, マンモグラム}^+\})}{P(\{\text{マンモグラム}^+\})} .$$

ここで「BC 罹患」とは胸がんをもつ患者の略，「マンモグラム (mammogram)$^+$」はマンモグラム検査で陽性を意味する．この確率より樹形図を作ることができる．

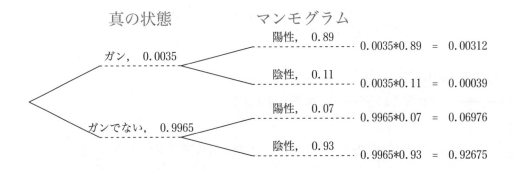

患者がガンであり，マンモグラムが陽性の確率は

$$P(\{\text{BC 罹患, マンモグラム}^+\}) = P(\{\text{マンモグラム}^+\}|\{\text{BC 罹患}\})P(\{\text{BC 罹患}\})$$
$$= 0.89 \times 0.0035 = 0.00312 .$$

検査で陽性の確率は 2 つの可能性についての確率和であり，

$$P(\{\text{マンモグラム}^+\}) = P(\{\text{マンモグラム}^+, \text{BC 罹患}\})$$
$$+ P(\{\text{マンモグラム}^+, \text{BC 非罹患}\})$$
$$= P(\{\text{BC 罹患}\})P(\{\text{マンモグラム}^+\}|\{\text{BC 罹患}\})$$
$$+ P(\{\text{BC 非罹患}\})P(\{\text{マンモグラム}^+\}|\{\text{BC 非罹患}\})$$
$$= 0.0035 \times 0.89 + 0.9965 \times 0.07 = 0.07288 .$$

したがって，マンモグラム検査で陽性なら患者が胸がんを持つ確率は

$$P(\{\text{BC 罹患}\}|\{\text{マンモグラム}^+\}) = \frac{P(\{\text{BC 罹患かつマンモグラム}^+\})}{P(\{\text{マンモグラム}^+\})}$$
$$= \frac{0.00312}{0.07288} \approx 0.0428 .$$

すなわち仮に患者がマンモグラム検査で陽性であったとしても，本当に胸がんを患っている確率は 4% 程度となる．

例題 3.42 はなぜ多くの医師が最初に陽性のテスト結果が出てもさらにテストをするのかその理由を示唆している. 医学的条件は個人により様々であり, 一般的にある検査結果が陽性としても確定的ではない. ここで再び例題 3.42 の最後の式を取り上げよう. 樹形図から分子 (分数の上部) は次の積に一致して,

$$P(\{\text{BC 罹患かつマンモグラム}^+\}) = P(\{\text{マンモグラム}^+\}|\{\text{BC 罹患}\}) \times P(\{\text{BC 罹患}\}).$$

分母（つまり検査が陽性だった確率) は検査が陽性というシナリオの 2 つの確率の和であり,

$$P(\{\text{マンモグラム}^+\}) = P(\{\text{マンモグラム}^+, \text{BC 非罹患}\}) + P(\{\text{マンモグラム}^+, \text{BC 罹患}\}).$$

例では樹形図を使うと, 右辺の確率はさらに条件付確率と周辺確率の積にそれぞれ分解され,

$$\begin{aligned}P(\{\text{マンモグラム}^+\}) &= P(\{\text{マンモグラム}^+, \text{BC 非罹患}\}) + P(\{\text{マンモグラム}^+, \text{BC 罹患}\}) \\ &= P(\{\text{マンモグラム}^+\}|\{\text{BC 非罹患}\}) \times P(\{\text{BC 非罹患}\}) \\ &\quad + P(\{\text{マンモグラム}^+\}|\{\text{BC 罹患}\}) \times P(\{\text{BC 罹患}\}).\end{aligned}$$

ここではベイズの定理を応用し, 元の条件付き確率を分母と分子の確率表現に代入すると,

$$P(\text{BC 罹患} | \text{マンモグラム}^+)$$
$$= \frac{P(\text{マンモグラム}^+ | \text{BC 罹患}) \times P(\text{BC 罹患})}{P(\text{マンモグラム}^+ | \text{BC 非罹患}) \times P(\text{BC 非罹患}) + P(\text{マンモグラム}^+ | \text{BC 罹患}) \times P(\text{BC 罹患})}.$$

ベイズの定理：逆確率

変数 1 と変数 2 に関する次の条件付き確率を考えよう.

$$P(\{\text{変数 1 の結果}, A_1\}|\{\text{変数 2 の結果}, B\}).$$

ベイズの定理はこの条件付き確率が次のような比で表現されることを述べている:

$$\frac{P(B|A_1)P(A_1)}{P(B|A_1)P(A_1) + P(B|A_2)P(A_2) + \cdots + P(B|A_k)P(A_k)}.$$

なお $A_1, A_2, A_3, \ldots, A_k$ は第一変数の可能な結果をすべて表現している.

ベイズの定理は樹形図で述べていることの一般化になっている. 分子は事象 A_1 と事象 B の両方が成り立つ確率を意味し, 分母は事象 B が成り立つ周辺確率である. 分数の分母は長く少し複雑に見えるが, 事象 B についてのあらゆる可能性を集めているからである. 樹形図を作るときには実はこの操作を行っているが, 各段階での操作ではあまり複雑には見えない.

ベイズの定理を正しく応用するには, 2 つの準備段階がある.

(1) 第 1 変数の可能な結果:$P(A_1), P(A_2), \ldots, P(A_k)$ の各結果についての周辺確率を計算する.

(2) 第 1 変数の可能なシナリオを条件として結果 B の条件付確率を与える: $P(B|A_1), P(B|A_2), \ldots, P(B|A_k)$.

それぞれの確率が分かれば条件付き確率の公式を応用すればよい. ベイズ定理は樹形図を描くには複雑でシナリオが沢山あるときには特に役に立つ.

3.2. 条件付き確率

確認問題 3.43

ジョー (Jose) はキャンパスに毎週木曜夕方に出かけることがある. 駐車場はときどき大学でのイベントにより満杯になるが, 夕方の 35% はアカデミックなイベント, 20% はスポーツ・イベント, 45% の夕方には何のイベントもないとしよう. アカデミックなイベントがあると駐車場が満杯になるのは約 25%の場合, スポーツのイベントがあると約 70% の場合に満杯になる. イベントがない日には満車になるのは約 5% の場合である. ジョーが大学に来るとき駐車場が満杯であったとすると, スポーツイベントが行われている確率は幾つになるだろうか樹形図を用いてこの問題を解きなさい[36)].

例題 3.44

確認問題 3.43 の解き方：ベイズの定理の利用.

ここで関心のある事象がスポーツ・イベントがある事象 (A_1 とする), 駐車場が満杯という条件 (B) としよう. A_2 をアカデミックなイベント, A_3 をイベントなしのこのとき与えられた確率は次のように書ける.

$$P(A_1) = 0.2, \qquad P(A_2) = 0.35, \qquad P(A_3) = 0.45,$$
$$P(B|A_1) = 0.7, \qquad P(B|A_2) = 0.25, \qquad P(B|A_3) = 0.05.$$

ベイズの定理を用いて j 駐車場が満杯 (B) という条件の下でスポーツ・イベント (A_1) の確率を求めると

$$P(A_1|B) = \frac{P(B|A_1)P(A_1)}{P(B|A_1)P(A_1) + P(B|A_2)P(A_2) + P(B|A_3)P(A_3)}$$
$$= \frac{(0.7)(0.2)}{(0.7)(0.2) + (0.25)(0.35) + (0.05)(0.45)}$$
$$= 0.56.$$

すなわち駐車場が満杯という情報の下では 56% の確率でキャンパスではスポーツ・イベントが開催されている.

確認問題 3.45

同じ練習問題を利用すると, 駐車場が満杯という条件の下でアカデミック・イベントが行われている確率が 0.35 となることが分かる[37)].

[36)] 右に 3 つの枝を持つ樹形図が示されるが, 樹形図からは 2 つの確率が識別できる. (1) スポーツ・イベントが開催, かつ駐車場が満杯の確率: 0.14. (2) 駐車場が満杯の確率: $0.0875 + 0.14 + 0.0225 = 0.25$. したがって, 解は 2 つの確率の比: $\frac{0.14}{0.25} = 0.56$. もし駐車場が満杯なら確率 56% でスポーツ・イベントが行われている.

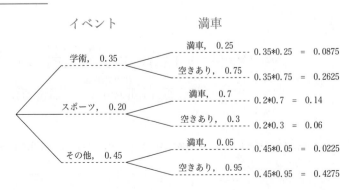

確認問題 3.46

確認問題 3.43 と確認問題 3.45 では駐車場が満杯でならスポーツ・イベントが開催されている確率が 0.56, アカデミックなイベントが開催されている確率は 0.35 であった. このことを用いて $P(\{ \text{イベントなし} \}|\{ \text{駐車場が満杯} \})$ を求めなさい[38].

以上の練習問題は駐車場が満杯という条件の下でスポーツ・イベント, アカデミック・イベント, 特にイベントなし, のどれかという評価を更新する方法を与えている. ベイズの定理を用いた評価の更新 (updating beliefs) という方法は実はベイズ統計学 (Bayesian statistics) と呼ばれる統計学の一分野の基礎となっている. ベイズ統計学は重要ではあるが, 少し上級の話題であり, 本書ではその多くを議論する余裕はないので別の機会に委ねよう.

---

[37] (解答)

$$P(A_2|B) = \frac{P(B|A_2)P(A_2)}{P(B|A_1)P(A_1) + P(B|A_2)P(A_2) + P(B|A_3)P(A_3)}$$
$$= \frac{(0.25)(0.35)}{(0.7)(0.2) + (0.25)(0.35) + (0.05)(0.45)}$$
$$= 0.35 \ .$$

[38] 各事象は駐車場が満杯という同一の事象で条件付けられているので補事象の確率を計算: $1.00 - 0.56 - 0.35 = 0.09$.

3.2. 条件付き確率

練習問題

3.13 同時確率と条件付き確率. $P(A) = 0.3, P(B) = 0.7$ とする.

(a) 確率 $P(A)$ と $P(B)$ が分かれば確率 $P(\{A \text{ and } B\})$ を求められるだろうか.

(b) 事象 A, 事象 B は独立なランダム過程から生じると仮定する.

　i. 確率 $P(\{A \text{ and } B\})$ を求めよ.
　ii. 確率 $P(\{A \text{ or } B\})$ を求めよ.
　iii. 確率 $P(\{A|B\})$ を求めよ.

(c) 確率 $P(\{A \text{ and } B\}) = 0.1$ が与えられているとき. 事象 A, 事象 B を生じさせる確率変数は独立となりうるか.

(d) 確率 $P(A \text{ and } B) = 0.1$ のとき 確率 $P(A|B)$?

3.14 PB & J. 仮に人々の 80% はピーナツバター, 89% はジェリー, 78%は両方が好きである. ランダムにサンプルされた人がピーナツバター好きであったとすると, その人がジェリーも好きである確率を求めよ.

3.15 地球温暖化. ピュー研究所調査 (Pew Research Survey) では 1,306 名の米国人に次のことを聞いた：「あなたの見聞では地球の平均気温は過去数十年にわたり上昇している明確な証拠があると言えるか, あるいは否か」. 次の表は政党とイデオロギーに基づき回答分布をまとめたものだが, 回答数は相対頻度に変換してある[39].

		回答			
		地球温暖化 (している)	温暖化 (そうとは限らず)	分からない Refuse	合計
支持政党・イデオロギー	保守共和	0.11	0.20	0.02	0.33
	中道・リベラル共和	0.06	0.06	0.01	0.13
	中道・保守民主	0.25	0.07	0.02	0.34
	リベラル民主	0.18	0.01	0.01	0.20
	合計	0.60	0.34	0.06	1.00

(a) 地球温暖化を信じることと民主党リベラルとは互いには排反だろうか.
(b) ランダムに選ばれた人が地球温暖化を信じている, あるいは民主党リベラルである確率を求めよ.
(c) ランダムに選んだ人が民主党リベラルという条件の下で地球温暖化を信じている確率を求めよ.
(d) ランダムに選んだ人が共和党保守であるという条件の下で地球温暖化を信じている確率を求めよ.
(e) 地球温暖化を信じている回答者と政党・イデオロギーとは独立と言えるだろうか. 理由も説明しなさい.
(f) ランダムに選ばれた人が地球温暖化を信じているという条件の下で中道・リベラル共和党である確率を求めよ.

3.16 保険加入, 相対頻度. 行動リスク監視システム (BRFSS) は毎年電話で行う調査から成人のリスク要因を識別し, その時に起きている健康のトレンドを報告している. 次の表はこの調査に回答した人の健康度 (エクセレント (excellent), 非常に良い (very good), 良い (good), 普通 (fair), 悪い (poor)) および健康保険に加入しているか否かの分布を示している.

	健康状態					
	エクセレント	非常に良い	良い	普通	悪い	全体
保険未加入	0.0230	0.0364	0.0427	0.0192	0.0050	0.1262
保険加入	0.2099	0.3123	0.2410	0.0817	0.0289	0.8738
合計	0.2329	0.3486	0.2838	0.1009	0.0338	1.0000

(a) 健康であることと健康保険を持っていることは互いに排反だろうか.
(b) ランダムに選ばれた人のエクセレントである確率を求めよ.
(c) ランダムに選ばれた人が健康保険に加入しているという条件の下でエクセレントである確率を求めよ.
(d) ランダムに選ばれた人が健康保険に加入していない条件の下でエクセレントである確率を求めよ.
(e) エクセレントである事象と健康保険に加入している事象は独立になり得るか.

3.17 ハンバーガー店. 2010 年のサーベイ USA(SurveyUSA) はロサンゼルスに住む 500 名に対し次の調査を行った.「南カリフォルニアでベストなハンバーガー店は次のどこだろうか: A:Five Guys Burgers, B:In-N-Out Burger, C:Fat Burger, D: Tommy's Hamburgers, E:Umami Burger, F:別の場所」. 性別で分けた回答の分布は以下のようである[40].

---

[39] Pew Research Center, Majority of Republicans No Longer See Evidence of Global Warming, data collected on October 27, 2010.

[40] SurveyUSA, Results of SurveyUSA News Poll #17718, data collected on December 2, 2010.

		性別		
		男性	女性	合計
ベストハンバーガー店	A:Five Guys Burgers	5	6	11
	B:In-N-Out Burger	162	181	343
	C:Fat Burger	10	12	22
	D:Tommy's Hamburgers	27	27	54
	E:Umami Burger	5	1	6
	F:その他	26	20	46
	G:分からない	13	5	18
	合計	248	252	500

(a) 女性であることと店 Five Guys Burgers を好む事象は互いに排反だろうか.
(b) ランダムに選ばれた男性が In-N-Out をベストとする確率を求めよ.
(c) ランダムに選ばれた女性が In-N-Out をベストとする確率を求めよ.
(d) デートしている男性と女性がともに In-N-Out がベストとする確率を求めよ. なお仮定を置くときにはそれが妥当と思われるか否かも評価しなさい.
(e) ランダムに選ばれた人が Umami をもっとも好む, あるいは女性である確率を求めよ.

3.18 同類交配. 釣り合うペア (Assortative mating) とは非ランダムなペアのパターンで類似の遺伝子と (あるいは) 表現型を持つ個人が, ランダムな出会いパターンから期待されるよりもより頻繁にペアとなる現象のことである. この問題についてのある研究者が 204 のスカンジナビア人の男女の目の色のデータを集めた. 簡単のためにこの練習問題ではヘテロな男女関係のペアのみ表にしている[41].

		パートナー (女性)			
		ブルー	ブラウン	グリーン	合計
男性	ブルー	78	23	13	114
	ブラウン	19	23	12	54
	グリーン	11	9	16	36
	合計	108	55	41	204

(a) ランダムに選んだ男性, あるいはそのパートナーの目がブルーの確率を求めよ.
(b) ランダムに選んだ男性の目がブルー, パートナーの目もブルーの確率を求めよ.
(c) ランダムに選ばれた男性の目がブラウンで, パートナーの目がブルーである確率を求めよ.
(d) 男性の目の色とパートナーの目の色は独立だろうか. 説明しなさい.

3.19 箱ひげ図. ある入門統計学のコースの後, 学生の 80% は箱ひげ図をうまく作成でき, 箱ひげ図を作成できた学生の 86%は終了できたが, 箱ひげ図を作成できなかった学生の 65%のみ単位をとれた.

(a) この説明を樹形図で表しなさい.
(b) ある学生が試験を通ったという条件の下で箱ひげ図を作成できる確率を求めなさい.

3.20 血栓症の素質. 人が血栓症の素質を持つか否か, 一般的な遺伝子検査 (テスト) が用いられている. この病気は血管の内部に血が固まることにより血液循環の流れを妨げるものであるが, 一般に 3%の人間はこの素質を持つと信じられている. このテストはもし血栓症の素質があれば 99%の精度がある, すなわち本当に血栓症の素質があればテストで陽性となる確率は 0.99 である. このテストで陽性であった人からランダムに選ばれた人が本当に素質がある確率を求めよ.

3.21 ルーパス (It's never lupus). 難病ルーパス (Lupus) とはある高リスクの医学的状態であり, 感染を防ぐために外部からの異物を攻撃する抗体が, 血漿タンパクを外敵と判断してしまい血液凝固を引き起こす. 2% の人間はこの病気にかかっていると信じられている. この病気を持っていればこのテストは 98%の精度がある. 他方, 病気でないと精度は 74% である. 患者が ルーパス (lupus) 検査で陽性なときしばしば使われるフォックス TV ショーの一節「ルーパス (lupus) でないに決まっている "It's never lupus" という発言には何らかの真実があると思えるだろうか. 確率を利用して答えなさい.

3.22 出口調査. エディソン研究所 (Edison Research) はスコット・ウォーカー (Scott Walker) 氏のウイスコンシン州・リコール選挙について幾つかのソースから出口調査を行った. 回答者の 53%は同氏に好意的であった. さらに同氏に好意的であった人々の 37% は大学卒であり, 好意的でなかった人の 44% は大卒であった. ランダムに出口調査に参加した 1 人を選んだとき, 大卒であることが分かったとする. その人がスコット・ウオーカー氏に投票した確率を求めよ[42].

---

[41] B. Laeng et al. "Why do blue-eyed men prefer women with the same eye color?" In: *Behavioral Ecology and Sociobiology* 61.3 (2007), pp. 371–384.
[42] New York Times, Wisconsin recall exit polls.

3.3 有限標本からのサンプリング

ある母集団から観察値をサンプリングするとき，サンプリング可能な個体や事例は全体に比較してごく少ない割合のことが多い．しかしときには母集団に比較して標本サイズが多く，例えば母集団の 10%以上になることもある[43]．

例題 3.47

教授は時にはランダムに学生を選び質問するとしよう．各学生が選ばれるチャンスが同等でクラスが 15 名なら，次の質問であなたが選ばれるチャンスは幾つだろうか．

学生が 15 名で欠席がなければ確率は 1/15，あるいは約 0.067 である．

例題 3.48

教授が 3 つの質問をするとしよう．あなたが選ばれない確率は幾らだろうか．ここで 1 つの授業では同一の学生が 2 回選ばれることがないと仮定する．

最初の質問であなたが当たらない確率は 14/15．二番目に質問するときには最初に質問されなかった 14 名が残っている．したがってあなたが最初に質問されなかった場合，次に質問されない確率は 13/14. 同様に三番目に質問されない確率は 12/13 となり，3 つの質問のどれにも当たらない確率は

$$P(\{3\text{問いずれも選ばれない}\})$$
$$= P(\{\texttt{Q1} = (\text{選ばれない}), \texttt{Q2} = (\text{選ばれない}), \texttt{Q3} = (\text{選ばれない}).\})$$
$$= \frac{14}{15} \times \frac{13}{14} \times \frac{12}{13} = \frac{12}{15} = 0.80 .$$

確認問題 3.49

例 3.48 ではどのような確率規則を用いただろうか[44]．

---

[43] この 10%ガイドラインは非復元 (**without replacement**) の議論 (同一の標本が同一のサンプリングで複数回とられることがない) が重要となるか否かの目の子のルール (rule of thumb) である．母集団のかなりの割合でサンプリングするときには非復元の問題は標本を分析するときに重要となる．

[44] 確率計算は 1 つの周辺確率 $P(\{\texttt{Q1}=(\text{選ばれない})\})$ と 2 つの条件付確率

$$P(\{\texttt{Q2} = (\text{選ばれない})| \texttt{Q1} = (\text{選ばれない})\}) ,$$
$$P(\texttt{Q3} = (\text{選ばれない})| \texttt{Q1} = (\text{選ばれない}), \texttt{Q2} = (\text{選ばれない}))$$

である．一般乗法ルールにより質問に選ばれない確率が得られる．

例題 3.50

教授がある学生を既に選ばれたか否かに関わらずランダムに選ぶと仮定する，つまり学生は1度以上選ばれる可能性がある．このときあなたが3つの質問で一度も質問されない確率を求めよ．

毎回の教授の選択は独立，選ばれない確率は 14/15 である．したがって独立事象に対する乗法ルールを利用でき，

$$P(\{3\text{問で一度も選ばれない}\})$$
$$= P(\{\text{Q1} = \text{選ばれない}, \text{Q2} = (\text{選ばれない}), \text{Q3} = (\text{選ばれない})\})$$
$$= \frac{14}{15} \times \frac{14}{15} \times \frac{14}{15} = 0.813 \ .$$

この場合あなたは毎回教授が新しい学生を選ぶ場合に比べると少しだけ選ばれない確率が高くなる．

確認問題 3.51

例題 3.50 の設定下で3つの質問すべてに選ばれる確率を求めなさい[45]．

小さな母集団から非復元 (without replacement) でサンプリングするとき，観測系列の間の独立性は存在しない．例題 3.48 では2番目に当たらない確率は最初に当たらない事象に条件付けられている．例題 3.50 では教授は学生を選ぶとき復元抽出 (with replacement) を行っていた．既にどの学生を当てたか否かに関わらず，繰り返しサンプリングしている．

確認問題 3.52

所属学部でくじを行っているとする．30枚のチケットを配り7個の景品がある．(a) チケットを帽子に入れて景品ごとに1枚を引く．チケットは非復元，すなわち選ばれたチケットは帽子の中に戻さないでサンプリングされるとする．チケットを1枚購入すると景品がもらえる確率を求めなさい．(b) チケットが復元でサンプリングされるとき同じ事象の確率を求めなさい[46]．

確認問題 3.53

確認問題 3.52 の答えと比較してみよう．サンプリングの方法によりどの程度景品が当たる確率が影響されるだろうか[47]．

　　確認問題 3.52 を 30 ではなく 300 のチケットで繰り返してみると，興味深いことが分かる：非復元の下での確率は 0.0233, 復元なら 0.0231 であった．標本サイズが母集団に比べて小さい (10%以下) なら，観測系列は非復元であってもほぼ独立となる．

---

[45] $P(\{\ 3\text{つの質問すべてに当たる}\ \}) = \left(\frac{1}{15}\right)^3 = 0.00030$.

[46] (a) はじめに当たらない確率を求める．チケットが非復元でサンプリングされるとき，最初のくじ引きで当たらない確率は 29/30, 2回目は 28/29 , ..., 7回目は 23/24 である．景品が何も当たらない確率はこれらの確率の積: 23/30. 景品が当たる確率は $1 - 23/30 = 7/30 = 0.233$. (b) 復元抽出でチケットがサンプルされると各くじ引きは独立となり，7回の独立試行となる．景品が当たらない確率は: $(29/30)^7 = 0.789$ となる．したがって復元のとき少なくとも景品が1つ当たる確率は 0.211 となる．

[47] 復元サンプリングのときに景品を得る確率は約 10% 大きくなる．このサンプリングなら最大で1つの景品が得られる程度の可能性が生じる．

練習問題

3.23 つぼの中の大理石. つぼの中に赤 5, 青 3, オレンジ 2 の大理石が入っているとする.
(a) 取り出した最初の石が青の確率を求めよ.
(b) 最初に引いた石は青であったとする. 復元で抽出するとすると, 2 番目の石が青である確率を求めよ.
(c) 最初に取り出した石がオレンジとする. 復元抽出とすると 2 番目に取り出した石が青である確率を求めよ.
(d) 復元抽出とすると, 2 回で取り出した石が両方とも青である確率を求めよ.
(e) 復元抽出の時, 毎回の取り出しは独立だろうか, 説明しなさい.

3.24 箪笥の中の靴下. 靴下の引き出しには青 4, グレイ 5, 黒 3 の靴下がある. 眠い朝, ランダムに 2 足を履いた. 次の靴下の確率を求めなさい.
(a) 2 つの青の靴下.
(b) グレイの靴下ではない.
(c) 少なくとも 1 靴下が黒.
(d) 緑の靴下 1.
(e) 2 つの靴下の色が一致している.

3.25 かばんの中の札. 持っているかばんに入っているチップが赤 5, 青 3, オレンジ 2 であるとしよう.
(a) チップを 1 つ選び青であった. 非復元で 2 個目を選ぶとき青である確率を求めなさい.
(b) チップを選びオレンジだったとする. 非復元で 2 番目を選ぶとき青となる確率を求めなさい.
(c) 非復元で選ぶとき, 2 つのチップが続けて青である確率を求めなさい.
(d) 非復元で引くときは各事象は独立だろうか.

3.26 本棚の本. つぎの表は本棚にある本をノンフィクション vs. フィクション, ハードカバー vs. ペーパーバック, により分けた分布を示している.

		形態		
		ハードカバー	ペーパーバック	合計
タイプ	フィクション	13	59	72
	ノンフィクション	15	8	23
	合計	28	67	95

(a) 非復元で最初に選んだ本がハードカバー, 2 度目がペーパーバック・フィクションである確率を求めよ.
(b) 非復元で最初に選んだ本がフィクション, 2 度目がハードカバーである確率を求めよ.
(c) (b) と同様の確率を求めなさい. ただし 2 番目の本を選ぶときには最初の本は元の本棚に戻して置くことにする.
(d) (b) と (c) の結果はかなり類似している. これが事実か否かを説明しなさい.

3.27 学生の服装. 24 人のクラスで 7 人がジーンズ, 4 人がショーツ, 8 人がスカート, その他はレギング, をはいていた. ランダムに 3 人を非復元で選ぶと, 1 人がレギング, 2 人がジーンズをはいていた確率を求めよ. ただし着るものは互いに排反事象とする.

3.28 誕生日の問題. ランダムに 3 人を選んだとする. それぞれに次の質問をしたが, 2 月 29 日に生まれた可能性は無視, 誕生日は年を通じて均等な可能性と仮定する.
(a) 最初の 2 人の誕生日が一致する確率を求めよ.
(b) 少なくとも 2 人の誕生日が一致している確率を求めよ.

3.4 確率変数

ランダム過程は確率変数 (random variable) と呼ばれているものと同じ意味であり，統計的モデル分析を行うのに有益である．この確率モデルを用いると現実の事象を理解し予測するために数理的に統計的原理を利用することが可能となる．

例題 3.54

ある統計学コースで2つの本が指定され，教科書と教科書ガイドとしよう．大学内の本屋は受講生の20%はどの本も購入しない，55%は教科書のみを購入，25%は両方を購入，と見ているが数値は学期に関わらず安定しているとする．100名の学生が登録したとすると本屋はこのクラスの学生に何冊売れると期待できるだろうか．

20名の学生はどちらの本も購入せず (0冊)，約55名が1冊 (全体で55冊)，約25名が2冊購入 (25名で50冊) となる．本屋はこのクラスで約105冊ほど売れると期待できる．

確認問題 3.55

本屋の売り上げが105冊より少し多い，あるいは少ない場合に驚くだろうか[48]．

例題 3.56

教科書は137ドル，スタディガイドは33ドルとする．本屋は100名のクラスから収入はいくらと期待できるだろうか．

約55名は教科書だけを購入するので収入は

$$137(ドル) \times 55 = 7,535(ドル)$$

約25名は教科書とスタディガイドを購入するので収入は

$$(137(ドル) + 33(ドル)) \times 25 = 170(ドル) \times 25 = 4,250(ドル).$$

したがって本屋は100名のクラスから大体 $7,535(ドル) + 4,250(ドル) = 11,785(ドル)$ の収入がある．しかし標本による変動 (sampling variability) があるので実際の金額は少し異なるだろう．

例題 3.57

この授業で本屋が学生から得られる平均収入は幾らだろうか．

期待される総収入は11,785(ドル)，100名の学生がいる．したがって学生1人当たりの期待される収入は $11,785(ドル)/100 = 117.85(ドル)$．

---

[48] 本屋の売り上げが少し違っても何の驚きもない．多分，第1章の議論により観察されるデータは変動するのが自然なことだと理解できるだろう．例えばコインを100回投げれば表が厳密に半分でることはないが多分だが近い値になる．

3.4. 確率変数

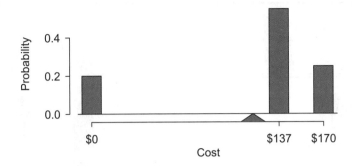

図表 3.18: 本屋収入の 1 人の学生からの確率分布 (三角は学生当たりの平均収入).

3.4.1 期待値

変数, あるいはランダム過程が数値をとるとき確率変数 (**random variable**) と呼び, しばしば確率変数を大文字 X, Y, Z などで表現する. ある学生が統計学の授業で利用する本に支払う金額は確率変数であり, これを X で表そう.

確率変数

数値をとるランダム過程, 確率的に変動する値をとる変数.

確率変数 X がとる可能な値は対応する小文字 x で表現する. 例えば $x_1 = 0$(ドル), $x_2 = 137$(ドル), $x_3 = 170$(ドル), となる確率はそれぞれ 0.20, 0.55, 0.25 である. X の確率分布は図表 3.18 および図表 3.19 に要約した.

i	1	2	3	合計
x_i	0(ドル)	137(ドル)	170(ドル)	–
$P(X = x_i)$	0.20	0.55	0.25	1.00

図表 3.19: 確率変数 X の確率分布, ある学生からの本の販売収入.

さて例題 3.57 では平均収入が 117.85(ドル) と計算した. この平均値は X の期待値 (expected value) と呼び, $E(X)$ と表現するが, 確率変数の期待値は取りうる各値の確率加重和

$$E(X) = 0 \times P(X = 0) + 137 \times P(X = 137) + 170 \times P(X = 170)$$
$$= 0 \times 0.20 + 137 \times 0.55 + 170 \times 0.25 = 117.85 \ .$$

離散確率変数の期待値

確率変数 X が数値 $x_1, ..., x_k$ をとり, その確率が $P(X = x_1), ..., P(X = x_k)$ なら, X の期待値は取りうる値を確率で乗じて和をとり,

$$E(X) = x_1 \times P(X = x_1) + \cdots + x_k \times P(X = x_k)$$
$$= \sum_{i=1}^{k} x_i P(X = x_i) \ .$$

しばしばギリシャ文字ミュー μ を期待値 $E(X)$ の記号として用いる.

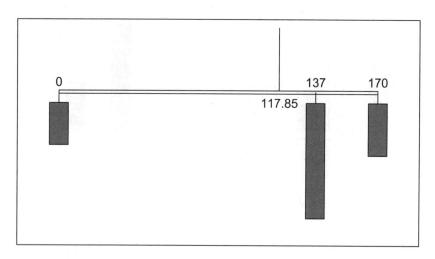

図表 3.20: 確率変数 X の確率分布を表すウエイト，平均値に位置するひもが全体をバランスしている．

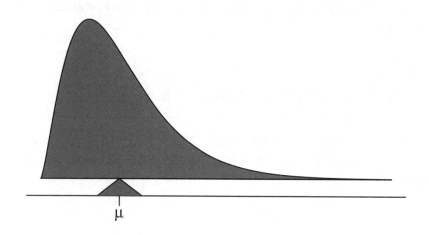

図表 3.21: 連続分布は平均でバランスしている．

確率変数の期待値は平均的な値を示している．例えば $E(X) = 117.85$ は本屋が学生 1 人から平均的に得られる収入を意味しているが，$\mu = 117.85$ と書くことがある．連続確率変数 (3.5 節を参照) の期待値も計算することができるが，多少の微積分の知識が必要となる[49]．物理的には期待値は重心と同じ意味で使われる．分布は各値の重さの系列として表現され，平均値はバランスする点であり，図表 3.18 および図表 3.20 で示されている．重心という考え方は連続確率分布にも拡張されて図表 3.21 は確率分布が頂点を示す平均値でバランスしていることを示している．

3.4.2 確率変数とばらつき

仮に大学の本屋を経営しているとしよう．どれだけ収入が得られると期待する他に，その収入がどれだけ変動するか (volatility, variability) 知りたいだろう．分散と標準偏差は確率変数の変動性を表現するために利用される．2.1.4 節ではデータ集合について分散と標準偏差を見つける方法を既に導入したが，初めに平均からの偏差 $(x_i - \mu)$ を計算，二乗して平均をとれば分散が得られた．確率変数の場合には平均からの偏差の二乗を計算する．ただし和をとるときには期待値と同様に対応する確率の加重和をとる．偏差の二乗の加重和が分散であり，標準偏差は 2.1.4 節と同様に分散の平方根 (ルート) をとればよい．

---

[49] $\mu = \int x f(x) dx$，ここで $f(x)$ は密度を表す関数である．

3.4. 確率変数

> **一般の分散公式**
>
> 確率変数 X が値 $x_1, ..., x_k$ を確率 $P(X=x_1), ..., P(X=x_k)$ でとるとき，期待値は $\mu = E(X)$，X の分散は $Var(X)$，あるいは記号シグマ二乗 (σ^2) と書き，
>
> $$\sigma^2 = (x_1 - \mu)^2 \times P(X=x_1) + \cdots$$
> $$\cdots + (x_k - \mu)^2 \times P(X=x_k)$$
> $$= \sum_{j=1}^{k} (x_j - \mu)^2 P(X=x_j)$$
>
> で与えられる．X の標準偏差 (standard deviation) はシグマ σ で表現されるが，分散の平方根 (ルート) である．

例題 3.58

本屋が 1 人の学生から得られる収入を表す確率変数 X の期待値, 分散, 標準偏差を計算しよう．

各数値に対応する表を作成することが有用で, 足し合わせると結果が得られる.

i	1	2	3	合計
x_i	0(ドル)	137(ドル)	170(ドル)	
$P(X=x_i)$	0.20	0.55	0.25	
$x_i \times P(X=x_i)$	0	75.35	42.50	117.85

したがって期待値は $\mu = 117.85$ となるが, 既に求められている値に一致する. 分散はこの表を拡張すると,

i	1	2	3	合計
x_i	0(ドル)	137(ドル)	170(ドル)	
$P(X=x_i)$	0.20	0.55	0.25	
$x_i \times P(X=x_i)$	0	75.35	42.50	117.85
$x_i - \mu$	-117.85	19.15	52.15	
$(x_i - \mu)^2$	13888.62	366.72	2719.62	
$(x_i - \mu)^2 \times P(X=x_i)$	2777.7	201.7	679.9	3659.3

X の分散は $\sigma^2 = 3659.3$, したがって標準偏差は $\sigma = \sqrt{3659.3} = 60.49$(ドル) となる.

確認問題 3.59

本屋は化学の教科書を 159 ドル, 補助教材を 41 ドルで提供している. 過去の経験からでは 25% の学生は教科書のみを買い, 60% の学生は教科書と補助教材を購入することを知っているとしよう[50].

(a) どちらの本も買わない割合はいくらだろう. ただし教科書を購入しない学生は補助教材を購入しないものと仮定する.

(b) Y を 1 人の学生からの売り上げとするとき Y の確率分布を書きなさい, すなわち, 取り得る各値とその確率を書きなさい.

(c) 1 人の化学を履修する学生からの期待収入を計算しなさい.

(d) 1 人の学生からの収入の変動性を表現する標準偏差を求めなさい.

3.4.3 確率変数の線形結合

ここまでは 1 つの確率変数についてその性質について説明してきた. しばしば確率変数の組み合わせを調べることが適切となることがある. 例えばある個人が職場に出かけるための通勤の時間量は幾つかの通勤の過程に分解できるだろう. 同様にある株式のポートフォリオの利益や損益の合計はその要素の利益や損益に分解される.

例題 3.60

ジョンは週に 5 日仕事に出かける. X_1 を月曜の通勤時間, X_2 を火曜の通勤時間, としよう. $X_1, ..., X_5$ を用いてその週の通勤時間 W を表そう.

彼の 1 週間の通勤時間は 5 日間の毎日の通勤時間の和となり,

$$W = X_1 + X_2 + X_3 + X_4 + X_5 .$$

週の通勤時間 W を各要素に分解すると, そのランダムな変動性の源泉が理解でき, W のモデリングに役立つ.

---

[50] (a) 100% - 25% - 60% = 15% の学生はどの教材も購入しない. (b) 以下の表の最初の 2 行で表現されている. (c) 期待値は $y_i \times P(Y = y_i)$ の合計. (d) 最後の行で求められている分散の平方根, $\sigma = \sqrt{Var(Y)} = 69.28$(ドル).

i (シナリオ)	1 (非購入)	2 (教科書)	3 (教科書・教材)	合計
y_i	0.00	159.00	200.00	
$P(Y = y_i)$	0.15	0.25	0.60	
$y_i \times P(Y = y_i)$	0.00	39.75	120.00	$E(Y) = 159.75$
$y_i - E(Y)$	-159.75	-0.75	40.25	
$(y_i - E(Y))^2$	25520.06	0.56	1620.06	
$(y_i - E(Y))^2 \times P(Y)$	3828.0	0.1	972.0	$Var(Y) \approx 4800$

3.4. 確率変数

例題 3.61

ジョン (John) は職場への毎日の通勤に平均 18 分かかっているとすると，それでは週における通勤にかかる平均時間は何分だろうか．

通勤の平均時間（期待値）は 1 日に 18 分: $E(X_i) = 18$ である．5 日間の和の期待される通勤時間は毎日の期待通勤時間を加えればよいので，

$$\begin{aligned} E(W) &= E(X_1 + X_2 + X_3 + X_4 + X_5) \\ &= E(X_1) + E(X_2) + E(X_3) + E(X_4) + E(X_5) \\ &= 18 + 18 + 18 + 18 + 18 = 90\,(\text{分}). \end{aligned}$$

総通勤時間の期待値は期待される各通勤時間の和に等しい．より一般には確率変数の和の期待値は各確率変数の期待値の和に等しい．

確認問題 3.62

エルナ (Elena) は TV をオークションで売り，オーブン・トースターの購入を計画している．X を TV を売る利益，Y をオーブン・トースターを購入するコストとするとき，エルナの現金の純増を式で表現しなさい[51]．

確認問題 3.63

過去のオークションからエルナは TV で 175 ドルの利益，オーブントースターで 23 ドル の支払いを期待できると考えている．集計すると彼女は何ドルの利益，あるいは支出があるだろうか[52]．

確認問題 3.64

ジョンの 1 週間の通勤時間が正確に 90 分，あるいはエルナ が正確に 152 ドルの利益が出なければ驚くだろうか．そうでない理由を説明しなさい[53]．

　　確率変数の組み合わせについて 2 つの問題が既に議論されている．第一に，最終的な値は式の構成要素の和として表現できる．第二に，直観的には個別の平均値を式の各項に代入すると合計値として平均値を得ることができる．この内，第二の論点はより説明が必要で**確率変数の線形結合**については正しい内容であることが保証される．

　　2 つの確率変数 X と Y の線形結合 (linear combination) というのは次の形の組み合わせの別称であり，

$$aX + bY\ .$$

ここで a と b はある固定された既知の数値である．ジョンの通勤時間であれば，5 個の確率変数 (各日の通勤時間) の係数 1 の和として書けて，

$$1X_1 + 1X_2 + 1X_3 + 1X_4 + 1X_5\ .$$

エルナの利益と損益の例では確率変数 X の係数 $+1$，Y の係数は -1 である．

---

[51] TV で X ドル得るがオーブン・トースターで Y ドル使うので: $X - Y$．

[52] $E(X - Y) = E(X) - E(Y) = 175 - 23 = 152$(ドル)．彼女は 152(ドル) を得られると期待できる．

[53] 否である．多分，値には変動性がある．例えば交通事情は日々変化するし，オークションの価格は商品の質や参加者の関心事により変化する．

確率変数の線形結合の期待値を扱う時には，各確率変数の期待値を代入し，結果を得ることができる．確率変数の非線形結合の例ではこの操作によっては期待値は計算できないが脚注を参照されたい[54]．

確率変数の線形結合とその平均

X と Y を確率変数とすると，確率変数の線形結合は

$$aX + bY$$

で与えられる．ここで a と b は固定された定数とする．確率変数の線形結合の期待値を計算するにはそれぞれの確率変数に期待値を代入すると，

$$a \times E(X) + b \times E(Y)$$

となるが，ここで期待値とは平均の意味であり $E(X) = \mu_X$ である．

例題 3.65

レオナルド (Leonard) は 6000 ドルをキャタピラー社 (Caterpillar Inc, 株式のステッカー CAT) と 2000 ドルをエクソンモービル (Exxon Mobil Corp, 株式のステッカー XOM) に投資したとする．X をキャタピラーの株価の翌月の変化率，Y をエクソンの株価の翌月の変化率とすると，翌月のレオナルドの株式投資で利益，あるいは損益を記述する式を表現しよう．

単純化のために確率変数 X と Y はパーセントでなく，小数点の形としよう．（つまりキャタピラー社の株価が 1% 上昇すると $X = 0.01$; あるいは 1% 下がれば $X = -0.01$）．このときレオナルドの利益は

$$6000(\text{ドル}) \times X + 2000(\text{ドル}) \times Y\ .$$

ここで X と Y に株価の変化を入れると，この式はレオナルドの株ポートフォリオの月次の価値変化率になる．正の値は利益，負の値は損失になる．

確認問題 3.66

キャタピラー株は最近，月に 2.0% 上昇，エクソン株は 0.2% 上昇とする．レオナルドの株ポートフォリオの翌月の期待変化率を求めなさい[55]．

確認問題 3.67

レオナルドは確認問題 3.66 では正の利益が期待されることが分かる．しかしながら，実際には翌月に損失を被ることは驚くべきことだろうか[56]．

---

[54] 確率変数 X と Y に対し，組み合わせ: X^{1+Y}, $X \times Y$, X/Y を考えればよい．こうした場合には各確率変数の期待値を代入して計算すると一般には結果の確率変数の期待値には一致しない．
[55] $E(6000(\text{ドル}) \times X + 2000(\text{ドル}) \times Y) = 6000(\text{ドル}) \times 0.020 + 2000(\text{ドル}) \times 0.002 = 124(\text{ドル})$.
[56] 否．株価は時間とともに上昇する傾向はあるが，しばしば短期間にはかなり上下に変動する．

3.4.4 確率変数の線形和のばらつき

確率変数の線形和の平均的な結果を数量化することは有益であるが, 確率変数の線形和に付随する不確実性を理解することも重要である. レオナルドの株ポートフォリオの期待される純利益, 損失を確認問題 3.66 では評価した. しかしながら, 株ポートフォリオのボラティリティについては議論されていない. 例えば, データから月平均の利益が約 124 ドルであっても, 利益が保証されている訳ではない. 図表 3.22 は 3 年間のレオナルドのようなポートフォリオの月次変化を示している. 利益と損失は大きく変化, 上下の変動を数量化することは株式に投資するときには重要である.

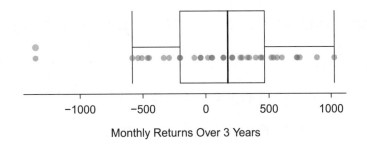

図表 3.22: 36 か月間のレオナルドのポートフォリオ変化 (キャタピラー株 6000 ドル, エクソンモービル株 2000 ドル).

以前の例で分析したように, 分散と標準偏差を用いてレオナルドの月次リターンに関連する不確実性を記述しよう. そのためには株の月次収益は有用なので図表 3.23 に表しておく. 株のリターンは各期間ではほぼ互いに独立である.

ここで確率から得られた方程式を用いてレオナルドの月次収益の不確実性を記述したが, ここでの式の証明は本格的な確率コースに委ねる. 確率変数の線形結合の分散は各確率変数の分散と各係数を二乗して加えると

$$Var(aX + bY) = a^2 \times Var(X) + b^2 \times Var(Y)$$

となるが, 2 つの確率変数は独立であることを仮定していることに注意する. この独立性が成り立たなければこの式は修正する必要があるが, この問題については別のより本格的な確率コースに委ねよう. [訳注:共分散項が必要となるが例えば「統計学」(久保川・国友, 東京大学出版) 第 8 章などを参照されたい.] この式を利用してレオナルドの月次リターンの分散を求めると,

$$\begin{aligned}Var(6000 \times X + 2000 \times Y) &= 6000^2 \times Var(X) + 2000^2 \times Var(Y) \\ &= 36,000,000 \times 0.0057 + 4,000,000 \times 0.0021 \\ &\approx 213,600 \ .\end{aligned}$$

標準偏差は分散の平方根を計算すると $\sqrt{213,600} = 463$(ドル) となる. 月次リターンの平均は 8000(ドル) の投資に対し 124(ドル) は文句を言えないが, 月次リターンは変動が大きいのでレオナルドはこの収入が安定的と考えるべきではない.

	平均 ($\bar{x}$)	標準偏差 (s)	分散 (s^2)
CAT	0.0204	0.0757	0.0057
XOM	0.0025	0.0455	0.0021

図表 3.23: CAT 株と XOM 株の平均, 標準偏差, 分散. この統計量はヒストリカルな株価データより推定されたものであり, 標本統計量の記号を用いている.

> **確率変数の線形結合の変動性**
>
> 確率変数の線形結合の分散は係数の二乗を計算，確率変数の分散を代入し，次の公式を利用する
>
> $$Var(aX + bY) = a^2 \times Var(X) + b^2 \times Var(Y) .$$
>
> この式は確率変数が互いに独立である限りにおいてのみ正しい．確率変数の線形結合の標準偏差は分散の平方根をとればよい．

例題 3.68

ジョンの毎日の通勤時間の標準偏差が4分としよう．週の総通勤時間の不確実性はどのくらいだろうか．

ジョンの通勤時間の表現は

$$X_1 + X_2 + X_3 + X_4 + X_5$$

である．各係数は1, 毎日の分散は $4^2 = 16$. したがって週の総通勤時間の分散は

$$\text{variance } = 1^2 \times 16 + 1^2 \times 16 + 1^2 \times 16 + 1^2 \times 16 + 1^2 \times 16 = 5 \times 16 = 80$$

$$標準偏差\text{ (standard deviation)} = \sqrt{分散\text{ (variance)}} = \sqrt{80} = 8.94$$

ジョンの週の総通勤時間の標準偏差は9分となる．

確認問題 3.69

例題 3.68 での計算は重要な仮定：毎日の通勤時間は他の日の通勤時間とは独立，であることに依存している．この仮定は妥当だろうか，理由を説明しなさい[57]．

確認問題 3.70

エレナのオークションを取り上げよう (確認問題 3.62, 123 頁)．仮にオークションはほぼ独立，ＴＶとトースター・オーブンでつく値段の変動は標準偏差25ドルと8ドルとしよう．このときエレナの純利益の標準偏差を計算してみよう[58]．

確認問題 3.70 を再び考察しよう．線形結合における Y の負の係数は二乗するので正になる．このことは一般に正しく，線形結合での負の係数は線形結合の変動性の計算では正に変化する．期待値の方は負の係数はそのまま計算される．

---

[57] 1つの問題は交通量のパターンが曜日のサイクルがあるか否かである (つまり例えば金曜の交通量は他の日より多いなど) か否かである．これが事実ならジョンが車を運転していると，仮定は妥当ではないだろう．しかし徒歩で通勤しているなら通勤時間は多分，曜日の交通量の変化には依存しないだろう．

[58] エレナの式は次のように書ける

$$(1) \times X + (-1) \times Y$$

ここで X と Y の分散は625と64である．係数を二乗して分散を代入すると：

$$(1)^2 \times Var(X) + (-1)^2 \times Var(Y) = 1 \times 625 + 1 \times 64 = 689$$

線形結合の分散は689, 標準偏差は689の平方根，およそ26.25ドルとなる．

練習問題

3.29 大学生の喫煙. ある大学では 13% の学生が喫煙する.
(a) この大学でランダム標本を 100 名選ぶとき, 喫煙者の期待値は何人だろうか.
(b) 大学の体育館は土曜は 9 時に開館する. ある土曜の朝 8 時 55 分に 27 名の学生が体育館の前で開館を待っていた. (a) と同様にして 27 名の学生から喫煙者の期待値を計算してよいだろうか.

3.30 クラブのエース. よくかき混ぜたカードの組でカードゲームを考える. 赤のカードを引くと何もなし, スペードを引けば 5 ドル, クラブなら 10 ドルでさらにクラブのエースなら追加の 20 ドル貰えるとする.
(a) ゲームの賞金額の確率モデルを作りなさい. ある一回のゲームでの期待金額と標準偏差を求めなさい.
(b) このゲームに最大でいくら払って参加したいか, 理由も説明しなさい.

3.31 トランプ・ハート. 新しいカードゲームでよくかき混ぜたカード一組から非復元で 3 枚選ぶ. 3 枚がハートなら 50 ドル, 3 枚ブラックなら 25 ドル, その他なら何も得られない とする.
(a) ゲームの賞金額の確率モデルを作りなさい. ある一回のゲーム分布の期待金額と標準偏差を求めなさい.
(b) このゲームの参加費が 5 ドルならこのゲームからの純利益 (あるいは損失) 期待値と標準偏差を求めなさい. (ヒント: 利益 = 賞金 − コスト.)
(c) もしゲームの参加料が 5 ドルなら, このゲームに参加するだろうか, 理由も説明しなさい.

3.32 ゲームの価値? アンディ(Andy) は日頃からすぐお金を稼ぐ方法を探している. 最近ではギャンブルによりお金を稼ごうとしている. 参加しようとしているゲームは次のようなものである: 2 ドル払って参加, カードの組から 1 枚を引く, 数字札 (2-9) なら何もなし, 絵札 (ジャック, クイーン, キング) なら 3 ドル, エースなら 5 ドル, クラブのエースなら追加で 20 ドル 獲得できる.
(a) ゲームの賞金額の確率モデルを作りなさい. ある一回のゲームでのアンディの期待利益を求めよ.
(b) あなたはアンディにお金を稼ぐためにこのゲームへの参加を勧めるだろうか. 理由を述べなさい.

3.33 金融ポートフォリオ. 金融ポートフォリオの価値が好況なら 18%, 普通は 9% 増加, 景気が悪いと 12% 減少する, と仮定しよう. もしそれぞれの同等に起きる可能性があるとすると, このポートフォリオの期待リターンは幾らだろうか.

3.34 手荷物料金. ある航空会社の荷物料金は次の通り: 最初のかばんには 25 ドル, 2 番目のかばんには 35 ドルとする. 乗客の 54% は預け荷物なし, 34% は 1 個の預け荷物, 12% は 2 個の預け荷物である. 2 個以上の乗客は無視できるとする.
(a) 確率モデルを作り 乗客 1 人当たりの平均値と標準偏差を求めよ.
(b) 航空会社は 120 名の乗客のいるフライトから幾らの収入が期待できるだろうか. 標準偏差を求めよ. 仮定を置く場合にはどのように正当化できるだろうか.

3.35 アメリカン・ルーレット. アメリカン・ルーレットは 38 スロット: 赤 18, 黒 18, 緑 2, 回転盤でできている. ボールが軸の周りを転がり 1 か所にとどまるが, 各場所に落ちる確率は等しい. 賭博に参加すると赤, 黒にかけ, ボールがその色に落ちればかけ金の 2 倍を貰える. 賭けていない色に落ちればかけ金を失う. 仮に 1 ドルを赤に賭けるとすると, 利益の期待値と標準偏差は幾らだろうか.

3.36 ヨーロッピアン・ルーレット. ヨーロッピアン・ルーレットには 37 スロットがある. 赤 18, 黒 18, 緑 1 である. ボールは軸の周りをまわり, どこかのスロットに落ちるが, 各スロットに落ちるチャンスは等しい. 賭けに参加する人は赤か黒に賭け, ボールがその色に落ちればかけ金の 2 倍を貰える. 賭けていない色に落ちればかけ金を失う.
(a) ルーレットに参加, 1 回に 3 ドル賭ける. 儲けの期待値と標準偏差は幾らだろうか.
(b) 3 回賭けに参加して毎回 1 ドル賭ける. この賭けの全体の儲けの期待金額と標準偏差を求めよ.
(c) (a) と (b) の答えを比べられるだろうか. 2 つのゲームのリスクの大きさをどう測ったら良いだろうか.

3.5 連続分布

ここまで本章では確率変数のとる値が離散的となる場合を扱ってきた．本節では取りうる数値が連続的となる場合を考察する．

例題 3.71

図表 3.24 は米国の成人の身長について階級幅を変えたあるヒストグラムである．階級の数を変えるとデータの性質が変化するだろうか．

階級数を増やすとより詳しくなる．この標本サイズは極めて大きいので階級幅を小さくしても上手くいっているように見える．通常は標本サイズが少なく階級数が多いと各階級に含まれる数が少なく高さの変動が大きくなる．

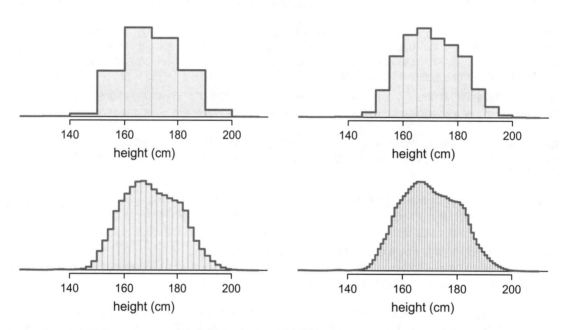

図表 3.24: US 成人の身長について階級幅を変えた 4 つのヒストグラム．

例題 3.72

180 cm と 185 cm の高さ (フィート・インチでほぼ 5'11" から 6'1") に入る割合．

ここで 180cm と 185cm の範囲のデータの高さを加え，標本サイズで割っておこう．例えば図表 3.25 の濃い部分の領域から 195,307 名および 156,239 名により確率を推定できる．

$$\frac{195307 + 156239}{3{,}000{,}000} = 0.1172$$

この比率は 180cm から 185cm の範囲に入るヒストグラムの割合と同一となる．

3.5. 連続分布

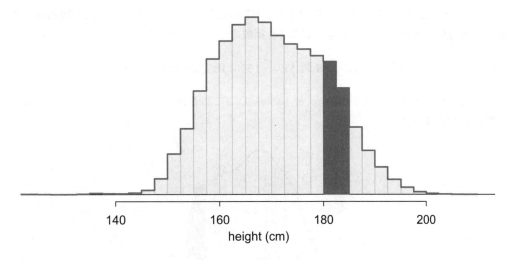

図表 3.25: 階級幅 2.5 cm のヒストグラム. 網掛け部分は 180cm と 185cm の間の個体.

3.5.1 ヒストグラムから連続分布へ

図表 3.24 の左上部の箱型に近い近似ヒストグラムから右下部のより滑らかなプロットへの変化を調べてみよう. 右下のプロットでは階級幅は小さくヒストグラムは滑らかな曲線のようである. このことはあたかも連続的な数値をとる変数として人間の身長が階級幅を非常に小さくとった時に曲線として表現されることを示している. この滑らかな曲線は確率密度関数 (probability density function) あるいは密度 (density), 確率分布 (distribution) とも呼ばれているが, 図表 3.26 のように曲線が標本のヒストグラムをほぼ再現しているように扱える. 密度は特別な性質, 密度内の全面積は 1 になる.

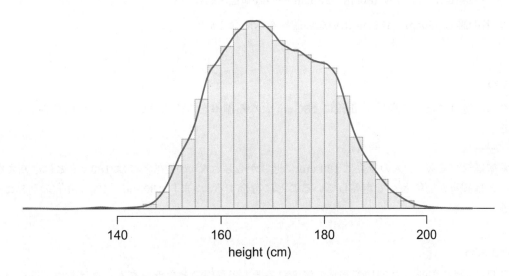

図表 3.26: US 成人の身長の連続分布.

3.5.2 連続分布からの確率

例題 3.72 で身長が 180cm から 185cm の個体の比率を計算すると

$$\frac{180 - 185(間の人数)}{標本サイズ}.$$

身長が 180cm と 185cm の間にある人数はこの区間でのヒストグラムの割合により決められる．同様に曲線下の斜線部の面積を用いて確率を計算 (計算機の助けにより) すると，

$$P(\{\text{身長が 180- 185 間}\}) = \{180 - 185 \text{ 間の面積}\} = 0.1157.$$

ランダムに選ばれた 1 人の身長が 180cm と 185cm の間にある確率は 0.1157，この数値は例題 3.72 で求めた数値 0.1172 に近い．

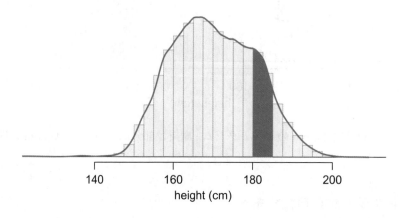

図表 3.27: 米国の成人の身長の密度 (180cm-185cm は網掛け)．このプロットと図表 3.25 を比較．

確認問題 3.73

米国の成人がランダムに 3 名選ばれたとする．1 人が 180cm と 185cm の間の確率は 0.1157 [59]．

(a) 3 名の身長がいずれも 180cm - 185cm 間の確率を求めなさい．

(b) 3 名の誰も 180cm - 185cm にいない確率を求めなさい[60]．

例題 3.74

ランダムに選ばれた人の身長が **正確に** 180 cm となる確率を求めなさい．なお完璧に計測できると仮定する．

この確率はゼロである．人の身長は 180 cm に近いかもしれないが，厳密には 180 cm とはなりえない．このことは確率が面積として定義していることに符合する，つまり 180 cm - 180 cm 間の面積はゼロである．

確認問題 3.75

人の身長は最も近い cm に四捨五入して測られるとする．このときランダムに選ばれた人間の身長が 180 cm となる確率はどうなるか[61]．

---

[60] (解答) (a) $0.1157 \times 0.1157 \times 0.1157 = 0.0015$. (b) $(1 - 0.1157)^3 = 0.692$

[61] この確率は正である．179.5 cm - 180.5 cm 間に含まれるすべての身長は 180 cm と記入される．確率は実際に例題 3.74 で出会う現実的な状況に対応する．

3.5. 連続分布

練習問題

3.37 猫の体重. 次のヒストグラムは雌猫 47 匹, 雄猫 97 匹の体重 (kg) を示している[62].

(a) 猫の体重が 2.5 kg 以下の猫の比率を求めなさい.
(b) 2.5kg-2.75kg の間の猫の比率を求めなさい.
(c) 2.75kg-3.5 kg の間の猫の比率を求めなさい.

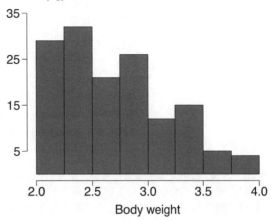

3.38 所得と性別. 次に示す頻度分布表は 96,420,486 名の米国人のサンプルの年間個人所得 (2009 年, 実質) である. データは 2005-2009 の米国社会調査 (American Community Survey) からとられたが, 標本の 59%は男性, 41%は女性から成る.

(a) 全個人所得の分布を記述しなさい.
(b) 米国の居住者からランダムに選ばれたとき年 50,000 ドル未満である確率を求めよ.
(c) 米国の居住者からランダムに選ばれたとき年 50,000 ドル以下, かつ女性である確率を求めよ.
(d) 同じデータソースによると, 女性の 71.8%の所得は年 50,000 ドル以下, とのことであった. この値を利用し (c) での仮定が妥当か否か検討しなさい.

所得 (ドル)	合計
1 to 9,999 以下	2.2%
10,000 - 14,999	4.7%
15,000 - 24,999	15.8%
25,000 - 34,999	18.3%
35,000 - 49,999	21.2%
50,000 - 64,999	13.9%
65,000 - 74,999	5.8%
75,000 - 99,999	8.4%
100,000 以上	9.7%

---

[62] W. N. Venables and B. D. Ripley. *Modern Applied Statistics with S*. Fourth Edition. New York: Springer, 2002.

章末練習問題

3.39 成績分布. 次の表の各行はあるクラスの成績案である．確率分布と見なして良いか否か，その理由も述べよ．

	A	B	C	D	F
(a)	0.3	0.3	0.3	0.2	0.1
(b)	0	0	1	0	0
(c)	0.3	0.3	0.3	0	0
(d)	0.3	0.5	0.2	0.1	-0.1
(e)	0.2	0.4	0.2	0.1	0.1
(f)	0	-0.1	1.1	0	0

3.40 保険. 行動リスク要因監視システム (BRFSS) とは毎年，電話で実施している調査で，成人のリスク要因を識別し，その時点で生じている健康トレンドを報告している．次の表は回答者の2つの変数，健康状態と健康保険（健康保険に入っているか否か）をまとめたものである[63]．

		健康状態					
		優秀 (excellent)	大変良い	良好	普通	悪い	合計
健康	未加入	459	727	854	385	99	2,524
保険	加入	4,198	6,245	4,821	1,634	578	17,476
	全体	4,657	6,972	5,675	2,019	677	20,000

(a) ランダムにある人を選ぶとき，優秀で健康保険に加入していない確率を求めよ．
(b) ランダムに選ぶとき，優秀，あるいは健康保険に加入していない確率を求めよ．

3.41 HIV. スワジランドは世界でもっとも HIV が蔓延，人口 25.9% が HIV に感染している[64]．エライザ (ELISA) 検査は最初で最も正確な HIV 検査である．HIV を持っていると，エライザ検査は 99.7% の正確性がある．HIV を持っていない人にこのテストは 92.6% の正確性がある．もしスワジランドのある個人がテストで陽性であれば，HIV を持っている確率を求めよ．

3.42 双子. 人間の双子の約 30% は一卵性，残りは二卵性である．一卵性は同一の性を持ち，半分が男性，残りが女性である．二卵性双子の 1/4 は2人とも男性，2人とも女性，残りの半分が混合：男性と女性，となる．双子の親になり，2人とも女性と言われた．この情報の下で2人が一卵性である確率を求めよ．

3.43 朝食のコスト. サリーは毎日の朝食に近くのコーヒーショップの1つでコーヒーとマフィンをとっている．彼女はランダムに前の日とは独立にコーヒーショップを選んでいる．コーヒー一杯の平均価格は 1.40 ドル，標準偏差 30 セント (¢,0.30 ドル)，マフィンの平均価格は 2.50 ドル，標準偏差は 15 セント (¢)，2つの価格は互いに独立である．
(a) 毎日の朝食に使う金額の平均と標準偏差を求めよ．
(b) 1週間に (7 日) に朝食に使う金額の平均と標準偏差を求めよ．

3.44 アイスクリーム. アイスクリームは普通は 1.5 カート・ボックス (48 オンス)，アイスクリームさじは 2 オンスの単位である．ただしアイスクリーム・ボックス，アイスクリーム・スプーンには変動がある．箱にあるアイスクリームの量を X，スプーンで取る量を Y とする．これらの確率変数の平均と分散は以下の通りとする．

	平均	SD	分散
X	48	1	1
Y	2	0.25	0.0625

(a) アイスクリーム・ボックス1箱と2番目の箱から3スプーンをパーティのために用意した．そのパーティではどれだけのアイスクリームが配られるだろうか．また標準偏差を求めよ．
(b) アイスクリームを1スプーン取ると箱に残ったアイスクリームはどれだけと期待できるだろうか．すなわち $X - Y$ の期待値を求めよ．箱に残ったアイスクリームの標準偏差を求めよ．
(c) この練習問題を使って ある確率変数から別の確率変数を引くときなぜ分散は分散の和になるのか説明しなさい．

---

[63] Office of Surveillance, Epidemiology, and Laboratory Services Behavioral Risk Factor Surveillance System, BRFSS 2010 Survey Data.
[64] Source: CIA Factbook, Country Comparison: HIV/AIDS - Adult Prevalence Rate.

3.5. 連続分布

3.45 算術平均の分散, パート I. 平均 μ, 標準偏差 σ の分布から独立の観測値 X_1 と X_2 が得られたとする. 2個の確率変数の平均 $\frac{X_1+X_2}{2}$ の分散を求めよ.

3.46 算術平均の分散, パート II. 平均 μ, 標準偏差 σ の分布から3個の独立な観測値 X_1, X_2, X_3 が得られたとする. 3個の確率変数の平均 $\frac{X_1+X_2+X_3}{3}$ の分散を求めよ.

3.47 算術平均の分散, パート III. 平均 μ, 標準偏差 σ の分布から n 個の独立な観測値 $X_1,...X_n$ が得られたとする. n 個の平均 $\frac{X_1+X_2+\cdots+X_n}{n}$ を求めよ.

第 4 章

確率変数の分布

4.1 正規分布

4.2 幾何分布

4.3 二項分布

4.4 負の二項分布

4.5 ポアソン分布

本章では，データ分析や統計的推論においてよく使用される統計分布を説明する．第1節ではまず本書でよく用いられる正規分布から始め，残りの節では本書でときどき利用されるが, 多くの部分の理解にはそれほど必須というわけではない確率分布についても説明する．

日本語版の参考資料はhttps://www.jstat.or.jp/openstatistics/ (日本統計協会) を訪問されたい．
原著の資料は以下にある．www.openintro.org/os

4.1 正規分布

実践の中で見られるすべての分布の中で，ある1つの分布が圧倒的によく見られる．左右対称で，単峰で，釣り鐘型の分布が統計学の至る所に存在している．事実，この分布はあまりによく見られるので，図表4.1に示すような**正規曲線**あるいは**正規分布**[1]として知られている．例えばSATスコアやアメリカ合衆国の成人男子の身長のような変数は正規分布にほぼ従っていると見なせる．

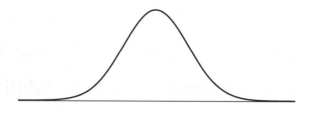

図表 4.1: 正規曲線

> **正規分布の現実**
>
> 多くの変数はほぼ正規分布に従っているが，厳密に従っているものはない．このように正規分布は単独の問題に対して完全ではないが，様々な問題に対してはとても有用である．統計学では正規分布はデータ探索や重要な問題を解決するために使われている．

4.1.1 正規分布モデル

正規分布は常に左右対称で，単峰で，釣り鐘型の曲線を描写する．しかし，これらの曲線はモデルの細部により違って見える．特に，正規分布は平均と標準偏差という2つのパラメータによって調節することができる．おそらくあなたが考えるように，平均を変更することで釣り鐘型の曲線を右や左に移動させ，標準偏差を変更することで曲線を拡げたり狭めたりできる．図表4.2は平均0で標準偏差1の正規分布を左に，平均19で標準偏差4の正規分布を右に示している．図表4.3はこの2つの分布を同一の軸で示している．

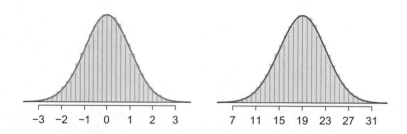

図表 4.2: 両方の曲線は正規分布を表現している．しかしながら，それらの中心と拡がりは異なっている．

平均が μ で標準偏差が σ の正規分布を $N(\mu, \sigma)$ と表記する．図表4.3の2つの正規分布は次の

---

[1] フレデリック・ガウスにちなんでガウス分布としても知られている．

4.1. 正規分布

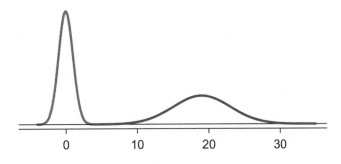

図表 4.3: 図表 4.2 に示した正規分布を同じスケールで描いたもの

ように表記される．

$$N(\mu=0, \sigma=1) \quad \text{および} \quad N(\mu=19, \sigma=4)$$

平均と標準偏差により正規分布を厳密に記述することができるので，この2つは分布のパラメータ (patameter) と呼ばれる．平均 $\mu=0$ かつ標準偏差 $\sigma=1$ の正規分布は**標準正規分布**と呼ばれる．

確認問題 4.1

次の正規分布を短縮形で書き記しなさい[2]．
(a) 平均 5 および 標準偏差 3.
(b) 平均 -100 および 標準偏差 10.
(c) 平均 2 および 標準偏差 9.

4.1.2　Zスコアを用いた標準化

データはしばしば標準化され，標準化により比較しやすくなる．

例題 4.2

図表 4.4 は SAT と ACT の総合スコアの平均と標準偏差を示している．SAT と ACT のスコアの分布はどちらも正規分布に近い．アンの SAT のスコアが 1300 でトムの ACT のスコアが 24 だったとすると，どちらの成績が良いだろうか．

標準偏差は指針として用いられる．アンは SAT で平均を 1 標準偏差分上回っており: $1100+200=1300$. トムは ACT で平均を 0.5 標準偏差分上回っており: $21+0.5\times 6=24$. 図表 4.5 により，トムよりアンの方が他の人に比べて上回っているので，アンのスコアの方がよかったことが分かる．

	SAT	ACT
平均	1100	21
標準偏差	200	6

図表 4.4: SAT と ACT の平均と標準偏差

例題 4.2 は Z スコアと呼ばれる標準化手法を用いている．この手法は正規分布に近い観測値に対して最もよく用いられるが，どのような分布に対しても用いられる場合がある．ある観測値の **Z スコ**

---

[2] (a) $N(\mu=5, \sigma=3)$. (b) $N(\mu=-100, \sigma=10)$. (c) $N(\mu=2, \sigma=9)$.

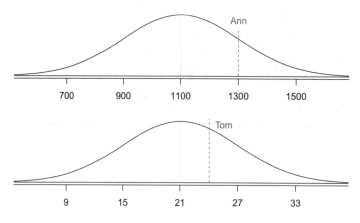

図表 4.5: SAT と ACT の分布に対するアンとトムのスコア

アは平均に対してどれだけの標準偏差分上回っているか下回っているかを示すものとして定義される．もし，観測値が平均の1標準偏差分上回っているならば，そのZスコアは1である．もし，平均より 1.5 標準偏差分 下回っている場合はZスコアは-1.5 である．もし，x が分布 $N(\mu, \sigma)$ からの観測値であれば，Zスコアは次の式により定義され

$$Z = \frac{x - \mu}{\sigma} .$$

例えば $\mu_{SAT} = 1100$, $\sigma_{SAT} = 200$, $x_{\text{Ann}} = 1300$ のとき，アンのZスコアは次のようになる:

$$Z_{\text{Ann}} = \frac{x_{\text{Ann}} - \mu_{\text{SAT}}}{\sigma_{\text{SAT}}} = \frac{1300 - 1100}{200} = 1 .$$

> **Z スコア**
>
> ある観測値のZスコアはその平均よりも標準偏差いくつ分上回っているか下回っているかを示している．平均 μ, 標準偏差 σ の分布に従う観測値 x のZスコアは次式により算出する．
>
> $$Z = \frac{x - \mu}{\sigma} .$$

確認問題 4.3

ACT 試験の平均と標準偏差により，トムの ACT スコアが 24 のときの，Zスコアを求めなさい[3]．

平均を上回る観測値のZスコアは常に正であり，一方，平均を下回る観測値のZスコアは常に負である．もし，SAT スコアが 1100 であるときのように観測値が平均に等しいならばZスコアは0である．

確認問題 4.4

X は $N(\mu = 3, \sigma = 2)$ に従う乱数とし，$x = 5.19$ を観測したとする．
(a) x のZスコアを求めなさい．
(b) Zスコアを用いて，x が平均に対して標準偏差いくつ分上回っているかあるいは下回っているかを求めなさい[4]．

---

[3] $Z_{Tom} = \frac{x_{Tom} - \mu_{ACT}}{\sigma_{ACT}} = \frac{24 - 21}{6} = 0.5$
[4] (a) Zスコアは次のように求められる．$Z = \frac{x - \mu}{\sigma} = \frac{5.19 - 3}{2} = 2.19/2 = 1.095$. (b) 観測値 x は 1.095 標準偏差分平均値を上回っている．Z が正であることにより平均値を上回っていることが分かる．

4.1. 正規分布

確認問題 4.5

フクロギツネの頭長は平均 92.6 mm，標準偏差 3.6 mm の正規分布に従っている．頭長が 95.4 mm と 85.8 mm のフクロギツネの Z スコアを求めなさい[5]．

どの観測値が他の観測値よりも観測されにくいかをおおよそ識別するために Z スコアを使用することもできる．もし，ある観測値 x_1 の Z スコアの絶対値が他の観測値 x_2 の Z スコアの絶対値よりも大きいとき，すなわち，$|Z_1| > |Z_2|$ のとき，x_1 は x_2 よりも観測されにくい．この手法は特に分布が左右対称であるときに意味がある．

確認問題 4.6

確認問題 4.5 の観測値のうちどちらがより観測されにくいか[6]．

4.1.3 片側確率を求める

統計学において分布の片側確率を求められるのは大変有用である．例えば，SAT スコアでアンのスコア 1300 以下の人は何人いるだろうか？これはアンのスコアより低い比率である **パーセンタイル** と同じである．図表 4.6 に示すように，曲線と色塗りした領域のような片側確率として可視化できる．

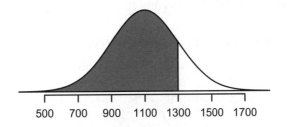

図表 4.6: Z の左側の部分は観測値のパーセンタイルを表す

片側確率を求める方法は沢山あるが，3 つの選択肢について議論しよう．

1. 実務で最も一般的な手法は統計ソフトウェアを使用することである．例えば，R プログラムでは，図表 4.6 に示すように，Z スコアを入力し，下側確率を出力する次のようなコマンドを使用することにより算出することができる．

   ```
   > pnorm(1)
   [1] 0.8413447
   ```

   この計算によれば，SAT スコアが 1300 以下である色塗りの領域は Z スコアが $Z = 1$ 以下である SAT テストの受験者の割合が 0.841 (84.1%) であることを表している．より一般的には，平均と標準偏差も記しておけば，その閾値を明示的に示すこともできる．

   ```
   > pnorm(1300, mean = 1100, sd = 200)
   [1] 0.8413447
   ```

   Python または SAS のように他のソフトウェアの選択肢は沢山ある．また，Excel や Google Sheets のようなスプレッドシートプログラムでも可能である．

2. 教室での一般的な方法は，テキサスインストルメンツやカシオのような関数電卓を使用することである．これらの電卓を使うには，あまり簡単ではないボタンを押す順番が必要である．OpenIntro

---

[5] $x_1 = 95.4$ mm のとき: $Z_1 = \frac{x_1 - \mu}{\sigma} = \frac{95.4 - 92.6}{3.6} = 0.78$．
$x_2 = 85.8$ mm のとき: $Z_2 = \frac{85.8 - 92.6}{3.6} = -1.89$．

[6] 2 番目の観測値の Z スコアの **絶対値** は最初の観測値の Z スコアの絶対値よりも大きいので，2 番目の観測値はより観測されにくい頭長である．

のビデオライブラリーを見れば，正規分布の片側確率を計算するためのこれらの電卓の使い方が分かる．

www.openintro.org/videos

3. 片側確率を計算するための最後の選択肢は**確率分布表**と呼ばれるものを使用することである．これは教室では時折見られるが，実務ではめったにない．付録 C.1 にはこの表があり，使い方を案内している．

この節では常に最初に Z スコアを算出することにより，正規分布の問題を解くことにする．その理由は第 5 章の冒頭で検定統計量と呼ばれるよく似たものを取り扱うことになるからである．これらは多くの例において Z スコアと同等のものである．

4.1.4 正規分布の例

累積 SAT スコアは正規モデル $N(\mu = 1100, \sigma = 200)$ によって，よく近似できる．

例題 4.7

シャノンは SAT 受験者の中から無作為に選ばれ，シャノンの SAT の成績はわからない．少なくともシャノンのスコアが 1190 である確率はいくらか．

まず，正規分布の図を描き値を入れる．(描画は役立てるためには正確である必要はない．) シャノンのスコアが 1190 を上回る確率に興味があるので，この右側に色を塗る．

この図は平均と平均プラス 2 標準偏差および平均マイナス 2 標準偏差を示している．閾値の Z スコアを使えば曲線の下の色塗り部分の面積を最も簡単に算出できる．

$\mu = 1100$，$\sigma = 200$ および閾値 $x = 1190$ により Z スコアは次のように計算される．

$$Z = \frac{x - \mu}{\sigma} = \frac{1190 - 1100}{200} = \frac{90}{200} = 0.45 \ .$$

統計ソフトウェア（または他の好きな方法）を使うことにより $Z = 0.45$ の左側の面積は 0.6736 であると計算できる．$Z = 0.45$ を上回る領域の面積は 1 マイナス左側の面積によって計算できる．

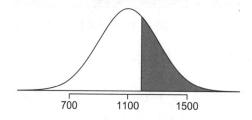

シャノンのスコアが少なくとも 1190 である確率は 0.3264 である．

4.1. 正規分布

> **いつもまず図を描き，次に Z スコアを求める**
>
> どのような正規分布の場合も，いつも，いつも，いつも，まず，正規曲線を描き，値を入れ，関心のある領域を塗りつぶすこと．その図は確率の推定値を与えてくれる．課題の状況を図示した後に，関心のある Z スコアの値を決定すること．

確認問題 4.8

もし，シャノンのスコアが少なくとも 1190 である確率が 0.3264 であるとき，シャノンのスコアが 1190 を下回る確率を求めよ：この問題を示す正規曲線を描き，上側の領域ではなく，下側の領域を塗りつぶしなさい[7]．

例題 4.9

エドワードの SAT スコアは 1030 であった．彼のパーセンタイルを求めよ．

まず，図が必要である．エドワードのパーセンタイルはエドワードと同様の 1030 を得点できなかった人々の割合である．これらのスコアは 1030 の左側である．

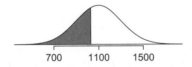

平均 $\mu = 1100$，標準偏差 $\sigma = 200$，下側確率の閾値 $x = 1030$ と決めることにより，Z スコアを簡単に計算することができる．

$$Z = \frac{x - \mu}{\sigma} = \frac{1030 - 1100}{200} = -0.35$$

統計ソフトウェアを使用することにより，下側確率は 0.3632 となる．エドワードは 36 パーセンタイルである．

確認問題 4.10

例題 4.9 の結果を用いて，エドワードより結果がよかった受験者の割合を計算しなさい．ここでも新しく図を描くこと[8]．

---

[7] 確認問題 4.8 の確率は 0.6736 と求められる．

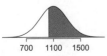

[8] もしエドワードが 36% の SAT 受験者よりも成績がよかったならば約 64% の受験者はエドワードよりよい成績であるに違いない．

> **上側確率を求める**
>
> 多くの統計ソフトウェアはZスコアを与えたとき下側確率を返す．もし，上側確率を求めたいときは，まず下側確率を計算し，次に1からこれを引く．

確認問題 4.11

スチュアートはSATスコア1500を得点した．次の部分の図を描きなさい．
(a) スチュアートのパーセンタイルを求めよ．
(b) 何%のSAT受験者がスチュアートよりもよい得点だったか[9]．

アメリカ合衆国の成人男性100人の標本に基づくと，身長は平均70.0フィート，標準偏差3.3インチの正規分布に近い．

確認問題 4.12

マイクの身長は5フィート7インチで，ホセの身長は6フィート4インチであり，2人ともアメリカ合衆国に住んでいる．
(a) マイクの身長のパーセンタイルを求めよ．
(b) ホセの身長のパーセンタイルを求めよ．
ここでもそれぞれの図を描きなさい[10]．

この後の数題は特定の観測値に対するパーセンタイル(下側確率)を求めることに焦点を当てている．もし特定のパーセンタイルに対応している観測値を知りたい場合はどうだろうか，

---

[9] 図は課題としておく．(a) $Z = \frac{1500-1100}{200} = 2 \to 0.9772$．(b) $1 - 0.9772 = 0.0228$．

[10] まず，身長をインチに変換すると，67インチと76インチになる．図は次に示すとおりである．

(a) $Z_{\text{Mike}} = \frac{67-70}{3.3} = -0.91 \to 0.1814$．(b) $Z_{\text{Jose}} = \frac{76-70}{3.3} = 1.82 \to 0.9656$．

例題 4.13

エリックの身長は分布の 40 パーセンタイルである．エリックの身長を求めよ．

いつものように，まず図を描くこと．

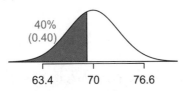

この場合，下側確率は図に色塗りされているように 0.40 とわかっている．この値に対応する観測値を求めたい．このための第 1 段階として，40 パーセンタイルに対応している Z スコアを決定する．ソフトウェアにより，この Z スコアは約 -0.25 と得られる．

$Z_{Erik} = -0.25$ であり，母集団のパラメータは $\mu = 70$ インチおよび $\sigma = 3.3$ インチとわかっていることにより，エリックの未知の身長を x_{Erik} として，Z スコアの公式によりこれを求める．

$$-0.25 = Z_{\text{Erik}} = \frac{x_{\text{Erik}} - \mu}{\sigma} = \frac{x_{\text{Erik}} - 70}{3.3}$$

x_{Erik} について解くと身長は 69.18 インチとなる．すなわち，エリックの身長は 5 フィート 9 インチである．

例題 4.14

82 パーセンタイルの男性の身長を求めなさい．

再び，まず図を描く．

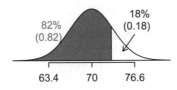

次に 82 パーセンタイルの Z スコアを求めたいが，この値は正であり，ソフトウェアを使って，$Z = 0.92$ と求められる．最後に既知の平均 μ，標準偏差 σ と Z スコア $Z = 0.92$ を用いて身長 x を求めると

$$0.92 = Z = \frac{x - \mu}{\sigma} = \frac{x - 70}{3.3} .$$

このことにより，82 パーセンタイルの人の身長は 6 フィート 1 インチであることが分かる．

確認問題 4.15

SAT スコアは $N(1100, 200)$[11] に従っている．
(a) 95 パーセンタイルにある人の SAT スコアを求めなさい．
(b) 97.5 パーセンタイルにある人の SAT スコアを求めなさい．

---

[11] 略解: (a) $Z_{95} = 1.65 \to 1430$ SAT スコア．(b) $Z_{97.5} = 1.96 \to 1492$ SAT スコア．

確認問題 4.16

成人男性の身長は $N(70.0 インチ, 3.3 インチ)$ に従っている[12].
(a) 無作為に抽出した男性の身長が少なくとも 6 フィート 2 インチ (74 インチ) である確率を求めよ.
(b) ある男性の身長が 5 フィート 9 インチ (69 インチ) より低い確率を求めよ.

例題 4.17

無作為に抽出した男性の身長が 5 フィート 9 インチから 6 フィート 2 インチの間である確率を求めよ.

これらの身長は 69 インチと 74 インチである. まず, 図を描きなさい. ここで関心のある領域はもはや上側確率でも下側確率でもない.

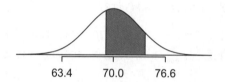

曲線の下の全領域の面積は 1 である. もし, 色塗りしていない 2 つの片側確率がわかれば, (確認問題 4.16 より 0.3821 と 0.1131 である) 中間領域の確率を求めることができる.

つまり, 身長が 5 フィート 9 インチから 6 フィート 2 インチの間の確率は 0.5048 である.

確認問題 4.18

SAT スコアは $N(1100, 200)$ に従っている. 何% の SAT 受験者がスコア 1100 と 1400 の間にいるか[13].

確認問題 4.19

成人男性の身長は $N(70.0 インチ, 3.3 インチ)$ に従っている. 何パーセントの成人男性が 5 フィート 5 インチと 5 フィート 7 インチの間にいるか[14].

4.1.5 68:95:99.7 ルール

本小節では, 正規分布において, 平均プラスマイナス 1 標準偏差, 2 標準偏差, 3 標準偏差の範囲の確率として実用的によく用いられる大まかなやり方を紹介する. この方法は広い範囲の実務で有用であり, 特に計算機や Z スコア表を使用しないですぐに算出しようとするときに有用である.

---

[12] 略解: (a) $Z = 1.21 \to 0.8869$ であるので, この値を 1 から引くことにより 0.1131 を得られる. (b) $Z = -0.30 \to 0.3821$.

[13] これは略解である. (図を描くことを忘れずに!) まず, 1100 を下回るパーセントを求め, 次に 1400 を上回る確率を求める.
$Z_{1100} = 0.00 \to 0.5000$ (下側の領域), $Z_{1400} = 1.5 \to 0.0668$ (上側の領域). 最終的に解答は $1.0000 - 0.5000 - 0.0668 = 0.4332$ である.

[14] 5 フィート 5 インチは 65 インチ ($Z = -1.52$) である. 5 フィート 7 インチは 67 インチ ($Z = -0.91$) である. 数値解: $1.000 - 0.0643 - 0.8186 = 0.1171$, すなわち 11.71% である.

4.1. 正規分布

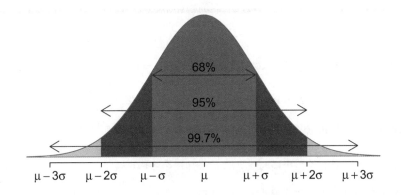

図表 4.7: 正規分布において，平均プラスマイナス 1 標準偏差，2 標準偏差，3 標準偏差の範囲の確率

確認問題 4.20

ソフトウェアか計算機あるいは分布表を用いて，正規分布において，平均プラスマイナス 1 標準偏差，2 標準偏差，3 標準偏差の範囲の確率がそれぞれ，68%，95%，および 99.7% であることを確かめなさい．例えば，まず，$Z = -1$ と $Z = 1$ の間になる確率が約 0.68 になることを計算しなさい．同様に，$Z = -2$ と $Z = 2$ の間になる確率が 0.95 になることを確かめなさい[15]．

正規確率変数が平均の 4 または 5 あるいはそれ以上の標準偏差分になる可能性はある．しかし，データが正規分布に近いならば，そうなることは稀である．平均から 4 標準偏差よりも離れる確率は 15000 分の 1 である．平均から 5 標準偏差や 6 標準偏差よりも離れる確率はそれぞれ 200 万分の 1 と，5 億分の 1 である．

確認問題 4.21

SAT スコアは平均 $\mu = 1100$ と標準偏差 $\sigma = 200$ の正規分布に従っていると近似できる[16]．
(a) スコアが 700 から 1500 である受験者は約何パーセントだろうか．
(b) スコアが 1100 と 1500 の間であるのは約何パーセントだろうか．

---

[15] まず，図を描くこと．ソフトウェアにより，プラスマイナス 1 標準偏差の範囲は 0.6827 で，2 標準偏差の範囲は 0.9545 であり，3 標準偏差の範囲は 0.9973 であると分かる．

[16] (a) スコアが 700 から 1500 は平均の上下 2 標準偏差の範囲であることを示し，このことは 95% の受験者はスコアが 700 と 1500 の間であることを意味している．(b) スコアが 700 から 1500 の受験者は約 95% であると求められる．これらの受験者は分布の中央 1100 で分割され，したがって，全受験者の $\frac{95\%}{2} = 47.5\%$ はスコアが 1100 と 1500 の間である．

練習問題

4.1 曲線の下の面積，パート I. 次の各領域は標準正規分布 $N(\mu=0, \sigma=1)$ の何パーセントか？必ず，図を描きなさい．

(a) $Z < -1.35$ ， (b) $Z > 1.48$ ， (c) $-0.4 < Z < 1.5$ ， (d) $|Z| > 2$ ．

4.2 曲線の下の面積，パート II. 標準正規分布 $N(\mu=0, \sigma=1)$ の次の各領域は何パーセントか？必ず，図を描きなさい．

(a) $Z > -1.13$ ． (b) $Z < 0.18$ ， (c) $Z > 8$ ， (d) $|Z| < 0.5$ ．

4.3 GRE スコア，パート I. 大学院進学適性試験 (GRE) を受験したソフィアは言語能力セクションは 160 点で，数学的能力セクションは 157 点であった．全受験者の言語能力セクションの平均は 151 点，標準偏差は 7 点で，数学的能力セクションの平均は 153 点，標準偏差は 7.67 点であった．どちらの分布も正規分布に近いと仮定する．

(a) これらの分布の略図を描きなさい．
(b) ソフィアの言語能力セクションの Z スコアを求めなさい．数学的能力セクションの Z スコアも求めなさい．標準正規分布曲線を描いてこの 2 つの Z スコアをマークしなさい．
(c) これらの Z スコアから何が分かるか？
(d) 他のセクションと比較して，どちらのセクションがよかったか？
(e) この 2 つの試験のパーセンタイルを求めよ．
(f) 言語能力セクションでソフィアよりもよかった人は何パーセントか？数学的能力セクションではどうか？
(g) なぜ，単純に 2 つのセクションの素点で比較すると学生がどちらのセクションがよりよかったかの結論を誤って導くのかを説明しなさい．
(h) これらの試験のスコアが正規分布で近似できないとき，(b) - (f) の解答は変更することになるか？なぜかを説明しなさい．

4.4 トライアスロンのタイム，パート I. トライアスロンでは出場者は年齢別・男女別のグループに分けられることはよく知られている．レオとメアリーは友人同士でハモサビーチトライアスロンを完走したが，レオは男子の年齢 30 歳 - 34 歳のグループで競争し，メアリーは女子の年齢 25 歳 - 29 歳のグループで競争した．レオは 1 時間 22 分 28 秒 (4948 秒) でレースを完走し，メアリーは 1 時間 31 分 53 秒 (5513 秒) でレースを完走した．明らかにレオの方が速かったが，2 人はそれぞれのグループの中での成績を知りたがっていた．あなたは 2 人を手伝うことができるか？ここに，彼らのグループに関するいくつかの情報がある．

- 男子の年齢 30 歳 - 34 歳の完走タイムは平均 4313 秒で，標準偏差 583 秒である．
- 女子の年齢 25 歳 - 29 歳の完走タイムは平均 5261 秒で，標準偏差 807 秒である．
- どちらのグループの完走タイムは正規分布で近似できる．

速く完走した方がよい競技結果であることを覚えておこう．

(a) これら 2 つの正規分布の略図を描きなさい．
(b) レオとメアリーの完走タイムの Z スコアを求めなさい．これらの Z スコアから何が分かるか？
(c) レオとメアリーは各グループの中でよい方にランクされるか？理由も説明しなさい．
(d) レオのグループの中で何パーセントのトライアスロン参加者がレオよりも速かったか？
(e) メアリーのグループの中で何パーセントのトライアスロン参加者がメアリーよりも速かったか？
(f) これらの完走タイムが正規分布で近似できないとき，(b) - (e) の解答は変更することになるか？なぜかも説明しなさい．

4.5 GRE スコア，パート II. 練習問題 4.3 で GRE の言語能力分野試験のスコアは $N(\mu=151, \sigma=7)$ で数学的能力分野試験のスコアは $N(\mu=153, \sigma=7.67)$ であった．この情報を用いて以下のそれぞれの計算をしなさい．

(a) 数学的能力セクションで 80 パーセンタイルのスコアを獲得した受験生のスコア．
(b) 言語能力セクションで 70 パーセントの受験生よりもスコアが悪かった学生のスコア．

4.6 トライアスロンのタイム，パート II. 練習問題 4.4 でトライアスロンのタイムの分布は**男子の年齢 30 歳 - 34 歳**が $N(\mu=4313, \sigma=583)$ で，**女子の年齢 25 歳 - 29 歳**が $N(\mu=5261, \sigma=807)$ と分かった．タイムは秒単位である．この情報を用いて以下のそれぞれを計算せよ．

(a) 男子のグループの最も速い 5%，すなわち，ゴールした最も速い方からの 5% の閾値．
(b) 女子のグループの最も遅い 10% の閾値．

4.1. 正規分布

4.7 ロサンゼルスの天気，パート I. ロサンゼルスの 6 月の日次の最高気温の平均は 77°F で，標準偏差は 5°F である．6 月の気温はほぼ正規分布に従っていると仮定せよ．

(a) 6 月のロサンゼルスのある日を無作為に抽出したとき，観測値が 83°F 以上である確率を求めよ．

(b) 6 月のロサンゼルスで，最高気温が涼しい方から 10%に位置している日の最高気温を求めよ．

4.8 CAPM. 資本資産価格形成モデル (CAPM) はポートフォリオのリターンが正規分布に従っていると仮定するファイナンスのモデルである．ポートフォリオの年率の平均リターンは 14.7%（すなわち平均利益率が 14.7%）で標準偏差が 33%と仮定する．リターンが 0%とは，ポートフォリオの価値が不変であることを意味し，負のリターンは損失が発生することを意味し，正のリターンは利益が発生することを意味する．

(a) このポートフォリオで損失（すなわち 0%未満のリターン）が発生する年になる確率を求めよ．

(b) このポートフォリオの年間リターンが最も高い 15%の閾値のリターンを求めよ．

4.9 ロサンゼルスの天気，パート II. 練習問題 4.7 ではロサンゼルスの 6 月の日次の最高気温の平均は 77°F で，標準偏差は 5°F であるとし，正規分布に従っていると仮定している．華氏は次式により摂氏に変換できる．

$$C = (F - 32) \times \frac{5}{9} \ .$$

(a) ロサンゼルスの 6 月の摂氏での気温の分布の確率モデルを書きなさい．

(b) ロサンゼルスの 6 月の気温の観測値が 28°C (約 83°F に相当する) 以上となる確率を求めよ．(a) による摂氏のモデルから計算すること．

(c) この例題の (b) と例題 4.7 の (a) は同じ答えか，違う答えか？あなたは意外に思ったか？説明しなさい．

(d) ロサンゼルスの 6 月の気温 (°C) の四分位範囲を求めなさい．

4.10 標準偏差を求める． 20 歳から 34 歳の女性のコレステロール値は平均 1 デシリットル当たり 185 ミリグラム (mg/dl) の正規分布に従っていると近似できる．220 mg/dl を超えるコレステロール値の女性は高コレステロールと考えられ，女性の約 18.5%がこの範疇に分類される．20 歳から 34 歳の女性のコレステロール値の分布の標準偏差を求めなさい．

4.2 幾何分布

コイン投げで表が出るまでには何回投げればよいであろうか．またはサイコロ投げで 1 の目が出るまでに何回投げればよいであろうか．幾何分布を使用すればこれらの問いに答えることができる．まず，コイン投げやサイコロ投げのような試行をベルヌーイ分布を用いて定式化し，次に幾何分布を構築するために確率 (第 3 章) に基づくツールによりこれらを組み合わせる．

4.2.1 ベルヌーイ分布

アメリカ合衆国の多くの健康保険制度には免責条項があり，被保険者個人は免責金額までは支払いの義務があり，免責金額を超える費用は，その年の残りの間，個人と保険会社で分担になる．

健康保険会社は任意の年で 70% の契約者が免責金額を下回っていることがわかっていると仮定する．契約者の 1 人 1 人は 1 つの**試行**と考えられる．もし，ある人の医療費が免責金額を上回らない場合，その人には**成功**とラベル付けする．もし，ある人の年間の医療費が免責金額を上回る場合，その人には**失敗**とラベル付けする．

70% の個人は免責金額を上回らないと考えられるので**成功確率**を $p = 0.7$ と表す．失敗の確率は時折，$q = 1 - p$ と表され，この保険の例では 0.3 になる．

ある個別の試行結果が 2 とおりだけになるとき，しばしば成功と失敗とラベル付けされ，ベルヌーイ確率変数と呼ばれる．

我々は免責金額を超えない人を " 成功 "，他のすべての人を " 失敗 " とラベル付けすることを選択した．しかしながら，これらのラベルは反対にしようと思えば容易にすることができる．

どちらの結果を成功あるいは失敗と名付けようと我々に矛盾がない限り，我々が構築しようとしている数学的な枠組みには影響がない．

ベルヌーイ確率変数はしばしば成功を 1，失敗を 0 として表す．データを入力するときに便利なことに加え，数学的に扱いやすいためである．

次の 10 回の試行を観測すると仮定する．

$$1\ 1\ 1\ 0\ 1\ 0\ 0\ 1\ 1\ 0$$

このとき，**標本比率** $\hat{p}$ はこれらの観測値の標本平均である．

$$\hat{p} = \frac{\text{成功回数}}{\text{試行回数}} = \frac{1+1+1+0+1+0+0+1+1+0}{10} = 0.6 \ .$$

ベルヌーイ確率変数に関する数学的探求はさらに拡張される．0 と 1 は数値的な結果であるので，平均 と 標準偏差を定義できる．(練習問題 4.15 および 4.16 を見よ．)

ベルヌーイ確率変数

もし，X が値 1 となる成功の確率が p で，値 0 となる確率が $1-p$ ならば，X は次の平均と標準偏差をもつベルヌーイ確率変数である．

$$\mu = p \ , \qquad \sigma = \sqrt{p(1-p)} \ .$$

一般的に，ベルヌーイ確率変数は成功または失敗という 2 つのみの結果となるランダム過程であると考えると便利である．そうすれば，我々は成功と失敗をそれぞれ 1 と 0 という数値を使った数学的枠組みを構築することができる．

4.2.2 幾何分布

幾何分布 (geometric distribution) は成功するまで何回試行するかを記述するために用いられる．まず，例を見てみよう．

例題 4.22

我々は保険会社で働いていて，ケーススタディとして免責金額を上回らなかった人を見つける必要があると仮定する．もしある人が免責金額を上回らない確率が 0.7 であるとき，かつ，無作為に人を選ぶとき，最初の人が自分の免責金額を上回っていない，すなわち，成功となるチャンスはどれだけだろうか．2番目の人はどうだろうか？ 3番目の人は？最初に成功するまで $n-1$ ケースを引いた場合，すなわち，最初の成功が n 番目の人であったらどうだろう？（最初の成功が 5 番目の人であれば $n=5$ である．）

最初の人で止まる確率はその人が免責金額を超えない確率であり，0.7 である．2番目の人が最初に免責金額を超えている金額は

$$P(2 番目の人が最初に免責金額を超える)$$
$$= P(最初の人が超えず，2 番目の人が超える) = (0.3)(0.7) = 0.21 .$$

同じく，3番目の人である確率は $(0.3)(0.3)(0.7) = 0.063$. もし，最初の成功が n 番目の人の時，$n-1$ 回の失敗があり，最後にだけ成功したことになる．このことは次の確率 $(0.3)^{n-1}(0.7)$ に対応している．これは $(1-0.7)^{n-1}(0.7)$ と同じである．

例題 4.22 は幾何分布とは何かを説明し，幾何分布は**独立で同一に分布 (iid)** するベルヌーイ確率変数が成功するまでに何回かかるかを記述したものである．この場合，**独立**という特徴は個人同士はお互いに影響し合わないということを意味し，**同一**とは人々の成功確率は同じことを意味している．

例題 4.22 の幾何分布は図表4.8に示すとおりである．一般的に，幾何分布の確率は**指数的**な速さで減少する．

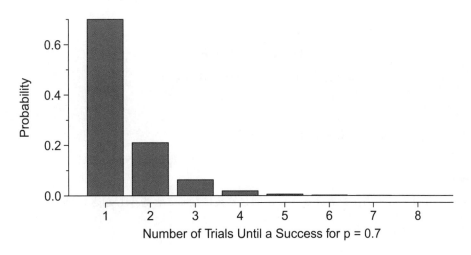

図表 4.8: 成功確率が $p=0.7$ である幾何分布

本書では最初に成功するまでに必要な試行回数の分布の平均（期待）回数，標準偏差，分散の公式を導かないが，それぞれの一般的な公式を提示する．

> **幾何分布**
>
> 1回の試行について，成功の確率がpで失敗の確率が$1-p$ならば，n回目の試行で最初に成功する確率は次式によって与えられる．
>
> $$(1-p)^{n-1}p .$$
>
> この成功するまで待つ回数の平均 (すなわち期待値)，分散，標準偏差は，次式により与えられる．
>
> $$\mu = \frac{1}{p}, \qquad \sigma^2 = \frac{1-p}{p^2}, \qquad \sigma = \sqrt{\frac{1-p}{p^2}} .$$

平均と期待値の両方に記号μを使用するのは偶然ではない．平均と期待値は全く同一のものである．

幾何分布の下で平均的に成功するまで$1/p$回の試行が必要になる．この数学的な結果は我々が直感的に期待するものと一致している．もし，成功の確率が高いとき（例えば0.8），成功するまで普通はあまり長くは待たない．平均的には$1/0.8 = 1.25$回の試行である．もし，成功の確率が低いとき（例えば0.1），成功するまで沢山かかる．平均的には$1/0.1 = 10$回の試行である．

確認問題 4.23

ある特定のケースが免責額を超えない確率は0.7である．もし，免責金額を超えない人が出てくるまで，試行を繰り返すとするとき，何回繰り返すと期待すればよいか[17]．

例題 4.24

最初の人から3人目の人までに，成功する確率を求めよ．

この確率は，1回目 ($n=1$)，2回目 ($n=2$)，3回目 ($n=3$) のどれかで成功になる確率であり，3つの重なり合いのない結果である．標本中の個人は大きな母集団から無作為に抽出されているのでそれらは独立である．それぞれのケースの確率を計算し，それぞれの確率を合計する．

$$\begin{aligned}
P(n=1, 2, \text{ or } 3) &= P(n=1) + P(n=2) + P(n=3) \\
&= (0.3)^{1-1}(0.7) + (0.3)^{2-1}(0.7) + (0.3)^{3-1}(0.7) \\
&= 0.973 .
\end{aligned}$$

3ケースのいずれかで成功する確率は0.973である．

確認問題 4.25

例題 4.24 をより賢く解く方法を考えなさい．同じ答えになることを示しなさい[18]．

---

[17] 最初に成功するまで，おおよそ$1/0.7 \approx 1.43$人を試すと期待すべきである．

[18] まず，補事象の確率を求める．$P($ 最初から3回目までの試行では成功しない $) = 0.3^3 = 0.027$. 次に，1からこの値を差し引く．$1 - P($ 最初から3回目までの試行では成功しない $) = 1 - 0.027 = 0.973$.

4.2. 幾何分布

例題 4.26

ある自動車保険会社は，ある年において，88％のドライバーは免責金額を超過しないと判断したと仮定する．その会社の社員の誰かがドライバーを無作為に抽出して，免責金額を超過していないドライバーが出ている間は抽出し続けることになっていたとする．その社員は，何人のドライバーを確認するだろうか．抽出しなければならないドライバーの人数の標準偏差は何人か．

この例題において，成功とは保険の免責金額を超過していないときで，その確率は次の通りである．$p = 0.88$. 確認されるべき人数の期待値は $1/p = 1/0.88 = 1.14$ で，標準偏差は $\sqrt{(1-p)/p^2} = 0.39$ である．

確認問題 4.27

例題 4.26 の結果である $\mu = 1.14$ と $\sigma = 0.39$ は 3 回あるいはそれ以下の試行で終わる比率を求めるために，正規分布で近似することは適切であろうか[19]．

独立性の仮定は，幾何分布にとって状況を正確に説明するために重要である．数学的に，n 回の試行で成功する確率を計算するために，独立過程の積の法則を使用しなければならないことが分かる．幾何モデルにとって独立試行を一般化するのは簡単ではない．

---

[19] 適切ではない．幾何分布は常に右に偏っていて，正規モデルでは決して十分に近似できない．

練習問題

4.11 これはベルヌーイか? 次の状況で各試行は独立したベルヌーイ試行かどうか判断しなさい．
(a) 配られたカードのポーカーの手．
(b) サイコロ転がしの結果．

4.12 復元の有無. 次の状況で指定された母集団の半分は男性でもう半分は女性と仮定する．
(a) ある1部屋から10人を抽出しようとしているとする．もし，復元抽出を行うときその中に2人の女性がいる確率を求めなさい．復元抽出を行わないときその中に2人の女性がいる確率を求めなさい．
(b) 今度は，10,000人がいる競技場から抽出しようとしている．復元抽出を行うときその中に2人の女性がいる確率を求めなさい．復元抽出を行わないときその中に2人の女性がいる確率を求めなさい．
(c) 大きな標本から抽出された個人をしばしば独立として扱う．(a) と (b) から分かったことを用いて，この仮定は妥当かどうか説明しなさい．

4.13 目の色，その I. 夫婦の両方が茶色い目のときでも，彼らの子供には茶色い目の確率が 0.75，青い目の確率が 0.125，緑の目の確率が 0.125 の遺伝子を持っている．
(a) この夫婦の3番目の子供が最初の青色の目の子供である確率を求めなさい．子供の目の色は互いに独立であると仮定しなさい．
(b) 平均的に，このような両親は青色の目の子供が生まれるまでに何人の子供を産むだろうか？

4.14 不良率. 特殊な型のトランジスタ（コンピュータの部品）を生産するある機械は 2% の不良率である．各トランジスタの生産はお互いに独立なランダム過程と考えられる．
(a) 最初の不良品のトランジスタが10個目である確率を求めなさい．
(b) 100個のバッチで不良品が1個もない確率を求めなさい．
(c) 平均して，最初の不良品が出るまでに何個のトランジスタが生産されると期待されるか？その標準偏差も求めよ．
(d) もう1つ別の機械は互いに独立な 5% の不良率で生産する．平均して，最初の不良品が出るまでに何個のトランジスタが生産されると期待されるか？その標準偏差も求めよ．
(e) (c) と (d) の答えに基づき，事象の発生確率が増加することは成功するまでの待ち時間の平均と標準偏差にどのように影響するか？

4.15 ベルヌーイ，その平均. 3.4節の確率法則を用いてベルヌーイ確率変数の平均を導きなさい．すなわち，確率変数 X は確率 p で1の値となり，確率 $p-1$ で0の値となる．つまり，一般的なベルヌーイ確率変数の期待値を求めなさい．

4.16 ベルヌーイ，その標準偏差. 3.4節の確率法則を用いてベルヌーイ確率変数の標準偏差を導きなさい．すなわち，確率変数 X は確率 p で1の値となり，確率 $p-1$ で0の値となる．つまり，一般的なベルヌーイ確率変数の分散の正の平方根を求めなさい．

4.3 二項分布

二項分布は，一定の試行回数のうち成功の回数を記述するために用いられる．
これは成功するまでの試行回数を記述する幾何分布とは異なる．

4.3.1 二項分布

再び，個人の 70%が免責金額を超過しない保険会社にもどろう．

例題 4.28
保険会社が契約者の中から4人を無作為抽出することを考えているとしよう．彼らのうち1人が免責金額を超過し，他の人は超過しない確率を求める．この4人を便宜上，アリアナ (A)，ブリタニー (B)，カールトン (C)，そして，ダミアン (D) と呼ぶことにしよう．

1人が免責金額を超過する状況を考えよう．

$$P(A=超過, B=超過せず, C=超過せず, D=超過せず)$$
$$= P(A=超過)\,P(B=超過せず)\,P(C=超過せず)\,P(D=超過せず)$$
$$= (0.3)(0.7)(0.7)(0.7)$$
$$= (0.7)^3(0.3)^1$$
$$= 0.103\ .$$

しかし，他に3とおりある．すなわち，ブリタニーか，カールトンか，ダミアンが超過している1人かもしれない．これらのケースでその確率は再び $(0.7)^3(0.3)^1$ となる．これら4とおりのシナリオで4人のうち1人だけが超過する可能な方法を尽くしている．したがって，全体の確率は $4 \times (0.7)^3(0.3)^1 = 0.412$ である．

確認問題 4.29
ブリタニーだけが免責金額を超過するシナリオが $(0.7)^3(0.3)^1$ であることを確かめなさい[20]．

例題 4.28 で概説されたシナリオは二項分布のシナリオの例である．二項分布は独立に確率 p で成功するベルヌーイ試行が n 回の試行のうち，ちょうど k 回成功する確率を記述するものである（例題 4.28 では $n=4, k=3, p=0.7$）．

二項分布に従うより一般的な確率を解明することにする．すなわち，確率を求めるために $n, k,$ そして p を使える公式を作りたい．このために，例題 4.28 の各部分をもう一度見てみる．

免責金額を超過するかもしれない4人がいたが，4人のシナリオは同じ確率であった．最終的な確率を次式で求めることができる．

$$[シナリオの数] \times P(ある1つのシナリオ)\ .$$

この式の第1の変数は $n=4$ 回の試行のうち，$k=3$ 回成功する場合の数である．第2の変数は（同一の確からしさの）4つのシナリオのうち，任意の1つの確率である．

一般的なケースとして n 回の試行のうち k 回成功し，かつ $n-k$ 回失敗する確率 P(ある1つのシナリオ)

---

[20] $P(A=超過せず, B=超過, C=超過せず, D=超過せず) = (0.7)(0.3)(0.7)(0.7) = (0.7)^3(0.3)^1$.

を考えよう．どのシナリオにおいても，我々は独立な事象に対して，乗法定理を応用すると次式になる．

$$p^k(1-p)^{n-k}$$

これは $P(\text{ある1つのシナリオ})$ の公式である．

次に，我々は n 回の試行のうち k 回成功する組み合わせの数を計算するための一般的な公式を導入する．すなわち，k 回の成功と $n-k$ 回の失敗を並べる．

$$\binom{n}{k} = \frac{n!}{k!(n-k)!} \ .$$

$\binom{n}{k}$ は **n から k とる組み合わせ**と読む[21]．

感嘆符を使った表記（例えば，$k!$）は**階乗**の式を意味する．

$$0! = 1$$
$$1! = 1$$
$$2! = 2 \times 1 = 2$$
$$3! = 3 \times 2 \times 1 = 6$$
$$4! = 4 \times 3 \times 2 \times 1 = 24$$
$$\vdots$$
$$n! = n \times (n-1) \times \ldots \times 3 \times 2 \times 1 \ .$$

この公式を使うことにより，我々は $n = 4$ 回の試行で $k = 3$ 回成功する組み合わせの数を次のように計算することができる．

$$\binom{4}{3} = \frac{4!}{3!(4-3)!} = \frac{4!}{3!1!} = \frac{4 \times 3 \times 2 \times 1}{(3 \times 2 \times 1)(1)} = 4 \ .$$

この結果は例題 4.28 での可能なシナリオを注意深く考えることにより算出したものに一致する．

シナリオの数に n から k を選ぶ組み合わせの数を代入し，1 つのシナリオの確率に $p^k(1-p)^{n-k}$ を代入することにより一般的な二項定理の公式を得る．

二項分布

1 回の試行が成功する確率を p とする．このとき，n 回の独立試行において，ちょうど k 回の成功が観測される確率は次式により得られる．

$$\binom{n}{k} p^k (1-p)^{n-k} = \frac{n!}{k!(n-k)!} p^k (1-p)^{n-k} \ .$$

観測される成功回数の平均，分散，および標準偏差は次の通りである．

$$\mu = np \ , \qquad \sigma^2 = np(1-p) \ , \qquad \sigma = \sqrt{np(1-p)} \ .$$

---

[21] n から k とる組み合わせの他の表記は，${}_nC_k$, C_n^k, および $C(n, k)$ である．

4.3. 二項分布

二項分布かどうかを確かめるための 4 条件
(1) 試行は独立である．
(2) 試行回数 n は固定されている．
(3) それぞれの試行の結果は**成功**または**失敗**のいずれかである．
(4) 成功確率 p はそれぞれの試行において同じである．

例題 4.30

無作為に抽出された個人 8 人のうち 3 人が免責金額を超える，すなわち，8 人のうち 5 人が免責金額を超えない確率を求めよ．個人の 70 % は免責金額を超えないことを思い出しなさい．

二項モデルを応用したいので，条件を確認する．試行回数は $(n=8)$ (条件 2) で固定され，それぞれの試行結果は成功か失敗に分類される (条件 3)．標本はランダムであるので，試行は独立で (条件 1)，成功の確率は毎回同じである (条件 4)．求めたい結果は，$n=8$ 回の試行（成功は個人が免責金額を超過していないことであることと，成功の確率は $p=0.7$ であることを思い出そう）のうち $k=5$ 回成功する確率である．したがって，8 人のうち 5 人が免責金額を超過せず，3 人が免責金額を超過する確率は次式で与えられる．

$$\binom{8}{5}(0.7)^5(1-0.7)^{8-5} = \frac{8!}{5!(5-3)!}(0.7)^5(1-0.7)^{8-5}$$
$$= \frac{8!}{5!3!}(0.7)^5(0.3)^3.$$

階乗の部分を計算すると次のようになる．

$$\frac{8!}{5!3!} = \frac{8 \times 7 \times 6 \times 5 \times 4 \times 3 \times 2 \times 1}{(5 \times 4 \times 3 \times 2 \times 1)(3 \times 2 \times 1)} = \frac{8 \times 7 \times 6}{3 \times 2 \times 1} = 56.$$

$(0.7)^5(0.3)^3 \approx 0.00454$ であることを用いると，最終的な確率は約 $56 \times 0.00454 \approx 0.254$ である．

二項確率の計算

二項モデルを利用するときの第 1 段階はモデルが適切であるかの確認である．第 2 段階は，n, p, と k の識別である．最終段階として，確率を決定するためにソフトウェアか公式を利用し，その結果を解釈することになる．

もし，手計算をしなければならないとき，二項係数の分子と分母の項をできるだけ相殺することがしばしば有用である．

確認問題 4.31

もし，前述の保険会社から 40 ケースの書類を無作為に選んだとすると，ある与えられた 1 年に，何件のケースが免責金額を超過すると期待することができるだろうか，免責金額を超過しないであろう件数の標準偏差を求めなさい[22]．

---

[22] 期待値（平均値）と標準偏差を算出しなければならないが，両者共次の公式から直接的に計算される．$\mu = np = 40 \times 0.7 = 28$ および $\sigma = \sqrt{np(1-p)} = \sqrt{40 \times 0.7 \times 0.3} = 2.9$．なぜならば，観測値のおおよそ 95% は平均値から 2 標準偏差の範囲にあり (2.1.4 節参照)，免責金額を超過しなかった標本でおそらく少なくとも 22 以上で 34 以下の個人を観測するであろう．

確認問題 4.32

無作為に選ばれた喫煙者が自身の一生で重い肺疾患の症状となる確率は約 0.3 である．もし，あなたに 4 人の喫煙者の友人がいるとき，二項モデルの条件は満たされているか[23]．

確認問題 4.33

これらの友人たちはお互いに面識がないものとし，母集団から無作為に選んだ標本として扱うことができるとする．二項モデルは正しいだろうか，次の確率を計算しなさい[24]．

(a) 彼らのうち誰も重い肺疾患の症状が現れない．
(b) 1 人に重い肺疾患の症状が現れる．
(c) たかだか 1 人に重い肺疾患の症状が現れる．

確認問題 4.34

あなたの 4 人の喫煙者の友人のうち，少なくとも 2 人に一生のうちに重い肺疾患の症状が現れるであろう確率を求めなさい[25]．

確認問題 4.35

あなたに 7 人の喫煙者の友人がいて，喫煙者から無作為抽出された標本として扱うことができると仮定する[26]．

(a) 何人に重い肺疾患の症状が現れると期待されるか，すなわち平均値を求めなさい．
(b) 7 人の友人のうち，たかだか 2 人に重い肺疾患の症状が現れる確率を計算しなさい．

次に，ある特別なシナリオの下で n から k を選ぶ，二項確率の第 1 項を考える．

確認問題 4.36

なぜ任意の n に対して $\binom{n}{0} = 1$ および $\binom{n}{n} = 1$ は正しいのか[27]．

確認問題 4.37

n 回の試行において，1 回の成功と $n-1$ 回の失敗は何とおりあるか．n 回の試行において，$n-1$ 回の成功と 1 回の失敗は何とおりあるか[28]．

---

[23] 解答例: もし，その友人たちがお互いに知り合いの場合，独立の仮定はおそらく満たされない．例えば，面識があれば同様な喫煙習慣があるかもしれない，または一緒に禁煙しようと約束しているかもしれない．

[24] 二項モデルが適切かどうか確認するためには以下の条件を確認しなければならない．(i) 友人たちは無作為抽出による標本として扱うことができると仮定しているので彼らは独立であること．(ii) 試行回数 ($n = 4$) が固定であること．(iii) それぞれの結果が成功か失敗であること．(iv) 個人は無作為抽出による標本同様であるので各試行の確率は同一であること（医療診断として肺疾患になっていることをもし「成功」と呼ぶならば，$p = 0.3$）．(a) と (b) を二項公式を用いて計算しなさい．: $P(0) = \binom{4}{0}(0.3)^0(0.7)^4 = 1 \times 1 \times 0.7^4 = 0.2401$, $P(1) = \binom{4}{1}(0.3)^1(0.7)^3 = 0.4116$. 注意: $0! = 1$. (c) (a) と (b) の合計として計算できる．
$P(0) + P(1) = 0.2401 + 0.4116 = 0.6517$.
すなわち約 65% の確率であなたの 4 人の喫煙者の友人のうちたかだか 1 人に重い肺疾患の症状が現れる．

[25] 確認問題 4.33 で計算したのと同様に補数（たかだか 1 人に重い肺疾患の症状が現れる）は 0.6517 と計算され，したがって，1 マイナスこの値により 0.3483 となる．

[26] (a) $\mu = 0.3 \times 7 = 2.1$. (b) $P(0 人, 1 人，または 2 人に重い肺疾患の症状が現れる) = P(k = 0) + P(k = 1) + P(k = 2) = 0.6471$.

[27] これらの数式をことばにする．n 回の試行において，0 回の成功と n 回の失敗となる異なる組み合わせは何とおりあるか（1 とおり．）n 回の試行において，n 回の成功と 0 回の失敗となる異なる組み合わせは何とおりあるか（1 とおり．）

4.3.2 二項分布の正規近似

二項公式は標本サイズ (n) が大きいときは扱いにくい，特に沢山の観測値を考えるときはそうである．一部の例では二項確率を推定するための簡単で速い方法として正規分布を利用する場合もある．

例題 4.38

アメリカ合衆国の人口の約 15% は喫煙習慣がある．ある地方政府は自分たちの地域の喫煙率はより低いと考えており，400 の無作為抽出の個人に調査を行った．その調査では，対象者の 400 人のうち 42 人だけが喫煙していることがわかった．もし，その地域における喫煙者の真の比率が 15% であったとすると，400 人の標本のうち，42 人以下の喫煙者が観測される確率を求めなさい．

二項モデルの利用が有効になるための 4 条件を考えないでおく．提起された問題は $p = 0.15$ のとき，$n = 400$ の標本のうち $k = 0, 1, 2, ..., 42$ の喫煙者を観測する確率を求めることである．

この答えを見いだすために次のようにこれらの 43 個の異なった確率を計算し，それらを足し合わせることができる．

$$P(k=0 \text{ or } k=1 \text{ or } \cdots \text{ or } k=42)$$
$$= P(k=0) + P(k=1) + \cdots + P(k=42)$$
$$= 0.0054 \ .$$

もしこの地域の真の喫煙者の比率が $p = 0.15$ であるならば，$n = 400$ の標本において 42 人以下の喫煙者が観測される確率は 0.0054 である．

例題 4.38 の計算は面倒で長い．一般にこのような仕事は，より速く，より簡単で，それでも正確である代替的な方法があれば避けるべきである．正規分布において，ある範囲の確率を計算することはとても簡単であったことを思い出そう．二項分布の代わりに正規分布を使用することは妥当であるかと疑問に思うかもしれない．驚くことにある条件が満たされれば，妥当なのである．

確認問題 4.39

ここで，成功確率が $p = 0.10$ である二項分布を考える．図表4.9は 4 つの異なる標本サイズ $n = 10, 30, 100, 300$ を使った二項分布からのシミュレーション例による 4 つの線だけのヒストグラムである．標本サイズが大きくなるに従って分布の形状に何が起きているだろうか．最後の線だけのヒストグラムはどの分布に似ているだろうか[29]．

---

[28] 1 回の成功と $n-1$ 回の失敗：成功をおくことができるちょうど n の固有の場所があり，したがって，1 回の成功と $n-1$ 回の失敗とする方法は n とおりある．第 2 の問題にも同様に推論する．数学的に次の 2 つの方程式を確認することによりこれらの結果を示すことができる．

$$\binom{n}{1} = n, \quad \binom{n}{n-1} = n \ .$$

[29] 最後の線だけのヒストグラムでは分布はギザギザして歪んだ分布からどちらかというと正規分布に似ているものに変換されている．

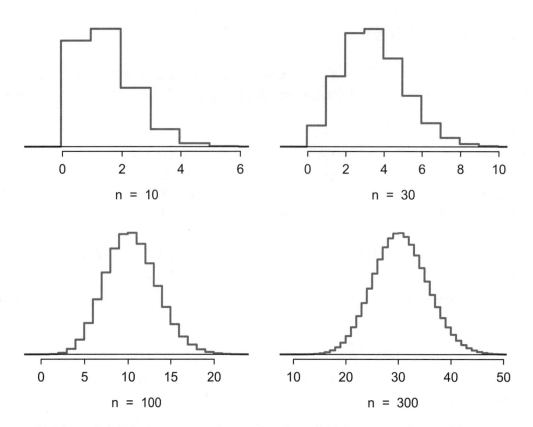

図表 4.9: 成功確率が $p = 0.10$ である二項モデルの線だけのヒストグラムの例. 4 図の標本サイズはそれぞれ $n = 10, 30, 100, 300$ である.

二項分布の正規近似

成功確率 p の二項分布は標本サイズ n が十分大きく, かつ, np と $n(1-p)$ の両方が少なくとも 10 であるとき, 正規分布に近い. 近似した正規分布のパラメータは次のように二項分布の平均と標準偏差に対応している.

$$\mu = np, \qquad \sigma = \sqrt{np(1-p)}.$$

正規近似は多くのあり得る成功の範囲を計算する場合に用いることができる. 例えば, 例題 4.38 の設定に正規分布を適用することができる.

4.3. 二項分布

例題 4.40

もし真の喫煙者の比率が $p = 0.15$ であるとき，400 人の標本の中で 42 人以下の喫煙者を観測する確率を推計するために正規近似をどのように使用することができるだろうか．

二項モデルが妥当なことは例題 4.38 で提案された．また，np と $n(1-p)$ の両方が少なくとも 10 であることは次のように確認した．

$$np = 400 \times 0.15 = 60 , \qquad n(1-p) = 400 \times 0.85 = 340 .$$

これらの条件を行えば，二項モデルの平均と標準偏差を次のように使うことにより二項分布の代わりに正規近似を使用することができる．

$$\mu = np = 60 , \qquad \sigma = \sqrt{np(1-p)} = 7.14 .$$

このモデルを使用して 42 人以下の喫煙者を観測する確率を計算したい．

確認問題 4.41

42 人以下の喫煙者を観測する確率を計算するために正規モデル $N(\mu = 60, \sigma = 7.14)$ を使用しなさい．解答は例題 4.38 の解 0.0054 に近いはずである [30]．

4.3.3 正規近似は狭い区間では機能しない

二項分布に対する正規近似は，条件が満たされているとしても，計数の範囲が狭い確率の推計をする場合，あまりよくない傾向がある．

$p = 0.15$ のときに，400 人の中に喫煙者が 49, 50, または 51 人観測される確率を計算したいとする．

このような大きな標本では正規近似を敢えて適用しようとすれば 49 から 51 の範囲を使い適用することはできる．しかしながら，二項分布による解と正規近似は，次のように著しく異なることが分かる．

$$\text{二項分布: } 0.0649 , \qquad \text{正規分布: } 0.0421$$

図表 4.10 は二項確率を輪郭線で表し，正規近似を色塗りの領域で表しているが，この図によりこの違いの要因を確認することができる．

正規分布の下で，その区間の両側で 0.5 単位狭いことに注意しなさい．

二項分布の正規近似の改善

二項分布の区間の値に対する正規近似は通常境界の値を少し調整すると改善される．色塗りの領域の低い方の境界の値を 0.5 減らし，高い方の値を 0.5 増やすのがよい．

正規分布近似を適用するときに余分な領域を追加するこのヒントは観測値のある範囲に試すとほとんどの場合，有用である．前述の例で，修正された正規分布の推定値は 0.0633 で，厳密な値の 0.0649 にとても近い．この修正を分布の裾野領域の計算に適用することは可能であるが，全体的な区間が通常は非常に広くなるので修正の恩恵は消えることが多い．

---

[30] 次の Z スコアを最初に計算しなさい．$Z = \frac{42-60}{7.14} = -2.52$. 対応する左側確率は 0.0059 である．

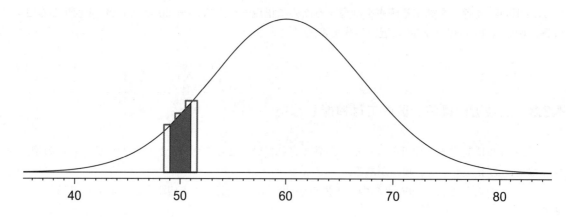

図表 4.10: 49 と 51 の間が色塗られた正規曲線．輪郭線は厳密な二項確率を表現している．

練習問題

4.17 未成年の飲酒，その I. 薬物乱用・精神衛生管理庁（Substance Abuse and Mental Health Services Administration, SAMSHA)[31]は毎年 18-20 歳の 69.7% は飲酒していると示唆している．

(a) 18歳-20 歳の 10 人の無作為抽出標本を考えなさい．ちょうど 6 人が飲酒している確率を計算する時に二項分布は適切か？説明しなさい．
(b) 18歳-20 歳の 10 人の無作為抽出標本からちょうど 6 人が飲酒している確率を計算しなさい．
(c) 18歳-20 歳の 10 人の無作為抽出標本からちょうど 4 人が飲酒していない確率を求めなさい．
(d) 18歳-20 歳の 5 人の無作為抽出標本のうち，たかだか 2 人が飲酒している確率を求めなさい．
(e) 18歳-20 歳の 5 人の無作為抽出標本のうち，少なくとも 1 人が飲酒している確率を求めなさい．

4.18 水痘，その I. ワクチン情報センター（National VaccineInformation Center)[32] は 90% のアメリカ人が成人期に達するまでに水痘にかかっていると推計している．

(a) 100 人のアメリカ人の成人の無作為抽出標本を用いるとする．100 人のアメリカ人の成人の無作為抽出標本のうち，97 人が小児期に水痘にかかった確率を計算するために二項分布を利用することは適切か？説明しなさい．
(b) 100 人のアメリカ人の成人の無作為抽出標本のうち，97 人が小児期に水痘にかかった確率を計算しなさい．
(c) 100 人のアメリカ人の成人の無作為抽出標本のうち，ちょうど 3 人が小児期に水痘にかからなかった確率を計算しなさい．
(d) 10 人のアメリカ人の成人の無作為抽出標本のうち，少なくとも 1 人が水痘にかかったことがある確率を計算しなさい．
(e) 10 人のアメリカ人の成人の無作為抽出標本のうち，多くても 3 人が小児期に水痘にかからなかった確率を計算しなさい．

4.19 未成年の飲酒，その II. 例題 4.17 で毎年 18-20 歳の約 70% は飲酒していることを学んだ．今度は 50 人の 18-20 歳の無作為抽出標本を考える．

(a) 何人が飲酒していたと期待できるか？そしてその標準偏差は？
(b) 飲酒していた人が 45 人以上だった場合，それは驚くべきことであろうか？
(c) この標本のうち 45 人以上が飲酒したことがある確率を求めなさい．この確率は (b) での解答とどのように関連しているか？

4.20 水痘，その II. 例題 4.18 でアメリカ人の成人の約 90% は成人期に達するまでに水痘にかかっていることを学んだ．今回，120 人のアメリカ人の成人の無作為抽出標本を考える．

(a) 小児期に何人が水痘にかかったと期待できるか？そしてその標準偏差は？
(b) もし，105 人が水痘にかかっていたら，驚くべきことだと言えるであろうか？
(c) この標本の 105 人以下が小児期に水痘にかかった確率を求めなさい．この確率は (b) での解答とどのように関連しているか？

4.21 ドレイデルゲーム． ドレイデルは 4 面のコマで，各面にはヘブライ文字ヌン，ギメル，ヘー，シンが書いてある．各面はドレイデルの 1 回の回転で同様に出る．3 回回すことを考えよう．次の面が出る確率を計算しなさい．

(a) 少なくとも 1 回ヌン．
(b) ちょうど 2 回 ヌン．
(c) ちょうど 1 回ヘー．
(d) たかだか 2 回ギメル．

Photo by Staccabees, cropped
(http://flic.kr/p/7gLZTf)
CC BY 2.0 license

---

[31] SAMHSA, Office of Applied Studies, National Survey on Drug Use and Health, 2007 and 2008.
[32] National Vaccine Information Center, Chickenpox, The Disease & The Vaccine Fact Sheet.

4.22 クモ恐怖症. ギャロップ世論調査[33]によると7%のティーンエイジャー（13歳から17歳）はクモ恐怖症を患っていて，クモを非常に恐れる．サマーキャンプで10人のティーンエイジャーがそれぞれのテントで寝ている．これらの10人のティーンエイジャーはお互いに独立と仮定する．

(a) 少なくとも1人がクモ恐怖症を患っている確率を計算しなさい．
(b) ちょうど2人がクモ恐怖症を患っている確率を計算しなさい．
(c) クモ恐怖症を患っているのはたかだか1人である確率を計算しなさい．
(d) もし，キャンプカウンセラーが各テントでクモを怖がる子を1人以下にしたいときに，ティーンエイジャーを無作為に割り当てることは適切か？

4.23 目の色，その II. 例題4.13では夫婦共に茶色の目の場合0.75の確率で子供の目も茶色であり，青色の目の子供の確率は0.125であり，緑色の目の子供の確率は0.125であることを紹介した．

(a) この夫婦の第1子が緑色の目であり，第2子が緑色の目ではない確率を求めなさい．
(b) この夫婦の2人の子供のうち1人だけが緑色の目である確率を求めなさい．
(c) この夫婦に子供が6人いるとき，2人だけが緑色の目である確率を求めなさい．
(d) この夫婦に子供が6人いるとき，少なくとも1人が緑色の目である確率を求めなさい．
(e) 第4子ではじめて緑色の目の子供が生まれる確率を求めなさい．
(f) 6人の子供のうち2人だけが茶色の目であるのは，稀であるかどうか考えなさい．

4.24 鎌状赤血球貧血症. 鎌状赤血球貧血症は遺伝性の血液疾患で，赤血球が柔軟性を失い，異常な硬い鎌の形になり，このことにより様々な合併症のリスクがある．もし，両親ともこの病気のキャリアであるとき，子供は25%の可能性でこの病気になり50%の可能性でキャリアになり，25%の可能性でこの病気にならず，キャリアにもならない．もし，両親ともにこの病気のキャリアで3人の子供がいるとき，次の確率を求めなさい．

(a) 2人の子がこの病気である
(b) 1人もこの病気ではない
(c) 少なくとも1人は病気でもキャリアでもない
(d) 3人目の子供ではじめてこの病気になる

4.25 順列の探求. n個のものを並べる方法の数を求める公式は$n! = n \times (n-1) \times \cdots \times 2 \times 1$である．この練習問題で2つの特殊なケースについて，この公式の導出を段階的にやってみる．

ある小さな会社には，アンナ，ベン，カール，ダミアン，エディの5人の従業員がいる．この会社には5台分の1列の駐車場があり，どれも割り当てはされてなく，毎日従業員は無作為に駐車場に入る．すなわち，駐車場の列でのすべてのあり得る自動車の並び方が等しく起こりうる．

(a) ある所与の日に，アルファベット順に従業員が自動車を駐車する確率を求めなさい．
(b) もし，アルファベット順に並ぶことの確率が他のすべてのあり得る順序と比較して同じ可能性であれば，5台の自動車を並べる方法は何とおりあらねばならないか？
(c) 代わりに8人の従業員の標本を考える．この8人の従業員の自動車を並べる方法は何とおり可能か？

4.26 男児. 男児と女児が生まれる確率はしばしば同じと仮定されるが，実際に男児が生まれる確率はやや高く0.51である．ある夫婦が3人の子供を生むと仮定する．

(a) 二項モデルを用いて3人のうち2人が男児である確率を求めなさい．
(b) 3人の子供うち2人が男児であるありうる順序をすべて書きなさい．このシナリオを用いて(a)の確率を計算しなさい，ただし，互いに素な結果に対しては加法則を使いなさい．(a)と(b)の解答が一致することを確認しなさい．
(c) 8人の子供を産む予定の夫婦に3人の男児が生まれる確率を計算したい場合，(a)の方法よりも(b)の方法の方がなぜ面倒なのか簡潔に説明しなさい．

---

[33] Gallup Poll, What Frightens America's Youth?, March 29, 2005.

4.4 負の二項分布

幾何分布は n 回目の試行で最初の成功を観測する確率を記述している．負の二項分布はより一般的で，n 回目の試行ではじめて k 回目の成功を観測する確率を記述するものである．

例題 4.42

毎日，ある高校のフットボールのコーチは，チームの花形キッカーであるブライアンに 35 ヤードのフィールドゴールに 4 回成功すれば帰宅できると言っている．各キックは p の成功する確率と仮定する．もし，p が小さければ，- 例えば 0.1 に近ければ - ブライアンは 4 回のフィールドゴールに成功するまで沢山試さなければならないと思われるか？

---

4 回成功 ($k = 4$) するまで待っている．もし，成功確率 (p) が小さければ，試行回数 (n) はおそらく大きいだろう．このことは，ブライアンは $k = 4$ 回成功するまでに沢山試行する可能性が高くなることを意味している．別の見方では n が小さい可能性は低い．

負の二項分布のケースであることを確認するために 4 つの条件を確認する．最初の 3 条件は二項分布と共通している．

負の二項分布か，確認のための 4 条件

(1) 試行は独立．
(2) 各試行は成功か失敗のどちらかの結果になる．
(3) 成功確率 (p) は各試行について同じである．
(4) 最後の試行は成功である．

確認問題 4.43

ブライアンはとても練習熱心で，確率 $p = 0.8$ で 35 ヤードのフィールドゴールを成功させる．4 回のキックを成功させるまで何回試すか見当をつけなさい[34]．

例題 4.44

昨日の練習では，ブライアンは 4 回のフィールドゴールを成功するために 6 回の試行がかかった．キックの成功・失敗のあり得る並びをすべて書きなさい．

ブライアンは 4 回成功するために 6 回かかったので，最後のキックは成功であったことを知っている．そのため，始めから 5 回の試行のうち，3 回が成功のキックで 2 回が成功ではないキック（これを失敗と名付ける）である．これら 5 回のキックの成功・失敗の並び方は 10 通りあり，これらは図表 4.11 に示すとおりである．もし，ブライアンが 6 回目の試行 ($n = 6$) で 4 回目の成功 ($n = 4$) を達成したなら，彼のキックの成功・失敗の並び方はこれら 10 とおりのどれか 1 つに必ずなる．

---

[34] 1 つのあり得る解答は彼はフィールドゴールを成功させる可能性が高いので，少なくとも 4 回必要だが 6 回や 7 回以上ではおそらくないというものであろう．

キックの試行

	1	2	3	4	5	6
1	F	F	$\overset{1}{S}$	$\overset{2}{S}$	$\overset{3}{S}$	$\overset{4}{S}$
2	F	$\overset{1}{S}$	F	$\overset{2}{S}$	$\overset{3}{S}$	$\overset{4}{S}$
3	F	$\overset{1}{S}$	$\overset{2}{S}$	F	$\overset{3}{S}$	$\overset{4}{S}$
4	F	$\overset{1}{S}$	$\overset{2}{S}$	$\overset{3}{S}$	F	$\overset{4}{S}$
5	$\overset{1}{S}$	F	F	$\overset{2}{S}$	$\overset{3}{S}$	$\overset{4}{S}$
6	$\overset{1}{S}$	F	$\overset{2}{S}$	F	$\overset{3}{S}$	$\overset{4}{S}$
7	$\overset{1}{S}$	F	$\overset{2}{S}$	$\overset{3}{S}$	F	$\overset{4}{S}$
8	$\overset{1}{S}$	$\overset{2}{S}$	F	F	$\overset{3}{S}$	$\overset{4}{S}$
9	$\overset{1}{S}$	$\overset{2}{S}$	F	$\overset{3}{S}$	F	$\overset{4}{S}$
10	$\overset{1}{S}$	$\overset{2}{S}$	$\overset{3}{S}$	F	F	$\overset{4}{S}$

図表 4.11: 6 回目の試行で 4 回目の成功となるときの 10 とおりの並び方

確認問題 4.45

図表 4.11 のように，各並び方は最後が常に成功でそれまではちょうど 2 回の失敗と 4 回の成功になる．成功の確率が $p = 0.8$ であるとき，図表 4.11 の最初の並び方の確率を計算しなさい[35]．

もし，ブライアンの 35 ヤードのフィールドゴールが成功する確率が $p = 0.8$ ならば，ブライアンが 4 回目の成功を得るまでにちょうど 6 回の試行をする確率は何パーセントか．これは次のように書くことができる．

$P($ブライアンが 4 回のフィールドゴールを成功するために 6 回かかる$)$
$= P($ブライアンが最初から 5 回のフィールドゴールで 3 回成功し，かつ 6 回目で成功する$)$
$= P(1$ 番目の並びまたは 2 番目の並びまたは $\ldots$ または 10 番目の並び$)$

ここで，並び方は図表 4.11 のとおりである．この最終的な確率は 10 の重複がない確率の和に次のように分解できる．

$P(1$ 番目の並び方または 2 番目の並び方または $\ldots$ または 10 番目の並び方$)$
$= P(1$ 番目の並び方$) + P(2$ 番目の並び方$) + \cdots + P(10$ 番目の並び方$)$

1 番目の並び方の確率は確認問題 4.45 で 0.0164 と確認され，他のそれぞれの並び方も同じ確率である．この 10 の並び方は同じ確率であることから，全体の確率は個別の確率の 10 倍である．

この負の二項確率を計算する方法は 4.3 節で二項問題が解明された方法と同様である．その確率は次の 2 つの部分に分かれる．

$P($ブライアンが 4 回のフィールドゴールを成功するために 6 回かかる$)$
$= [$あり得べき並び方の数$] \times P($単一の並び方$)$

各部分は個別に検討され，最終的な結果を得るためにかけ算をする．

まず，単一の並び方の確率を検討する．1 つの特定のケースは初めにすべて失敗 (全体のうちの $n - k$ 回) が観測され，その後，k 回の成功が続くものである．

---

[35] 図表の最初の並び方の確率については次の通り: $0.2 \times 0.2 \times 0.8 \times 0.8 \times 0.8 \times 0.8 = 0.0164$.

4.4. 負の二項分布

$$P(単一の並び方)$$
$$= P(n-k \text{ 回失敗し，その後，} k \text{ 回の成功})$$
$$= (1-p)^{n-k} p^k .$$

我々は，一般的なケースについても並び方の数を割り出さなければならない．前述のものでは，6 回の試行で 4 回目の成功となる場合には 10 とおりの並び方があった．これらの並び方は最後の観測値は成功で確定であり，その他の観測値を並べる方法を探すことにより求められる．言い換えれば，$n-1$ 回の試行のうち $k-1$ 回の成功を並べることが何とおりできるだろうか．これは n 個から k 個を選ぶ二項係数ではなく，次のように $n-1$ 個から $k-1$ 個を選ぶ二項係数である．

$$\binom{n-1}{k-1} = \frac{(n-1)!}{(k-1)!((n-1)-(k-1))!} = \frac{(n-1)!}{(k-1)!(n-k)!}$$

これは $n-1$ 回の試行のうち，$k-1$ 回の成功と $n-k$ 回の失敗を並べる相異なる方法の数である．もし，階乗記号（感嘆符）になれていなければ，154 頁を参照のこと．

負の二項分布

負の二項分布はすべての試行が独立のとき，k 回目の成功が n 回目の試行で観測される確率を次のように記述している．

$$P(k \text{ 回目の成功がちょうど } n \text{ 回目の試行で観測される}) = \binom{n-1}{k-1} p^k (1-p)^{n-k} .$$

p の値は個々の試行が成功する確率を表している．

例題 4.46

負の二項分布の公式を用いてブライアンは 6 回目の試行で 4 回目の成功のキックをする確率が 0.164 になることを示しなさい．

単一の成功確率は $p = 0.8$ で，成功の回数は $k = 4$ であり，このシナリオの下で必要な試行回数は $n = 6$ である．

$$\binom{n-1}{k-1} p^k (1-p)^{n-k} = \frac{5!}{3!2!}(0.8)^4 (0.2)^2 = 10 \times 0.0164 = 0.164 .$$

確認問題 4.47

負の二項分布はブライアンの各キックの試行は独立であることを求めている．ブライアンの各キックの試行は独立であるとすることは適切であると考えるか[36]．

確認問題 4.48

ブライアンのキックは独立であると仮定せよ．ブライアンが 5 回以内で 4 回のフィールドゴールを成功させる確率を求めなさい[37]．

[36) 答えは多様であるかもしれない．独立であるともないとも決定的に言うことはできない．しかしながら，運動能力に関する統計的論評はこのような試行は独立に非常に近いとしている．

> **二項分布と負の二項分布**
>
> 二項分布のケースでは，通常は試行回数が固定され，その代わり成功の回数を考慮する．負の二項分布のケースでは，固定された成功回数を観測するために何回の試行がかかるかを分析し，最後の試行は成功であることを求めている．

確認問題 4.49

70%の日で病院は少なくとも1人の心臓麻痺の患者を収容している．30%の日では心臓麻痺の患者は1人も収容していない．それぞれのケースは二項分布のケースであるかそれとも負の二項分布のケースであるか特定しなさい．そして確率を求めなさい[38]．

(a) 今週のうちちょうど3日間，心臓麻痺の患者を収容する確率を求めなさい．

(b) 週の4日目が心臓麻痺の患者を収容する2日目となる確率を求めなさい．

(c) 来月の5番目の日が心臓麻痺の患者を収容する最初の日となる確率を求めなさい．

---

[37] もし，彼の4回目のフィールドゴール ($k=4$) が5回以内の試行であれば，彼は4回か5回の試行 ($n=4$ or $n=5$) がかかったことになる．前述のように $p=0.8$ である．$n=4$ 回の試行と $n=5$ 回の試行の確率を計算するために負の二項分布を用いなさい．そして，これらの確率を合算すると次のようになる．

$$P(n=4 \text{ または } n=5) = P(n=4) + P(n=5)$$
$$= \binom{4-1}{4-1} 0.8^4 + \binom{5-1}{4-1}(0.8)^4(1-0.8) = 1 \times 0.41 + 4 \times 0.082 = 0.41 + 0.33 = 0.74.$$

[38] 各小問で $p=0.7$ である．(a) 日数が固定されているので，これは二項分布である．パラメータは $k=3$ と $n=7$ であり，解答は 0.097 である．(b) 最後の成功（心臓麻痺の患者の収容）が最終日に固定されているので負の二項分布を適用すべきである．パラメータは $k=2$ と $n=4$ で解答は 0.132 である．(c) この問題は $k=1$ と $n=5$ の負の二項分布である．解答は 0.006 である．二項分布の $k=1$ のケースは幾何分布を使用することと同じであることに注意しなさい．

4.4. 負の二項分布

練習問題

4.27 サイコロ転がし．次の確率を計算しなさい．そしてそれぞれのケースでどの確率分布モデルを使用することが適切か示しなさい．偏りのないサイコロを5回転がす．次の目が出る確率を求めなさい．

(a) 5回目ではじめて6の目．
(b) 6の目がちょうど3回．
(c) 5回目に3回目の6の目．

4.28 ダーツ投げ．次の確率を計算しなさい．そしてそれぞれのケースでどの確率分布モデルを使用することが適切か示しなさい．上手なダーツプレイヤーはブルズアイ（ダーツの的の中央の赤い円）に65%命中させることができる．次の確率を求めなさい．

(a) 15回目の試行のときに10回目のブルズアイへの命中．
(b) 15回の試行のうち，10回のブルズアイに命中．
(c) 3回目の試行ではじめてブルズアイに命中．

4.29 学校での標本調査．社会学の授業のプロジェクトであなたは20人の学生の調査を実施するよう依頼されている．あなたは，ある夜，夕食の後で，寮の食堂の外に立って食堂から出てくる学生20人の無作為抽出標本の調査を実施することにした．あなたの寮は45%が男性で55%が女性である．

(a) あなたが調査する4番目の人が2番目の女性である確率を計算するためにどの確率分布モデルが最適か？説明しなさい．
(b) (a) の確率を計算しなさい．
(c) あなたが調査する4番目の人が2番目の女性であることになる3とおりのあり得るシナリオは

$$\{M, M, F, F\}, \{M, F, M, F\}, \{F, M, M, F\}$$

これら3つのシナリオに共通するある特徴が，最後の試行は常に女性であることである．はじめから3回の試行は2人の男性と1人の女性である．2人の男性と1人の女性を並べる3つの方法を二項係数により確認しなさい．

(d) (c) で示された結果により二項係数が $\binom{n}{k}$ である一方で，なぜ負の二項分布が $\binom{n-1}{k-1}$ なのかを説明しなさい．

4.30 バレーボールのサーブ．それ程力のないバレーボールの選手はサーブを成功させる可能性は15%である．これは，ボールがネットを越えて相手チームのコートに落ちるように打つことになる．このサーブはお互いに独立と仮定する．

(a) サーブを3回成功させるまでに10回かかる確率を求めなさい．
(b) 9回目までに2回のサーブを成功させているとする．10回目のサーブが成功する確率を求めなさい．
(c) (a) と (b) は同じシナリオを議論しているが，あなたが計算した確率は異なるはずである．この相違について説明できるか？

4.5 ポアソン分布

例題 4.50

ニューヨーク市には 800 万人がいる．毎日，何人が急性心筋梗塞すなわち心臓発作で入院すると期待してよいだろうか？過去の記録によると，平均値は約 4.4 人である．しかしながら，計数を近似できる分布もできれば知りたい．1 年間にわたって日々の計数を記録したとき，毎日の心臓発作の発生数のヒストグラムはどのように見えるだろうか．

ニューヨーク市の 365 日の心臓発作の発生数のヒストグラムは図表 4.12 のようになっている[39]．標本平均 (4.38) は過去の平均値の 4.4 と同様である．標本標準偏差は約 2 でヒストグラムはデータの約 70%は 2.4 から 6.4 の間に収まることを示している．分布の形状は単峰で右に偏っている．

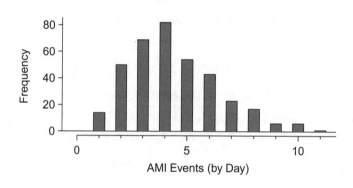

図表 4.12: ニューヨーク市における 1 日当たり (365 日間) の心臓発作発生件数のヒストグラム

　ポアソン分布は単位時間を通じてある大きな母集団で発生するイベント数を推計するときにしばしば有用である．例えば，以下の イベントについて考えてみよう．

- 心臓発作になる．
- 結婚する．
- 雷に打たれる．

ポアソン分布は，母集団における個人が独立である場合に 1 日の間に固定された母集団で発生するイベントの数を記述するのに役立つ．ポアソン分布は 1 時間や 1 週間など他の時間の単位でも利用することができる．

　図表 4.12 のヒストグラムは平均 4.4 のポアソン分布を近似している．ポアソン分布の**平均**は，ほぼ固定された母集団における単位時間当たりの発生数の平均値である．例 4.50 では，時間の単位は 1 日であり，母集団はニューヨーク市の居住者であり，過去の平均は 4.4 である．ポアソン分布のパラメータは平均-あるいは観測数の期待値-であり，典型的には λ (ギリシャ文字ラムダ)，または μ で表記される．平均の使用により，我々はある単位時間に観測するイベント数が k である確率を正確に記述することができる．

---

[39] これらのデータはシミュレーションである．実際には，連続する日々の関連性を確認すべきである．

4.5. ポアソン分布

> **ポアソン分布**
>
> 我々は平均 λ のポアソン分布に従うイベントとその数に注目しているとする．そのとき次式が成り立つ．
>
> $$P(k\text{ 回のイベントを観測}) = \frac{\lambda^k e^{-\lambda}}{k!}.$$
>
> ここで，k は $0, 1, 2, \cdots$ のような値をとり $k!$ は 154 頁で示したように k の階乗を表している．$e \approx 2.718$ は自然対数の底である．この分布の平均と標準偏差はそれぞれ λ と $\sqrt{\lambda}$ である．

　ポアソン分布の厳密な条件を後のコースのために保留しておく．しかしながら，ポアソンモデルが適切かどうかの最初の評価として利用可能ないくつかの簡略的なガイドラインを提示する．あるイベントの数を求めており，そのイベントを発生させる母集団は大きく，そのイベントはお互いに独立であるとき，確率変数はポアソン分布に従っているであろう．実際にはイベントが独立でないときも–例えば土曜日と日曜日の結婚式は多い– 異なる時点で異なる平均となることを許すとき，ポアソン分布はそれでも時折妥当である．結婚式の例で，平均は平日に比べて週末に高いというようにモデル化できる．ポアソン分布の平均のモデリングに対して曜日のような第 2 の変数を考えることは，一般化線形モデル (generalized linear model) という分野で発展した手法の基礎を形成する．第 8 章と第 9 章で，線形モデルの基礎について議論する．

練習問題

4.31 コーヒーショップの客. あるコーヒーショップ A は朝の混雑時は 1 時間当たり平均 75 人の客に給仕している.

(a) この時間帯で 1 時間に来る客が指定された人数になる確率を求めるためにこれまで学んだどの分布を用いることがもっとも適切か？

(b) このコーヒーショップがこの時間帯で 1 時間で給仕する客数の平均と標準偏差を求めなさい.

(c) このコーヒーショップでこの時間帯の 1 時間に客が 60 人のみ来た場合, 通常の少なさと考えてよいだろうか？

(d) この時間帯の 1 時間に 70 人の客に給仕する確率を計算しなさい.

4.32 速記者のタイプミス. ある熟練した裁判所の速記者は 1 時間当たり平均 1 箇所のタイプミスをする.

(a) この速記者が 1 時間当たりにタイプミスをする件数を指定したときの確率を計算するために最も適切な分布は何か？

(b) この速記者がミスをする数の平均と標準偏差を求めなさい.

(c) この速記者がある決められた 1 時間に 4 箇所のタイプミスをしたとき, これは稀なことと考えられるか？

(d) この速記者がある決められた 1 時間にたかだか 2 箇所のタイプミスをする確率を計算しなさい.

4.33 自動車は何台来るか？ 月曜日から木曜日までの休日がない期間で午後 2 時から 3 時の間にある小売業者を客が自動車で訪れる平均台数は 6.5 台である. そしてある決められた日に自動車が来る台数はポアソン分布に従っている.

(a) 次の月曜日にちょうど 5 台の自動車が来る確率を求めなさい.

(b) 次の月曜日の午後 2 時から 3 時の間に来る自動車の数が 0 台から 2 台の間になる確率を求めなさい.

(c) 同じ時間に自動車での来店は平均 11.7 人である. 自動車でこの時間に来店する人数もまたポアソン分布に従っていると期待できるだろうか？説明しなさい.

4.34 荷物紛失. 時たま, 航空会社はカバンを紛失する. ある小さな航空会社は毎週のカバンの紛失数を期待値 2.2 のポアソンモデルを用いてある程度のモデル化ができることを発見したとする.

(a) 次の月曜日にこの航空会社がカバンを紛失しない確率を求めなさい.

(b) 次の月曜日にこの航空会社がカバンを紛失する件数が 0 から 2 である確率を求めなさい.

(c) この航空会社が次の 3 年間航路を拡大し, 便数を 2 倍にし, CEO があなたに期待値 2.2 のポアソンモデルを使用し続けることが合理的かどうかを尋ねると仮定する. 適切な提言は何か？説明しなさい.

4.5. ポアソン分布

章末練習問題

4.35 ルーレットの賞金. ルーレットでは，円盤が回されて，それがどこで止まるかに掛ける．最もよく知られている賭けは赤いスロットで止まるというもので，この賭けは 18/38 の勝率になる．もし，赤で止まれば掛け金の 2 倍をもらえる．もしそうでなければ，掛け金を失う．あなたは 3 回掛けるとし，毎回 1 ドルを掛けるとする．Y はあなたが得た賞金あるいは失った金額の総額とする．Y に関する確率モデルを書きなさい．

4.36 州間高速道路 I-5 でのスピード違反，パート I. カリフォルニアの州間高速道路 5 号（I-5）における乗用車の速度の分布は平均時速 72.6 マイル，標準偏差時速 4.78 マイルの正規分布で近似できる[40]．

(a) 時速 80 マイルより遅く走る乗用車は何パーセントか？
(b) 時速 60 から 80 マイルの間で走る乗用車は何パーセントか？
(c) 速度が速いほうから 5% の乗用車は時速何マイルか？
(d) I-5 の直線コースの制限速度は時速 70 マイルである．I-5 の直線コースの制限速度を超えて走る乗用車は何パーセントか見積もりなさい．

4.37 大学入学. ある大学で次年度の新入生として 2,500 人の学生の入学を許可したと仮定する．しかしながら，この大学には 1,786 人分の学生寮があるだけとする．もし，それぞれの入学許可者がこの大学に入学する意思決定をするのは 70% の可能性であるとすると，この新入生のために十分な学生寮の部屋がない確率を見積もりなさい．

4.38 州間高速道路 I-5 でのスピード違反，パート II. 章末問題 4.36 ではカリフォルニアの州間高速道路 5 号（I-5）における乗用車の速度の分布は平均時速 72.6 マイル，標準偏差時速 4.78 マイルの正規分布に近いとしている．I-5 の直線コースの制限速度は時速 70 マイルである．

(a) ある高速道路の警官は高速道路の脇に隠れている．5 台の自動車が通り過ぎて 1 台もスピード違反ではない確率を求めなさい．自動車の速度は互いに独立と仮定しなさい．
(b) 最初にスピード違反となる自動車を見つけるまで高速道路の警官は平均して何台の自動車を見ることを期待できるだろうか？彼が見ると期待できる自動車の台数の標準偏差を求めなさい．

4.39 自動車保険料. ある新聞の記事はカリフォルニア住民の自動車保険料の分布は平均 1,650 ドルの正規分布で近似できると述べている．またその記事はカリフォルニア住民の 25% は 1,800 ドル以上を支払っていると記述している．

(a) 標準正規分布の上位 25%（または 75 パーセンタイル）に対応する Z スコアを求めなさい．
(b) 平均保険料はいくらか？75 パーセンタイルでの保険料はいくらか？
(c) カリフォルニアの保険料の標準偏差を求めなさい．

4.40 SAT スコア. SAT スコア（1600 点満点）は平均 1100，標準偏差 200 の正規分布に従っている．学校の審査委員会は SAT で 1350 点以上をとったすべての学生に優秀成績賞を授与すると仮定しなさい．そして，この賞を認められた学生のうちひとりを選ぶとする．この学生のスコアが 1500 以上である確率を求めなさい．（3.2 節で取り上げられている題材はこの問いに有用であろう．）

4.41 既婚の婦人. アメリカ合衆国の人口統計調査[41]は 15 歳以上の女性の 47.1% は既婚であると推計している．

(a) この年齢の 3 人の女性を無作為に抽出する．3 番目の女性だけが既婚である確率を求めよ．
(b) 無作為に抽出された 3 人の女性がすべて既婚である確率を求めよ．
(c) 平均として，標本に既婚者が選ばれるまでに何人の女性がサンプルとして選ばれるか？その標準偏差も求めよ．
(d) もし，既婚の女性の比率が実際は 30% だったとき，標本に既婚者が選ばれるまでに何人の女性がサンプルとして選ばれるか？その標準偏差も求めよ．
(e) (c) および (d) の解答に基づいて，ある事象の確率が減少することは成功するまでに待つ回数の平均と標準偏差にどう影響するか？

4.42 Survey response rate. ピュー・リサーチ・センター（訳注:アメリカ合衆国の世論調査機関）は自己の世論調査の典型的な回収率は 9% だけであると報告した．ある特定の世論調査のために 15,000 軒の家計に接触したとき，少なくとも 1,500 軒が回答することに同意する確率を求めよ[42]．

---

[40] S. Johnson and D. Murray. "Empirical Analysis of Truck and Automobile Speeds on Rural Interstates: Impact of Posted Speed Limits". In: *Transportation Research Board 89th Annual Meeting.* 2010.

[41] U.S. Census Bureau, 2010 American Community Survey, Marital Status.

[42] Pew Research Center, Assessing the Representativeness of Public Opinion Surveys, May 15, 2012.

4.43 重量超過手荷物. 航空路線の乗客の確認された手荷物の重量は平均 45 ポンド，標準偏差 3.2 ポンドの正規分布にほぼ従っているとする．大半の航空会社は 50 ポンドを超過した手荷物に対して料金を課している．何パーセントの航空路線の乗客がこの手数料を課されるか求めなさい．

4.44 10 歳児の身長，パート I. 10 歳児の身長は性別を区別しなければ平均 55 インチ，標準偏差 6 インチの正規分布にほぼ従っている．

(a) 無作為に抽出された 10 歳児の身長が 48 インチより低い確率を求めよ．
(b) 無作為に抽出された 10 歳児の身長が 60 インチから 65 インチの間に入る確率を求めよ．
(c) もし，最も高い方から 10% の階級を「大変高い」と見なすとき「大変高い」の閾値を求めよ．

4.45 Ebay での本の購入. あなたは Ebay で高額な化学の教科書を購入することを検討しているとする．過去のオークションを見るとこの教科書の価格は平均 89 ドル，標準偏差 15 ドルの正規分布に従っていると近似できる．

(a) 無作為抽出したこの本のオークションが 100 ドル以下で終了する確率を求めよ．
(b) Ebay はオークションで誰かがあなたより高値で入札したとき，あなたが設定した最高値に達するまで，自動的にそれを上回る高値で入札することができるようになっている．もし，あなたが 1 つのオークションだけに入札しているときあなたの買値の設定が高過ぎるまたは低過ぎることの利点と欠点は何か？もしあなたが，複数のオークションに入札していたらどうであろうか？
(c) もしあなたが 10 のオークションを見たときこれら 10 のオークションのうち 1 つで勝つ確率を多少確実にする買値の閾値の最高値について，およそ何パーセント点の値を使うであろうか？あなたがある 1 つのオークションで勝つことを保証する閾値を見つけることは可能か？
(d) もしあなたが，最大 10 のオークションに密着して追跡しようとするときあたながこれら 10 冊うち 1 冊が買える確率を多少確実にしようとするなら買値の上限値としていくらを使うか？

4.46 10 歳児の身長，パート II. 10 歳児の身長は性別を区別しなければ平均 55 インチ，標準偏差 6 インチの正規分布にほぼ従っている．

(a) シックス・フラッグス・マジック・マウンテン (訳注：カリフォルニア州にある遊園地の名称) のバットマン・ザ・ライド (訳注：この遊園地にあるローラーコースターの名称) に乗るための身長は 54 インチ以上が要求される．10 歳でこれに乗れないのは何パーセントか？
(b) 4 人の 10 歳児がいるとする．彼らのうち少なくとも 2 人がバットマン・ザ・ライドに乗ることができる確率を求めなさい．
(c) あなたはこの遊園地で遊園地の入園者の人口構成を遊園地の人により理解させるために働いているとする．バットマン・ザ・ライドに乗った最初の 10 歳児が 3 番目に遊園地に入園した 10 歳児である確率を求めなさい．
(d) バットマン・ザ・ライドに乗った 5 番目の 10 歳児が 12 番目に遊園地に入園した 10 歳児である確率を求めなさい．

4.47 10 歳児の身長，パート III. 10 歳児の身長は性別を区別しなければ平均 55 インチ，標準偏差 6 インチの正規分布にほぼ従っている．

(a) 身長が 76 インチより高い 10 歳児の割合を求めなさい．
(b) もし，ある日に 2,000 人の 10 歳児がシックス・フラッグス・マジック・マウンテンに入場したとき，身長が少なくとも 76 インチ以上である 10 歳児の人数の期待値を計算しなさい．(10 歳児の身長は独立を仮定してよい．)
(c) 二項分布を用いて，2,000 人の 10 歳児の身長が少なくとも 76 インチ以上である児童が 1 人もいない確率を計算しなさい．
(d) ある 1 日にシックス・フラッグス・マジック・マウンテンに入場し身長が 76 インチ以上ある 10 歳児の人数は平均が (b) と等しいポアソン分布に従っているとする．ポアソン分布を用いて身長が 76 インチ以上である 10 歳児が 1 人も入場しない確率を求めなさい．

4.48 多項選択式小テスト. ある多項選択式小テストで，それぞれの問いに 4 つの選択肢 (a, b, c, d) からなる 5 問がある．ロビンはその小テストのために勉強しておらず，でたらめに解答をすることを決めている．次の各確率を求めなさい．

(a) ロビンが第 3 問ではじめて正解する確率．
(b) ロビンが第 3 問または第 4 問の正解となる確率．
(c) ロビンが過半数の問題で正解する確率．

第 5 章

統計的推測の基本

5.1 点推定と標本による推測の変動性

5.2 比率の信頼区間

5.3 比率の仮説検定

統計的推測はパラメータ推定の不確実性を理解し，定量化することから始まる．関係する数式と詳細はそれぞれの設定によって変化するが，統計的推測の基礎は統計学全体を通じて同一である．

本章ではまずなじみある話題から始める．すなわち，母比率（母集団の比率）を推定するための標本比率 (標本の比率) を使うアイディアである．次に**信頼区間**と呼ばれる真の母集団の値が入ると思われるもっともらしい値の範囲をつくり出す．最後に，**仮説検定の枠組み**を紹介する．これは世論調査がある候補者が有権者の大多数の支持を得ていることの確たる証拠を提供するかどうかのような，母集団についての主張を正確に評価することを可能にする．

日本語版の参考資料はhttps://www.jstat.or.jp/openstatistics/ (日本統計協会) を訪問されたい．
原著の資料は以下にある．www.openintro.org/os

5.1 点推定と標本による推測の変動性

ピュー・リサーチのような企業は，政治，科学的理解，ブランドの認知などを含む多くの話題について，世論や一般の知識の状況を把握するための方法として世論調査を頻繁に実施する．

世論調査を実施することの最終的な目的は，一般的には，より広範な母集団の意見や知識を推定するためにそれらの回答を利用することである．

5.1.1 点推定と誤差

ある世論調査はアメリカ合衆国大統領の支持率は45%であると示していたとする．これは，母集団全体からの回答を集めることができたとしたら分かる支持率の**点推定値**として45%を考えていることになる．

この母集団全体の回答の比率は一般的には，関心の対象の**パラメータ**といわれている．パラメータが比率の場合，しばしばpと表記され，標本比率はしばしば$\hat{p}$（ピーハット[1]と発音される）として言及される．

もし，母集団に含まれる全員から回答を集めないならば，pは未知のままであり，pの推定量として$\hat{p}$を用いる．調査による観測結果とパラメータの差を推定における**誤差**という．

一般的に誤差は2つの側面，すなわち，標本誤差と偏りからなる．

標本誤差 (sampling error) はしばしば，標本の不確実性とも呼ばれ，ある標本から別の標本へと推定値がどのくらいばらつく傾向があるかを記述するものである．例えば，ある標本からの推定値は1%過小かもしれないし，その一方で別の標本では3%過大かもしれない．この本の大半を含むほとんどの統計学は，標本誤差を理解し定量化することに焦点を当てている．そして，この誤差を定量化するために標本サイズを考慮することが役に立つことが分かる．**標本サイズ**はnで表されることが多い．

偏り (bias) は真の母集団の値より過大または過小推計する系統的な傾向を表す．例えば，もし，学生への調査で，新しい大学のスタジアムの支援について尋ねるとき，「あなたはあなたの学校が新しいスタジアムを建てるために資金援助をしますか？」というような言い回しをすることによってスタジアムへの学生の支援レベルの推計に偏りが生じるであろう．第1章や他の多くの本のテーマで議論されるようにデータを収集するときの考え抜かれた手順によって，偏りを最小限に抑えるようにする．

5.1.2 点推定値の変動性を理解する

太陽光エネルギーの利用拡大を支持するアメリカ合衆国の成人の比率を$p = 0.88$とし，このパラメータに関心があるとする[2]．

もし，このテーマについて1000人のアメリカ合衆国の成人を調査したとすると，その推計値は完全ではないであろうが，その調査の標本比率は88%にどのくらい近いと期待してよいだろうか？

もし，真の母比率が0.88であるとき，**標本比率**$\hat{p}$はどのようになるかを理解したい[3]．試してみよう！1000人のアメリカ人の成人の単純無作為抽出標本から得られるであろう回答をシミュレーションすることは可能であるが，これは実際の太陽光エネルギーの支持が0.88に拡がっていることがわかっているからこそ，可能なのである．

---

[1] 俗語の（この本のような）なにかすごくよいものという意味の *phat* と混同しないように．

[2] 実際には，この値を完全に計測するために全数調査はしていない．しかしながら，大変大きな標本によると，約88%の支持があることが示されている．

[3] 88%は比としては0.88と表記される．比の代わりにパーセントを使うのは一般的である．しかしながら，本書で表記される方式としてはパーセントではなく常に比を使用する．

この様なシミュレーションをどのように構築していくのかをここに紹介しよう.

1. 2018 年には約 2 億 5 千万人のアメリカ人の成人がいた. 2 億 5 千万枚の紙のうち, 88% に「支持」と書き, その他の 12% に「支持しない」と書く.

2. その紙をよく混ぜ, 1000 人のアメリカ人の成人を代表するように 1000 枚の紙を引き抜く.

3. 「支持」となっている標本の比率を計算する.

このシミュレーションを実施してくれるボランティアはいるだろうか？多分いない. 2 億 5 千万枚の紙を用いたシミュレーションを実行することは多大な時間がかかり, 多くの費用がかかる. しかし, コンピュータのコードによりシミュレーションすることができる. もし, どのようなコンピュータのコードなのかに興味があるのなら, 図表 5.1 のような短いプログラムを用意している.

このシミュレーションで, $\hat{p}_1 = 0.894$ という点推定の例も示している. シミュレーションのための母比率は $p = 0.88$ だったので推定量は $0.894 - 0.88 = +0.014$ の誤差があることになる.

```
# 1. Create a set of 250 million entries, where 88% of them are "support"
#    and 12% are "not".
pop_size <- 250000000
possible_entries <- c(rep("support", 0.88 * pop_size), rep("not", 0.12 * pop_size))

# 2. Sample 1000 entries without replacement.
sampled_entries <- sample(possible_entries, size = 1000)

# 3. Compute p-hat: count the number that are "support", then divide by
#    the sample size.
sum(sampled_entries == "support") / 1000
```

> 図表 5.1: 興味のある人のために説明すると, このコードは **R** という統計ソフトウェアを用いた $\hat{p}$ シミュレーションのためのものである. #で始まる各行はコードが何をしているかを説明している**コメント**である. さらにこれについて学びたい人のために openintro.org/stat/labs でソフトウェアラボが提供されている.

シミュレーションに期待しているような推定量の分布に関する重要な認識力を得るためには 1 回のシミュレーションでは十分ではないので, より多くのシミュレーションを実行すべきである. 2 番目のシミュレーションでは, $+0.005$ の誤差となる $\hat{p}_2 = 0.885$ としている. そして, 別のシミュレーションでは, -0.021 の誤差となる $\hat{p}_2 = 0.878$ としている. コンピュータの力を借りて, 1 万回のシミュレーションを実行し, そのすべての結果のヒストグラムを図表 5.2 に示す. この標本比率の分布は**標本分布**と呼ばれる. この標本分布は次のように特徴付けられる.

中心 分布の中心は $\bar{x}_{\hat{p}} = 0.880$ であり, これはパラメータと同様である. このシミュレーションは母集団の単純な無作為抽出標本の模倣であり, 標本の偏りを避けるのに役に立つわかりやすい標本抽出方法であることに注意せよ.

拡がり 分布の標準偏差は $s_{\hat{p}} = 0.010$ である. 標本分布か点推定の変動性について議論するときは**標準偏差**よりも **標準誤差** (standard error, SE) と言う用語を通常は用いる. そして, $SE_{\hat{p}}$ という表記は標本比率に関する標準誤差として用いられる.

形 分布の形は左右対称で釣り鐘型をしており, **標準正規分布**と似ている.

これらの結果には勇気付けられる！母比率が $p = 0.88$ でサンプルサイズが $n = 1000$ のとき, 標本比率 $\hat{p}$ は母比率のとてもよい推定値を与える傾向がある. また, ヒストグラムは正規分布に似ているという興味深い結果である.

5.1. 点推定と標本による推測の変動性

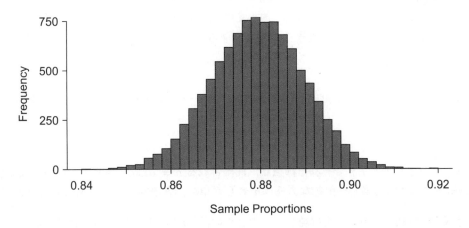

図表 5.2: 1 万の標本比率のヒストグラム，ここで，それぞれの標本は母比率が 0.88 で標本サイズが $n = 1000$ である母集団から抽出されている．

標本分布は決して観測されないが，念頭に置いておく

現実世界の応用では，実際に標本分布を観測することは決してない．それにもかかわらず，点推定値をこのような仮想的な分布からもたらされていると考えておくことは有益なことである．標本分布を理解することは観測する点推定値を特徴付け，意味付けするのに役に立つ．

例題 5.1

もし，より小さいサンプルサイズ $n = 50$ を使ったとき，$\hat{p}$ の標準誤差は $n = 1000$ を使ったときよりも大きくなるか小さくなるかどちらと考えるか？

直感的によりデータがあることは少ないよりもよいと思われ，一般的にこれは正しい！$p = 0.88$ で $n = 50$ のとき，典型的な誤差は $n = 1000$ のときに期待する誤差よりも大きい．

例題 5.1 は何度も繰り返し見るであろう重要な性質を強調している．つまり，より大きな標本は小さな標本よりもより正確な点推定値を与える傾向がある．

5.1.3 中心極限定理

図表 5.2 の分布はとても正規分布に似ている．これは異常ではない．すなわち**中心極限定理**と呼ばれる一般的原理の結果である．

中心極限定理と成功・失敗条件

観測値は独立で，標本サイズが十分に大きいとき，標本比率 $\hat{p}$ は次の平均と標準誤差の正規分布に従う傾向がある．

$$\mu_{\hat{p}} = p, \qquad SE_{\hat{p}} = \sqrt{\frac{p(1-p)}{n}}.$$

中心極限定理が成立するためには，標本サイズは $np \geq 10$ かつ $n(1-p) \geq 10$ が成り立つように通常は十分大きい必要があり，これは**成功・失敗条件**と呼ばれている．

中心極限定理は非常に重要で，多くの統計学の基礎となっている．はじめに中心極限定理を技術的な 2 つの条件に気を配りながら応用する．すなわち，観測値は独立で，標本サイズは $np \geq 10$ および $n(1-p) \geq 10$ を満たすほど十分大きくなければならない．

例題 5.2

前述のように $p = 0.88$ と $n = 1000$ としたときのシミュレーションデータを用いて $\hat{p}$ の平均と標準誤差を推計した．

独立．それぞれの標本比率が $\hat{p}$ でそれぞれ独立に抽出される $n = 1000$ の観測値がある．観測値が独立であると見なされる最も一般的な方法はそれらが単純無作為抽出によるものかどうかである．

成功・失敗条件．成功・失敗条件を確認し，次の 2 つの計算結果が 10 よりも大きければサンプルサイズが十分大きいことが確認できる．

$$np = 1000 \times 0.88 = 880 \geq 10 \quad , \quad n(1-p) = 1000 \times (1-0.88) = 120 \geq 10 \ .$$

独立性と成功・失敗条件がどちらも満たされていれば，中心極限定理を応用し，正規分布を用いて $\hat{p}$ をモデル化することは合理的である．

観測値が独立であることを確認する方法

もし，実験の対象が処置群（トリートメントグループ）に無作為に割り当てられていたらそれらは独立と考えられる．

もし，観測値が単純無作為抽出標本からなっていればそれらは独立である．

もし，標本が例えば組み立てラインでたまに起きるエラーのようなランダム過程とみられるものからであれば，独立性を確認することはより困難である．この場合，最善の判断をしなさい．

標本が母集団の 10% より大きくないとき，母集団からの標本にはときどき条件が追加される．標本が母集団のサイズの 10% を超えるとき，議論している方法は，我々がより発展した手法を使用した場合に比べて標本誤差を若干過大推計する傾向がある[4]．これが問題になることは非常に稀で，もし問題になる場合は我々の方法は保守的な傾向があり，したがって，この追加的な確認は任意として考えている．

例題 5.3

$p = 0.88$ および $n = 1000$ のとき，$\hat{p}$ の理論的な平均と標準誤差を中心極限定理に従って計算しなさい．

$\hat{p}$ の平均は単純に母比率であり，$\mu_{\hat{p}} = 0.88$ である．

$\hat{p}$ の標準誤差の計算には次の公式を用いる．

$$SE_{\hat{p}} = \sqrt{\frac{p(1-p)}{n}} = \sqrt{\frac{0.88(1-0.88)}{1000}} = 0.010 \ .$$

---

[4]例えば，**有限母集団修正係数**と呼ばれるものを使用することができる．すなわち，標本サイズが n で，母集団のサイズが N の場合，実際の標準誤差の推計値がより小さく，より正確になるために典型的な標準誤差公式に $\sqrt{\frac{N-n}{N-1}}$ を乗じる．$n < 0.1 \times N$ のとき，この修正係数は比較的小さい．

5.1. 点推定と標本による推測の変動性

例題 5.4

標本比率 $\hat{p}$ が母集団の値 $p = 0.88$ から 0.02 (2%) の範囲に入る確率を求めよ．例 5.2 と例 5.3 に基づき，分布は近似的に $N(\mu_{\hat{p}} = 0.88, SE_{\hat{p}} = 0.010)$ であることはわかっている．

4.1 節で沢山の練習をしたので，この正規分布の例題はできれば親しみを感じて欲しい！我々は $\hat{p}$ が 0.86 から 0.90 の間の範囲にあることを理解している．

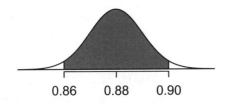

$\mu_{\hat{p}} = 0.887$ および $SE_{\hat{p}} = 0.010$ により左側と右側の両方の境界の Z スコアを計算できる．

$$Z_{0.86} = \frac{0.86 - 0.88}{0.010} = -2 \ , \qquad Z_{0.90} = \frac{0.90 - 0.88}{0.010} = 2 \ .$$

分布の裾の面積を求めるために，統計ソフトウェアやグラフ計算機や数表を利用することができ，どの場合でもそれぞれ 0.0228 になることが分かるであろう．裾面積の合計は $2 \times 0.0228 = 0.0456$ であり，残された塗りつぶされた部分の面積は 0.9544 である．すなわち，図表 5.2 の標本分布の約 95.44% は母比率 $p = 0.88$ の ± 0.02 の範囲にある．

確認問題 5.5

例題 5.1 でより小さな標本のときには推定値の信頼性が劣ることを議論した．この知識が次の公式にどのように反映されているかを説明せよ．
$SE_{\hat{p}} = \sqrt{\frac{p(1-p)}{n}}$ [5]．

5.1.4 中心極限定理の現実への応用

我々は高額な費用がかかる母集団の全員への世論調査を行わない限り実際には母比率を知ることはない．前述の $p = 0.88$ という値はピュー・リサーチ社のアメリカ人の成人に対する世論調査で，対象者の $\hat{p} = 0.887$ が太陽光エネルギーの拡大に賛成しているという結果に基づくものである．研究者は世論調査からの標本比率は近似的に正規分布に従うかどうか疑問に思ったかもしれない．中心極限定理の条件は次のように確認できる．

独立性． 調査はアメリカ合衆国の成人に対する単純無作為抽出であり，このことは観測値は独立であることを意味する．

成功・失敗条件． この条件を確認するためには，母比率 p が np と $n(1-p)$ の両方で 10 より大きいことを確認するために必要である．しかしながら，p は実際には未知であり，だからこそ調査会社は標本を採取しようとしたのである！この様な場合，成功・失敗条件を確認する次善の策として

---

[5] 標本サイズ n は分数の分母にあるので，より大きな標本サイズは式全体の値を小さくする傾向にある．すなわち，より大きな標本サイズはより小さな標本誤差に対応していることになる．

$\hat{p}$ を使うことがしばしばあり，次のようになる．

$$n\hat{p} = 1000 \times 0.887 = 887 \ , \qquad n(1-\hat{p}) = 1000 \times (1-0.887) = 113 \ .$$

標本比率 $\hat{p}$ はこの確認では適切な代わりになっているように見え，この場合，それぞれの値は下限の 10 を大きく上回っている．

p の代わりに $\hat{p}$ を使用するこの代替の近似は標本比率の標準誤差を計算するときにも有用である．

$$SE_{\hat{p}} = \sqrt{\frac{p(1-p)}{n}} \approx \sqrt{\frac{\hat{p}(1-\hat{p})}{n}} = \sqrt{\frac{0.887(1-0.887)}{1000}} = 0.010 \ .$$

この代替手法は**代入原理** (plug-in principle) と時折呼ばれている．この場合では $SE_{\hat{p}}$ は前述の 0.88 で計算したときに比べて小数点以下 3 桁では違いはない．計算された標準誤差は 1 つの標本あるいは別の標本でわずかに異なる比率を観測した場合でも，かなり正確となる傾向がある．

5.1.5 中心極限定理についてのより詳細

本章ではこれまでのところ多くの例題で中心極限定理を応用している．

観測値が独立で標本サイズが十分大きいとき $\hat{p}$ の分布は次の正規分布に近い．

$$\mu_{\hat{p}} = p \ , \qquad SE_{\hat{p}} = \sqrt{\frac{p(1-p)}{n}} \ .$$

標本サイズは $np \geq 10$ かつ $n(1-p) \geq 10$ であるとき十分大きいと考えられる．

本節では成功・失敗条件を詳しく調査し，中心極限定理の理解を深めるよう試みる．ある興味深い質問は $np < 10$ または $n(1-p) < 10$ のとき何が起きるか？である．5.1.2 節で行ったように例えば，真の比率が $p = 0.25$ のとき異なったサイズの標本を抽出することをシミュレーションできる．ここに次のようにサイズが 10 の標本がある．

いいえ，いいえ，はい，はい，いいえ，いいえ，いいえ，いいえ，いいえ，いいえ

この標本では「はい」の標本比率は $\hat{p} = \frac{2}{10} = 0.2$ である．$n = 10$ かつ $p = 0.25$ のとき，$\hat{p}$ の標本分布を理解するために多くのこのような比率をシミュレーションでき，これらは図表 5.3 に描かれて，同じ平均と分散を持つ正規分布と並べられている．これらの分布はいくつもの重要な違いがある．

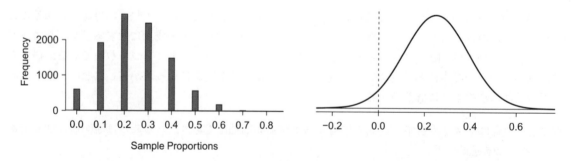

図表 5.3: 左：標本サイズが $n = 10$ で，母比率が $p = 0.25$ のときのシミュレーション 右：同じ平均 (0.25) と標準偏差 (0.137) の標準正規分布

	単峰？	スムース？	左右対称？
正規分布: $N(0.25, 0.14)$	**Yes**	**Yes**	**Yes**
$n = 10, p = 0.25$	**Yes**	*No*	*No*

5.1. 点推定と標本による推測の変動性

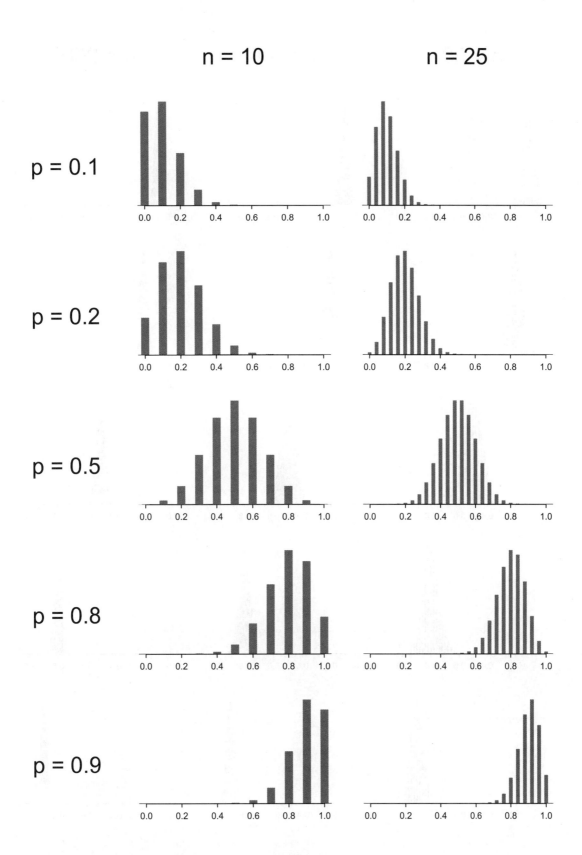

図表 5.4: p と n のいくつかのシナリオの標本分布
列: $p = 0.10, p = 0.20, p = 0.50, p = 0.80$, および $p = 0.90$.
行: $n = 10$ および $n = 25$.

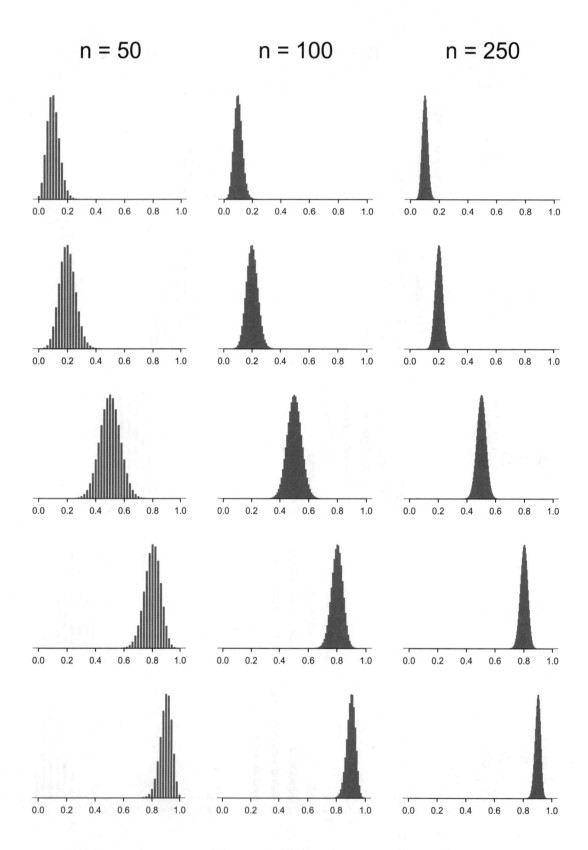

図表 5.5: p と n のいくつかのシナリオの標本分布
列: $p = 0.10$, $p = 0.20$, $p = 0.50$, $p = 0.80$, および $p = 0.90$.
行: $n = 50$, $n = 100$, および $n = 250$.

成功・失敗条件は $n=10$ で $p=0.25$ のときには次のように満たされていなかったことに注意しなさい．

$$np = 10 \times 0.25 = 2.5, \qquad n(1-p) = 10 \times 0.75 = 7.5.$$

このたった1つの標本分布が成功・失敗条件は完全なガイドラインであることを示しているのではないが，このガイドラインは正規分布が適切ではないかもしれないものを正しく識別していたことを我々は見いだした．図表 5.4 および図表 5.5 にいくつかのシミュレーションを実施した結果を示しているが，次のような傾向があることが分かる．

1. np または $n(1-p)$ のどちらも小さいとき，分布はより**離散的**になり，すなわち，**連続的ではない**．
2. np または $n(1-p)$ のどちらかが 10 より小さいとき，分布の非対称性により注意すべきである．
3. np および $n(1-p)$ の両方が大きい程，より正規分布に近づく．このとき散らばりもとても小さくなるのでこれらの図ではわかりにくいかもしれない．
4. np および $n(1-p)$ の両方が大きいとき，分布が離散的であることはわかりにくくなり，さらに正規分布に近く見える．

これまで，分布の非対称性と連続性にのみ注目していて，平均と標準誤差がどう変化するかを考慮していなかった．少し時間を掛けてグラフを振り返り，次の3つのことに注意しなさい．

1. 分布の中心はシミュレーションを生成するために使用した母比率 p に常にある．$\hat{p}$ の標本分布は常に母集団のパラメータ p を中心としているのでデータが独立でこのような母集団から抽出されたときは標本比率 $\hat{p}$ は**偏りがない**ことを意味している．
2. ある特定の母比率 p について，標本サイズ n が大きくなるほど標本分布の変動性は減少する．このことはおそらく，標本サイズがより大きければ推定値はより正確になる傾向にあるという直感と一致するであろう．
3. ある特定の標本サイズについて $p=0.5$ のとき変動性が最大になる．この違いはわかりにくいかもしれないので，よく見て欲しい．このことは標本誤差の公式 $SE = \sqrt{\frac{p(1-p)}{n}}$ における比率 p の影響を反映している．標本誤差は $p=0.5$ のときに最大となる．

$\hat{p}$ は離散の値 (x/n) を常にとるので，$\hat{p}$ の分布はどれをとっても**完全な**正規分布には見えない．これは常に程度の問題であり，本書でのガイドラインとして np および $n(1-p)$ の下限として 10 という成功・失敗条件を用いている．

5.1.6 他の統計量の枠組みの拡張

パラメータを推定するために標本統計量を用いる戦略はごく一般的であり，比率以外にも他の統計量にも応用できる戦略である．例えば，もし，ある特定の大学の卒業生の平均給与を推計したいとき最近の卒業生の無作為抽出標本を調べようとすればできる．この例では，すべての卒業生からなる母集団の平均 μ を推計するために標本平均 $\bar{x}$ を用いる．他の例としては，2つのウェブサイト間の製品価格の違いを推計したいとき，両方のサイトから可能な製品の無作為抽出標本を採り，それぞれの価格を確認し，それらを用いて平均的な差を計算する．すなわち，この戦略は点推定を通じて実際の差に関するいくつかの知識を与えてくれる．

本章は単一の比率という状況を強調しているが，この本を通じてこれらの方法が応用される多くの異なった状況に出会うだろう．詳細が少し変化したとしても，この原理や一般的考え方は同じである．また，読者がこの考え方をどのように一般化するかを考え始める手助けになるように，例題の中に他の状況をちりばめている．

練習問題

5.1 パラメータの識別，パート I. 以下のそれぞれの状況で，注目しているパラメータは平均か比率かを述べなさい．個人の回答が数値かカテゴリーかを分析することは役に立つであろう．

(a) ある調査で，100人の大学生は1週間当たり何時間をインターネットに費やすかを質問されている．
(b) ある調査で，100人の大学生は「あなたのコースワークでインターネットを利用する割合は何パーセントか？」と質問されている．
(c) ある調査で，100人の大学生は彼らの論文の中でウィキペディアからの情報を引用したかどうかを質問されている．
(d) ある調査で，100人の大学生は，1週間当たりの支出のうち，アルコール飲料の占める割合を質問されている．
(e) 100人の最近の卒業生の標本で，卒業してから1年以内に就職すると思っている学生は85パーセントだとわかっている．

5.2 パラメータの識別，パート II. 以下のそれぞれの状況で，注目しているパラメータは平均か比率かを述べなさい．

(a) ある世論調査の結果，64%のアメリカ人は連邦政府の巨額の財政支出と財政赤字を個人的に心配していることが示されている．
(b) ある調査により，2年間で新聞は6.4%の減収となった一方で，同じ期間でローカルテレビニュースは17%の増収となったことが報告されている．
(c) ある調査で，高校生と大学生はスマートフォンでの地理位置情報サービスを使用しているかどうかを質問されている．
(d) ある調査で，スマートフォンの利用者はインターネットを使ったタクシーサービスを使用しているかどうかを質問されている．
(e) ある調査で，スマートフォンの利用者はインターネットを使ったタクシーサービスを過去1年間にわたって何回利用したかを質問されている．

5.3 品質管理. コンピュータチップの品質管理工程の一環としてある工場のあるエンジニアは著しい欠陥のあるチップの最新の比率を検査するために1週間の製品のうち212個のチップを無作為に抽出する．このエンジニアはチップから27個の不良品を見つけている．

(a) このデータセットで検討中の母集団は何か？
(b) 何のパラメータが推計されているのか？
(c) そのパラメータの点推定値を求めよ．
(d) 点推定の不確実性を計量化するために使用する統計量の名称は何か？
(e) この状況における (d) の値を計算せよ．
(f) 過去の不良品の比率は10%である．このエンジニアは最新週の不良品率を観測して驚くべきであろうか？
(g) 真の母集団の値は10%であったとする．もし，この比率を (e) での値を再計算するのに用いて，$\hat{p}$ の代わりに $p=0.1$ とした場合，結果の値は大きく変わるか？

5.4 不意の出費. アメリカ合衆国の無作為抽出による765人の成人の標本のうち322人が400ドルの不意の出費は借り入れが必要か借金まみれになってしまうと言っている．

(a) このデータセットで検討中の母集団は何か？
(b) 何のパラメータを推計しようとしているか？
(c) そのパラメータの点推定値を求めよ．
(d) 点推定の不確実性を軽量化するために使用することができる統計量の名称は何か？
(e) この状況における (d) の値を計算せよ．
(f) あるケーブルニュースの評論家はこの値は実際は50%と思っている．この評論家はこのデータにより驚くべきだろうか？
(g) 母集団の真の値は40%であったとする．もし，この比率を (e) での値を再計算するのに用いて，$\hat{p}$ の代わりに $p=0.4$ とした場合，結果の値は大きく変わるか？

5.1. 点推定と標本による推測の変動性

5.5 水質調査の繰り返し抽出標本. ある非営利団体は，飲料水に含まれる鉛のレベルが高くなっている世帯の割合を把握しようとしている．彼らは少なくとも 5%の世帯は飲料水に含まれる鉛のレベルが高くなっているが，30%は超えないと予想している．彼らは 800 世帯を無作為抽出し，住人に水のサンプルを回収するよう働きかけ，鉛のレベルが高くなっている世帯の割合を計算する．彼らはこれを 1,000 回繰り返し標本比率の分布を作成する．

(a) この分布は何と呼ばれるか？
(b) この分布の形は対象か，右に偏っているか，それとも左に偏っていると思うか？理由を説明しなさい．
(c) この比率が 8%近くに分布しているとき，この分布の変動性を求めなさい．
(d) (c) で計算した値の正式名称は何か？
(e) 調査会社の予算が削減され，1 標本当たり 250 の観測値しか集められないが，依然として 1,000 標本を集めることは可能とする．彼らは標本比率の新しい分布を作成する．各標本に 800 の観測値が含まれている分布の変動性に比べてこの新しい分布の変動性はどうなるか？

5.6 学生の繰り返し抽出標本. ある大学で新入生全員のうち，16%が本年度の成績優秀者となった．授業企画の一環として，40 人の学生からなる無作為抽出標本を作り，成績優秀者を確認する．これを 1,000 回繰り返し，標本比率の分布を作成する．

(a) この分布は何と呼ばれるか？
(b) この分布の形は対象か，右に偏っているか，それとも左に偏っていると思うか？理由を説明しなさい．
(c) この分布の変動性を求めなさい．
(d) (c) で計算した値の正式名称は何か？
(e) 学生たちはもう一度標本抽出をすることを決定し，今回は 1 標本当たり 90 人の学生を集め，再び 1,000 標本を集めることにする．彼らは標本比率の新しい分布を作る．各標本に 40 人の観測値が含まれているときの分布の変動性に比べてこの新しい分布の変動性はどうなるか？

5.2 比率の信頼区間

標本比率 $\hat{p}$ は母比率 p に対する単一のもっともらしい値を与える．しかしながら，標本比率は完全ではなく，それに関連するいくらかの**標準誤差**がある．母比率の推定値について述べるとき点推定の値だけを与える代わりにもっともらしい**値の区間**を提供することがよりよい実践になる．

5.2.1 母集団のパラメータの捕捉

点推定だけを使用するのは濁った湖でもり（銛）を使って魚を捕るようなものである．魚を見たときにもりを投げることはできるがおそらく失敗するだろう．一方，そのエリアに網を投げたとき，魚を捕まえられる可能性が高い．**信頼区間**とは網で魚を捕るようなものであり，それは，母集団のパラメータを見つけられそうなもっともらしい値の区間を表している．

もし，点推定値 $\hat{p}$ を報告したならば，それはおそらく正確な母比率にはヒットしていないだろう．一方，もし，もっともらしい値の区間，すなわち信頼区間を報告したのならば，パラメータを捕捉するよいショットになっている．

確認問題 5.6
もし，ある区間内で母比率が確実に入るようにしたいとき，信頼区間はより広くすべきか，それとも狭くすべきか[6]．

5.2.2 95%信頼区間の構築

標本比率 $\hat{p}$ は母比率の一番もっともらしい値であるので，この点推定値の周りに信頼区間を設定すべきである．標準誤差 SE は信頼区間をどのくらい広くすべきかの目安を与えてくれる．標準誤差は点推定値の標準偏差を表しており，中心極限定理の条件が満たされるとき点推定値は正規分布に近似的に従う．正規分布において，データの95%は平均値から1.96標準偏差の範囲内にある．この原理を用いると，母比率を捕捉している **95% 信頼区間** として，標本比率から1.96標準誤差の範囲に拡がる信頼区間を次のように構築することができる．

$$\text{点推定値} \pm 1.96 \times SE ,$$
$$\hat{p} \pm 1.96 \times \sqrt{\frac{p(1-p)}{n}} .$$

しかし，「95%の信頼」とは何を意味するのだろうか．多くの標本を採取し，それぞれの95% 信頼区間を構築すると仮定する．これらの区間の約95%がパラメータ p を含んでいるだろう．図表 5.6 は 5.1.2 節のシミュレーションで，25標本から25区間を作成する過程を示しており，ここでは作成された信頼区間のうち 24 個が $p = 0.88$ というシミュレーションの母比率を含み，1 個は含んでいない．

---

[6] もし，魚を確実に捕らえたいとき，より大きな網を使うであろう．これと同様に，もし，パラメータをより確実に捕捉したいときはより広い信頼区間を使用することになる．

5.2. 比率の信頼区間

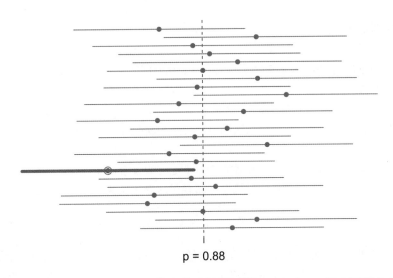

図表 5.6: 5.1.2 による 25 個の点推定値と信頼区間．これら 25 個の区間うちただ 1 個の区間が母比率を捕捉しておらず，太く表示している．

例題 5.7

図表 5.6 で 1 個の信頼区間は $p = 0.88$ を含んでいない．このことは，シミュレーションで用いた母比率が $p = 0.88$ でなかったことを意味するだろうか．

いくつかの観測値が平均値から 1.96 標準偏差よりも乖離することがあるのが自然なことと同様に，いくつかの点推定値が，関心の対象のパラメータから 1.96 標準誤差よりも乖離することはある．信頼区間は単に値のもっともらしい範囲を提供しているだけである．データに基づけば，他の値はありそうもないとは言えるが不可能だとまでは言えない．

パラメータの 95% 信頼区間

点推定値の分布が中心極限定理の前提を満たし，正規分布に近似的に従っているとき，次のように 95% 信頼区間を設定できる．

$$\text{点推定値} \pm 1.96 \times SE .$$

例題 5.8

5.1 節のピュー・リサーチの世論調査でアメリカ人の成人の 1000 人の無作為抽出標本で 88.7%が太陽光エネルギーの拡大を支持していることを学んだ．母比率の 95% 信頼区間を計算し説明しなさい．

以前，$\hat{p}$ は正規分布に従い，標準誤差は $SE_{\hat{p}} = 0.010$ であることを確認した．95% 信頼区間を計算するには次のように 95% 信頼区間の公式に点推定値 $\hat{p} = 0.887$ と標準誤差を代入せよ．

$$\hat{p} \pm 1.96 \times SE_{\hat{p}} \quad \to \quad 0.887 \pm 1.96 \times 0.010 \quad \to \quad (0.8674, 0.9066)$$

我々は太陽光エネルギーの拡大を支持しているアメリカ人の成人の実際の比率が 86.7% から 90.7%の間であると 95%確信している．（信頼区間を報告するとき，パーセントあるいはパーセントの小数点以下第 1 位までに四捨五入するのが一般的である．）

5.2.3 信頼水準の変更

信頼水準として例えば99%のように95%より高い信頼区間を計算したいとする．魚を捕獲することに例えたときとの類似点を振り返ろう．すなわち，もし，より確実に魚を捕獲しようとするならば，より広い網を使うべきである．99%信頼区間を作るには，95%信頼区間を拡げる必要がある．一方で，もし，90%信頼区間のようなより狭い信頼区間の場合は95%信頼区間より狭い区間を使用することができるだろう．

95%の信頼区間の構造は異なった信頼水準の区間をどのように作ればよいかのアドバイスを与えてくれる．正規分布に従う点推定値の一般的な95%信頼区間は次式の通りである．

$$点推定値 \pm 1.96 \times SE.$$

この区間には3つの要素がある．すなわち，点推定値，「1.96」，そして標準誤差である．$1.96 \times SE$という選択は95%の確率で推定値は1.96標準誤差の中にあることにより，95%で捕獲していることに基づいている．1.96という選択は95%信頼水準に対応している．

確認問題 5.9

もし，X が正規分布に従う確率変数のとき，平均から2.58標準偏差の範囲に X が入る確率を求めよ[7]．

確認問題5.9はある正規確率変数は99%の確率で平均から標準偏差の2.58倍の範囲にあることを強調している．99%信頼区間を作るには95%信頼区間の公式の1.96を2.58に替えればよい．すなわち，99%信頼区間の公式は次式の通りである．

$$点推定値 \pm 2.58 \times SE.$$

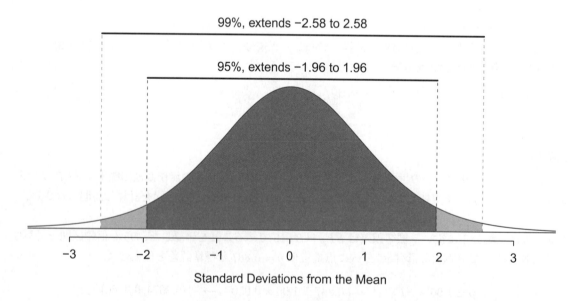

図表 5.7: $-z^\star$ から $z^\star$ の確率は $z^\star$ が大きくなるほど大きくなる．もし信頼水準が99%のときは正規分布の99%が $-z^\star$ と $z^\star$ の間に入るように $z^\star$ を選ぶ．このことは左側の裾が0.5%で，右側の裾が0.5%であり，すなわち，$z^\star = 2.58$ となる．

---

[7] これは Z スコアが-2.58以上2.58以下である確率を求めることと等しい．図表5.7を参照のこと．正規分布の-2.58と2.58に対応する確率を求めるには，統計ソフトウェア，計算機，数表を使うことができ，0.0049と0.9951になる．このようにある観測されていない正規確率変数 X が μ から2.58標準偏差の間に入る確率は $0.9951 - 0.0049 \approx 0.99$ である．

5.2. 比率の信頼区間

信頼水準を計算するために正規モデルの Z スコアを使用するこの手法は $\hat{p}$ のような点推定値が正規分布に従っているときに適している．別の点推定値については，正規モデルはよく当てはまらない．これらの場合，標本分布をよりよく表す分布で代替する．

任意の信頼水準による信頼区間

点推定値が標準誤差 SE の正規モデルに近似的に従っている場合，母集団のパラメータの信頼区間は

$$\text{点推定値} \pm z^\star \times SE.$$

ここで，$z^\star$ は選択された信頼水準に対応している．

図表 5.7 は信頼水準に基づいてどのように $z^\star$ を決定するかを示している．標準正規分布の $-z^\star$ から $z^\star$ の範囲が信頼水準に対応するように $z^\star$ を選ぶ．

誤差の範囲

信頼区間において，$z^\star \times SE$ は **誤差の範囲** とよばれる．

例題 5.10

例 5.8 のデータを使用して，太陽光エネルギーの拡大を支持しているアメリカ人の成人の比率の 90%信頼区間を作成せよ．正規性の条件は既に確認済みである．

第1に，その分布の 90%が標準正規分布 $N(\mu=0, \sigma=1)$ の $-z^\star$ から $z^\star$ の範囲に入るような $z^\star$ を見つける．これはグラフ計算機，統計ソフトウェアまたは分布表を用いて上側確率 5%と下側確率 5%を見つけることによって可能である．90%信頼区間は次のように計算される．

$$\hat{p} \pm 1.65 \times SE_{\hat{p}} \quad \to \quad 0.887 \pm 1.65 \times 0.0100 \quad \to \quad (0.8705, 0.9035).$$

すなわち，2018 年において，太陽光エネルギーの拡大を支持しているアメリカ人の成人の比率は 87.1%から 90.4%の間であるということには 90%の信頼性がある．

単一の比率の信頼区間

比率の信頼区間を決めると応用の役に立つだろう．ここに信頼区間を決定するための4ステップを示す．

準備 $\hat{p}$ と n を確認し，どの信頼水準を使いたいかを決める．

確認 $\hat{p}$ が正規分布に近いことを検証する条件を確認する．比率の信頼区間に対して，成功・失敗条件を確認するために p の替わりに $\hat{p}$ を使う．

計算 条件を満たしていれば，$\hat{p}$ を用いて SE を計算する．$z^\star$ を見つけ，信頼区間を作る．

結論 問題となっている状況の中で，信頼区間を解釈する．

5.2.4 さらなるケース分析

2014年10月23日にニューヨーク市で，エボラ出血熱の患者をギニアで治療した1人の医師が微熱のため病院に行き，その後にエボラ出血熱と診断された．その直後にNBC4ニューヨーク/ウォールストリートジャーナル/マリスト世論調査ではニューヨーク市民の82%は「エボラ出血熱患者と接触した人全員に強制的な21日間の隔離」を望んでいることがわかった．この世論調査は2014年10月26日から28日までのニューヨーク市民の成人1,042人からの回答によるものである．

例題 5.11

このケースの点推定値を求めよ．また，この点推定値のモデル化に正規分布を使うことは適切か．

標本サイズ $n = 1042$ に基づく点推定値は $\hat{p} = 0.82$ である．$\hat{p}$ をモデル化するときに正規分布を使用できるかどうか確認するために，独立性（この世論調査は単純無作為抽出標本に基づいている）と成功・失敗条件（$1042 \times \hat{p} \approx 854$ および $1042 \times (1 - \hat{p}) \approx 188$ の両方が10より大きい）を確認する．この条件が満たされれば，$\hat{p}$ の標本分布は正規分布によりモデル化されることは適切であると仮定できる．

例題 5.12

エボラ出血熱調査から $\hat{p} = 0.82$ の標準誤差を推計せよ．

標準誤差を計算するために次式のように $p \approx \hat{p} = 0.82$ という近似を代入する．

$$SE_{\hat{p}} = \sqrt{\frac{p(1-p)}{n}} \approx \sqrt{\frac{0.82(1-0.82)}{1042}} = 0.012 \quad .$$

例題 5.13

エボラ患者との接触者全員の隔離を支持したニューヨーク市民の比率 p の95%信頼区間を作成せよ．

例5.12から95%信頼区間のために，標準誤差 $SE = 0.012$，点推定値 0.82 そして $z^\star = 1.96$ を用いると信頼区間は次のようになる．

$$\text{点推定値} \pm z^\star \times SE \quad \rightarrow \quad 0.82 \pm 1.96 \times 0.012 \quad \rightarrow \quad (0.796, 0.844) \quad .$$

2014年10月に，エボラ患者と接触した人全員の隔離を支持したニューヨーク市民の比率は0.796と0.844の間であることには95%の信頼性がある．

確認問題 5.14

例 5.13[8] からの信頼区間についての次の2問に答えよ．

(a) この状況で95%とは何を意味するか．

(b) 今日のニューヨーク市でも，まだこの信頼区間は有効であると考えるか？

---

[8] (a) もしこのような標本を数多く抽出し，それぞれの95%信頼区間を計算するとこれらの約95%の区間はエボラ出血熱患者と接触した人全員の隔離を支持したニューヨーク市民の実際の比率を含んでいるであろう．(b) 必ずしもそうとは限らない．世論調査は公共の安全が重大な関心事であったときに実施された．今では人々の意識が後退しており，意見を変えているかもしれない．もし，このような隔離期間を支持するニューヨーク成人市民の現在の比率を求めたいなら，新しい世論調査を実施する必要がある．

5.2. 比率の信頼区間

確認問題 5.15

ピュー・リサーチ社は太陽光エネルギーの世論調査で，他のエネルギーの形態についても調査をした結果，1000人の回答者のうち84.8%は風力発電の利用の拡大を支持していた[9]．

(a) 風力発電の利用の拡大を支持したアメリカ人の成人の比率を正規分布を使用してモデル化することは適切か．

(b) 風力発電の利用の拡大を支持したアメリカ人の成人の比率の99%信頼区間を作成せよ．

母平均のような他のパラメータに関しても信頼区間を設定することができる．これらの場合も，比率の場合と同様な方法で計算される．すなわち，点推定値プラスマイナス誤差の範囲である．我々は後の章でこれらの詳細を掘り下げることにしている．

5.2.5 信頼区間の解釈

これまでの例では，それぞれのデータの状況に合わせて信頼区間を説明し，次のような幾分形式的な言葉を使っていた．

太陽光エネルギー 2018年において，太陽光エネルギーの拡大を支持しているアメリカ人成人の比率は87.1%から90.4%の間であるということには90%の信頼性がある．

エボラ出血熱 2014年10月に，エボラ患者と接触した人全員の隔離を支持したニューヨーク市民の比率は0.796と0.844の間であることには95%の信頼性がある．

風力発電 2018年に風力発電の利用拡大を支持しているアメリカ人の成人の比率が81.9%から87.7%の間であることには99%の信頼性がある．

まずこれらの記述は，エネルギーの世論調査に関してはすべてアメリカ人の成人，隔離の世論調査に関してはすべてニューヨークの成人という常に母集団のパラメータに関するものであることに注意せよ．

また我々は，もう1つのよくある間違い，つまり，信頼区間を母集団のパラメータを捉える確率のようなものとして記述するような**誤ったことばで表現しようとするようなことを避けた**．確率として考えることは便利かもしれないが，そのような解釈することはよくある誤りであり，信頼水準は与えられた区間にパラメータが存在している確からしさを定量化したものに過ぎない．

信頼区間に関するもう1つの重要な考察は信頼区間は**母集団のパラメータについてのものに過ぎない**ということである．信頼区間は，個別の観測値や点推定値については何も言っていない．信頼区間は母集団のパラメータが信頼できる範囲を提供しているに過ぎない．

最後に，ここで議論した手法は標本誤差に対して応用するものであり，偏りについてではないことを肝に銘じて欲しい．もし，データセットが母集団のパラメータを系統的に過小評価（または過大評価）する傾向があるように採取されるならば，ここで議論した手法はこの問題に向けたものではない．その代わり，これまで検討している例において偏りを防ぐために役立つ慎重なデータ収集方法に頼っている．このことは，偏りと戦うためにデータサイエンティストに共通に採用されている常套手段である．

---

[9] (a) この調査は無作為抽出であり，成功・失敗条件の数値はどちらの条件も10以上である（$1000 \times 0.848 = 848$ および $1000 \times 0.152 = 152$）．したがって，独立性と成功・失敗条件は満たされ，$\hat{p} = 0.848$ は正規分布によりモデル化できる．
(b) 確認問題5.15で $\hat{p}$ は近似的に正規分布に従っていることを確認しているので信頼区間の次の公式が使用可能である．

$$\text{点推定値} \pm z^* \times SE.$$

この場合，点推定値は $\hat{p} = 0.848$ である．99%信頼区間であることから $z^* = 2.58$ である．標準誤差を計算すると $SE_{\hat{p}} = \sqrt{\frac{0.848(1-0.848)}{1000}} = 0.0114$ となる．最終的に信頼区間は $0.848 \pm 2.58 \times 0.0114 \to (0.8186, 0.8774)$ となる．さらに，信頼区間に対する解釈を常に与えることも重要である．すなわち，2018年に風力発電の利用拡大を支持しているアメリカ人の成人の比率が81.9%から87.7%の間であることには99%の信頼性があるという解釈になる．

確認問題 5.16

太陽光エネルギーの調査の90%信頼区間である87.1%から90.4%について考える．もし，もう一度調査をしたとき，新しい調査結果による比率が87.1%から90.4%の間にあることに90%の信頼があると言えるだろうか[10]．

---

[10] いいえ，信頼区間はパラメータについての信頼できる値の範囲を提供しているに過ぎず，将来の点推定値に対するものではない．

練習問題

5.7 慢性疾患，パート I. 2013 年にピュー・リサーチ基金は「アメリカ人の成人の 45％が 1 種または複数の慢性疾患を抱えている」と報告した[11]．しかし，この数値はある標本に基づいており，関心のある母集団のパラメータの完全な推定値ではないかもしれない．この調査は約 1.2％の標準誤差を報告し，この状況で正規モデルの利用が正当化されるかもしれない．1 種または複数の慢性疾患を抱えているアメリカ人の成人の割合の 95％信頼区間を作成せよ．また，この調査の状況での信頼区間を解釈せよ．

5.8 ツイッター・ユーザーとニュース，パート I. 2013 年に行われた世論調査によると，アメリカ人の成人のツイッター・ユーザーの 52％は少なくとも何らかのニュースをツイッターから得ていることがわかった[12]．この推定値の標準誤差は 2.4％で，標本比率をモデル化するために正規分布を使用して差し支えない．アメリカ人の成人のツイッター・ユーザーで少なくとも何らかのニュースをツイッターから得ている比率の 99％信頼区間を作成し，この状況での信頼区間を解釈せよ．

5.9 慢性疾患，パート II. 2013 年にピュー・リサーチ基金は「アメリカ人の成人の 45％が 1 種または複数の慢性疾患を抱えている」と報告した．この推定値の標準誤差は約 1.2％である．次の文章が正しいか誤っているかを答えなさい．その答えの理由の説明もすること．

(a) 練習問題 5.7 の信頼区間には慢性疾患を抱えているアメリカ人の成人の真の比率が含まれていると確信を持って言える．

(b) もし，この調査を 1,000 回繰り返し，各調査について 95％信頼区間を作成した場合，これらの信頼区間のうちほぼ 950 には慢性疾患を抱えているアメリカ人の成人の真の値が含まれているであろう．

(c) この世論調査では，アメリカ人の成人の慢性疾患を抱えている比率が 50％以下であるということは統計的に有意（$\alpha = 0.05$ 水準) である．

(d) 標準誤差は 1.2％であるので，この調査に答えた人々のうち 1.2％だけが自分の答えに自信がないと伝えた．

5.10 ツイッター・ユーザーとニュース，パート II. 2013 年に行われた世論調査によると，アメリカ人の成人のツイッター・ユーザーの 52％は少なくとも何らかのニュースをツイッターから得ていることがわかり，標準誤差の推定値は 2.4％であった．次の文章が正しいか誤っているかを答えなさい．その答えの理由の説明もすること．

(a) アメリカ人の成人のツイッター・ユーザーのうち半数を超える人は少なくとも何らかのニュースをツイッターを通じて得ているということは統計的に有意である．有意水準 $\alpha = 0.01$ とする．

(b) 標準誤差は 2.4％であるので，アメリカ人の成人のツイッター・ユーザーの 97.6％はこの調査に含まれていると結論付けることができる．

(c) もし，推定値の標準誤差を減らしたければ集めるデータを少なくすればよい．

(d) アメリカ人の成人のツイッター・ユーザーのうち少なくとも何らかのニュースをツイッターから得ている人の比率の 90％信頼区間を作成した場合，この信頼区間は対応する 99％信頼区間よりも広いだろう．

5.11 救急医療室での待ち時間，パート I. ある病院の管理者は，自身の病院の救急医療室での待ち時間の改善を願っており，平均待ち時間を推定しようと決めている．その経営者は 64 人の患者からなる単一の無作為抽出標本を集め，患者が救急医療室に入ってから最初に医師に診察してもらうまでの時刻を分単位で決定した．この標本に基づく 95％信頼区間は (128 分, 147 分) であり，これは平均に関する正規モデルに基づいている．次の文章が正しいか誤っているかを答えなさい．その答えの理由の説明もすること．

(a) 64 人の救急医療室の患者の平均待ち時間が 128 分と 147 分の間にあることには 95％の信頼性がある．

(b) 救急医療室のすべての患者の平均待ち時間が 128 分と 147 分の間にあることには 95％の信頼性がある．

(c) 無作為抽出標本のうちの 95％は標本平均が 128 分と 147 分の間になる．

(d) 99％信頼区間は 95％信頼区間よりも，推定値の推定をより正確にする必要があるため，より狭くなっている．

(e) 誤差の範囲は 9.5 であり，標本平均は 137.5 である．

(f) 95％信頼区間の誤差の範囲を半分に縮小するためには，標本サイズを 2 倍する必要がある．

---

[11] Pew Research Center, Washington, D.C. The Diagnosis Difference, November 26, 2013.

[12] Pew Research Center, Washington, D.C. Twitter News Consumers: Young, Mobile and Educated, November 4, 2013.

5.12 メンタルヘルス. 総合社会動向調査（General Social Survey）は「過去30日間のうち，あなたのメンタルヘルスがよくなかった日は何日あったか，メンタルヘルスにはストレス，鬱，感情の問題が含まれる．」と質問をした．アメリカ居住の1151人からの回答に基づくと，95%信頼区間で2010年は3.40日から4.24日になることが報告されている．

(a) データの背景に基づき，この信頼区間を解釈しなさい．
(b) 「95%の信頼」とは何を意味するか？これを適用する背景に基づき説明せよ．
(c) 調査員は信頼水準として99%がより適切と考えているとする．このことは95%信頼区間を狭くするか広くするか？
(d) もし，500人のアメリカ人を対象に新しい調査が行われることになっているとすると，標準誤差は大きくなるか，小さくなるか，ほぼ同じか？

5.13 ウェブサイトの登録. あるウェブサイトは，初回訪問者の登録を増やそうとしており，これらの訪問者の1%に新しいサイトのデザインを見せている．1か月以上，新しいデザインを見た752人の無作為抽出された訪問者のうち，64人が登録した．

(a) 信頼区間を作成するために必要な条件をすべて確認しなさい．
(b) 標準誤差を算出せよ．
(c) 新しいデザインの元で，登録した初回訪問者の比率の90%信頼区間を作成し，解釈しなさい（新規の訪問者の行動はこの間安定的だったと仮定する）．

5.14 クーポンによる来店誘導. ある店は1年間にわたって603人の買い物客を無作為に抽出し，これらのうち142人がメールでクーポンを受け取っているために来店したことを見つけている．その年のすべての買い物客のうち，メールでクーポンを受け取っているために来店した人の比率の95%信頼区間を求めよ．

5.3 比率の仮説検定

以下の質問は，ハンス・ロスリング，アンナ・ロスリング・ロンランド，オーラ・ロスリング著のファクトフルネス (Factfulness) からの引用である．

世界で，何らかの病気に対して予防接種を受けている 1 歳児は現在どのくらいいるか．

- *a.* 20%，
- *b.* 50%，
- *c.* 80%．

あなたの答え (あるいは推測) を書きなさい．そして，書いた後に脚注の答えを見なさい[13]．

この節では，4 年制大学卒業生がこの問題と他の世界全体の保健の問題で，どのような正答率になっているかを仮説検定として探求していく．この仮説検定は両立しない考えや主張を厳密に評価するときに使用される枠組みである．

5.3.1 仮説検定の枠組み

世界全体の保健とその進歩について，人々が多くを知っているかどうかを調べたい．もし，世界全体の保健の問題を二者択一問題として考えるならば，次のように考えるだろう．

H_0: 人々はこれらの特定の問題を学んだことはなく，彼らの回答は単なるあてずっぽうと同等だろう．

H_A: 人々はでたらめに推測したり，または実際にはおそらくそれよりもさらに正答率が悪化する誤った知識に比べれば，正答率をよりよくするために役立つ知識を持っている．

これらの両立しない考えを**仮説**という．我々は H_0 を帰無仮説と呼び，H_A を対立仮説と呼ぶ．H_0 にあるような添え字の 0 をデータサイエンティストは「ノート (nought)」と発音する（例えば，H_0 は「エイチノート」と発音する）．

> **帰無仮説と対立仮説**
>
> **帰無仮説 (H_0)** は懐疑的な視点あるいは検証すべき主張をたびたび表している．**対立仮説 (H_A)** は検討中の主張を表し，可能なパラメータの値の範囲によってたびたび表される．
>
> 対立仮説を採用する前に強力な証拠が必要であるという懐疑論的な立場に，我々のようなデータサイエンティストは立っている．

帰無仮説はしばしば懐疑的な立場または「差がない」という視点を表している．最初の例では，乳児の予防接種についてのロスリングの質問に関して，あてずっぽうとは異なる回答を典型的な人がするかどうかを考える．

概して，対立仮説はあらたな，または，より強力な視点を表している．前述の乳児の予防接種の場合，人々はあてずっぽうよりもよい答えをするかどうかを知りたいのは確実であろう．というのは，あてずっぽうよりもよい答えになっていれば，一般的な人は世界の保健の統計について多少知っていることを意味するからである．もし，人々があてずっぽうよりも**悪い**答えをするということがわかれば人々は世界の保健について正しくない情報を信じていることがわかり，このことは興味深い結果と

---

[13] 正解は (c): 世界の 1 歳児の 80%は何らかの病気に対して予防接種を受けている．

なるであろう．仮説検定の枠組みは非常に一般的なツールで我々は迷うことなくこれをよく使っている．もし，信じがたい主張をする人がいたら，最初は疑い深くなる．しかしながら，その主張を支持する証拠が十分にあれば，懐疑心を捨てて，対立仮説を支持し，帰無仮説を棄却する．アメリカ合衆国の法廷制度でも仮説検定の太鼓判が押されている．

確認問題 5.17

あるアメリカ合衆国の法廷では被告が有罪か無罪かという2通りの可能性を検討している．これら2つの主張について仮説検定の枠組みを設定するなら，どちらが帰無仮説，あるいは対立仮説だろうか[14]．

陪審員は被告を有罪とする説得力ある証拠があるかどうかを確認する．たとえ，陪審員が合理性のある疑いはありながらも，それ以上に有罪を確信できないままでいる場合であっても，このことは被告は無実であると信じていることを意味するものではない．この場合も次のような仮説検定となる．すなわち，もし，**帰無仮説を棄却することに失敗する**としても，**通常は帰無仮説を真であると認める**ことにはならない．対立仮説を支持する強力な証拠を見つけられないことは帰無仮説を受け入れることと同じではない．

ロスリングの乳児の予防接種に関する問題を考えるとき，帰無仮説は，(大卒と同等レベルと思われる) 人々はあてずっぽうと同程度の確度であるという見方，すなわち，1歳児の80%は何らかの病気に対して予防接種を受けているという正解を選んだ回答者の比率 p は約 33.3%（または正確を期すならば3分の1）であるということを表している．対立仮説は，この比率は 33.3% を上回っているというものになる．これらの仮説をことばで書くことは有用であるが，次のような数学的表記を使うと便利である．

H_0: $p = 0.333$

H_A: $p \neq 0.333$

この仮説設定で，母集団のパラメータ p に関する意思決定をしたい．パラメータを比較しようとしている値は帰無値 (null value) と呼ばれ，この場合は 0.333 である．通常，帰無値は，添え字 '0' をつけること以外はパラメータと同じ記号で表記される．すなわち，この場合，帰無値は $p_0 = 0.333$（「p ノート イコール 0.333」と発音する）である．

例題 5.18

正解を答えた人々の比率が**厳密に** 33.3% となることは不可能であるように思える．もし，帰無仮説を信じないならば，それをたやすく棄却すべきだろうか．

いいえ，その比率は厳密に 33.3% だと認めることはしない一方で，仮説検定の枠組みは，帰無仮説を棄却して興味のある結論を下す前に強力な証拠があることを要求している．結局のところ，たとえ，その比率は**厳密に** 33.3% と信じないとしても，それは問題ない．もともとの問いに戻ると，あてずっぽうで考えるよりよいか悪いかというのがロスリングの問いである．ある方向または別の方向を強く指し示すデータがなければ，興味が湧かないし，H_0 を棄却するのは不適切である．

確認問題 5.19

現実世界での仮説検定の状況の別の例は，ある病気を治療するために，既存の薬より新薬がよいか悪いかを評価することである．この場合，帰無仮説と対立仮説は何を使うべきだろうか[15]．

---

[14] 陪審員は被告を有罪と見なすに足る疑いのない非常に説得力のある（強い）証拠があるかどうかを検討する．このような証拠がある場合，陪審員は無罪（帰無仮説）を却下し被告は有罪（対立仮説）であると結論を下す．

[15] この場合の仮説検定 (H_0) は，どちらの薬も同じ効果であり**差**がないことである．対立仮説 (H_A) は新薬は既存薬とは異なる効果がある，すなわち，新薬はよりよく効くか，劣るかである．

5.3.2 信頼区間を用いた仮説検定

乳児の予防接種について質問された大学卒の成人の答えが正しい比率が33.3%と異なるかどうかを評価するための仮説検定をするために，データ rosling_responses を使用することにする．このデータは50人の大学卒の成人の回答をまとめたものである．50人の成人のうち，24%の回答が1歳児の80%は何らかの病気に対して予防接種を受けているという正解であった．これまでの議論は哲学的なものだった．しかしながら，現時点でデータがあり，そのデータが大学卒成人の正答比率は33.3%と異なるかどうかの強力な証拠となるかを自問することができる．5.1節では，標本によって値が異なることを学んだ．そして，標本比率 $\hat{p}$ が厳密に p に等しいことはありそうもない．しかし，p についての結論を出したい．ここでは依然として24%の33.3%からの乖離は単に偶然によるものであり，そうでなければ，このデータは母比率が33.3%と異なる強力な証拠となるかどうかに，関心がある．5.2では，信頼区間を用いて推定値の不確実性をどのように定量化するかを学んだ．変動性を計測する同様の手法は仮説検定でも有用である．

例題 5.20

標本データを用いて p の信頼区間を作成することは適切であるかどうか確認せよ．もし適切ならば，95%信頼区間を作成せよ．

$\hat{p}$ を正規分布で近似するための条件は次のように満たされている．すなわち，標本は単純無作為抽出によるもので（独立性を満たす），$n\hat{p} = 12$ と $n(1-\hat{p}) = 38$ は両方とも少なくとも10である（成功・失敗条件）．信頼区間を作成するために，点推定値 ($\hat{p} = 0.24$)，95% 信頼水準のための臨界値 ($z^\star = 1.96$)，そして $\hat{p}$ の標準誤差 ($SE_{\hat{p}} = \sqrt{\hat{p}(1-\hat{p})/n} = 0.060$) を求める必要がある．これらの部品を用いて，$p$ の信頼区間は次のように作成される．

$$\hat{p} \pm z^\star \times SE_{\hat{p}} \; ,$$
$$0.24 \pm 1.96 \times 0.060 \; ,$$
$$(0.122, 0.358) \; .$$

大学卒のすべての成人が乳児の予防接種について正しく回答する比率が 12.2% と 35.8%の間であることには 95%の信頼性がある．

この仮説検定の帰無値は $p_0 = 0.333$ であり，この値は信頼区間内にあるので，帰無値は信じがたいとは言えない[16]．すなわち，大学卒の成人の正答率はあてずっぽうとは違うという見解を棄却するには十分な証拠にはなっておらず，帰無仮説 H_0 は棄却されない．

例題 5.21

前述の乳児の予防接種の問題で，大学卒の成人は勘で答えていると結論付けられない理由を説明せよ．

H_0 を棄却することはできないが，といってもこのことは帰無仮説が真であるとは限らない．おそらく，実際には差があったが，50人という比較的小さい標本で，それを見抜くことはできなかったのである．

---

[16] 議論の余地はあるが，この手法は少々精密ではない．数ページにわたってあったように，標準誤差は比率の仮説検定ではやや異なる方法で計算されることが多い．

> **二重否定は統計学では使われることがある**
>
> 多くの統計学的な説明では，二重否定が使われる．例えば，帰無仮説は**疑わしくはない**とか，帰無仮説を**棄却できなかった**というような表現をする．二重否定はある見方を否定しない一方で，正しいとも言わないことを伝えるために使用される．

確認問題 5.22

ロスリングにより提起された第2の問いに移ろう．

> 0歳から15歳の子供たちは今日の世界には20億人いるが，国際連合によると2100年には何人の子供たちがいるだろうか？
>
> a. 40億人，
> b. 30億人，
> c. 20億人．

この質問に大学卒の成人があてずっぽうで答えるよりもよい正答率になっているかどうかを評価する適切な仮説を設定せよ．また，脚注の答えを確認する前に，あなたは正しい答えを言い当てられるだろうか[17]．

確認問題 5.23

今回，228人の大学卒の成人からなるより大きな標本を採取し，34 (14.9%) 人が確認問題 5.22 の正解である20億人を選択した．正規分布を使って標本比率をモデル化し，信頼区間を作成することはできるか[18]．

---

[17] 適切な仮説は次のとおり．
H_0: 正答者の比率はあてずっぽうと同じで，3分の1，または $p = 0.333$ である．
H_A: 正答者の比率はあてずっぽうの比率とは異なり，$p \neq 0.333$ である．
正解は20億人である．世界の人口は増加すると推定されているが，その一方で平均年齢の上昇も予想されている．すなわち，人口増加の大多数は年齢が高い層で起こり，このことは世界のほとんどで将来は長生きになることを意味している．

[18] 次の両条件が満たされていることが確認され，$\hat{p}$ に正規分布を使うことは適切である．
独立性: データは単純無作為抽出によるものであるから，観測値は独立である．
成功・失敗条件: 確認のために，p の代わりに $\hat{p}$ を用いると $n\hat{p} = 34$ および $n(1-\hat{p}) = 194$ となる．両者ともに10より大きいので，成功・失敗条件は満たされている．

5.3. 比率の仮説検定

> **例題 5.24**
> 大学卒の成人への 2100 年の子供の質問の正答率の 95%信頼区間を計算せよ．そして，確認問題 5.22 の仮説を評価しなさい．
>
> ---
>
> 標準誤差を計算するために，再び p の代わりに $\hat{p}$ を使用すると次のようになる．
>
> $$SE_{\hat{p}} = \sqrt{\frac{\hat{p}(1-\hat{p})}{n}} = \sqrt{\frac{0.149(1-0.149)}{228}} = 0.024 .$$
>
> 確認問題 5.23 で，$\hat{p}$ は正規分布を使用してモデル化することができ，このことは 95%信頼区間が次のように正確に算出されることを保証している．
>
> $$\hat{p} \pm z^{\star} \times SE \quad \to \quad 0.149 \pm 1.96 \times 0.024 \quad \to \quad (0.103, 0.195) .$$
>
> 帰無値 $p_0 = 0.333$ は信頼区間内にないので，母比率が 0.333 ということは疑わしく，帰無仮説を棄却する．すなわち，2100 年の子供の質問に正答した大学卒の成人の実際の比率はあてずっぽうとは異なることが統計学的に有意である証拠がデータにより示された．95%信頼区間全体が 0.333 を下回っており，この質問に対する大学卒の成人の実際の回答はあてずっぽうよりもさらに悪いと結論付けることができる．95%信頼区間に使用に対する鋭い意見がある．もし，99%信頼区間を使用したらどうなっていただろうか．さらにもし，99.9%信頼区間を使用したらどうなっていただろうか．異なる信頼区間を使用した場合に，異なる結論になることはあり得る．それ故，信頼区間に基づく意思決定をするとき，どの信頼レベルを使用しているかを明確にしておく必要がある．

　直前の問いで，でたらめに選ぶよりも悪い，すなわち人々があてずっぽうに答えるよりも悪い結果になるような世界全体の保健の問題がたくさんあるということは偶然ではない．一般的に，人々は成長に関しては現実が示唆するよりも悲観的になる傾向があることをこの解答は示している．この話題についてはロスリングの著書「**ファクトフルネス (Factfulness)**」の中でより詳細に説明されている．

5.3.3 意思決定の誤り

　仮説検定は完璧ではなく，データに基づく統計学的仮説検定では誤った意思決定を行いうる．例えば，裁判制度では無実の人々が時には誤って有罪判決を受け，そして時には犯罪者が無罪放免になっている．統計学的検定に関する 1 つの重要な特徴であるが，決定に際してどのくらい間違いを犯すかを確率的に定量化するために必要なツールはそろっている．2 つの相反する仮説，すなわち帰無仮説と対立仮説があることを思い出そう．仮説検定ではどちらが正しいかを言明するが，誤った選択をするかもしれない．4 とおりのあり得べきシナリオがあり，これらは図表 5.8 にまとめられている．

		検定結果	
		H_0 を棄却しない	H_A を支持して H_0 を棄却
真実	H_0 真	正しい判断	第 1 種の過誤
	H_A 真	第 2 種の過誤	正しい判断

図表 5.8: 仮説検定の 4 とおりのシナリオ

　第 1 種の過誤は帰無仮説が真であるときに H_0 を棄却することである．**第 2 種の過誤**は対立仮説が真であるときに帰無仮説を棄却しないことである．

確認問題 5.25

アメリカ合衆国のある裁判で被告は無罪 (H_0) か,有罪 (H_A) かのどちらかである.この状況で第1種の過誤は何を指すか.第2種の過誤は何を指すか.図表 5.8 は役立つだろう[19].

例題 5.26

アメリカ合衆国の裁判でどのようにしたら第1種の過誤の率を小さくできるだろうか.このことは第2種の過誤の率にどのような影響があるだろうか.

第1種の過誤の率を小さくするには,有罪の基準を「合理的な疑いがある」から「考えられる限り疑いがある」へ引き上げることであり,そうすればえん罪は減るだろう.しかしながら,このことは実際には犯罪を行っているものを有罪にすることを難しくするので,第2種の過誤が増加する.

確認問題 5.27

アメリカ合衆国の裁判でどうしたら第2種の過誤の率を小さくできるか.このことは第1種の過誤にどのような影響を与えるか[20].

例題 5.25-5.27 は重要なレッスンとなっている.すなわち,一方の誤りを減らそうとすると,一般的には他方の誤りを増やすことになる.仮説検定は帰無仮説を棄却するか否かを中心に組み立てられている.すなわち,もし強力な証拠がなければ H_0 を棄却しない.しかし,**強力な証拠** とは厳密には何を意味するだろうか.一般的な経験則としては,帰無仮説が実際に真の場合に,H_0 を誤って棄却する回数が 5% を上回ることはしたくない.これは**有意水準** 0.05 に対応している.すなわち,もし帰無仮説が真ならば,有意水準はデータにより H_0 を誤って棄却してしまう度合いを表している.有意水準は α (ギリシャ文字の**アルファ**) を使い $\alpha = 0.05$ のように書くことが多い.5.3.5 節では異なる有意水準の妥当性について議論する.

もし,仮説検定の評価に 95% 有意水準を使用し,帰無仮説が真で,点推定値に母集団のパラメータから少なくとも 1.96 標準誤差分の乖離がある場合は間違いを犯す.このことは検定の約 5%(各裾 2.5% ずつ) で起きる.同様に,99% の信頼区間を仮説検定の評価に用いることは有意水準 $\alpha = 0.01$ に等しい.

信頼区間は帰無仮説を棄却するかどうかを決定するのに有用である.しかしながら,信頼区間アプローチはいつでも使えるわけではない.いくつかの節で,信頼区間が作成できない状況に遭遇することになる.例えば,複数の比率が等しいという仮説を評価したいとき,どのように多くの信頼区間を作成して比較するのかは明確ではない.

次に,統計学的なツールキットを拡張しやすくするために p 値 (p-value, 確率値) と呼ばれる統計量を導入する.これは,証拠の強さをより理解することを可能にし後の節のより複雑なデータのシナリオで役立てることができる.

5.3.4 p 値 (確率値) を使う形式的な検定

p 値は対立仮説を支持し帰無仮説に反する証拠の強さを定量化する方法である.統計学的仮説検定は信頼区間に基づく意思決定よりもどちらかというと通常は p 値を使用する.

---

[19] もし裁判で第1種の過誤が起きるなら,被告は無実 (H_0 は真) であるのにえん罪である.第1種の過誤は帰無仮説を棄却した場合にのみあり得ることに注意.
第2種の過誤は被告が実際には犯罪を行っている (H_A が真) ときに裁判で帰無仮説を棄却しない (すなわち,被告を有罪にしない) ことを意味する.
[20] 第2種の過誤の率を小さくするには,有罪判決を増やしたい.そのためには有罪の基準を「合理的な疑いがある」から「少し疑いがある」へ下げることになる.有罪のバーを下げると第1種の過誤の率を大きくし,不当な有罪判決を増やす結果になる.

5.3. 比率の仮説検定

> **P 値 (確率値)**
> p 値 は，もし帰無仮説が真であった場合，少なくとも現在のデータと同じぐらい対立仮説に有利なデータを観測する確率である．通常データの基本統計量を使用するが，本節では標本比率を使用して p 値を計算し帰無仮説を評価するのに役立てる．

例題 5.28

ピュー・リサーチは 1000 人のアメリカ人の成人の無作為抽出標本に，エネルギーの生産のために石炭の使用を増やすことに賛成するかどうかを尋ねた．アメリカ人の成人の過半数が石炭使用の増加に賛成しているか反対しているかを評価するための仮説を設定せよ．

どちらの意見も過半数ではなく，アメリカ人の半数はエネルギーの生産への石炭使用に賛成で残りの半数は反対という結果はおもしろくない．対立仮説は石炭の使用拡大に賛成か反対かのどちらか（どちらかであるかはわからない!）が過半数であるということになるだろう．もし，p が賛成の比率を表すなら，仮説は次のように書ける．

H_0: $p = 0.5$ ，

H_A: $p \neq 0.5$ ．

この場合，帰無値は $p_0 = 0.5$ である．

p 値を使用する方法で比率に関する仮説検定を評価するとき，成功・失敗条件の確認方法と比率の標準誤差の計算方法を少々修正する．これらの変更は大きなものではないが，帰無値 p_0 の使い方に細心の注意が必要である．

例題 5.29

ピュー・リサーチの標本は，アメリカ人の成人の37%は石炭の使用拡大に賛成していることを示している．今，37%というのは，帰無仮説の50%と実際に異なっているのかどうか疑問である．もし，帰無仮説が真であったとすると，$\hat{p}$ の標本分布はどのようになるだろうか．

もし帰無仮説が真であったとすると，母比率は帰無値の 0.5 であることになる．以前，$\hat{p}$ の標本分布は次の2つの条件が満たされたときに正規分布で近似できることを学習している．

独立性： 世論調査は単純無作為抽出標本に基づいているので独立性は満たされている．

成功・失敗条件： 世論調査の標本サイズは $n = 1000$ であり，以下の2式は10を超えているので，成功・失敗条件は満たされている．

$$np \stackrel{H_0}{=} 1000 \times 0.5 = 500, \qquad n(1-p) \stackrel{H_0}{=} 1000 \times (1-0.5) = 500 .$$

成功・失敗条件は帰無値 $p_0 = 0.5$ を使用して確認されていることに注意せよ．これは，信頼区間の方法との第1の計算方法の違いである．

もし帰無値が真であったなら，$n = 1000$ 個の観測値に基づく標本比率は正規分布に従っていることを標本分布は示している．次に，以下の計算のように帰無値 $p_0 = 0.5$ を再度使って標準誤差を計算できる．

$$SE_{\hat{p}} = \sqrt{\frac{p(1-p)}{n}} \stackrel{H_0}{=} \sqrt{\frac{0.5 \times (1-0.5)}{1000}} = 0.016 .$$

これは，信頼区間との計算方法のさらなる違いを意味しており，帰無仮説の下で標本分布が決定されるので，計算するときに $\hat{p}$ よりも帰無値 p_0 が使われたのである．最終的に，帰無仮説が真であったなら，標本分布は平均 0.5 で標準誤差 $0.016.$ の正規分布に従っていることになる．この分布を図表 5.9 に示す．

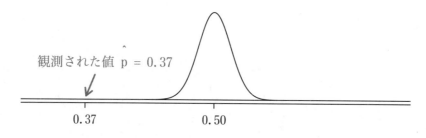

図表 5.9: もし帰無仮説が真であったなら，この正規分布は $\hat{p}$ の分布を表している．

成功・失敗条件の確認と仮説検定のための $SE_{\hat{p}}$ の算出

p値を使用する方法を仮説検定の評価に用いるとき，標本比率の代わりに帰無値 p_0 を使って $\hat{p}$ の条件を確認し，標準誤差を算出する．

p値を使用する仮説検定で，帰無仮説が真であることを仮定するが，これは信頼区間を計算するときとは異なる考え方になる．これが，帰無仮説の条件の確認と標準誤差の計算のときに，$\hat{p}$ の代わりに p_0 を使用する理由である．

5.3. 比率の仮説検定

帰無仮説の下で標本分布を考えるとき，その分布には**帰無分布** (null distribution) という特別な名前がつけられている．p値は帰無仮説が正しいとき，観測された $\hat{p}$，あるいはそれより極端に帰無仮説より $\hat{p}$ が離れる確率を表している．p値を求めるには，一般的には帰無分布を見つけて，点推定値に対応しているその帰無分布の裾部分を見つけることになる．

例題 5.30

もし，帰無仮説が真であったならば，帰無分布が平均 $\mu = 0.5$，標準誤差 $SE = 0.016$ の正規分布である下で，$\hat{p}$ が少なくとも 0.37 よりも裾のほうに離れている確率を求めよ．

これは $x = 0.37$ となる正規確率の問題である．第1に図表5.9に示されているのと同様にこの状況を表現する簡単な図を描く．$\hat{p}$ はとても裾のほうに離れているので，裾部分の面積は非常に小さくなることが分かる．平均 0.5，標準誤差 0.016 を用いて Z スコアを計算することから始めると次式のようになる．

$$Z = \frac{0.37 - 0.5}{0.016} = -8.125 \ .$$

ソフトウェアによって面積を求めることができ，2.2×10^{-16} (0.00000000000000022) となる．もし，Appendix C.1 の正規分布の確率を使用する場合，$Z = -8.125$ は範囲外であるので，表中にある最小値 0.0002 を使用する．

図表 5.10 に示すように，右側の裾の 0.63 という潜在的な $\hat{p}$ も，0.37 という観測値と同様に稀な観測値である．仮説の状況の下では非常に稀なこれらの値を考え，p値の推定値を求めるために左側の裾の確率を2倍すると，4.4×10^{-16} (または前述の表によると 0.0004) である．

p 値は帰無仮説が真だったときに，このような極端な標本比率を観測する確率を示している．

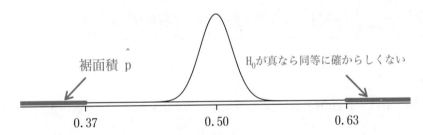

図表 5.10: もし，H_0 が真だった場合，0.63 を超える値は，0.37 を下回るのと同じぐらい可能性は低い．

例題 5.31

4.4×10^{-16} という p 値を用いて，どのように仮説を評価すべきだろうか．標準的な有意水準 $\alpha = 0.05$ を使用しなさい．

もし，帰無仮説が真であったなら，$\hat{p}$ が 0.5 からこのように非常に乖離した観測値になる可能性は信じられないほど小さい．このことは，次のどちらかが真であるに違いない．

1. 帰無仮説は真で，約 1000 兆回に 1 回の非常に極端なことがたまたま観測されたに過ぎない．

2. 対立仮説が真であり，このことは標本比率が 0.5 より大きく乖離していることと整合的である．

第 1 のシナリオはばかばかしいほどにあり得ないが，第 2 のシナリオははるかにあり得る．

形式上，仮説検定を行うとき，p 値を有意水準と比較する．今回は有意水準 $\alpha = 0.05$ である．p 値は α より小さいので，帰無仮説を棄却する．すなわち，データは H_0 に反する強力な証拠となっている．データは異なる方向を示しており，すなわち，アメリカ人の過半数は石炭によるエネルギーの使用に賛成していない．

> **P 値と H_0 を評価するための α との比較**
>
> p 値が有意水準 α より小さいとき，帰無仮説 H_0 を棄却する．データから対立仮説を支持する強力な証拠が得られたという結論を報告することになる．
>
> p 値が有意水準 α より大きいとき，H_0 を棄却せず，帰無仮説を棄却する十分な証拠を得られなかったと報告することになる．
>
> どちらの場合も，データを背景として結論を述べることが重要である．

確認問題 5.32

アメリカ人の過半数は核兵器の削減に賛成か反対か．この問いを評価する仮説を設定せよ[21]．

---

[21] 過半数が賛成か反対かを知りたいということは，最終的には，差があるかないかということになる．p を核兵器削減に賛成するアメリカ人の比率とするならば，$H_0: p = 0.50$ であり $H_A: p \neq 0.50$ である．

例題 5.33

2013年3月に1028人のアメリカ人の成人の無作為抽出標本は，56%が核兵器削減を支持していたことを示している．このことは，有意水準5%で過半数のアメリカ人は核兵器削減を支持していたことの説得力ある証拠となるだろうか？

第1に条件の確認を次のようにする．

独立性: 世論調査はアメリカ人の成人の無作為抽出によるものであり，このことは観測値は独立であることを意味する．

成功・失敗条件: 比率に関する仮説検定では，この条件は帰無値の比率を用いて確認し，この場合，$p_0 = 0.5$ であり，すなわち，$np_0 = n(1-p_0) = 1028 \times 0.5 = 514 \geq 10$ である．

これらの条件が確認されたので，正規モデルを使って $\hat{p}$ をモデル化できる．

第2に標準誤差を計算する．帰無値 p_0 がここで再び使用される．なぜならば，これは比率に関する仮説検定だからである．

$$SE_{\hat{p}} = \sqrt{\frac{p_0(1-p_0)}{n}} = \sqrt{\frac{0.5(1-0.5)}{1028}} = 0.0156 \ .$$

正規モデルに基づくと，検定統計量は次のように点推定値の Z スコアとして計算される．

$$Z = \frac{\text{点推定値} - \text{帰無値}}{SE} = \frac{0.56 - 0.50}{0.0156} = 3.75 \ .$$

p 値を計算するために帰無分布と関心のある裾の領域を描くことは，一般的には有用である．

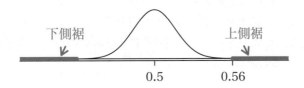

右側の裾の確率は 0.0002 以下であり，p 値を計算するためにこれを 2 倍すると 0.0004 になる．p 値は 0.05 より小さいので H_0 は棄却される．この世論調査は 2013 年 3 月にアメリカ人の過半数は核兵器削減の取り組みに賛成していたことを示す説得力のある証拠となっている．

比率に関する仮説検定

ひとたび，比率に関する仮説検定は正しい方法であると決定したならば，検定を行うための次の4ステップがある．

準備 関心のあるパラメータを特定し，仮説を設定し，有意水準を決め，$\hat{p}$ と n を決定する．

確認 H_0 の下で $\hat{p}$ を正規分布で近似できることを保証する条件を確認する．比率の仮説検定では成功・失敗条件を確認するためには帰無値を使用する．

計算 条件が成立したら，再び p_0 を用いて標準誤差を計算し，Z スコアを計算し，p 値を決定する．

結論 p 値と α を比較することにより仮説検定を行い，問題の状況に照らした結論を出す．

5.3.5 有意水準の選択

検定のための有意水準の選択は多くの状況で重要で，伝統的水準は $\alpha = 0.05$ である．しかし，応用に基づいて有意水準を調節することは有用である．検定から得られる結論の重要性に基づいて，有意水準を 0.05 より小さくしたり大きくしたりしてよい．

もし，第 1 種の過誤を犯すことが危険あるいは特にコストがかかる場合は小さな有意水準（例えば 0.01）を選ぶべきである．このようなシナリオの下では帰無仮説を棄却することに注意深くありたいので，H_0 を棄却する前に H_A を支持する非常に強力な証拠を求める．

もし，第 2 種の過誤を犯すことが，第 1 種の過誤よりも相対的により危険あるいははるかにコストがかかる場合はより大きな有意水準（例えば 0.10）を選んでもよいかもしれない．この場合は，対立仮説が実際には真であるときに H_0 を棄却しないことに注意深くありたい．

さらにもし，第 2 種の過誤のコストに比べてデータを収集するコストが小さい場合は，より多くのデータを集めることはよい戦略である．この戦略の下で，第 2 種の過誤は軽減され，一方，第 1 種の過誤には影響しない．もちろん，データの収集には非常にコストがかかることが多く，したがって，通常は費用便益分析により検討される．

例題 5.34

ある自動車製造会社は，自動車のドアヒンジを製造する設備を新しく品質がよいものに切り替えることを検討している．もし，この新しい機械が 0.2% 未満の不良率でヒンジを生産できるならば，長期的には費用を節約することができるとこの会社は計算している．しかし，0.2% を超える不良率であれば新しい機械からの十分な投資利益率は得られず，損失になってしまう．このような仮説検定では信頼水準を変更する十分な理由はあるか．

帰無仮説はヒンジの不良率は 0.2% であるということになり，対立仮説は不良率は 0.2% とは異なるということになる．この決定は自動車と企業に微々たる影響を与える多くのもののうちの 1 つである．第 1 種の過誤も第 2 種の過誤も危険であったり，相対的により高額の費用であったりではないので，0.05 という有意水準は妥当であると思われる．

例題 5.35

同じ自動車製造会社は，ドアヒンジではなく，安全性に関連する部品の少々高額な供給会社を検討している．もし，こらの安全関連部品の耐久性が現在の供給会社よりもよいことが示されれば，この会社は製造会社を切り替えることにしている．このような評価のとき有意水準を変更することは妥当か．

帰無仮説は供給会社の部品は同様な信頼性があることである．安全性が含まれているので，たとえ安全性がやや増す程度の証拠であったとしても，自動車会社は，わずかに高額な製造会社に切り替えることを望むべきであろう (H_0 を棄却)．$\alpha = 0.10$ のようなわずかにより大きい有意水準が適切であろう．

確認問題 5.36

ある機械の中のある部品は交換に非常に高額がかかる．しかし，この部品が壊れてもその機械は通常は正しく機能するので，一連の測定に基づいて壊れていることが非常に確実である場合に限り交換される．（平易なことばで）この検定の適切な仮説を定めなさい．そして適切な有意水準を提案せよ[22]．

[22) この場合の帰無仮説は，その部品は壊れていないであり，対立仮説は部品は壊れていることである．もし，H_0 を棄却するのに十分な証拠がない場合，その部品は交換しない．もし，その部品が壊れていても（H_0 は偽，H_A は真）修理しないことはあまり問題ではないようである．したがって，それを交換する前に H_0 に反する強力な証拠が必要である．$\alpha = 0.01$ のような小さい有意水準を選択せよ．

5.3. 比率の仮説検定

> **なぜ信頼水準は 0.05 が既定値なのか？**
>
> $\alpha = 0.05$ という閾値が最も一般的になっている．しかしなぜか？標準的な水準はもっと小さくてもよいかもしれないし，もしかするともっと大きくてもよいかもしれない．もし，少し戸惑っている場合，特別に批判的な目で読んでいることになる — よくやった！なぜ 0.05 なのかを明らかにするため，我々は 5 分間の動画を制作している．
>
> www.openintro.org/why05

5.3.6 統計的有意対実務的有意

サンプルサイズがより大きくなると，点推定値はより正確になり平均と帰無値は見分けがつきやすくなってくる．十分に大きい標本ならば，非常に小さな差であっても見分けられるだろう．研究者は実務的に意味のないわずかな差も見分ける非常に大きな標本をときには採取することもある．このような場合であってもその差は**統計学的に有意**というが，**実務的有意**ではない．例えば，映画批評サイトでの追加的な広告を出すことはテレビ番組の視聴率を 0.001% 有意に増加させるというオンラインの実験の結果が確認されるかもしれないが，この増加幅は実務的な価値はない．

研究を実施するデータサイエンティストの役割の 1 つに，その研究の標本サイズの計画が含まれることはよくある．データサイエンティストは，最初に専門家あるいは科学的文献で帰無値からの意味のある差の最も小さい値が何であるかを調べてもよい．研究者はまた，標準誤差をラフに見積もるために真の比率 p の非常にラフな推定値のような他の情報を得ようとするかもしれない．このことからもし，実際に意味のある違いがあるのであれば，研究者はそれを見分けるのに十分大きい標本サイズを提案することができる．より大きな標本サイズが依然として使われているかもしれないが，一方で，医学研究におけるボランティアへの考えられる健康的影響のようなコストあるいは潜在的なリスクを検討するときこれらの計算は特に有用である．

5.3.7 片側検定 (special topic)

今までのところ，p が帰無値 p_0 よりも上または下であるかどうかを判定する両側検定 (two-sided hypothesis tests) と呼ばれるものだけを考えてきた．このほかに，**片側検定** (one-sided hypothesis test) と呼ばれる第 2 のタイプの仮説検定がある．片側検定のために仮説は次の形のうちどちらか 1 つとなる．

1. 母集団のパラメータがある値 p_0 よりも**小さい**ときだけ意味がある．この場合，対立仮説は帰無値 p_0 に対して $p < p_0$ のように書かれる．

2. 母集団のパラメータがある値 p_0 よりも**大きい**ときだけ意味がある．この場合，対立仮説は $p > p_0$ のように書かれる．

片側検定の場合，対立仮説の形には手を入れる一方で，帰無仮説は引き続き等号を用いて書く．

仮説検定の手続き全体のうち片側検定と両側検定では，p 値の計算方法が唯一異なる点である．片側検定では，片方の裾で示されていることを意味する**対立仮説にあるほうの範囲のみ**での裾の面積として p 値を計算する．ここに片側検定がしばしば興味深い理由がある．すなわち，p 値を得るために裾の面積を 2 倍する必要がないならば，p 値はより小さく，対立仮説が入っている範囲の興味のある知見を特定するために必要な証拠の水準は下がる．しかし，片側検定はよいことばかりではない．すなわち，対立仮説とは逆の範囲の興味深い発見が無視されるという重い代償を支払わされる．

例題 5.37

1.1 節で，医師がステントは高リスクの脳卒中を患っている人々を救うかどうかに関心があるという例があった．研究者たちはステントは救済するだろうと信じていた．不幸なことに，データは反対のことを示した，つまり，ステントを受けた患者の死亡率が実際は悪化していた．この状況で，両側検定が非常に重要なのはなぜか．

この研究以前にはそれまでの研究が心臓発作の患者にもステントが役立つことを示唆していたので，研究者たちはステントが患者を救うだろうと信じる理由があった．この状況では片側検定を用いたいと考えがちであるが，もしそうしたら患者への潜在的な危害を識別する性能が妨げられていたに違いない．

例 5.37 では片側検定の使用が逆の結論を支持するデータを見落とすリスクを発生させることを強調した．本節でロスリングの問いのデータを説明するときに同様な誤りをしたかもしれなかった．すなわち，もし，大学卒の人々はあてずっぽうよりも悪くはないだろうという先入観を持っていて，そのため片側検定を使用し，多くの人々は世界的な保健に関する間違った知識を持っているという興味深い発見を見逃していたかもしれない．

いつ片側検定を使うのが適切だろうか？**大変に稀である**．もし，片側検定の使用を考えたことがあるなら，次の問いに注意深く答えなければならない．

> **わたしまたはほかの人たちは，自分の対立仮説に比べてデータがもし明らかに逆の範囲だった場合，どういう結論を下しただろうか．**

もし，あなたあるいはほかの人たちが，片側検定とは逆の範囲にデータがあった場合の結論に何らかの価値を見いだすのであれば，実際には両側検定が使用されるべきである．これらの検討は繊細であり，注意深く行われるべきである．我々は本書で以後は両側検定のみを適用するつもりである．

例題 5.38

なぜ，データの範囲から単純に片側検定をしてはいけないのか？

仮説検定の有意水準 α である第 1 種の過誤をコントロールする枠組みを慎重に構築している．以下，単純化のため，$\alpha = 0.05$ を使用する．

データを見てから片側検定を選ぶこともできる．何が悪いだろうか？

- もし，$\hat{p}$ が帰無値より **小さい** 場合，$p < p_0$ という片側検定は帰無分布の **左側** 5%の裾のデータはすべて H_0 を棄却するように導く．
- もし，$\hat{p}$ が帰無値より **大きい** 場合，$p > p_0$ という片側検定は帰無分布の **右側** 5%の裾のデータはすべて H_0 を棄却するように導く．

その結果，もし，H_0 が真であったなら，2 つの裾のうち 1 つに入る確率は 10% あり，したがって，検定の誤りは実際には $\alpha = 0.10$ であり，0.05 ではない．つまり，いつ片側検定を使用するかに注意深くないと今頑張って開発し活用している方法をとてもむだにしてしまうことになる．

5.3. 比率の仮説検定

練習問題

5.15 仮説の設定, パート I. 以下のそれぞれの状況での帰無仮説と対立仮説をことばで書きなさい．そして，記号でも書きなさい．

(a) ある学習塾会社は過半数の生徒が学習塾に通った後に成績が上がったか（または上がらなかったか）を知りたいと考えている．昨年の生徒から 200 名の標本を集め，前年の成績がよくなったか悪くなったかを質問する．

(b) ある企業の雇用主たちは，3 月の狂気（March Madness，アメリカ合衆国で毎年春に行われる大学のバスケットボールのチャンピオンシップ）が従業員の生産性に与える影響について心配している．雇用主たちは通常の営業日 1 日に従業員が個人的なメールの確認や個人的な通話などにより平均 15 分間を使っていると推計している．また，雇用主たちは 3 月の狂気の期間にこのような業務ではない行動をどのくらいしているかのデータを集めている．雇用主たちは，従業員の生産性が 3 月の狂気の期間中に変化しているかについて，データが説得力のある証拠になっているかどうか決めたい．

5.16 仮説の設定, パート II. 以下のそれぞれの状況での帰無仮説と対立仮説をことばで書き，記号でも書きなさい．

(a) 2008 年以来，カリフォルニアのレストランチェーン店では各メニュー項目にカロリー表示が義務付けられている．メニューにカロリーが表示される以前は，レストランでの平均的なカロリー摂取量は 1,100 カロリーであった．メニューへのカロリー表示が開始された後，ある栄養士は無作為抽出標本の食事客からレストランで摂取されたカロリーの沢山のデータを収集した．これらのデータから，このレストランの客の平均的なカロリー摂取量には差があることの説得力がある証拠が得られるか．

(b) ウィスコンシン州は昨年の成人住民の飲酒の率について，そして特にこの率が国全体の 70% と差があるかどうかを把握したい．この問題に答えるため，852 人の住民の無作為抽出標本に飲酒について質問している．

5.17 オンラインコミュニケーション. ある調査では，大学生の 60% は 1 週間に 10 時間以上を他の人とのオンラインコミュニケーションに費やしていることを示唆している．あなたはこれを信用せず，仮説検定のために自分自身で標本を収集しようとしている．あなたの学生寮で 160 人の学生の標本を無作為抽出し，70% の学生が，1 週間に 10 時間以上を他の人とのオンラインコミュニケーションに費やしていることがわかった．あなたの友人が，仮説検定に協力を申し出て，次の仮説の組み合わせを思いついた．間違いを指摘しなさい．

$$H_0 : \hat{p} < 0.6$$
$$H_A : \hat{p} > 0.7$$

5.18 25 歳での結婚. ある調査は，25 歳の 25% が結婚していることを示唆している．あなたはこれを信用せず，仮説検定のために自分自身で標本を収集しようとしている．国勢調査のデータの 25 歳から標本サイズ 776 人の無作為抽出をして 24% が結婚していることを見いだした．あなたの友人が，仮説検定に協力を申し出て，次の仮説の組み合わせを思いついた．間違いを指摘しなさい．

$$H_0 : \hat{p} = 0.24$$
$$H_A : \hat{p} \neq 0.24$$

5.19 ネットいじめの比率. 10 代のネットいじめの比率が調査され，54% から 64%（95% 信頼区間）がネットいじめを経験していることが報告された．この信頼区間に基づき，次の質問に答えなさい．

(a) ある新聞は，10 代の過半数はネットいじめを経験していると主張している．この主張は信頼区間によって支持されるか？根拠も説明せよ．

(b) ある研究者は，10 代の 70% はネットいじめを経験していると推測していた．この主張は信頼区間によって支持されるか？根拠も説明せよ．

(c) 実際に信頼区間を計算しないで，(b) の研究者の主張は 90% 信頼区間に基づいて支持されるか，判断しなさい．

5.20 救急医療室での待ち時間，パート II. 例題 5.11 は救急医療室（ＥＲ）での平均待ち時間の 95%信頼区間は (128 分, 147 分) であることを示している．この信頼区間に基づき以下の問いに答えよ．

(a) ある地方紙はこの救急医療室での平均待ち時間は 3 時間を超えると主張している．この主張は信頼区間によって支持されるか．理由も説明せよ．
(b) この病院の医学部長は平均時間は 2.2 時間であると主張している．この主張は信頼区間によって支持されるか．根拠も説明せよ．
(c) 実際に信頼区間を計算しないで，(b) の医学部長は 99%信頼区間に基づいて支持されるか決定しなさい．

5.21 最低賃金，パート I. アメリカ人の成人の過半数は，最低賃金の引き上げは経済にプラスであると信じているか，それとも信じていない人が過半数であるか？アメリカ人の成人 1,000 人を調査したラスムセン報告は 42% は経済にプラスであると信じていることを見いだした[23]．この調査の問いに答えるのに役立つ適切な仮説検定をしなさい．

5.22 十分な睡眠をとること． 400 人の学生がある大きな大学の無作為抽出標本として選ばれ，289 人は十分な睡眠をとっていないと答えた．このことは信頼水準 0.01 を用いて，50%と統計学的に有意に異なるかを確かめるための仮説検定をしなさい．

5.23 逆算，パート I. 次の仮説が与えられている．

$$H_0 : p = 0.3 ,$$
$$H_A : p \neq 0.3 .$$

標本サイズは 90 であることがわかっている．どのような標本比率が p 値を 0.05 に等しくすることができるだろうか．推論のために必要なすべての条件は満たされていると仮定せよ．

5.24 逆算，パート II. 次の仮説が与えられている．

$$H_0 : p = 0.9 ,$$
$$H_A : p \neq 0.9 .$$

標本サイズは 1,429 であることがわかっている．どのような標本比率が p 値を 0.01 に等しくすることができるだろうか．推論のために必要なすべての条件は満たされていると仮定せよ．

5.25 線維筋痛症の検査． ダイアナという名の患者は，長期間の体の痛みがある症候群である線維筋痛症と診断され，抗うつ剤を処方された．疑い深いダイアナは最初は抗うつ剤が症状を和らげると信じなかった．しかし，数か月の投薬治療の後，症状が実際によくなっていると感じたので，抗うつ剤は効くと確信している．

(a) ダイアナが抗うつ剤を服用し始めたとき，彼女の疑い深い見方を表す仮説をことばで書きなさい．
(b) この状況での第 1 種の過誤はなにか．
(c) この状況での第 2 種の過誤はなにか．

5.26 どちらが大きいか？ 以下の各問いに，関心がある値について，2 つのシナリオ (I と II) がある．各問いで，関心のある値はシナリオ I の下でより高いか，シナリオ II の下でより高いか，それともどちらのシナリオでも同じかを答えなさい．

(a) (I) $n = 125$ または (II) $n = 500$ のときの標準誤差 $\hat{p}$．
(b) 信頼水準が (I) 90%または (II) 80%のときの信頼区間の範囲．
(c) (I) $n = 500$ の標本，または (II) $n = 1000$ の標本に基づく Z 値 2.5 に対する p 値．
(d) 対立仮説が真で，信頼水準が (I) 0.05 または (II) 0.10 のとき，第 2 種の過誤を犯す確率．

---

[23] Rasmussen Reports survey, Most Favor Minimum Wage of $10.50 Or Higher, April 16, 2019.

章末練習問題

5.27 仕事の後のリラックス． 総合社会動向調査では 1,155 人のアメリカ人からなる無作為抽出標本に「平均的な勤務日を終えてから，大体どのくらいの時間をリラックスまたは趣味の活動に使っているか」という質問をした[24]．リラックスまたは趣味の活動のために過ごしている平均時間の 95%信頼区間は (1.38, 1.92) であった．

(a) このデータの状況でこの信頼区間を解釈しなさい．
(b) 別の研究者のグループは同じ 1,155 人のアメリカ人の標本に基づいてより広い幅の信頼区間を報告した．前述の信頼区間の信頼水準と比べてこの信頼水準はどうなっているか．
(c) 翌年に同じ質問をする新しい調査がなされ，このときは標本サイズは 2,500 であると想定する．仕事の後，どのくらいの時間をリラックスのために過ごすかという母集団の特性は 1 年以内ではあまり変化していないと仮定する．前述の信頼区間の幅に比べて，新しい調査のデータに基づく 95%信頼区間の幅はどうであろうか．

5.28 最低賃金，パート II． 例題 5.21 で，1,000 人のアメリカ人の成人を調査したラスムセン報告では 42%が最低賃金の引き上げが経済にプラスであると信じていることを学んだ．これを信じているアメリカ人の成人の真の比率の 99% 信頼区間を作成しなさい．

5.29 食品安全検査． ある食品安全検査官は幾人かの顧客から衛生管理が悪いと報告があったレストランを調査するよう指名された．食品安全検査官は規制に対応しているかどうかを評価する枠組みをテストする仮説検定をする．もし，食品安全検査官がそのレストランは総じて違反していると決定した場合，食品を提供する営業免許は取り消されることになる．

(a) 仮説をことばで書きなさい．
(b) この状況での第 1 種の過誤はなにか．
(c) この状況での第 2 種の過誤はなにか．
(d) レストランのオーナーにとってどちらの過誤がより問題か．それはなぜか．
(e) 食事客にとって，どちらの過誤がより問題か．それはなぜか．
(f) あなたは，1 人の食事客として，食品安全検査官はレストランの営業免許を取り消す前に衛生への懸念に関する強い証拠を必要とすべきかそれとも非常に強い証拠を必要とすべきか，どちらを選ぶか．

5.30 真か偽か． 次の文は正しいか間違っているかを判断して，理由を説明しなさい．もし，間違っている場合は訂正しなさい．

(a) ある与えられた値（例えばパラメータの帰無仮説の値）が 95%信頼区間内にある場合，その値は 99%信頼区間内にもある．
(b) 有意水準 (α) を小さくすることは第 1 種の過誤を犯す確率を増加させることになる．
(c) 帰無仮説を $p = 0.5$ とし，H_0 を棄却できないとする．このシナリオの下では，真の母比率は 0.5 である．
(d) 標本サイズが大きいときには，帰無値と観測された点推定値の差が小さくても，効果量 (サイズ効果，) とよく呼ばれるが，差は統計学的に有意と特定されることが多い．

5.31 失業と人間関係問題． USA トゥデイ/ギャロップの世論調査は失業中およびパートタイムで就業している人のグループに，(もし失業中の場合) 仕事がないこと，あるいは (もし，パートタイムで就業している場合) フルタイムの仕事がないことの結果，配偶者または近親者との人間関係で，大きな問題があるかどうかを質問した．1,145 人の失業中の回答者のうち，27%が，そして，675 人のパートタイム労働者のうち，25%が雇用状況の結果として人間関係に大きな問題があったと答えた．

(a) 人間関係に問題があった失業者とパートタイマーの比率が異なるかについての仮説検定はなにか．
(b) この仮説検定の p 値はほぼ 0.35 である．この仮説検定とデータの状況で，このことが何を意味するか，説明しなさい．

---

[24] National Opinion Research Center, General Social Survey, 2018.

5.32 近視. 子供の約 8% は近視になると考えられている. 無作為抽出標本の 194 人の子供のうち, 21 人は近視である. これらのデータから, 8% という値は不正確かどうかについて仮説検定をしなさい.

5.33 栄養成分表示. あるポテトチップスの袋の栄養成分表示には 1 オンス (28 グラム) のポテトチップスを食べると 130 カロリーと 3 グラムの飽和脂肪を含む 10 グラムの脂肪を摂取すると表示されている. 35 袋からなる無作為抽出標本からは 1 袋当たりのカロリーの数値の信頼区間として 128.2 から 139.8 カロリーとなった. 栄養成分表示がポテトチップスの袋に入っているカロリーの正確な量を示していないという証拠はあるか.

5.34 比率の中心極限定理. 標本比率の「標本分布」を定義しなさい, そして, $p = 0.1$ のとき, 標本サイズが変化するときに分布の形, 中心, 広がりはどのように変化するか述べなさい.

5.35 実務的有意性対統計学的有意性. 次の文は正しいか間違っているか判断し, その理由を説明しなさい.「大きな標本サイズでは帰無値と観測された点推定値の差が小さい場合でさえ統計学的に有意であり得る.」

5.36 同一の観測値, 異なる標本サイズ. 標本サイズが $n = 50$ の標本に基づいて仮説検定をし, p 値が 0.08 になっていると想定しなさい. その後に, ノートを見直して, 標本サイズは $n = 500$ とすべきであったというケアレスミスを発見した. p 値は大きくなるか, 小さくなるか, あるいは同じ値にとどまるだろうか, 説明しなさい.

5.37 医療における男女賃金格差. ある研究は 21 の異なる地位で医師として入職した男性および女性の平均賃金について調査した[25].

(a) もし男性も女性も等しい賃金であったならば, これらの地位のうち約半数は男性の方が女性よりも賃金が高く, そのほかの半分の地位では女性の方が男性よりも賃金が高いことが期待されるであろう. このシナリオを検定するための適切な仮説を書きなさい.

(b) 平均して男性は 21 の地位のうち 19 でより高い賃金が払われていた. (a) でのあなたの仮説を用いて仮説検定を行いなさい.

---

[25] Lo Sasso AT et al. "The $16,819 Pay Gap For Newly Trained Physicians: The Unexplained Trend Of Men Earning More Than Women". In: *Health Affairs* 30.2 (2011).

第 6 章

カテゴリカル・データの統計的推測

6.1 母比率の推測

6.2 母比率の差

6.3 カイ二乗分布を用いた適合度検定

6.4 二元配置での独立性検定

この章では前章で説明した方法と考え方をカテゴリカル・データの分析に応用する．まず母比率の推測問題を振り返り，標本の比率が含む不確実性の評価に正規分布モデルが利用できることを確認する．次に2つの母比率の差を分析する為に正規分布モデルを応用する．後半では分割表の分析に適用する．この場合にはカイ二乗 (χ^2) 分布を用いるが，仮説検定の考え方は前章と同じである．

日本語版の参考資料は https://www.jstat.or.jp/openstatistics/ (日本統計協会) を訪問されたい．
原著の資料は以下にある．www.openintro.org/os

6.1 母比率の推測

既に本書の第 5 章において点推定, 信頼区間, 仮説検定 など比率についての統計的推測法について説明した. 本章ではまずこれらの問題を復習するとともに, 比率を分析する為にデータを集めるときの適切な標本サイズを選択する方法などを学ぶ.

6.1.1 標本比がほぼ正規分布にしたがうことの識別

標本比率 $\hat{p}$ は, 観測される標本が互いに独立で標本サイズが十分に大きいときに正規分布を用いてモデル分析が可能である.

> **$\hat{p}$ の標本分布**
>
> 真の母比率 p, 標本サイズ n から求めた $\hat{p}$ の標本分布は次の条件を満たすときにほぼ正規分布と見なせる.
>
> 1. 観測される標本は互いに独立, つまり単純なランダムサンプル.
> 2. 標本には少なくとも成功数 10, 失敗数 10, すなわち $np \geq 10$ および $n(1-p) \geq 10$ を満足する. この条件は成功・失敗条件 (success-failure condition) と呼ばれている.
>
> これらの条件が満たされれば $\hat{p}$ の標本分布は期待値 p, 標準誤差 (standard error) $SE = \sqrt{\frac{p(1-p)}{n}}$ の正規分布とほぼ見なせる.

通常は真の母比率 p は分からないので, 数値を代入して条件を確かめ, 標準誤差を求める. 信頼区間では標本比率 $\hat{p}$ を用いて成功・失敗条件をチェックしたり標準誤差を計算する. 仮説検定問題では普通は帰無仮説の値, すなわち帰無仮説で述べる比の数値を p として利用する.

6.1.2 母比率の信頼区間

信頼区間は母比率 p が可能である範囲を示すが, $\hat{p}$ について正規分布を利用できれば p の信頼区間は次のように表現できる.

$$\hat{p} \pm z^{\star} \times SE \ .$$

例題 6.1

金利を巡る規制とコストを理解する目的で 826 名の給与日・支払ローンの単純ランダムサンプルが集められているとする. データの中の 70% が給与日・貸出への新たな規制を支持している. このとき正規分布は $\hat{p} = 0.70$ のモデルとして妥当だろうか.

データはランダム標本, 観測値は独立なので関心のある母集団を代表している.

ここで信頼区間を計算するときに p の代わりに $\hat{p}$ を用いる妥当性については成功・失敗条件をチェックすべきである.

(支持する): $np \approx 826 \times 0.70 = 578$, (支持しない): $n(1-p) \approx 826 \times (1 - 0.70) = 248$.

これらの値は少なくとも 10 なので, $\hat{p}$ のモデルとして正規分布を利用できるだろう.

確認問題 6.2

$\hat{p} = 0.70$ の標準誤差を推定しよう. 母比率 p は未知であり標準誤差は信頼区間に必要なので p の代わりに公式に従い $\hat{p}$ を用いる[1].

例題 6.3

母比率 p (給与日・貸出について規制強化に賛成する比率) に対して 95% 信頼区間を構成する.

点推定値 0.70, $z^\star = 1.96$ を用いて 95% 信頼区間を構成, 確認問題 6.2 より標準誤差 $SE = 0.016$ を用いると信頼区間は

$$(点推定値) \pm z^\star \times SE \quad \to \quad 0.70 \pm 1.96 \times 0.016 \quad \to \quad (0.669, 0.731)$$

世論調査時点で規制に賛成する真の給与日・支払の借り手の比率は 95% 信頼区間は 0.669 と 0.731 の間となる.

単一の比率の信頼区間

比率の信頼区間を決めると応用の役に立つだろう. ここに信頼区間を決定するための 4 ステップを示す.

準備 $\hat{p}$ と n を確認し, どの信頼水準を使いたいかを決める.

確認 $\hat{p}$ が正規分布に近いことを検証する条件を確認する. 比率の信頼区間に対して, 成功・失敗条件を確認するために p の替わりに $\hat{p}$ を使う.

計算 条件を満たしていれば, $\hat{p}$ を用いて SE を計算する. $z^\star$ を見つけ, 信頼区間を作る.

結論 問題となっている状況の中で, 信頼区間を解釈する.

---

[1] $SE = \sqrt{\frac{p(1-p)}{n}} \approx \sqrt{\frac{0.70(1-0.70)}{826}} = 0.016.$

6.1. 母比率の推測

比率についての信頼区間の構成

p についての信頼区間は3ステップで作成する.

- $\hat{p}$ を用いて独立性条件と成功・失敗条件をチェックする. 条件が満たされていれば $\hat{p}$ の標本分布は正規分布モデルでよく近似できる.
- 標準誤差の公式を用いて p を $\hat{p}$ に置き換えた時の標準誤差を求める.
- 信頼区間の一般公式を適用する.

母比率の信頼区間についての他の例は 5.2 節を参照されたい.

6.1.3 母比率の検定

給与日・貸出への1つの規制として, 信用チェックと借り手の金融状況について負債支払い評価を行うことが考えられる. こうした規制を借り手側が支持するか, 知りたいとしよう.

確認問題 6.4
この種の規制に対して借り手の過半が支持するか反対するか, 仮説を立てよう[2].

母比率についての仮説検定の枠組みで正規分布を利用するには独立性と成功・失敗条件が満たされる必要がある. 仮説検定では帰無仮説下で成功・失敗条件:真の母比率 p_0 の下で np_0 と $n(1-p_0)$ がともに少なくとも 10 程度か調べればよい.

確認問題 6.5
給与日ローンの借り手は信用レポートと借金評価が必要となる規制を支持するだろうか. 借手からのランダム標本 826 によると, 51%はそうした規制を支持するということである. ここで仮説検定を行うために $\hat{p}$ が正規分布にしたがうとモデル化することは妥当だろうか[3].

---

[2] H_0: $p = 0.50$. H_A: $p \neq 0.50$.
[3] この調査はランダム標本なので独立性は成り立つ. 成功・失敗条件も成り立つが, それは帰無仮説 H_0 から帰無比率 ($p_0 = 0.5$) を用いると $np_0 = 826 \times 0.5 = 413$, $n(1-p_0) = 826 \times 0.5 = 413$. となるからである.

例題 6.6

確認問題 6.4 と 6.5 からの仮説とデータを用いた調査によると，給与日ローンの借手の多数は貸手が信用レポートと借金・支払い評価が必要となる新たな規制を支持するという十分な証拠があるだろうか．

これまでに設定した仮説と条件チェックにより実際の計算を実行してよいだろう．帰無仮説 p_0 の値を用いると母比率の標準誤差は次のようになる．

$$SE = \sqrt{\frac{p_0(1-p_0)}{n}} = \sqrt{\frac{0.5(1-0.5)}{826}} = 0.017.$$

正規分布モデルの図を p 値に対応する濃い領域と共に以下に示しておこう．

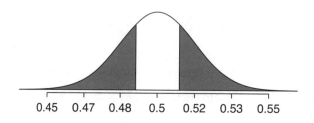

正規分布モデルに基づくと，検定統計量は点推定値の Z-スコアとして計算でき，

$$Z = \frac{(\text{点推定値}) - (\text{帰無仮説の数値})}{SE} = \frac{0.51 - 0.50}{0.017} = 0.59.$$

片側の裾領域は 0.2776 であり，両側裾領域は p 値 0.5552 で与えられる．p 値は 0.05 より大きいので H_0 を棄却できない．この調査は給料日ローンの借手の多数が信用チェックと借金評価についての規制を支持する，あるいは反対するという十分な証拠を提供していないことになる．

比率に関する仮説検定

ひとたび，比率に関する仮説検定は正しい方法であると決定したならば，検定を行うための次の 4 ステップがある．

準備 関心のあるパラメータを特定し，仮説を設定し，有意水準を決め，$\hat{p}$ と n を決定する．

確認 H_0 の下で $\hat{p}$ を正規分布で近似できることを保証する条件を確認する．比率の仮説検定では成功・失敗条件を確認するためには帰無値を使用する．

計算 条件が成立したら，再び p_0 を用いて標準誤差を計算し，Z スコアを計算し，p 値を決定する．

結論 p 値と α を比較することにより仮説検定を行い，問題の状況に照らした結論を出す．

比率の仮説検定

仮説を立てて帰無仮説の値を用いて H_0 の下で $\hat{p}$ がほぼ正規分布となることを確かめる．条件が満たされていれば p_0 を利用して標準誤差を求める．最後に p 値を計算し，仮説を検証する．

母比率の仮説検定の追加例については 5.3 節を参照されたい．

6.1.4 1つあるいは両方の条件が満たされない場合

これまで$\hat{p}$の挙動を正規分布と見なしてよい条件について議論してきた．それでは成功・失敗条件が満たされない場合はどうしたらよいだろうか．独立性条件が満たされない場合はどうしたらよいだろうか．どちらの場合も信頼区間と仮説検定の一般的考え方には変わりがないが，区間を構成したりp値を計算する方法は変える必要がある．

成功・失敗条件が仮説検定で満たされなければ，母比率p_0を用いて$\hat{p}$の帰無分布を発生させることができる．このシミュレーションは2.3節のマラリア研究で示した考えと同様であり，オンラインではあるが以下でこの方法について説明しておいた：www.openintro.org/r?go=stat_sim_prop_ht．成功・失敗条件が満たされない場合の信頼区間の構成についてはクロッパー・ピアソン区間 (**Clopper-Pearson interval**) と呼ばれている方法を使うこともできる．その詳細については本書の範囲外ではあるが，その話題については例えばインターネットで調べると文献が見つかるはずである．

独立性条件の方はもう少し微妙である．この条件が満たされないときには，どのように，あるいはなぜ満たされないか理解することが重要となる．例えば集落抽出 (クラスター) 法による標本 (1.3 節を参照) なら，適切な統計的方法があることが知られているが，中級の教科書ですら言及されていないかもしれない．また任意標本 (convenience sample) からのバイアスを補正する方法を文献で見つけることが可能だろう．

ここでは少し込み入った統計的問題を議論しているかもしれないが，あくまで本書は統計的方法への入門書であり，広範囲のデータ分析について適切な方法は既に存在している．

6.1.5 母比率の推定における標本サイズの選択

データを集める場合に，研究の目的に照らして適切な標本の大きさを決められることがある．このことからしばしば標本サイズを十分に大きくとり許容誤差 (**margin of error**)，すなわち信頼区間を構成するときの点推定値から前後の乖離幅を十分に小さくとり，標本が有用となるようにすることが考えられる．例えば標本比率が母比率から± 0.04内で95%信頼域となるようにサンプル数nを選ぶことが挙げられる．

例題 6.7

ある大学新聞が，大学が新しいフットボール場のために授業料を年間 200 ドル値上げする計画に学生の何割が賛同するか調査するとしよう．信頼係数 95% 水準で誤差率 0.04 以内にするためには標本サイズがどの程度必要だろうか．

標本比率の誤差率は

$$z^\star \sqrt{\frac{p(1-p)}{n}} \ .$$

ここでの目的はこの誤差率が 0.04 より小さくなる最小の n を見つけることである．信頼水準 95% で $z^\star$ の値が 1.96 となるので，

$$1.96 \times \sqrt{\frac{p(1-p)}{n}} \ < \ 0.04 \ .$$

この方程式には 2 つの未知数 p と n がある．ここで p の推定値があれば，これまでの議論からこの値を式に代入し n について解けばよい．そうした推定値がない場合には p には他の数値を入れる必要がある．ここでは p に 0.5 のとき誤差率は最大となるので，他の推定値がなければこの最悪の場合の値 (worst case value) をしばしば利用する．

$$\begin{aligned} 1.96 \times \sqrt{\frac{0.5(1-0.5)}{n}} &< 0.04 \ , \\ 1.96^2 \times \frac{0.5(1-0.5)}{n} &< 0.04^2 \ , \\ 1.96^2 \times \frac{0.5(1-0.5)}{0.04^2} &< n \ , \\ 600.25 &< n \ . \end{aligned}$$

ここで 600.25 以上の参加者が必要なら 601 かそれ以上の標本をとり，信頼水準 95% で標本母平均が真の母比率の 0.04 以内になるようにすることが考えられる．

母比率の推定値が利用可能なときには最悪の場合の 0.5 に代わって利用する方が良いだろう．

確認問題 6.8

ある経営者が工場で新しいタイヤの大量生産体制を調べ，品質管理で不良品として棄却されるタイヤの比率を推定したいとしよう．品質管理チームによると過去のタイヤについての 3 種類のタイヤ・モデル (型) によると，第 1 モデルでは 1.7%，第 2 モデルでは 6.2%，第 3 モデルでは 1.3% であった．この経営者は信頼水準 90% で誤差 1% 以内で不良率を推定したいものとするが，3 種の異なる不良率から選ぶ必要がある．各場合について，標本サイズの計算を評価し，必要な標本サイズを求めよう[4]．

---

[4] 信頼水準 90% に対して $z^\star = 1.65$，母比率の推定値 0.017 が利用可能なら誤差評価に利用すると，

$$1.65 \times \sqrt{\frac{0.017(1-0.017)}{n}} \ < \ 0.01 \quad \rightarrow \quad \frac{0.017(1-0.017)}{n} \ < \ \left(\frac{0.01}{1.65}\right)^2 \quad \rightarrow \quad 454.96 \ < \ n \ .$$

標本サイズの計算では上側に丸め計算を行うので，最初のモデルからは 455 のタイヤを調べることが示唆される．
同様に母比率 p に 0.062 と 0.013 を用いると，必要とする最小の標本サイズはそれぞれ 1584, 350 となる．

6.1. 母比率の推測

例題 6.9

確認問題 6.8 では標本サイズは場合によりかなり異なる．3 種類からどれを選ぶことを勧めるだろうか．その選択の理由は何だろう．

例えば旧タイヤ・モデルのどれが新しいタイヤ・モデルに適切であるかを検討することが考えられる．あるいは，もし古いモデルの 2 つの推定値が小標本に基づき，残りの推定値が大標本に基づくものであれば，大標本による推定結果を用いることが考えられよう．こうした考察が妥当であろう．

またこの例でも成功・失敗条件をチェックする必要性があると思われる．例えば $n = 1584$ 個のタイヤを標本に選ぶと，不良率が 0.5% であれば正規近似は適当でないので，信頼区間を構成するにはより高度な (統計的) 方法が必要となろう．

確認問題 6.10

ここで給与日・貸出への規制についての借手の支持動向を連続的に調べるため毎月ごと調査を行うとしよう．頻繁に調査を行うと費用がかさむので，個々の調査には 5% の誤差率を認めるとする．元々の借り手についての調査データ 70% が規制を支持していたことを基礎にすると，信頼度 95% で誤差率 0.04 の為には毎月の調査の標本をどの程度にすべきだろうか[5]．

---

[5] 母比率 p について 0.5 の代わりに 0.70 を用いる以外は同様に計算すると，

$$1.96 \times \sqrt{\frac{p(1-p)}{n}} \approx 1.96 \times \sqrt{\frac{0.70(1-0.70)}{n}} \leq 0.05 \quad \rightarrow \quad n \geq 322.7 \ .$$

したがって標本サイズ 323 かそれ以上が妥当となる．(注意：ここで標本サイズの計算では常に上に丸めて計算する！) この調査を時間の経過とともに継続する為には，時々こうした計算を行い，基礎データが変動したときの標本サイズについて注意しておく必要がある．

練習問題

6.1 ベジタリアン. 学生の 8% がベジタリアンとしよう. このとき次の説明は正しいか誤りか, その理由も述べよ.

(a) $n \geq 30$ であるから標本サイズ 60 のランダム標本から得られたベジタリアン標本比率は近似的に正規分布となる.
(b) 標本サイズ 50 のランダム標本におけるベジタリアン学生の標本比率の分布は左に歪んでいる.
(c) 学生 125 名のランダム標本において 12% がベジタリアンであることは滅多にない.
(d) 学生 250 名のランダム標本では学生の 12% がベジタリアンであることは滅多にない.
(e) 標本数を 125 から 250 にすると標準誤差は半分になる.

6.2 米国の若者, パート I. 若い大人の 約 77% はアメリカンドリーム (American dream) を達成できると考えているとしよう. このとき次の説明は正しいか誤りか決め, 理由も述べよ[6].

(a) 標本サイズ 20 の中でアメリカンドリームを達成できるという若い米国人の標本分布は左に歪んでいる.
(b) 標本数 40 のランダム標本の中でアメリカンドリームを達成できると考える若い米国人の標本分布は $n \geq 30$ なので近似的に正規分布である.
(c) 60 名の若い米国人のランダム標本で 85% がアメリカンドリームを達成できるという結果はあまりない.
(d) 120 名の若い米国人のランダム標本で 85% がアメリカンドリームを達成できるという結果はあまりない.

6.3 オレンジ色のブチ猫. オレンジ色のブチ猫の 90% がオスとする. このとき次の説明は正しいか誤りか決め, 理由も述べよ.

(a) 標本サイズ 30 のランダム標本からの標本比率の分布は左に歪んでいる.
(b) 標本サイズを 4 倍すると標本比率の標準誤差は半分になる.
(c) 標本サイズ 140 のランダム標本からの標本比率は近似的に正規分布にしたがう.
(d) 標本数 280 のランダム標本からの標本比率は近似的に正規分布にしたがう.

6.4 米国の若者, パート II. 若い米国人の約 25% は経済的不況が続いている為に家族を形成することを遅らせている. 次の説明は正しいか否か, 理由も述べよ[7].

(a) ランダム標本 12 では, 経済的不況が続いている為に家族を形成することを遅らせている若い米国人の標本分布は右に歪んでいる.
(b) 若い米国人で経済的不況が続いている為に家族形成を遅らせている標本割合の分布が近似的に正規分布になるには, 最低でも標本サイズが 40 のランダムサンプルが必要である.
(c) 若い米国人 50 名のランダムサンプルで 20% が経済的不況が続いている為に家族を形成することを遅らせていることは滅多にない.
(d) 若い米国人 150 名のランダムサンプルで 20% が経済的不況が続いている為に家族を形成することを遅らせていることは滅多にない.
(e) 標本サイズを 3 倍にすれば標本比率の標準誤差は 1/3 になる.

6.5 男女平等. 社会調査によりランダムに 1,390 名の米国人に次の質問を行った:全体として男性と女性の平等を推進するのは政府の責任と考えるか?質問に回答した 82% は責任であるべきと答え, 信頼係数 95% の水準で誤差率は 2% であった. この情報をもとに次の説明は正しいか否か答え, その理由も説明しなさい[8].

(a) この標本では 95% の信頼度で男女間の平等性を促進するのは政府の責任であると考える米国人は 80% から 84%の間にある.
(b) 多くの米国人 1,390 名のランダム標本から 95% の信頼区間を計算すると, これら信頼区間の 95% は男女間の平等性を促進するのは政府の責任であると考える米国人の母比率を含んでいる.
(c) 誤差率を 1%まで下げたければ 標本数を 4 倍する必要がある.
(d) この信頼区間により 大多数の米国人は男女間の平等性を促進するのは政府の責任であると考えていると結論できる.

6.6 老人の運転. マリスト (Marist) 世論調査の報告によると, 国民の 66%の成人は 65 歳に達するときに運転免許を持つドライバーは路上試験を受けるべきであると考えている. またこの調査は 1,018 名の米国成人へのインタビューで行われ, 信頼水準 95%で誤差率 3% と報じている[9].

(a) マリスト調査で報じている誤差率を確かめなさい.

---

[6] A. Vaughn. "Poll finds young adults optimistic, but not about money". In: *Los Angeles Times* (2011).
[7] Demos.org. "The State of Young America: The Poll". In: (2011).
[8] National Opinion Research Center, General Social Survey, 2018.
[9] Marist Poll, Road Rules: Re-Testing Drivers at Age 65?, March 4, 2011.

6.1. 母比率の推測

(b) 95%信頼区間に基づき，この調査は人口の70%以上が65歳に達するときに運転免許を持つドライバーは路上試験を受けるべきであると考えていると判断する説得的な証拠があると考えられるだろうか．

6.7 7月4日の花火. あるローカルニュース放送局は600のランダムに選ばれたカンザス州の住民の56%は7月4日に花火を計画している報じている．95%信頼水準で点推定56%の誤差率を決めなさい[10]．

6.8 ギリシャの生活. ギリシャは2009年末以来厳しい経済危機に直面している．ギャロップ世論調査は2011年，ランダムに1,000のギリシャ人に調査を行い，25%が「苦しんでいる」と判断するに十分生活が苦しくなっていると回答した[11]．

(a) 関心のある母集団の母数 (パラメター) を記述しなさい．このパラメターの点推定値は幾つか．
(b) このデータに基づいて信頼区間を構成するために必要な条件を調べなさい．
(c) 「苦しんでいる」ギリシャ人の割合について95%信頼区間を構成しなさい．
(d) 追加の計算をすることなく，信頼水準を引き上げると信頼区間がどうなるか説明しなさい．
(e) 追加の計算をすることはないとして，より大きな標本を用いたとすると信頼区間はどうなるか説明しなさい．

6.9 海外修学. SAT試験を受験した1,509名の任意のWeb調査に応じた高校3年生によると，55%の高校3年生は大学で海外プログラムに参加することは確かであると回答した[12]．

(a) この標本は米国のすべての高校3年生の母集団からの代表的標本と言えるだろうか．
(b) 統計的推測に必要な条件を満たしているとしよう．回答がこの調査結果が信頼できないとしても，分析を行うことには意味があるだろう．(SAT試験を受けた) 高校3年生で大学では海外プログラムに参加することは確かである母比率の90%信頼区間を求め，解釈しなさい．
(c) ここで "90%信頼水準" とは何を意味するだろうか．
(d) 信頼区間に基づき，高校3年生の大多数が大学では海外プログラムに参加することは確かと主張してよいだろうか．

6.10 マリファナの合法化，パートI. ある社会調査が1,578名の米国在住者に「マリファナの使用を合法にすべきかそうでないか？」と尋ねたところ，回答者の61%が合法化すべきと答えた[13]．

(a) 61%は標本比率，あるいは母比率だろうか，説明しなさい．
(b) 米国住民でマリファナを合法化すべきと考えている比率の95%信頼区間を構成，データからその意味を解釈しなさい．
(c) この95%信頼区間は統計量が正規分布に従っている，あるいは正規分布でよく近似できるならば正確であるとの批評がある．このコメントはデータに照らして正しいだろうか．説明しなさい．
(d) この調査についてのニュースでは「米国人の大多数がマリファナを合法化すべきと考えている」と述べている．信頼区間をもとにこのニュースの主張は正当化できるだろうか．

6.11 国民健康計画，パートI. 2019年に米国成人を対象にカイザー家族基金 (Kaiser Family Foundation) が行った調査では民主党支持者の79%，無党派の55%，共和党支持者の24%が「国民健康計画 (National Health Plan)」を支持している．調査された対象は民主党支持者347，共和党支持者298，無党派617であった[14]．

(a) あるTV番組で政治の専門家は無党派層の多数は国民健康計画を支持していると主張している．このでのデータはこのタイプの主張を強く支持する証拠と言えるだろうか．
(b) 公的健康計画に反対している無党派層の人の母比率の信頼区間が0.5を含んでいると考えられるであろうか．説明しなさい．

6.12 大学の価値？パートI. 米国成人で4年間の大学学位を持たず，現在も学生でない331名のランダムサンプルの中では48%は学費をまかなえないので大学進学はしなかったと述べている[15]．

(a) ある新聞記事では大学に行かなかった米国人の内，経済的な理由でそうしたのは少数であると述べているが，この調査の点推定値を証拠として利用している．データはこの主張を支持する強力な証拠か否か仮説検定を行いなさい．
(b) 経済的な理由で大学に行かなかった米国人の母比率についての信頼区間が0.5を含むと考えられるだろうか．理由を説明しなさい．

---

[10] Survey USA, News Poll #19333, data collected on June 27, 2012.
[11] Gallup World, More Than One in 10 "Suffering" Worldwide, data collected throughout 2011.
[12] studentPOLL, College-Bound Students' Interests in Study Abroad and Other International Learning Activities, January 2008.
[13] National Opinion Research Center, General Social Survey, 2018.
[14] Kaiser Family Foundation, The Public On Next Steps For The ACA And Proposals To Expand Coverage, data collected between Jan 9-14, 2019.
[15] Pew Research Center Publications, Is College Worth It?, data collected between March 15-29, 2011.

6.13 味覚テスト. ダイエットソーダと普通のソーダは一口すするだけで見分けられるとする人々がいる. その主張を確かめようとしてある研究者がそうした 80 人をランダムに調べた. 80 のカップに半分はダイエットソーダ, 半分は普通のソーダをランダムに割り振り, 参加者に 1 つのカップをとり一口すすってどちらかを識別してもらったところ, 53 名が正しく識別できた.

(a) このデータは参加者がダイエットソーダと普通のソーダの違いをランダムに判断して述べているより良い（あるいはより悪い）強力な証拠となるだろうか.

(b) このデータから p 値を解釈しなさい.

6.14 大学の価値？パート II. 練習問題 6.12 では 331 名の米国人の 48% が経済的理由で大学に進学しなかったという世論調査の結果を示した.

(a) 経済的理由で大学に進学しなかった比率の 90% 信頼区間を計算し, その区間を解釈しなさい.

(b) 90% 信頼区間の誤差率を 1.5%にしたいとすると, どのくらいの調査の標本サイズを推奨するか.

6.15 国民健康計画, パート II. 練習問題 6.11 では 2019 年の米国における「国民健康計画」についての世論調査では 非民主・共和の 55% が支持するという結果であった. この推定値について 誤差率1%, 90%信頼水準としたければ幾つの標本サイズが適切だろうか.

6.16 マリファナの合法化, パート II. 練習問題 6.10 で議論したように, 社会調査では標本に基づき米国住民の 61%がマリファナを合法化すべきと報じている. もし 95%信頼区間の誤差率を 2%に抑えたければ何名の米国人を調査すべきだろうか.

6.2 母比率の差

6.1 節で説明した方法を母比率の差 $p_1 - p_2$ に拡張しよう. そこで標本から $p_1 - p_2$ の点推定値を求め, $\hat{p}_1 - \hat{p}_2$ としよう. 次に単純な母比率について行った方法を適用し, 点推定量が正規分布に従うと見なして標準誤差を計算, 統計的推測の方法を応用しよう.

6.2.1 2つの比率の差の標本分布

標本比率 $\hat{p}$ と同様に一定の条件下で2つの標本比率 $\hat{p}_1 - \hat{p}_2$ に正規分布を用いた統計モデルにより分析できる. そのためにはまず広い意味での独立性条件, 次に両方のグループについての成功・失敗条件を満たす必要がある.

$\hat{p}_1 - \hat{p}_2$ の標本分布が正規分布で近似できる条件

標本比率の差 $\hat{p}_1 - \hat{p}_2$ は次の条件が成り立つとき正規分布モデルを利用できる.

- (拡張された) 独立性. データは2つの各グループ内とグループ間で独立である. 一般にはデータが2つの独立なランダム標本として得られるか, データがランダム化実験から得られ独立と見なせる.
- 成功・失敗条件. 2つのグループで成功・失敗条件が成り立てばよいので, 各グループで別々に調べればよい.

これらの条件が成り立てば, $\hat{p}_1 - \hat{p}_2$ の標準誤差は

$$SE = \sqrt{\frac{p_1(1-p_1)}{n_1} + \frac{p_2(1-p_2)}{n_2}}$$

となる. ここで p_1 と p_2 は母比率, n_1 と n_2 は標本サイズを表す.

6.2.2 母比率の差 $p_1 - p_2$ の信頼区間

母比率の差に対して一般の信頼区間の方法を適用でき, $\hat{p}_1 - \hat{p}_2$ を点推定値, 誤差率 SE は

$$(点推定値) \pm z^\star \times SE \qquad \to \qquad \hat{p}_1 - \hat{p}_2 \pm z^\star \times \sqrt{\frac{p_1(1-p_1)}{n_1} + \frac{p_2(1-p_2)}{n_2}}.$$

ここで準備, 条件チェック, 計算, 結論を得るという信頼区間や仮説検定のステップを行う. 細かな点では多少異なるが, 一般的なアプローチは同じである. ここで統計的方法を適用するステップを行えばよい.

例題 6.11

心臓発作に対する心肺蘇生法 (CPR) を経験し，病院には病院に運ばれた患者に対する実験を考えよう．処理群には抗凝血剤を投与，対照群には抗凝血剤を投与しないとしてランダムに患者を割り付ける．目的変数は少なくとも 24 時間は生存するか否かである．図表 6.1．ここで正規分布を用いて標本比率の差をモデル分析できるかチェックしなさい．

まず独立性はランダム化実験なので条件は満たされている．次に各グループについての成功・失敗条件をチェックしよう．各実験の各項 (11, 14, 39, 26) では少なくとも 10 の成功，10 の失敗があり，この条件は満たされている．したがって両方の条件が満足しているので標本比率の差は正規分布を用いて分析することは妥当と考えられる．

	生存	死亡	全体
対照群	11	39	50
処理群	14	26	40
合計	25	65	90

図表 6.1: CPR 研究の結果．処理群の患者は抗凝血剤を投与，対照群の患者には投与されない．

例題 6.12

CPR 研究のデータから生存率の差について 90%信頼区間を作成しなさい．

処理群の生存率を p_t, 対照群の生存率を p_c とすると，

$$\hat{p}_t - \hat{p}_c = \frac{14}{40} - \frac{11}{50} = 0.35 - 0.22 = 0.13 .$$

ここで 225 頁で与えられた標準誤差の公式を用いる．標本比率の場合と同様に信頼区間の作成には各母比率の推定値を利用すると，

$$SE \approx \sqrt{\frac{0.35(1-0.35)}{40} + \frac{0.22(1-0.22)}{50}} = 0.095 .$$

90% 信頼区間なので $z^\star = 1.65$ を用いると，

$$(\text{点推定値}) \pm z^\star \times SE \quad \to \quad 0.13 \pm 1.65 \times 0.095 \quad \to \quad (-0.027, 0.287)$$

この研究では信頼水準 90%で抗凝血剤による生存率の差は -2.7% から +28.7%となる．ここで 0% が区間に含まれているので CPR を経験した患者に抗凝血剤の投与が効果がある，あるいは害があると言うには十分な情報がないことになる．

6.2. 母比率の差

確認問題 6.13

5 年間におよぶ被験者はランダムに 2 つの処理群に分けるある実験により魚油が心臓発作を減らす効果が評価された．患者の心臓発作に関する結果が以下にまとめられている．

	心臓発作	発作なし	全体
魚油	145	12788	12933
偽薬	200	12738	12938

この研究の典型的な参加者の心臓発作に対する魚油の効果について 95%信頼区間を作成しなさい．さらにこの研究での信頼区間を解釈しなさい[16]．

6.2.3 母比率の差の仮説検定

マンモグラム (mammograms) とは乳癌を X 線を用いて調べる方法である．マンモグラムを用いるべきか否かは論争があり，次の話題とするが，2 つの母比率の検定問題では H_0 は $p_1 - p_2 = 0$ (あるいは同等であるが $p_1 = p_2$) につい学ぼう．30 年に及ぶある研究ではほぼ 90,000 の女性参加者について行われた．5 年間のスクリーニング期間の間，各女性は 2 つのグループの内どちらかにランダムに振り分けられた．第一のグループでは乳癌の検診のために通常のマンモグラムを受け，第二グループではマンモグラムではない検査を受けた．その後 25 年間は何の介入は行われず，30 年間の乳癌による死亡事例を検討された．この研究の結果を図表 6.2 に示しておく．

マンモグラムが乳癌検診において非マンモグラムよりも効果的であるならば，対照群において乳癌による追加的な死亡事例が見られると考えられる．他方，マンモグラムが通常の乳癌検査ほどは効果的ではないとすると，マンモグラムの処理群で乳癌による死亡件数の増加が考えられる．

	乳癌による死亡件数	
	死亡	生存
マンモグラム	500	44,425
対照群	505	44,405

図表 6.2: 乳癌研究の結果の要約

確認問題 6.14

この研究は実験研究か観察研究のいずれかだろうか[17]．

---

[16] 患者はランダム化されているのでグループ内，グループ間ともに独立である．項目すべての頻度が 10 を超えているので成功・失敗条件も満足している．このことから正規分布を用いて比率の差を分析する条件を満足している．
標本比率を計算すると ($\hat{p}_{\text{fish oil}} = 0.0112, \hat{p}_{\text{placebo}} = 0.0155$)，より比率の差の推定値は $(0.0112 - 0.0155 = -0.0043)$，標準誤差は ($SE = \sqrt{\frac{0.0112 \times 0.9888}{12933} + \frac{0.0155 \times 0.9845}{12938}} = 0.00145$). 次にこれらの数値を信頼区間の公式に代入，95%区間を $z^\star = 1.96$ として求めると，

$$-0.0043 \pm 1.96 \times 0.00145 \quad \to \quad (-0.0071, -0.0015).$$

95%信頼度で 5 年間にこの研究に参加した患者には，心臓発作に対する魚油は 0.15 パーセント から 0.71 パーセント減少 (ベースラインから 1.55%) した．数値は 0 以下であるからデータからはこの研究に参加した患者では魚油サプリメントが心臓発作のリスクを軽減する強い証拠があると言える．

[17] これは実験研究である．患者はランダムにマンモグラムを受けるか普通の乳癌検診を受けるか決められていた．この研究により因果的結論を行うことができる．

確認問題 6.15

マンモグラム群と対照群で乳癌による死亡事例に差があるかの検定のための仮説を立てなさい[18].

例 6.16, ではこの研究結果を分析する為に正規分布を用いる条件をチェックする．この内容は信頼区間についての作業と類似している．ただし帰無仮説が $p_1 - p_2 = 0$ のときには，プールされた比率 (pooled proportion) と呼ばれる特別な比率を用いて成功・失敗条件をチェックする．

$$\hat{p}_{pooled} = \frac{(\text{期間中に乳癌で死亡した件数})}{(\text{期間中の患者総数})}$$
$$= \frac{500 + 505}{500 + 44{,}425 + 505 + 44{,}405}$$
$$= 0.0112 \ .$$

この比率は研究全体における乳癌による死亡率の推定値であり，帰無仮説が正しければ p_{mgm} および p_{ctrl} の最良の推定値である．このプールした比率を標準誤差を計算するときにも利用する．

例題 6.16

この研究では正規分布を用いて比率の差を分析することは妥当だろうか？

患者はランダム化されているので群内，群間の両方で独立な標本として扱うことができる．さらに各群で成功・失敗条件を調べる必要がある．帰無仮説の下で比率 p_{mgm} と p_{ctrl} は等しいので H_0 下での比率の最良な推定値，すなわち 2 つの標本をプールした比率を用いて成功・失敗条件をチェックすると $\hat{p}_{pooled} = 0.0112$:

$$\hat{p}_{pooled} \times n_{mgm} = 0.0112 \times 44{,}925 = 503 , \quad (1 - \hat{p}_{pooled}) \times n_{mgm} = 0.9888 \times 44{,}925 = 44{,}422 ,$$
$$\hat{p}_{pooled} \times n_{ctrl} = 0.0112 \times 44{,}910 = 503 , \quad (1 - \hat{p}_{pooled}) \times n_{ctrl} = 0.9888 \times 44{,}910 = 44{,}407 .$$

各項目すべてが少なくとも 10 なので両方の条件が満足され，十分に正規分布を用いて比率の差を分析することができる．

H_0 が $p_1 - p_2 = 0$ の時はプールした比率を用いよう．

2 つの母比率が等しいという帰無仮説ならプールした比率 ($\hat{p}_{pooled}$) を用いて成功・失敗条件を調べ，さらに標準誤差を推定すると，

$$\hat{p}_{pooled} = \frac{(\text{成功件数})}{(\text{合計件数})} = \frac{\hat{p}_1 n_1 + \hat{p}_2 n_2}{n_1 + n_2} \ .$$

ここで $\hat{p}_1 n_1$ は 1 番目の標本の成功数である．したがって

$$\hat{p}_1 = \frac{(\text{標本 1 の成功数})}{n_1} \ .$$

同様に $\hat{p}_2 n_2$ は二番目の標本の成功数を表している．

例 6.16 ではプールした標本比率を用いて成功・失敗条件をチェックした[19]．次の例ではプールされた比率が利用される標本誤差について見てみよう．

---

[18] H_0: マンモグラムで検査した患者の乳癌による死亡率は対照群の患者の乳癌による死亡率と同一, $p_{mgm} - p_{ctrl} = 0$. H_A: マンモグラムで検査した患者の乳癌による死亡率は対照群の患者の乳癌による死亡率と異なり, $p_{mgm} - p_{ctrl} \neq 0$.

[19] 成功・失敗条件を満たさない場合の 2 標本比率の仮説検定については 2.3 節を参照されたい．

6.2. 母比率の差

例題 6.17

2群における乳癌による死亡率の差の点推定値を求め，プールした比率 $\hat{p}_{pooled} = 0.0112$ から標準誤差を計算しよう．

乳癌による死亡率の差は

$$\hat{p}_{mgm} - \hat{p}_{ctrl} = \frac{500}{500 + 44,425} - \frac{505}{505 + 44,405}$$
$$= 0.01113 - 0.01125$$
$$= -0.00012 .$$

マンモグラム群の乳癌死亡率は 0.012% で対照群より小さい．次にプールした比率 $\hat{p}_{pooled}$ により標準誤差を求めると，

$$SE = \sqrt{\frac{\hat{p}_{pooled}(1-\hat{p}_{pooled})}{n_{mgm}} + \frac{\hat{p}_{pooled}(1-\hat{p}_{pooled})}{n_{ctrl}}} = 0.00070 .$$

例題 6.18

点推定値 $\hat{p}_{mgm} - \hat{p}_{ctrl} = -0.00012$ および標準誤差 $SE = 0.00070$ を用いて仮説検定での p 値を求め結論を述べよ．

これまでの検定と同様にして検定統計量を求め図を書くと，

$$Z = \frac{(\text{点推定値}) - (\text{帰無仮説の数値})}{SE} = \frac{-0.00012 - 0}{0.00070} = -0.17 .$$

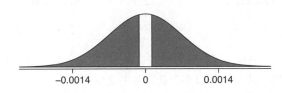

下側裾確率は 0.4325，したがって p 値は 0.8650 となる．この p 値は 0.05 よりも大きいので帰無仮説は棄却できない．すなわち乳癌による死亡率の差は十分に偶然性より説明可能であり，マンモグラムが通常の乳癌検診と比較して益があるとも害があるとも言えないと観察される．

ここでマンモグラムに益がある，あるいは害があると結論できるのだろうか．ここでマンモグラム研究および他の医療研究を振り返りながら注意すべき幾つかの点について考察しよう．

- 帰無仮説を棄却できない というのはマンモグラムが乳癌による死亡を削減，あるいは増加させると結論付けるには十分な証拠がないという意味である．

- もしマンモグラムが有益，あるいは害があるとしてもデータはその効果は大きくないことを示唆している．

- マンモグラムは非マンモグラム乳癌検査と比べてより費用がかかる，あるいはかからないだろうか？もし1つの選択肢が他より費用がかさみ，利益があまりないのであれば，より費用の少ない選択肢を選ぶことも考えられる．

- 研究の著者たちはマンモグラムが乳癌の過剰診療に導くことを発見したが，このことは幾つかの乳癌が発見され (発見したと考え) たが，そのガンが患者の人生を通じて症状を見せないことを意

味している．つまり，乳癌の症状が現れる前に他の何かの原因で亡くなっていることになる．何人かの患者は乳癌の治療が必要としなかったかもしれないでこの治療が不要なコストだったことになる．また過剰治療は患者に不必要な物理的，あるいは感情的被害を生じさせ得ることも重要なことだろう．

ここで述べた考察は医療と推奨する治療を巡る複雑性を示唆している．医学的治療を研究している専門家と医療ボードは最新の証拠に基づいてここで述べているような考察を用いて最良の方法を提供していると言えるだろう．

帰無仮説 H_0 が $P_1 - P_2 = 0$ のときの仮説検定

2つの比率が差についての仮説を定めると次の4ステップで検定を行う．

準備． 関心のある母数を定め，仮説をリストアップ，有意水準を定め，各群の要約統計量を求める．

チェック． H_0 の下で $\hat{p}_1 - \hat{p}_2$ がほぼ正規分布に従う条件をチェックする．差がゼロと言う帰無仮説なら，プール比率推定量により成功・失敗条件を調べる．

計算． 条件を満たしていればプル比率推定値から標準誤差を求め，Z-スコア，p-値を計算する．

結論． p-値と α を比べ，仮説検定を行い，問題の解を求める．

6.2.4 2つ以上の比率の検定 (特殊な話題)

2つの比率について仮説検定では H_0 は $p_1 - p_2 = 0$ とするのが一般的である．しかし，希には p_1 と p_2 の差がゼロではない値をとることも考えられる．例えば帰無仮説が $p_1 - p_2 = 0.1$ と言う場合などもあり得る．こうした場合にも成功・失敗条件をチェックするには $\hat{p}_1$ と $\hat{p}_2$ が用いられる．

確認問題 6.19

あるクワッドロータ会社がローター回転翼の製造を考えている．新しい製造は高額だが高品質の翼はより信頼性が高く，競争相手より3%不良率が低いと主張している．これを統計的に検定する仮説を立てよう[20]．

---

20) H_0: 高品質の回転翼は標準品質より3%以上頻繁に検査に合格, $p_{highQ} - p_{standard} = 0.03$. H_A: 高品質の回転翼は標準品質より3%以上ではなく検査に合格する, $p_{highQ} - p_{standard} \neq 0.03$.

6.2. 母比率の差

図表 6.3: A Phantom quadcopter.

David J 氏による写真 (http://flic.kr/p/oiWLNu). CC-BY 2.0 license. 原写真を切り取り端を加えて作成.

例題 6.20

練習問題 6.19 から品質管理者は回転翼のデータ, 各メーカーから 1000 を集め, 現在の供給元から 899 の回転翼が検査に合格, 考慮している供給元からの 958 が検査に合格したとする. このデータをもとに練習問題 6.19 での仮説を有意水準 5%で評価しなさい.

まず条件を確認しよう. 標本はランダムとは限らないが, すべての回転翼は独立であると仮定して進める必要がある. この標本では独立性の仮定は妥当と仮定するが, 品質管理の技術者ならこの仮定の妥当性についてよりよく知っているはずである. 各標本については成功・失敗条件は成り立っている. したがって標本比率の差 $0.958 - 0.899 = 0.059$ はほぼ正規分布に基づくと考えてよい.

今回はプールした比率ではなく 2 つの標本比率から標準誤差を計算すると,

$$SE = \sqrt{\frac{0.958(1-0.958)}{1000} + \frac{0.899(1-0.899)}{1000}} = 0.0114 \ .$$

ここでの仮説検定では帰無仮説は $p_1 - p_2 = 0.03$ であるから, プールした比率ではなく 2 つの標本比率から標本誤差を求めた.

次に検定統計量を計算, p 値を求めると図表 6.4 のようになる.

$$Z = \frac{(\text{点推定値}) - (\text{帰無仮説の値})}{SE} = \frac{0.059 - 0.03}{0.0114} = 2.54 \ .$$

この統計量に正規分布を応用すると, 右裾の領域は 0.006, 2 倍して p 値を求めると 0.012 になるので帰無仮説は 0.05 水準で棄却される. 検査を通る回転翼 3%より大きいのでの高性能の回転翼は会社の説明を超えて通常の回転翼よりも 3% 以上で検査に合格するという統計的に有意な証拠が得られた.

6.2.5 標準誤差の検討 (特殊な話題)

この節では 2 つの比率の差に関する標準誤差の公式の由来についてより深く検討しよう. 最終的には本章および第 7 章において登場する標準誤差の公式は 3.4 節の確率原理により導かれる.

2 つの標本比率の差の標準誤差は個々の標本比率の標準誤差についての公式から再構成される. 2

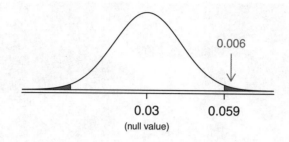

図表 6.4: 帰無仮説が正しいときの検定統計量の分布. p 値は濃い領域.

つの標本比率 $\hat{p}_1$ と $\hat{p}_2$ の標準誤差は

$$SE_{\hat{p}_1} = \sqrt{\frac{p_1(1-p_1)}{n_1}}, \qquad SE_{\hat{p}_2} = \sqrt{\frac{p_2(1-p_2)}{n_2}}.$$

2 つの標本比率の誤差の標準誤差は個々の標本比率の標準誤差から求められ,

$$SE_{\hat{p}_1-\hat{p}_2} = \sqrt{SE_{\hat{p}_1}^2 + SE_{\hat{p}_2}^2} = \sqrt{\frac{p_1(1-p_1)}{n_1} + \frac{p_2(1-p_2)}{n_2}}.$$

この関係は確率論を利用することで得られる.

確認問題 6.21

予備知識: 3.4 節. 上の式を書き直すと,

$$SE_{\hat{p}_1-\hat{p}_2}^2 = SE_{\hat{p}_1}^2 + SE_{\hat{p}_2}^2.$$

2 つの確率変数の和のばらつきの評価の公式から来ることを説明しなさい[21].

---

[21] 標準誤差の二乗は推定量の分散である. もし X と Y が確率変数, それぞれの分散を σ_x^2, σ_y^2 とすると, $X-Y$ の分散は $\sigma_x^2 + \sigma_y^2$ となる. 同様に $\hat{p}_1 - \hat{p}_2$ の分散は $\sigma_{\hat{p}_1}^2 + \sigma_{\hat{p}_2}^2$ である. ここで $\sigma_{\hat{p}_1}^2$ および $\sigma_{\hat{p}_2}^2$ は $SE_{\hat{p}_1}^2$ と $SE_{\hat{p}_2}^2$ を書き直しただけなので, $\hat{p}_1 - \hat{p}_2$ の分散は $SE_{\hat{p}_1}^2 + SE_{\hat{p}_2}^2$ と書くことができる.

6.2. 母比率の差

練習問題

6.17 社会実験, パートⅠ. ある TV 番組が社会実験を実施, ボーイフレンドに明らかに傷つけられた女性を目撃したときにどうするかを尋ねた. 同じレストランで 1 つのシナリオでは挑発的な服装の女性, もう 1 つのシナリオでは保守的な服装の女性とする. 次の分割表は各シナリオで何人の食事実験が行われたか, 仲裁があったか否かを示している.

		シナリオ		
		挑発的 (provocative)	保守的 (conservative)	全体
仲裁	はい	5	15	20
	いいえ	15	10	25
	合計	20	25	45

挑発的シナリオ, あるいは保守的シナリオの下での仲裁率の差の標本分布は近似的には正規分布ではない理由を説明しなさい.

6.18 心臓移植. スタンフォード大学の心臓移植研究が行われ, 実験的心臓移植プログラムにより寿命が伸びたか否か調べられた. プログラムに参加した患者は心臓移植の候補者と認められたが, これは重症の病気であり新しい心臓から利益を受ける可能性があることを意味している. 患者はランダムに処理群と対照群に分けられ, 処理群の患者は心臓移植を受け, 対照群の患者は受けなかった. 以下の分割表は各群の何人の患者が生存, 死亡を示している[22].

	対照群	処理群
生存	4	24
死亡	30	45

ここで信頼区間を使い, 対照群と処理群での生存率を推定したいとしよう. ここではなぜ正規分布で近似して信頼区間を構成するのはなぜ不適切なのだろうか説明しなさい. そうした問題があるにも関わらず信頼区間を構成すると, 何が良くないのだろうか？

6.19 性別と色. ある研究で 1,924 名の男子学生, 3,666 名の女子学生に好みの色を聞いた. 黒が好みと答えた比率の男女差 ($p_{male} - p_{female}$) の 95% 信頼区間は (0.02, 0.06) であった. この情報をもとに以下の説明が正しいか, 誤りかを定め, 間違いと述べた説明について理由を述べなさい[23].

(a) 黒が好みの男子学生の母比率は黒が好みの女子学生の母比率より 2% 低いから 6% 高いまでに入ることを 95%信頼できる.

(b) 黒が好みの男子学生の母比率は黒が好みの女子学生の母比率より 2% から 6% 高くなることを 95%信頼できる.

(c) ランダム標本の 95%が黒が好みの男子学生の母比率と黒が好みの女子学生の母比率の差を含む 95%信頼区間を構成する.

(d) 黒が好みの男子学生の母比率と黒が好みの女子学生の母比率の差を偶然と考えるには大きく, 有意に差があると結論される.

(e) ($p_{female} - p_{male}$) についての 95%信頼区間はこの問題で与えられた情報のみからは構成できない.

6.20 政府の閉鎖. 米国連邦政府は 2018 年 12 月 22 から 2019 年 1 月 25 日まで 35 日間閉鎖された. この間に 614 名のランダムに選ばれた米国人の調査 USA によると, 年間 40,000 ドル以下の所得の人の 48%, 年間 40,000 ドル以上の所得の人の 55%が政府の閉鎖は何も個人的影響はなかった, と答えたと報告している. p を政府の閉鎖は何も個人的影響はなかったという比率として, ($p_{<40K} - p_{\geq 40K}$) の 95%信頼区間は (-0.16, 0.02) となる. この情報から次の主張は正しいかあるいは間違いか, 間違いと考える場合はその理由を説明しなさい[24].

(a) 有意水準 5%でデータによると年間所得 40,000 ドル 以下と以上の米国人での差には十分な証拠がある.

(b) 95% の信頼度で年間所得 40,000 ドル以下の米国人は年間所得 40,000 ドル以上の米国人と比べて 16% から 2%ほど少なく政府の閉鎖が影響しなかった.

(c) ($p_{<40K} - p_{\geq 40K}$) に対する 90%信頼区間は ($-0.16, 0.02$) よりも広い.

(d) ($p_{\geq 40K} - p_{<40K}$) の 95%信頼区間は (-0.02, 0.16) である.

6.21 国民健康計画, パートⅢ. 練習問題 6.11 は米国における国民健康計画と一般的に言われている計画への支持率についてのある調査を示している. 計画には民主党支持者 347 名の 79%, 無党派 617 名の 55%が支持している.

---

[22] B. Turnbull et al. "Survivorship of Heart Transplant Data". In: *Journal of the American Statistical Association* 69 (1974), pp. 74–80.

[23] L Ellis and C Ficek. "Color preferences according to gender and sexual orientation". In: *Personality and Individual Differences* 31.8 (2001), pp. 1375–1379.

[24] Survey USA, News Poll #24568, data collected on April 21, 2019.

(a) 民主党支持者と無党派支持者の国民健康計画への支持率の差 $(p_D - p_I)$ について 95%信頼区間を構成, 解釈しなさい. なおこの問題では条件は既にチェックしてある.

(b) 正しいか間違いか. この調査でランダムに民主党支持者, ランダムに無党派支持者を調べたとしたら, 民主党支持者の方が無党派支持者よりも国民健康計画に支持されている可能性が高い.

6.22 睡眠不足 (CA vs. OR), パートI. 睡眠不足について CDCP(Centers for Disease Control and Prevention) のレポートによると, カリフォルニア州の住民の中で直前の 30 日間に十分に睡眠がとれなかったとの報告は 8.0%, オレゴン州では 8.8%であった. このデータはカリフォルニアからの単純ランダムサンプル 11,545, オレゴンから 4,691 であった. 十分に睡眠がとれないカリフォルニア州の住民とオレゴン州の住民での比率の 95%信頼区間を求め, データの結果を解釈しなさい[25].

6.23 海洋掘削, パートI. ある調査でカリフォルニアで 827 名のランダムに選んだ有権者に次のような質問があった. 「カリフォルニア海岸での石油と天然ガスの掘削について, 支持するか, 反対するか, あるいはこの問題について意見を述べるくらい知っているか?」. 以下では回答者が大卒か否かに分けた反応の分布を示している[26].

(a) この標本では大卒とそれ以外の何パーセントがカリフォルニアの海岸での石油と天然ガスの掘削について判断できるほどよく知らないだろうか.

(b) 大卒とそれ以外でカリフォルニアの海岸での石油と天然ガスの掘削について判断できるほどよく知らないという比率が異なる強い証拠があるか否か, 仮説検定を設定しなさい.

	大卒	
	はい	いいえ
支持	154	132
反対	180	126
分からない	104	131
合計	438	389

6.24 睡眠不足 (CA vs. OR), パートII. 練習問題 6.22 ではカリフォルニアとオレゴンの住民の間での睡眠不足の比率についてのデータを与えた. 過去 30 日に十分に睡眠をとれないと報告しているカリフォルニアの住人は 8.0%, オレゴンでは 8.8% であった. この標本はランダム・データでカリフォルニアの 11,545 名, オレゴンでは 4,691 であった.

(a) このデータが 2 つの州の住民における睡眠不足に差があることを強い証拠であるか仮説検定を行いなさい. (注意) 条件もチェックしなさい.

(b) (a) で述べた検定の結論が正しくない可能性はないか. もしあるとするとどのような過誤が考えられるか.

6.25 海洋掘削, パートII. 練習問題 6.23 で説明したカリフォルニアの海岸での石油と天然ガスの掘削についての支持率を評価した調査結果を示す.

	大卒	
	はい	いいえ
支持	154	132
反対	180	126
分からない	104	131
合計	438	389

(a) このサンプルでは大卒とそれ以外でそれぞれ何パーセントがカリフォルニアの海岸での石油と天然ガスの掘削に賛成しているか.

(b) 大卒とそれ以外でカリフォルニアの海岸での石油と天然ガスの掘削に賛成する比率が異なるという証拠があるか決める仮説検定を構成しなさい.

6.26 全身スキャン, パートI. あるニュースによると「米国人は空港が潜在的なテロリストの攻撃を防ぎうる 2 つの潜在的には不便でプライバシー侵害になりうる方法について異なる意見を持っている. 全国の大人から集めた 1,137 のランダムサンプルに基いているが, 1 つの質問は「幾つかの空港では空港セキュリティラインで全身デジタル x 線機械により乗客をチェックする計画しているが, 空港で x 線機械を利用すべきか, そうすべきではないか?」. 以下に政党支持とともに結果を要約する[27].

		支持政党		
		共和党	民主党	無党派
回答	導入すべき	264	299	351
	導入すべきでない	38	55	77
	分からない・非回答	16	15	22
	合計	318	369	450

(a) 民主党員か共和党員かにより, 空港で適用される全身スキャンへの賛成率の比に差があるか適切な仮説検定を行いなさい. ただし必要な仮定はすべて満たされている, としなさい.

---

[25] CDC, Perceived Insufficient Rest or Sleep Among Adults — United States, 2008.
[26] Survey USA, Election Poll #16804, data collected July 8-11, 2010.
[27] S. Condon. "Poll: 4 in 5 Support Full-Body Airport Scanners". In: *CBS News* (2010).

6.2. 母比率の差

(b) ここでの検定結果は正しくない，つまり検定に過誤が生じるかもしれない．過誤が生じたとするとタイプ1かタイプ2か説明しなさい．

6.27 睡眠不足の運輸業者． 国家睡眠基金 (National Sleep Foundation) はランダムに選んだ運輸業者と対照群として非運輸業者の睡眠時間を調査した．調査の結果を以下に示す[28]．

	対照群	運輸業			
		パイロット	トラック運転手	列車オペレーター	バス・タクシー運転手
6 時間以内	35	19	35	29	21
6-8 時間	193	132	117	119	131
8 時間以上	64	51	51	32	58
合計	292	202	203	180	210

このデータからトラック運転手と非運輸労働者 (対照群) で1日6時間以内の睡眠をとり睡眠不足と考えられる割合は差があると言えるか仮説検定を行いなさい．

6.28 胎児ビタミン剤と自閉症． 胎児ビタミン剤の使用と自閉症の関係を研究している研究者が自閉症の 24 - 60 か月の幼児をランダムサンプルしてその母親を調査，普通の子供については別のランダムサンプルによる調査を行った．以下の分割表は妊娠前期 (periconceptional period) の3か月に胎児ビタミン剤を使用，不使用の各群の母親の数を示している[29]．

		自閉症		
		自閉症	普通の発育	全体
妊娠前後での	ビタミンなし	111	70	181
ビタミン使用	ビタミンあり	143	159	302
	合計	254	229	483

(a) 妊娠前3か月間に胎児ビタミン剤を使用したことと自閉症が独立性検定の仮説を述べなさい．
(b) 仮説検定を行い，適切な結論を導きなさい．(注意) 検定に必要な条件を調べなさい．
(c) ニューヨークタイムズはこの研究について「胎児にビタミンを与えると自閉症を防ぐ可能性がある」というタイトルで報道した．この論説のタイトルは適切だろうか．答を説明し，さらに別のタイトルを提案しなさい[30]．

6.29 サハラ以南のアフリカと HIV． 2008 年米国 NIH(National Institutes of Health) は予想しなかった結果の為にある臨床試験を停止した，と発表した．研究での母集団はサハラ以南のアフリカにおける HIV 感染女性で出産時に HIV ウイルスの胎児への感染を防ぐためにネバリピネ (Nevaripine, HIV 治療) の服用したものであった．研究はランダム化比較実験，(出産後の) 女性に対するネバリピネ 対 ロピナビル (Lopinavir, 第二の抗 HIV の処理) であった．研究には 240 人が参加，120 名がランダム化され2つの処理が行われた．処理研究の開始から 24 週後に各女性について HIV 感染が悪化したか (ウイルス学的障害 (virologic failure) と呼ばれた結果) 否か調べるために検査を受けた．ネバリピネ処理を受けた 120 名の中で 26 名が悪化，他の薬の処理を受けた 120 名では 10 名が悪化した[31]．

(a) 二元分割表を作り，結果を表現しなさい．
(b) 2つの処理による悪化の差についての適切な仮説を述べなさい．
(c) 仮説検定を行い，適切な結論を述べなさい．(注意：検定に必要な条件を示しなさい．)

6.30 リンゴと健康． ある高校の体育の教員で栄養と健康の問題への自覚を促そうとして，学期初めに「毎日1個のリンゴが医師を遠ざける」という表現を信じるか否か尋ね，40% の生徒がはい (yes) と答えた．学期を通じてフルーツと野菜をより多く食べる研究について短い議論をしてクラスを始めた．学期の終了時に同じ毎日のリンゴについて調査を行った結果，今度は 60% の生徒がはい (yes) と答えた．本章で説明した2つの比の差の方法を利用できただろうか，理由も述べなさい．

---

[28] National Sleep Foundation, 2012 Sleep in America Poll: Transportation Workers' Sleep, 2012.
[29] R.J. Schmidt et al. "Prenatal vitamins, one-carbon metabolism gene variants, and risk for autism". In: *Epidemiology* 22.4 (2011), p. 476.
[30] R.C. Rabin. "Patterns: Prenatal Vitamins May Ward Off Autism". In: *New York Times* (2011).
[31] S. Lockman et al. "Response to antiretroviral therapy after a single, peripartum dose of nevirapine". In: *Obstetrical & gynecological survey* 62.6 (2007), p. 361.

6.3 カイ二乗分布を用いた適合度検定

この節ではデータが離散的な場合に帰無仮説を評価する方法を展開する．この方法は2つの場合においてよく利用されている．

- 幾つかの群に分類されているデータについて標本がある真の母集団から得られているか否かを判断する．
- データが正規分布や幾何分布など特定の分布に従っているか評価する．

どちらの目的にも同一の検定であるカイ二乗検定により調べることができる．

第一の例として，ある郡の ランダム標本275名の陪審員からの例を考えよう．陪審員は図表6.5のように人種で識別されているとして，これらの陪審員は人種的に母集団を代表しているか否か確認したいことを考える．陪審員が母集団を代表しているとすれば，標本での比率は適格な母集団，有権者の母集団をほぼ反映するはずである．

人種	白人	黒人	ヒスパニック	その他	全体
参加陪審員	205	26	25	19	275
有権者数	0.72	0.07	0.12	0.09	1.00

図表 6.5: ある市の陪審員と母集団における人種．

陪審員における比率は正確に母集団比率を反映するとは限らないが，データが標本が母集団を反映していない十分な証拠があるか否かは不透明である．陪審員が有権者からランダムに選ばれているとすると，データでの差はランダム性によると考えられる．しかしかなりの差があるとすると陪審員は母集団を代表していないとする証拠を提供するかもしれない．

第二の例としてこの章の最後にある分布の適合度を評価する方法を示しておこう． 25年間にS&P500からから得られる日次リターンを用いて，毎日の株価がそれまでの株価とは独立であるか否か評価しよう

これらの問題ではあるときの1つ，あるいは2つの項目ではなくすべての項目を同時に調べたいので，新たな統計量を展開する必要が生じる．

6.3.1 一元配置の統計量

例題 6.22

市の人々の中から275名が陪審員となるとしよう．もし個人がランダムに陪審員に選ばれるとすると，275人の中で何人が白人と期待し，何名が黒人と期待するだろうか．

母集団の約72%が白人，したがって陪審員の約72%が白人と期待され，$0.72 \times 275 = 198$．

同様に母集団の約7%が黒人なら，$0.07 \times 275 = 19.25$の黒人の陪審員が期待される．

確認問題 6.23

母集団の12パーセントがヒスパニック，9%が他の人種となっている．275名の陪審員の何名がヒスパニック，あるいは他の人種と期待すべきだろうか．図表6.6に1つの回答をまとめた．

6.3. カイ二乗分布を用いた適合度検定

人種	白人	黒人	ヒスパニック	その他	全体
観測値	205	26	25	19	275
期待度数	198	19.25	33	24.75	275

図表 6.6: 陪審員数の実際と期待値.

275 名の陪審員の中で各人種の標本比率はどの比率とも正確には一致しない．いくらかの標本誤差は認めるとしても，陪審員にバイアスがなければ標本比率は母比率に似通っていると期待される．そこで陪審員の選択がランダム標本か否かを説得的に示す証拠，差が大きいか否かを示すことを検定する必要がある．こうした考えを仮説としてまとめることができる．

H_0: 陪審員はランダム標本である．つまり誰が陪審員を務めるかには人種的バイアスは見られず，観察される人種的バイアスはサンプリングで生じる自然な変動である．

H_A: 陪審員はランダムな標本ではない，すなわち陪審員の選択には人種的バイアスがある．

これらの仮説を評価するには観察される度数が期待される度数からどの程度異なるかを量的に測る必要がある．対立仮説がもっともなら，各群において標本誤差に基づく期待される値から通常ではない乖離が見られるはずである．

6.3.2 カイ二乗検定統計量

これまでの仮説検定では次の形の検定統計量を構成した：

$$\frac{(点推定値) - (帰無仮説の値)}{(点推定量標準誤差, SE)}.$$

この構成では (1) 点推定値と帰無仮説が正しければ期待される値との差を識別する，(2) 点推定量の標準誤差により基準化すること．この 2 要素は度数データによる適切な検定統計量の構成に必要である．

まず観測度数と帰無仮説が正しければ期待される度数の差を計算，次に差を基準化する．

$$Z_1 = \frac{(観測白人数) - (帰無仮説の白人数)}{(観測白人数の標準誤差)}.$$

2 値データの度数の点推定量の標準誤差は帰無仮説の下での度数の平方根になる[32]．したがって

$$Z_1 = \frac{205 - 198}{\sqrt{198}} = 0.50.$$

この数値は前に利用した非常に統計量に類似，差をとり次に基準化するというものである．この計算を黒人, ヒスパニック, その他 にも適用すると，

黒人　　　　　　　　　　ヒスパニック　　　　　　　　　その他

$$Z_2 = \frac{26 - 19.25}{\sqrt{19.25}} = 1.54, \quad Z_3 = \frac{25 - 33}{\sqrt{33}} = -1.39, \quad Z_4 = \frac{19 - 24.75}{\sqrt{24.75}} = -1.16.$$

これら 4 個の標準化した差が十分にゼロから離れているかを 1 つの検定統計量を用いて定めよう．そこで Z_1, Z_2, Z_3, Z_4 を合わせて，全体として十分にゼロから離れているかを定める．まず考えられるの

---

[32] 既に前章で学んだことによれば標本サイズ n, 母比率 p とすると，分散は $np(1-p)$ となると考えるかもしれない．この公式は 1 項目の度数の場合は正しい．しかし多くの標準化した差を計算，それを加えていることに注意する必要がある．ここでは詳しく示さないが，度数の根号をとる方が度数の差を標準化するのによいことが知られている．

はこれら基準化した4個の差の絶対値の和をとると,

$$|Z_1| + |Z_2| + |Z_3| + |Z_4| = 4.58 .$$

確かにこの量は観測度数が期待される度数とどの様に異なるかを示している．しかしより一般的には各項の二乗和をとり,

$$Z_1^2 + Z_2^2 + Z_3^2 + Z_4^2 = 5.89 .$$

ここで和をとる前に各項の二乗するには2つの理由がある．

- 二乗すると基準化した差は正となる．
- 通常ではないとみられる差 (つまり基準化した差) は二乗することでより大きくなる．

検定統計量 X^2(カイ二乗統計量) は Z^2 値の和であり，これらの理由から一般的によく利用されている．観測度数と帰無度数によって X^2 を書き直すと,

$$X^2 = \frac{((観測度数)_1 - (帰無度数)_1)^2}{(帰無度数)_1} + \cdots + \frac{((観測度数)_4 - (帰無度数)_4)^2}{(帰無度数)_4} .$$

最終的な数値 X^2 は観測度数が帰無度数からどの程度乖離しているかを要約している．節 6.3.4 で見るように帰無仮説が正しければ，X^2 はカイ二乗分布 (chi-square distribution) と呼ばれる新たな分布にしたがうことが分かる．この分布を利用すると仮説に関する p-値が得られる．

6.3.3 カイ二乗分布と確率

カイ二乗分布 (chi-square distribution) はデータセットや統計量が常に正値をとり右に歪んでいる分布を表現することに用いられる．正規分布の場合は2つの母数，平均と標準偏差で表現され，その正確な特徴が記述されることを思い起こそう．カイ二乗分布は1つの母数，自由度 (degrees of freedom, df) を持ち，形状，中心，分布のばらつきを定める．

確認問題 6.24
図表 6.7 は3つのカイ二乗分布を示す．
(a) 自由度が大きくなるとカイ二乗分布の中心はどう変化するか．
(b) 変動性 (ばらつき) はどうなるか．
(c) 形状はどう変化するか[33]．

図表 6.7 と確認問題 6.24 は自由度の変化によりカイ二乗分布の変化を示している：分布はより対称になり，中心は右に移動，ばらつきが大きくなる．カイ二乗分布について主な関心事は p 値の計算であるが，(前にも述べたように) 分布の裾部分の面積に関連している．これを実行する方法は計算機ソフウエアを利用する，グラフ電卓を利用，あるいは数表を利用することなどである．数表を利用したい人には本書の付録 C.3 に分布表と共にカイ二乗分布表の利用の概要を提供した．以下の例を利用して各人の好みに応じて同一の結果が得られることを確認することが望まれる．

---

[33] (a) 中心はより大きくなる．注意深く見ると，分布の平均は自由度と等しくなる．(b) 分布のばらつきは自由度の増加と共に大きくなる．(c) $df = 2$ のとき分布は強く歪んでいるが，自由度が $df = 4$ や $df = 9$ と大きくなると分布はより対称になる，自由度がより大きくなるにつれて分布を調べるとこの傾向が続くことが分かる．

6.3. カイ二乗分布を用いた適合度検定

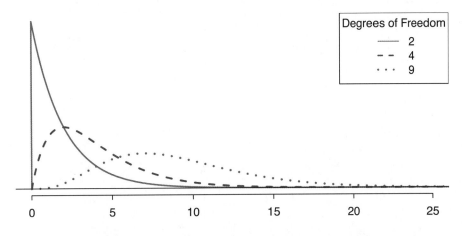

図表 6.7: 自由度を変化させた 3 つのカイ二乗分布.

例題 6.25

図表 6.8(a) は自由度 3 のカイ二乗分布と 6.25 からの上裾部分を示している. 濃い領域の面積を求めなさい.

統計ソフトウエア, あるいはグラフ電卓を用いると自由度 (df)3 の 6.25 以上の面積は 0.1001 となる.

例題 6.26

図表 6.8(b) は自由度 2 のカイ二乗分布の上側裾を示している. この上側裾の端は 4.3 である. 裾の面積を求めなさい.

ソフトウエア, あるいはグラフ電卓を用いると図表 6.8(b) の濃い領域は 0.1165 となる. 数表を用いるときには 0.1 と 0.2 の間の値としか分からないかもしれない.

例題 6.27

図表 6.8(c) は自由度 5, 切断点 5.1 のカイ二乗分布を示している. 裾の面積を求めなさい.

ソフトウエアを用いて 0.4038 の裾確率を求めなさい. 付論 C.3 を用いるなら, 裾の面積が 0.3 以上のことが分かるが, 正確な数値は得られない.

確認問題 6.28

図表 6.8(d) は自由度 7 のカイ二乗分布の端 11.7 を示している. 上側の面積を求めなさい[34].

確認問題 6.29

図表 6.8(e) は自由度 4 のカイ二乗分布の 10 の値を示している. 上側の面積を求めなさい[35].

---

[34] 面積は 0.1109. 数表を利用して 0.1 と 0.2 の間の値を求めなさい.
[35] 正確な値: 0.0404. 数表を用いると 0.02 と 0.05 の間の値となる.

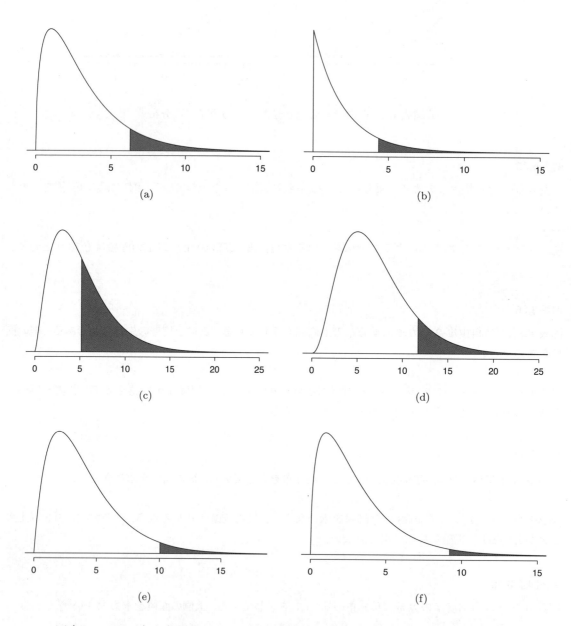

図表 6.8: **(a)** 自由度 3 のカイ二乗分布, 6.25 以上が濃い領域. **(b)** 自由度 2, 4.3 以上が濃い領域. **(c)** 自由度 5, 5.1 以上が濃い領域. **(d)** 自由度 7, 11.7 以上が濃い領域. **(e)** 自由度 4, 10 以上が濃い領域. **(f)** 自由度 3, 9.21 以上が濃い領域.

6.3. カイ二乗分布を用いた適合度検定

確認問題 6.30

図表 6.8(f) は自由度 3 のカイ二乗分布，切断面 9.21 である．上側の面積を求めなさい[36]．

6.3.4 カイ二乗分布による p 値

6.3.2 節では新たな統計量 (X^2) を陪審員の選出に人種的バイアスがあるか否かを評価するという問題を用いて導入したが，帰無仮説は陪審員はランダムにサンプリングされ人種的バイアスはない，対立仮説は陪審員の選出には人種的バイアスがあるということであった．

統計量 X^2 が大きければ対立仮説，人種的バイアスがあることに有利な証拠となり得る．しかし帰無仮説が正しかったとしても偶然に検定統計量が大きな値 ($X^2 = 5.89$) をとることを評価はしていない．帰無仮説が正しく人種的バイアスがないとすると，統計量 X^2 はカイ二乗分布にしたがい，自由度 3 となる．幾つかの仮定の下で X^2 統計量は自由度 $k-1$ (k は項目数) のカイ二乗分布にしたがう．

例題 6.31

陪審員の例ではカテゴリー数は幾つだろうか．X^2 へのカイ二乗分布の自由度は幾つにすべきだろうか．

前章で正規分布を用いるための標本サイズの条件と同様，X^2 に対して安心してカイ二乗分布を応用するため，標本サイズについての条件を事前にチェックすべきである．例えば各期待度数は少なくとも 5 とすべきである．陪審員の例では期待度数は 198, 19.25, 33, 24.75 であり，すべての値は 5 を超えているので，統計量の値 $X^2 = 5.89$ にカイ二乗分布を応用してもよいだろう．

例題 6.32

帰無仮説が正しければ，検定統計量 $X^2 = 5.89$ は自由度 3 のカイ二乗統計量を上手く利用できる．この分布と統計量を用いて p 値を求めよ．

カイ二乗分布と p 値は図表 6.9 に示されている．カイ二乗統計量が大きければ帰無仮説が反する強い証拠となるので，p 値を示すために上側裾部分に濃い影領域をつけておいた．統計ソフトウエアを利用すると (あるいは付録 C.3 の数表でも可能) 面積は 0.1171 となる．この大きさの p 値では普通は仮説を棄却できない．言い換えるとデータは陪審員の選択において人種的バイアスがあるという十分な証拠は与えてはいなことになる．

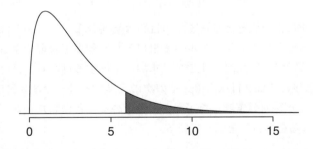

図表 6.9: 陪審員の仮説に対する p 値は $df = 3$ のカイ二乗分布の濃い影領域．

---

[36] 正確な値は 0.0266．数表を用いると 0.02 と 0.05 の間の値となる．

一元配置のカイ二乗検定

一般に k 項目のカテゴリーで観察度数 $O_1, O_2, ..., O_k$ が帰無仮説下で期待される度数と十分に異なるか否かを評価したいとする。期待される度数 $E_1, E_2, ..., E_k$ は帰無仮説の下で求めたい。期待される度数が少なくとも5, 帰無仮説が正しければ検定統計量は自由度 $k-1$ のカイ二乗分布にほぼしたがう:

$$X^2 = \frac{(O_1 - E_1)^2}{E_1} + \frac{(O_2 - E_2)^2}{E_2} + \cdots + \frac{(O_k - E_k)^2}{E_k}.$$

p 値はカイ二乗分布の上側裾部分により分かる。上側裾を見るのは, X^2 統計量の大きい値は帰無仮説に反するより重要な証拠になるからである。

カイ二乗検定の条件

カイ二乗検定を行う前に2つの条件をチェックすべきである。

独立性 (Independence). 分割表の度数の各項目はすべて独立に得られている。

標本サイズ/分布 (Sample size / distribution). 各項目 (各セル) の度数は少なくとも5となっている。

条件をチェックしないと, 検定の誤差率に影響を及ぼしかねない。

表に2項目しかなければ1項目を取り出し, 6.1節で導入した標本比率を用いればよい。

6.3.5 分布の適合度の評価

ここで扱う例を理解するには4.2節が有益であるが, 必須というわけではないことに注意しておこう。

本節の第二の例, データに1つの統計モデルを当てはめるときの評価問題にカイ二乗検定を適用しよう。株価指数S&P500(10)から求めた日次株式リターン(収益率)を用いてある日の株式変動がそれまでの変動とは独立となるか否か, を評価しよう。この問題はかなり複雑な疑問のように見えるが, カイ二乗検定が利用できる。各一日の株価の上昇, 下降を Up, Down (D) とラベルで表す。例えば価格の続く変化を上昇, 下降で表現, 各 Up の日付まで観察された度数は,

価格変化	2.52	-1.46	0.51	-4.07	3.36	1.10	-5.46	-1.03	-2.99	1.71
結果	Up	D	Up	D	Up	Up	D	D	D	Up
上昇までの日数	1	-	2	-	2	1	-	-	-	4

各日の変動が独立なら次に正の値をとる日までの日数は幾何分布にしたがうはずである。幾何分布は最初に成功するまでに観察されるトライアルが k 日目となる確率を表現できる。ここでは上昇する日を成功, 下降する日を失敗としておこう。上表では市場が上昇する日まで1日なので最初の待ち日数は1となる。次に上昇する日までは2日以上 Up, その次に上昇する日までは3日以上 Up となる。これらの度数 (1, 2, 2, 1, 4, ...) が幾何分布にしたがうか否か定めることにしたいが, 図表 6.10 は 10 年間の S&P500 について正となる待ち日数を示している。

日数	1	2	3	4	5	6	7+	全体
観測値	717	369	155	69	28	14	10	1362

図表 6.10: S&P500 の価格変化が正となる日までの待ち日数。

6.3. カイ二乗分布を用いた適合度検定

日数	1	2	3	4	5	6	7+	全体
観測値	717	369	155	69	28	14	10	1362
幾何分布モデル	743	338	154	70	32	14	12	1362

図表 6.11: 正となるまでの日数の分布. 幾何分布モデルによる期待度数は最後の行. 期待度数を求めるには幾何分布モデル ($P(D) = (1-0.545)^{D-1}(0.545)$) モデルの日数 D の確率を求め, 全数 1362 を乗じて得られる. 例えば幾何分布では 3 日の待ち日数は $0.455^2 \times 0.545 = 11.28\%$ となり, これは $0.1128 \times 1362 = 154$ に対応する.

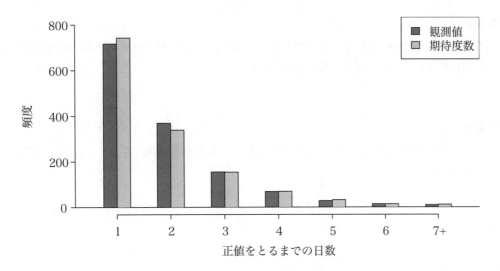

図表 6.12: 待ち日数の観測値と期待度数の並列プロット.

S&P500 株価指数において 上昇 (Up) 日が観測されるまでの待ち日数を考えよう. もしある日の株式の変動が他の日と独立で正値をとる確率が一定なら, 待ち日数は幾何分布 (geometric distribution) にしたがうと期待できる. この問題に仮説検定の考えを応用しよう.

H_0: ある日に株式市場が上昇, 下降するかは他のすべての日とは独立である. 次に上昇 (Up) する日までの日数を観察すると考える. 帰無仮説の下では次に上昇 (Up) する日までの日数は幾何分布にしたがう.

H_A: ある日に株式市場が上昇, 下降するかは他のすべての日とは独立ではない. 次に上昇 (Up) する日までの日数を観察すると考える. 帰無仮説の下では次に上昇 (Up) する日までの日数は幾何分布にしたがうので, 対立仮説を支持するのは幾何分布からの乖離をみればよい.

株取引業者にとっては結果は重要な意味がある: もし過去の取引の情報が今日の市場がどうなるか語ることに役立てば他の取引業者に対して有利となる.

図表 6.11 と図表 6.12 において S&P500 のデータと待ち日数を示しておく. S&P500 の変化は観測日の 54.5% は正であった.

カイ二乗分布の利用では各期待度数が少なくとも 5 であるから, 各期待度数がこの数値を満たすように各待ち日数が少なくとも 7 日となるように総日数をとっている. 実際のデータでは図表 6.11 における観測数の行と幾何分布からの期待度数の行を比較することができる. 期待度数の計算は図表 6.11 で議論されている. 一般に期待度数は (1) 各項目での帰無比率を識別すること, (2) 帰無比率を全数に乗じる, により求められる. これが各項目における全体数の割合を識別する方法である.

例題 6.33

図表からは普通でない大きな乖離が見つけられるだろうか. 見ることで変動が偶然によるものと言うことができるだろうか.

観察度数と幾何分布から期待される度数の違いが有意に異なるものかは自明ではないだろう. すなわち乖離が偶然によるものか, それともデータが帰無仮説に反する確かな証拠なのかは自明ではないのである. しかし図表 6.11 のように度数に関するカイ二乗検定により評価できる.

確認問題 6.34

図表 6.11 は待ち日数のデータ ($O_1 = 717$, $O_2 = 369$, ...) と幾何分布からの期待度数 ($E_1 = 743$, $E_2 = 338$, ...) を与えている. カイ二乗統計量を計算すると[37].

確認問題 6.35

期待度数はすべて少なくとも 5 であり, X^2 に対しカイ二乗分布を適用できる. ここで自由度は幾つをとるべきだろうか[38].

例題 6.36

観測度数が幾何分布に従っているとすると, 検定統計量 $X^2 = 4.61$ は自由度 $df = 6$ のカイ二乗分布にしたがう. この情報をもとに p 値を計算しなさい.

図表 6.13 はカイ二乗分布, 切断点, p 値は濃い領域を示している. 統計ソフトウエアにより p 値は 0.5951. 結局, S&P500 の過去 10 年のデータからは待ち日数が幾何分布に従うとの仮説を棄却する十分な証拠は得られない. つまり日次変動が独立である仮説は棄却できない.

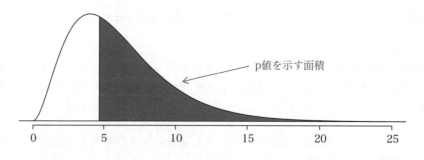

図表 6.13: 自由度 6 のカイ二乗分布. 株価分析の p 値は濃い領域.

---

[37] $X^2 = \frac{(717-743)^2}{743} + \frac{(369-338)^2}{338} + \cdots + \frac{(10-12)^2}{12} = 4.61$

[38] 項数は $k = 7$ 群であるから, $df = k - 1 = 6$.

例題 6.37

例 6.36 では過去 10 年間のデータでは日次変動が独立という帰無仮説を棄却できなかった．なぜこのことが重要だろうか．

例えば下方への変化が連続して起きると，市場は上昇へ修正するのが当然と考えがちである．しかし市場では当然に起きる修正があるとする強い証拠は見当たらないのである．少なくともこの分析では日次間の従属性は非常に弱いことを示唆している．

練習問題

6.31 真か偽か, パート I. 次の主張が正しいか否か説明しなさい. 間違っている主張については正しい主張に変えなさい.

(a) カイ二乗分布は正規分布と同様に 2 つの母数 (パラメター), 期待値と標準偏差で定まる.
(b) カイ二乗分布は自由度の値に関わらず常に右に歪んでいる.
(c) カイ二乗分布は常に正値をとる.
(d) 自由度が増加するにつれてカイ二乗分布の歪みは大きくなる.

6.32 真か偽か, パート II. 次の主張が正しいか否か説明しなさい. 間違っている主張については正しい主張に変えなさい.

(a) 自由度が増加するにつれてカイ二乗分布の期待値は増大する.
(b) $\chi^2 = 10$, 自由度 $df = 5$ なら H_0 は 5% 有意水準で棄却される.
(c) カイ二乗検定の p 値を求める場合は常に両側の裾の面積を用いる.
(d) 自由度が増加するにつれてカイ二乗分布のばらつきは減少する.

6.33 オープン・ソース教科書. オープン・ソースの入門統計学の本を利用しているある教授は 60% はハードコピーの本を購入, 25% は Web ページからコピーを出力, 15% はオンラインで読むと予想している. 学期の終了時に学生に教科書をどのように利用したかを調査した. 126 名の学生の中で 71 名はハードコピーの本を購入, 30 名は Web から出力, 25 名はオンラインで読んだと答えた.

(a) 教授の予測は正確ではなかったか否か検定する仮説を説明しなさい.
(b) 何名の学生が本を購入, 本をプリントして読む, オンラインのみで読むと教授は予想していただろうか?
(c) この問題はカイ二乗検定に適している. 検定に必要な条件を述べ, その条件を満足していることを示しなさい.
(d) カイ二乗統計量, 自由度, p 値を計算しなさい.
(e) ここで求めた p 値をもとに仮説検定の結果は何か, 結論を解釈しなさい.

6.34 ホエ・ジカ. 中国の海南島でホエ・ジカ (barking deer) の餌とねぐらに関係する居住要因の調査が行われた. この地域では林が土地の 4.8%, 耕作された牧草地が 14.7%, 落葉樹の森 39.6% であった. 426 地点では 4 か所が森, 16 か所が耕作された牧草地, 61 か所が落葉樹の森であった. 以下の分割表に得られたデータが要約されている[39].

森 (Woods)	耕作された牧草地	落葉樹の森	その他	全体
4	16	61	345	426

(a) ホエ・ジカは他に比べてある種の土地の餌を好むことを検定する仮説を述べなさい.
(b) この研究課題についてどのような検定法を用いるか.
(c) その検定に必要な条件が満たされるかチェックしなさい.
(d) このデータはホエ・ジカは他に比べてある種の土地の餌を好むとする説得的な証拠を与えているだろうか. この研究課題にこたえるための適切な仮説検定を行いなさい.

Photo by Shrikant Rao
(http://flic.kr/p/4Xjdkk)
CC BY 2.0 license

---

[39] Liwei Teng et al. "Forage and bed sites characteristics of Indian muntjac (Muntiacus muntjak) in Hainan Island, China". In: *Ecological Research* 19.6 (2004), pp. 675–681.

6.4 二元配置での独立性検定

我々は中古品,車,計算機,教科書,などを購入するが,その際には時に商品の売り手が正直に問題を説明していると仮定していることがある.しかししばしば額面道理には受け取るべきではないだろう.過去に2度のフリーズを経験がある中古のアイポッド (iPod) を売る可能性がある219名の協力を得た研究がある[40].

参加者は参加料10ドルに加えて売り上げの5%を受け取るので,アイポッド (iPod) について金銭的にインセンティブがあったが,研究者の方はどのような質問が売り手にPCのフリーズ問題を表明するか理解したかったのである.研究ではだれが売り手であるか参加者には知らせず,買い手は研究者と協力して,どの質問がアイポッド (iPod) について過去に起きた問題を売り手が打ち明ける可能性があるか評価した.台本上の買い手は「OK,私から始めよう.あなたは2年間アイポッド (iPod) を利用している...」から始め,最後に次の3つの質問の1つで終わる:

- 一般的質問:アイポッド (iPod) について何か言うことありますか?
- 肯定的質問:何も困った問題はなかったですね?
- 否定的質問:困った問題は何でした?

質問は売り手への処理効果であり,結果は質問に対してアイポッド (iPod) のフリーズ問題を打ち明けるか否かであった.結果は図表6.14に示したが,データは質問「何も困った問題はなかったですね?」がもっとも過去のアイポッド (iPod) フリーズ問題を明らかにするのに効果的であった.しかしここで振り返ってみる必要がある.この結果は単なる偶然,あるいはある質問が真実を得るのに効果的だった証拠はないのだろうか.

	一般的質問	肯定的質問	否定的質問	全体
打ち明ける	2	23	36	61
隠す	71	50	37	158
合計	73	73	73	219

図表 6.14: iPod 研究の要約.質問と回答.

一元配置と二元配置の相違点

一元配置表は1つの変数についての各項目について変数の各度数を表現している.二元配置表は2つの変数について変数の組み合わせの度数を表現している.二元配置表を考える場合にはしばしば2つの変数がどのように関連しているかを知りたい.すなわち変数が (独立に対して) どのように依存しているかである.

アイポッド (iPod) 実験における仮説検定は実はどの質問により参加者がアイポッド問題を明らかにしているか,統計的に有意な証拠を見つける問題である.言い換えると,目的は買い手の売り手への質問と売り手が問題を開示することとは独立なのか否かを調べることにある.

---

[40] 著者達より若い読者のために一言,アイポッド (iPod) は後の世代のアイホーン (iPhone) と同様だが電話サービスがない.初期の世代はより基本的だった.

6.4.1 二元配置での期待値

一元配置と同様に，二元配置の各セルについて推定される度数が必要である．

> **例題 6.38**
> 実験ではフリーズ問題を開示した売り手の割合は $61/219 = 0.2785$．質問に対して実際に差がなければ，売り手の 27.85%はどのような質問があってもフリーズ問題を開示するはずだが，全体では一般的質問群では何名がフリーズ問題を開示すると期待されるだろうか．
>
> ここでは $0.2785 \times 73 = 20.33$ の売り手が問題を開示すると期待される．観察値がこの値より小さいことは明らかであるが，この差が偶然によるものか，あるいは質問により真実により近づくことが可能か否かは明らかではない．

> **確認問題 6.39**
> 質問が同等に効果的であり約 27.85%がどんな質問があってもフリーズ問題を開示するとすると，約何名の売り手が好意的仮定の場合にフリーズ問題を隠すと期待されるだろうか[41]．

例題 6.38 および練習問題 6.39 で用いた方法により，質問内容が開示することに影響しないならば，すべての群に対してフリーズ問題の開示の有無が期待される数値を計算できる．その数値は図表 6.15 に示しているが，それは図表 6.14 と同一 (カッコ内に期待される度数を追加した以外は) である．

	一般的質問	肯定的質問	否定的質問	全体
開示	2 (**20.33**)	23 (**20.33**)	36 (**20.33**)	61
隠す	71 (**52.67**)	50 (**52.67**)	37 (**52.67**)	158
全体	73	73	73	219

図表 6.15: 観測度数と期待度数．

ここでの例と復習問題により期待度数の評価に役立つだろう．一般に二元配置問題での期待度数は行和, 列和, 総和を用いて評価される．例えば群間に差がなければ第 1 行の各列には約 27.85% として

$$0.2785 \times (列\ 1\ 合計) = 20.33 \ ,$$
$$0.2785 \times (列\ 2\ 合計) = 20.33 \ ,$$
$$0.2785 \times (列\ 3\ 合計) = 20.33 \ .$$

ここで 0.2785 の計算がフリーズ問題を開示した売り手の割合 (158/219) であるから，3 つの期待度数は

$$\left(\frac{行\ 1\ 合計}{総合計}\right)(列\ 1\ 合計) = 20.33 \ ,$$
$$\left(\frac{行\ 1\ 合計}{総合計}\right)(列\ 2\ 合計) = 20.33 \ ,$$
$$\left(\frac{行\ 1\ 合計}{総合計}\right)(列\ 3\ 合計) = 20.33 \ .$$

このことから列変数と行変数の間に関連するか否かの二元配置における期待度数を求める一般的公式が導かれる．

---

[41] ここでは $(1 - 0.2785) \times 73 = 52.67$ となる．

6.4. 二元配置での独立性検定

二元配置での期待度数の計算.

第 i^{th} 行と第 j^{th} 列について，計算すると

$$\text{(期待度数)Expected Count}_{\text{row }i,\text{ col }j} = \frac{(\text{行 }i\text{ 合計}) \times (\text{列 }j\text{ 合計})}{(\text{総合計})}$$

となる．

6.4.2 二元配置でのカイ二乗検定

二元配置のカイ二乗検定統計量は一元配置の場合と同様である．二元配置の各セルについて計算すると:

一般公式	$\dfrac{(\text{観測度数} - \text{期待度数})^2}{(\text{期待度数})}$
行 1, 列 1	$\dfrac{(2-20.33)^2}{20.33} = 16.53$
行 1, 列 2	$\dfrac{(23-20.33)^2}{20.33} = 0.35$
⋮	⋮
行 2, 列 3	$\dfrac{(37-52.67)^2}{52.67} = 4.66$.

各セルについての値を加えるとカイ二乗統計量 X^2 は，

$$X^2 = 16.53 + 0.35 + \cdots + 4.66 = 40.13 \ .$$

前と同様にこの統計量はカイ二乗分布にしたがう．ただし自由度の計算は二元配置の場合にはほんの少し異なる[42]．二元配置の場合には自由度は

$$df = ([(\text{行数}) - 1]) \times [(\text{列数}) - 1] \ .$$

ここでの例の自由度は

$$df = (2-1) \times (3-1) = 2 \ .$$

帰無仮説が正しければ (すなわち実験において質問内容が売り手に影響しなければ)，検定統計量は $X^2 = 40.13$, 自由度 2 のカイ二乗分布に近いはずである．この情報から求められた p 値は図表 6.16 に表現されている．

二元配置での自由度の求め方

二元配置でのカイ二乗検定を適用するときには

$$df = (R-1) \times (C-1)$$

を用いる．ここで R は配置の行数，C は列数である．

---

2 − 2 分割表を分析する場合，6.2 節で導入した 2 つの比の方法が有効である．

---

[42] 一元配置の場合には自由度はセルの数マイナス 1 であった．

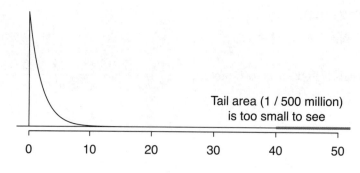

図表 6.16: p 値の視覚化 ($X^2 = 40.13$, 自由度 $df = 2$).

例題 6.40

p 値を求め, 質問内容が売り手にフリーズ問題を開示をすることに影響するか結論を導きなさい.

 計算機を利用すると自由度2のカイ二乗分布により $X^2 = 40.13$ より以上の裾の面積の正確な値が求まり 0.000000002 となる. (付録 C.3 を用いると p 値は 0.001 より小さくなる.) 有意水準 $\alpha = 0.05$, を用いると, p 値はより小さいので帰無仮説は棄却される. すなわちデータによると質問内容が売り手の iPod の問題を正しく説明する可能性に影響する証拠がある.

例題 6.41

 図表 6.17 は薬メトホルミン (metformin) で治療を受けている 10 歳-17 歳のタイプ 2 糖尿病の患者に対する 3 つの治療法を評価する実験結果を要約している. 3 種類の治療は薬メトホルミン (metformin, met) を続ける, 薬メトホルミン (metformin) と薬ロシグリタゾン (rosiglitazone, rosi) を併用する, ライフスタイル・プログラムを行う, というものである. 各患者の主な結果は 血糖コントロール (glycemic control) 失敗 (f,failure), 血糖コントロール (control) 成功 (s,success) のどちらかである. この検定で適切な仮説はなにか.

H_0: 3つの治療法の効果に差がない.

H_A: 3つの治療法の効果には差はある, 多分 rosi 処理の方が治療 lifestyle より効果がある.

	失敗 (f)	成功 (s)	全体
ライフ・スタイル	109	125	234
(薬) メトホルミン (met)	120	112	232
(薬) ロシグリタゾン (rosi)	90	143	233
全体	319	380	699

図表 6.17: 薬メタホルミンと薬ロシグリタゾンの併用.

6.4. 二元配置での独立性検定

確認問題 6.42

二元配置のカイ二乗検定を例 6.41. での仮説に適用できよう. 最初のステップとして各セルでの期待度数を計算する[43].

確認問題 6.43

図表 6.17 のデータを用いてカイ二乗統計量を求めよ[44].

確認問題 6.44

3 行 2 列であるので自由度は $df = (3-1) \times (2-1) = 2$ となる. 統計量 $X^2 = 8.16(df = 2)$ より有意水準 0.0 で帰無仮説を棄却するか否かを評価せよ[45].

---

[43] 1 行 1 列での期待度数は行和 (234) と列和 (319) を総計 (699) で割り, $\frac{234 \times 319}{699} = 106.8$. 同様に第二列 1 行では $\frac{234 \times 380}{699} = 127.2$. また 2 行は 105.9 と 126.1. 3 行は 106.3 と 126.7 となる.

[44] 各セルについて $\frac{(\text{obs}-\text{exp})^2}{exp}$ を計算する. 例えば第 1 行 1 列は $\frac{(109-106.8)^2}{106.8} = 0.05$. 各セルでの結果を加えるとカイ二乗統計量は $X^2 = 0.05 + \cdots + 2.11 = 8.16$.

[45] 計算機を用いると p 値は 0.017 となる. すなわち p 値は 0.05 より小さいので帰無仮説を棄却し, 血糖コントロール (glycemic control に対するタイプ 2 糖尿病への処理について少なくとも 1 つの治療法は他の方法に比べて, より効果が大きいか効果が小さい, と結論される.

練習問題

6.35 禁煙. 支援グループの一員であることにより人々は喫煙を止める行動に影響するか？ある郡の健康部門が300名の喫煙者を集め，ランダム化実験を行った．150名はニコチン・パッチを使い，毎週支援グループと会合を持ち，他の150名はニコチン・パッチを使用したが，支援グループとの会合はなかった．研究の終了時にはパッチと支援は40名が喫煙を中止，他のグループは30名が喫煙を中止した．

(a) この研究の結果について二元分割表を作りなさい．
(b) 帰無仮説「支援グループは人々に喫煙を止める効果はない」について次の質問に答え，期待値は観測値から乖離しているか否かを説明しなさい．
   i. 「パッチ＋支援」グループの何名が喫煙を止めると期待できるだろうか．
   ii. 「パッチのみ」のグループの何名が喫煙を止めないと期待できるだろうか．

6.36 全身スキャン，パートⅡ. 次の分割表は練習問題6.26で既に遭遇した全身スキャンへの賛否と政党支持との関係のデータをまとめたものである．各政治グループ間の差は単なる偶然の産物かもしれない．個人の所属政党と全身スキャンの賛否は独立であるという帰無仮説の下で計算を行いなさい．なお計算に先立ち，行和に余分の列を加えてみることが役立つかもしれない．

		支持政党		
		共和	民主	無党派
回答	賛成	264	299	351
	反対	38	55	77
	分からない・無回答	16	15	22
	合計	318	369	450

(a) 共和党支持者の何名が全身スキャンを支持すると期待できるだろうか．
(b) 民主党支持者の何名が全身スキャンを支持すると期待できるだろうか．
(c) 無党派の何名が全身スキャンを支持すると期待されるだろうか．

6.37 海洋掘削，パートⅢ. 次の分割表は練習問題6.23で既に見たランダムに得られた大卒とそれ以外が石油の掘削への意見を聞いたデータの要約である．大卒とそれ以外による意見の違いは統計的に有意と言えるか否か，このデータでカイ二乗検定を行いなさい．

	大卒	
	はい	いいえ
支持	154	132
反対	180	126
分からない	104	131
合計	438	389

6.38 リンパ管フィラリア. リンパ管フィラリアは寄生虫により引き起こされる病気である．病状の合併症により腫れや他の合併症を引き起こす．この寄生虫を除去するために専門家により開発された3つの薬による治療法をランダム化実験による結果を考えよう．研究の2年目の結果が以下に示されている[46]．

	2年で除去	2年では非除去
3種の薬	52	2
2種の薬	31	24
毎年2種の薬	42	14

(a) 3種の治療効果に差があるか評価するための仮説を立て，条件を検証しなさい．
(b) 統計ソフトウエアによりカイ二乗検定を行ったところ出力は次のようであった．

$$X^2 = 23.7, \qquad df = 2, \qquad p\text{値} = 7.2\text{e-}6.$$

この結果から例(a)で立てた仮説を評価し，この問題についての結論を述べなさい．

---

[46] Christopher King et al. "A Trial of a Triple-Drug Treatment for Lymphatic Filariasis". In: *New England Journal of Medicine* 379 (2018), pp. 1801–1810.

章末練習問題

6.39 アクティブ・ラーニング. ある教員が授業のアクティブ・ラーニングを増やそうとしていて考えている計画に対する学生の反応に関心がある. クラスの中で調査を行い, 伝統的な講義形式に比べクラスでのよりアクティブラーニング (順番に演習) に方が学習の助けになると思うか尋ねた. 学期の最初と最後に調査を行い, 学生の意見が変化したか否かを評価する. この分析に本章で学んだ方法を使えるだろうか, 回答の理由も説明しなさい.

6.40 Web 実験. NPO のオープン・イントロ (OpenIntro) では Web サイトのデザインとリンクの位置についてときどき実験している. ある実験では本のページにおけるダウンロードリンクの 3 か所の異なる位置がもっともダウンロード数が増えるか否かを検討した. この実験に参加した訪問者は 701, それぞれの対応は次の表に与えられている.

	ダウンロード	ダウンロードなし
位置 1	13.8%	18.3%
位置 2	14.6%	18.5%
位置 3	12.1%	22.7%

(a) 6 か所それぞれの訪問者数を求めなさい.
(b) 3 か所での実験への参加者はそれぞれの群へ同等に参加の可能性がある. しかし群の数は多少の違いがみられる. グループはバランスを欠いているとの証拠があるだろうか？仮説を述べ, 適切な統計量と p 値を求めデータから導かれる結論を述べなさい.
(c) 3 つの群の中で教科書をクリックする訪問者が高い箇所が存在するか否か証拠があるか仮説検定を用いて調べなさい.

6.41 休日の贈り物. ある地域のニュース調査ではロサンゼルス在住の 500 名をランダムに休日の贈り物をどのように送るか聞いた. 以下の分割表は年齢別にその回答の分布を各セルにその期待される値と共に示したものである.

		年齢						全体
		18-34		35-54		55+		
	USPS	72	(81)	97	(102)	76	(62)	245
	UPS	52	(53)	76	(68)	34	(41)	162
郵送法	FedEx	31	(21)	24	(27)	9	(16)	64
	その他	7	(5)	6	(7)	3	(4)	16
	分からない	3	(5)	6	(5)	4	(3)	13
	合計	165		209		126		500

(a) ロサンゼルスの住民の間では年齢と休日贈り物を送る手段は独立である, という仮説検定での対立仮説を述べなさい.
(b) カイ二乗検定を用いて推測を行う条件は満たしているか.

6.42 南北戦争. ある全国調査では 1,507 名の成人への単純ランダムによると, 56% の米国人は南北戦争は米国の政治と政治生活の上ではなお重要であると回答があった[47].
(a) このデータが米国人の多数はなお南北戦争は重要な意味があるとする強い証拠であるか否か, 仮説検定を行いなさい.
(b) p 値を解釈しなさい.
(c) なお南北戦争は重要な意味があると考えている米国人の 90% 信頼区間を求めなさい. その信頼区間を解釈し, それが仮説検定の結果とと一致しているかコメントしなさい.

6.43 大学での喫煙. ある大学の学生で喫煙する割合を推定したいとする. この大学の 200 名のランダムサンプルから 40 名が喫煙者であった.
(a) この大学で喫煙する学生の割合についての 95% の信頼区間を計算, 結果を解釈しなさい. (注意) 仮説検定が妥当となる条件も調べなさい.
(b) 喫煙する学生の割合の 95%信頼区間の誤差率を 2% 以内にしたければ, どの程度のサンプルが必要だろうか.

6.44 アセトアミノフェンと肝臓. アセトアミノフェン (acetaminophen, タイノールのような解熱鎮痛剤) を多量に服用すると肝臓にダメージが生じる可能性がある. ある研究者は肝臓にダメージを受ける患者の割合を研究により推定したいとする. この研究に参加する患者には 1 人 20 ドルと肝臓にダメージを受けた時にはフリーの医学的相談が受けられることとした.

---
[47] Pew Research Center Publications, Civil War at 150: Still Relevant, Still Divisive, data collected between March 30 - April 3, 2011.

(a) 98%信頼区間の誤差率を2%に制限したいとすると，患者に支払うために用意すべき最小の金額はいくらか．

(b) ここで計算した金額は予算をかなり超過したので，患者数を減らすことにした．このとき信頼区間の幅にどのような影響が生じるか．

6.45 大学卒業後の生活. 中規模の大学における学部を卒業してから1年以内に職を見つける割合を推定したいとする．調査を行い，400名のランダムに選んだ卒業生の348名が仕事を見つけていたとしよう．この大学の卒業生は4500名以上いる．

(a) 関心のある母数 (パラメター) を説明しなさい．この母数の点推定値は幾つか．

(b) このデータに基づいて信頼区間を構成して良い条件を調べなさい．

(c) この大学の学部を卒業してから1年以内に仕事が見つかる比率の95%信頼区間を求め，結果を解釈しなさい．

(d) この「95%の信頼」とはどういう意味だろうか？

(e) 同じ母数の99%信頼区間を求めデータと共に解釈しなさい．

(f) 95%信頼区間と99%信頼区間を比較しなさい．どちらがより幅が広いか説明しなさい．

6.46 糖尿病と失業. 米国人を対象に就業状態と糖尿病の有無についてギャロップ調査が行われた．調査結果から就業者 (正規と非正規) 47,774名の1.5%，18-29歳で失業している5,855名の2.5%が糖尿病とのことであった[48]．

(a) この結果についての二元分割表を作成しなさい．

(b) 就業している米国人と失業している米国人に糖尿病の比率が異なることに関して検定すべき仮説を述べなさい．

(c) 標本での差は約1%であった．仮説検定を行えば，p値は非常に小さい (ほぼゼロ) となるかもしれないが，その場合は統計的に有意となる．この結果を用いて，統計的に有意であることと，実際的に有意な発見との相違を説明しなさい．

6.47 グー・チョキ・パー. グー・チョキ・パーでは2人ないしそれ以上の手遊びでグー，チョキ，パーのどれかを選ぶ．統計学の授業で参加者が3つのオプションからランダムに選ぶのか，あるいは何かの選択を他より好むかを評価したいとしよう．次の表はデータを要約したものである．

グー	パー	チョキ
43	21	35

このデータを用いて3つのオプションからランダムに選ぶか，あるいは何かの選択を他より好むかを評価しなさい．分析の各段階を明確にし，データと問題について得られた結果を説明しなさい．

6.48 2010健康管理法. 2012年6月28日米国最高裁は論争的な2010健康管理法が合憲であるとした．この決定の後に行われたギャロップ調査では1,012名の46%がこの決定に賛成と報じた．95%信頼水準，誤差率3%とのことであった．この情報をもとに，次の主張は正しいか，正しくないか理由も説明しなさい[49]．

(a) 2010年健康管理法が合憲であるとの最高裁の決定を支持する割合は，標本の米国人の43%から49%の間であることを95%信頼できる．

(b) 2010年健康管理法が合憲であるとの最高裁の決定を支持する米国人の割合は43%から49%の間であることを95%信頼できる．

(c) 米国人1,012名のランダムサンプルを多数とり，最高裁の決定を支持する割合を計算すると95%の割合で43%と49%の間となる．

(d) 90%信頼水準の標準誤差は3%以上高い．

6.49 携帯とネット. 米国成人2,254名による調査では携帯電話を持つ17%は計算機や他のデバイスではなく自分の携帯電話だけでインターネットを利用する，であった[50]．

(a) あるネットリサーチのオンラインの論文によると中国のwebユーザーの38パーセントは携帯電話を使ってインターネットにアクセスするとのことである[51]．これらのデータから米国人が携帯電話でインターネットにアクセスする割合は中国人の割合38%と異なる，という強い証拠か否か仮説検定を行いなさい．

(b) p値を解釈しなさい．

(c) 米国人が携帯電話でインターネットにアクセスする割合の95%信頼区間を求めなさい．

6.50 コーヒーとうつ. 研究者のグループはカフェイン入りコーヒーの消費と女性のうつ病リスクの関係を調べている．1996年に研究を始めた時点ではうつ病の症状のない50,739名の女性についてその後2006年までデータを集めた．研究者が利用したカフェイン入りコーヒーの質問票では医師が診断したうつ病についてと抗うつ病の利用が含まれていた．以下の表はカフェイン入りコーヒー消費とうつ病の件数の分布を示している．

---

[48] Gallup Wellbeing, Employed Americans in Better Health Than the Unemployed, data collected Jan. 2, 2011 - May 21, 2012.

[49] Gallup, Americans Issue Split Decision on Healthcare Ruling, data collected June 28, 2012.

[50] Pew Internet, Cell Internet Use 2012, data collected between March 15 - April 13, 2012.

[51] S. Chang. "The Chinese Love to Use Feature Phone to Access the Internet". In: *M.I.C Gadget* (2012).

6.4. 二元配置での独立性検定

		カフェイン入りコーヒー消費					
		≤ 1 1 杯 (週)	2-6 数杯 (週)	1 1 杯 (日)	2-3 数杯 (日)	≥ 4 数杯 (日)	全体
医学的 うつ	イエス	670	373	905	564	95	2,607
	ノー	11,545	6,244	16,329	11,726	2,288	48,132
	合計	12,215	6,617	17,234	12,290	2,383	50,739

(a) コーヒー摂取とうつ病との関係を評価するにはどのような検定が適切か.

(b) ここで述べた検定における仮説をかき出しなさい.

(c) 女性がうつ病となる, あるいはならない割合を計算しなさい.

(d) 注目すべき項目について期待される度数と検定統計量へのこの項目の貢献度 (観測度数 − 期待度数)^2/期待度数 を求めなさい.

(e) 検定統計量は $\chi^2 = 20.93$ であった. p 値を求めなさい.

(f) 仮説検定の結論は何だろうか.

(g) この研究に参加した著者の 1 人は NY タイムズにこの研究をもとに「女性がコーヒーを追加的に飲みことを推奨するにはまだ早すぎる...」と述べている. この説明に同意するか, その理由も述べなさい.

第7章

量的データに対する推測

7.1 1標本の平均とt分布

7.2 対応のあるデータ

7.3 2つの平均の差

7.4 平均の差に対する検出力の計算

7.5 ANOVAによる多くの平均の比較

既に第5章では，標本の比率に対して，正規分布を用いた信頼区間や仮説検定に基づく統計的推測の枠組みを導入した．本章では，いくつかの点推定値と新たな分布を扱うが，どの場合でも，推測の考え方は同じである．有益な点推定値/検定統計量は何かを定め，点推定値/統計量についての適切な分布を求め，推測の考え方を適用する．

日本語版の参考資料はhttps://www.jstat.or.jp/openstatistics/ (日本統計協会) を訪問されたい．
原著の資料は以下にある．www.openintro.org/os

7.1　1標本の平均と t 分布

正規分布によって，標本比率 $\hat{p}$ の変動がモデル化できるのと同様に，一定の条件が満たされれば，標本の平均 $\bar{x}$ も正規分布を用いてモデル化できる．しかし，すぐに分かるように，標本平均を扱う場合には，t 分布という新たな分布のほうがより有用である場合が多い．まず，この新たな分布である t 分布について学び，それを用いて平均に対する信頼区間と仮説検定の構築する．

7.1.1　$\bar{x}$ の標本分布

一定の条件が満たされれば，標本平均は母集団平均 μ を中心とする正規分布に近似的に従う．さらに，母集団の標準偏差 σ と標本サイズ n によって，標本平均の標準誤差を計算できる．

> **標本平均に対する中心極限定理**
>
> 平均が μ，標準偏差が σ の母集団から，十分に大きな n 個の独立な観測値からなる標本が得られたとき，$\bar{x}$ の標本分布は
>
> $$\text{平均} = \mu, \qquad \text{標準誤差}(SE) = \frac{\sigma}{\sqrt{n}}$$
>
> の正規分布に近似的に従う．

$\bar{x}$ を用いる信頼区間と仮説検定に取り掛かる前に 2 つのトピックをカバーする必要がある．

- 以前に正規分布を用いて $\hat{p}$ をモデル化したときに，一定の条件が必要であった．$\bar{x}$ を用いる場合の条件はそれよりやや複雑であり，推測のための条件の確認の議論を 7.1.2 節で行う．

- 標準誤差は，母集団の標準偏差 σ に依存する．しかし，稀な場合を除いて，σ の値は未知であり，推定が必要となる．この推定はそれ自体が不完全であるため，t 分布という新たな分布を用いて，この問題を解決する．これについては 7.1.3 節で扱う．

7.1.2　$\bar{x}$ のモデリングに必要な 2 つの条件の評価

標本平均 $\bar{x}$ に対する中心極限定理を適用するためには以下の 2 つの条件が必要となる．

独立性　標本観測値は独立でなければならない．この条件を満たす最も一般的な状況は，標本が母集団からの単純無作為標本であるときである．もしもデータがサイコロ投げと同様な確率プロセスから得られものならば，この場合も独立性の条件が満たされることになる．

正規性　標本が小さい場合には，正規母集団から標本観測値が得られていることが必要となる．標本サイズが大きくなるに連れて，この条件を弱めることができる．もちろん，この条件は曖昧であり，評価が難しい．そのために条件を簡単に確認できる経験則を以下で紹介する．

7.1. 1標本の平均とT分布

> **正規性確認を行うための経験則**
>
> 正を確認する完全な方法はないため，以下の2つの経験則で代用する:
>
> **n < 30:** 標本サイズnが30以下の場合は，データの中に明らかな外れ値がない限り，条件を満たすような正規分布に近い分布からデータが得られていると仮定するのが一般的である．
>
> **n ≥ 30:** 標本サイズnが少なくとも30の場合は，たとえ各観測値の母集団分布が正規分布に近くなくとも，**特に極端な外れ値**がない限りは，$\bar{x}$の標本分布は近似的に正規分布であると一般に仮定する．

この統計学入門コースにおいて期待されていることは，正規性に対する完璧な判断力を養うことではなく，上述の経験則に基づいて，事例を明確に扱うことである[1]．

例題 7.1

異なる母集団からの単純無作為標本から得られる以下の2つのプロットを考える．それらの標本サイズは$n_1 = 15$と$n_2 = 50$である．

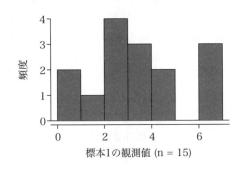
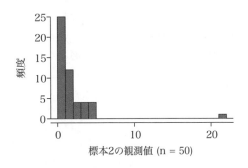

それぞれの場合で，独立性と正規性の仮定は満足されているか．

各標本は，それぞれの母集団からの単純無作為標本であるため，独立性の条件は満たされている．上述の経験則を用いて，各標本の正規性の条件を確認しよう．

最初の標本には30未満の観測値しかないため，明らかな外れ値がないか注視しよう．外れ値は1つもないが，ヒストグラムの右側に小さな隙間がある．この隙間は小さく，この小標本の20%の観測値がヒストグラムの右端の柱で表されている．したがって，これらを明白な外れ値と呼ぶことはできない．明白な外れ値がないため，正規性の条件が満たされていると判断できる．

2番目の標本の大きさは30より大きいが，外れ値を含んでいるように見える．この外れ値は，その次に最も離れている観測値に比べて，さらに5倍程度も分布の中心から離れている．これは特に極端な外れ値であり，正規性の条件は満たされていないであろう．

実際の場面では，データから観察されるものを超えて，母集団分布が，中程度のゆがみを持つか（$n < 30$の場合），特に極端な外れ値がないか（$n \geq 30$の場合）を評価する心理チェックをすることも多い．例えば，Twitterの各個人のアカウントに対するフォロワー数を考え，この分布について想像してみよう．大多数のアカウントがせいぜい数千程度のフォロワーしか増やせないのに対して，ほんのひとにぎりのアカウントが数千万ものフォロワーを集めている．これは，分布が極端に歪んでいることを意味する．データがそのような極端に歪んでいる分布から得られていると分かれば，正規性の条件が満たされるために十分な標本サイズがどの程度の大きさであるかを理解するには，相応の努力

---

[1] さらに細かいガイドラインとして，標本サイズが非常に大きいときは**特に極端な外れ値**の確認を緩和することが考えられる．しかし，このような議論は将来の本コースの課題としよう．

が求められる．

7.1.3 t 分布の導入

実際には，$\bar{x}$ の標準誤差を直接計算することはできない．母集団標準偏差が未知であるためである．標本比率の場合も，その標準誤差が母集団比率 p に依存していたため，同様な問題が生じた．標本比率の場合の解決策は，母集団の値に対応する標本の値を代入して，標準誤差を計算することである．$\bar{x}$ の標準誤差を求める場合にも同様な方針を採用し，σ に標本標準偏差 s を代入して標準誤差を計算することにする：

$$SE = \frac{\sigma}{\sqrt{n}} \approx \frac{s}{\sqrt{n}}.$$

この方針は，データサイズが大きく s によって σ を正確に推定できる場合にはうまくいく．しかし，小標本の場合には推定は正確性を欠き，正規分布を用いて $\bar{x}$ をモデル化すると問題が生じる．

推測の計算のために **t 分布** (t-distrubition) という新たな分布を使うことが便利であることが分かる．図表 7.1 で実線で示されているように，t 分布は釣り鐘のような形をしている．しかし，t 分布の裾は正規分布の場合より厚い．そのため，正規分布に比べてより多くの観測値が，平均から標準偏差の 2 倍以上離れている範囲に分布している．t 分布のより一層の厚い裾こそが，SE の計算において σ に s を代入する問題を解決するのに必要な修正である．

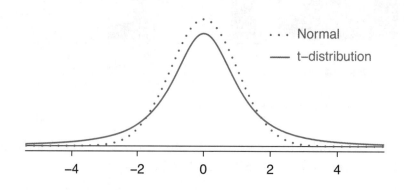

図表 7.1: t 分布と正規分布の比較

t 分布は，ゼロを中心とし，自由度という単一のパラメータを持つ．自由度 (degrees of freedom, df) は，釣り鐘型の t 分布の正確な形状を記述する．図表 7.2 には，正規分布と比較して，いくつかの t 分布が図示されている．

通常は，標本サイズが n であるとき，自由度が $n-1$ の t 分布を用いて標本平均をモデル化する．すなわち，観測値が増えると自由度が大きくなり，t 分布は標準正規分布に類似して見えるようになる．

自由度 (*df*)

自由度は t 分布の形を特徴付ける．自由度が大きくなるほど，t 分布は標準正規分布をより近似する．t 分布を用いて，$\bar{x}$ をモデル化するときは，$df = n - 1$ を用いよ．

数値データを分析するとき，正規分布より t 分布の方がより大きな柔軟性をもたらす．実際には，これらの分析には，R, Python, SAS などの統計ソフトを用いるのが一般的である．そうする代わりに，グラフ電卓あるいは **t 分布表**を用いることもできる．t 分布表は正規分布表に似ている．t 分布表を選ぶ人のために，その使用法や用例とともに，付録 C.2 に t 分布表が掲げられている．どのアプ

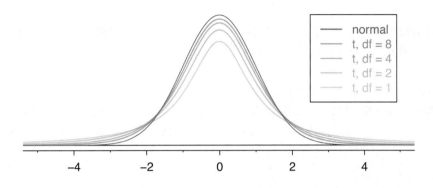

図表 7.2: 自由度が大きくなるほど，t 分布は標準正規分布により類似する．

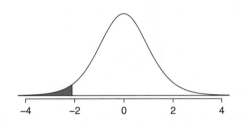

図表 7.3: 自由度 18 の t 分布．-2.10 以下の面積は影がつけられている．

ローチをあなたが選ぶにしろ，以下の例題を用いてあなたの方法を適用し，t 分布の基本的な理解を確認しなさい．

例題 7.2

自由度 18 の t 分布が -2.10 以下になる比率はいくつか．

正規確率の問題のように，図表 7.3 の図を描き，-2.0 以下の面積に影をつける．ソフトを用いれば，0.0250 という正確な値を求められる．

例題 7.3

自由度 20 の t 分布が図表 7.4 の左のパネルに描かれている．分布が 1.65 を超える比率を推定せよ．

正規分布の場合には，これは 0.05 に相当する．したがって，t 分布の場合にもその近傍の値であると期待できる．統計ソフトを用いると，0.0573 となる．

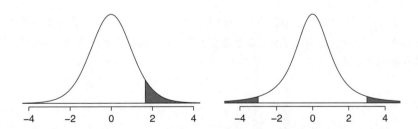

図表 7.4: 左: 自由度 20 の t 分布．1.65 を超える面積に影がつけられている．右: 自由度 2 の t 分布．0 から 3 単位以上離れている面積に影がつけられている．

例題 7.4

自由度 2 の t 分布が図表 7.4 の右パネルに示されている．平均から 3 単位以上（上または下に）離れて分布している面積を推定せよ．

自由度がこれほど小さいため，t 分布は，正規分布とはかなり異なる値をとるであろう．正規分布の下では，68-95-99.7 ルールを用いて，面積は約 0.003 となる．自由度 2 の t 分布では，両裾が 3 単位を超える面積は合わせて 0.0955 となる．この面積は，正規分布から得られるものと著しく異なる．

確認問題 7.5

自由度 19 の t 分布が -1.79 単位以上となる比率はいくつか．自分の好みの方法を用いて，裾の面積を求めなさい[2]．

7.1.4　1 標本 t 信頼区間

イルカの筋肉の水銀量に関する例において，t 分布の適用を本格的に始めよう．イルカとその他の動物（ときにイルカを摂取する人間も含む）にとって，水銀濃度が高まることは深刻な問題である．

図表 7.5: ハナゴンドウ.

Photo by Mike Baird (www.bairdphotos.com). CC BY 2.0 license.

日本の太地地方の 19 頭のハナゴンドウの標本を用いて，イルカの筋肉中の平均水銀濃度に対する信頼区間を探そう．データは図表 7.6 にまとめられている．最小値と最大値を用いて，明白な外れ値があるかどうか評価できる．

---

[2] -1.79 を超える濃い色の付いた面積を探したい（図は自分で描くこと）．下側の濃い裾部分の面積は 0.0447 であるから，上側の面積は $1 - 0.0447 = 0.9553$ となる．

7.1. 1標本の平均と T 分布

n	$\bar{x}$	s	最小値	最大値
19	4.4	2.3	1.7	9.2

図表 7.6: 太地地方の 19 頭のハナゴンドウの筋肉中の水銀成分の要約. 測定単位は, 筋肉の 1 グラム（湿重量）当たりの水銀量 (マイクログラム, μg/wet g).

例題 7.6
このデータセットに対して, 独立性と正規性の条件は満たされているか.

観測値は単純無作為抽出であるから, 独立性は妥当である. 図表 7.6 の要約統計量は明白な外れ値を示唆していない. さらに, すべての観測値は平均から標準偏差の 2.5 倍以内にある. このエビデンスから, 正規性の条件は妥当と思われる.

正規モデルでは, $z^\star$ と標準誤差を用いて信頼区間の幅を決めた. t 分布を使う場合には, この信頼区間の公式を以下のように修正する:

$$\text{点推定値} \pm t^\star_{df} \times SE \qquad \to \qquad \bar{x} \pm t^\star_{df} \times \frac{s}{\sqrt{n}}.$$

例題 7.7
図表 7.6 の要約統計量を用いて, $n = 19$ 頭のイルカにおける平均水銀含量の標準誤差を計算せよ.

s と n を公式に代入する: $SE = s/\sqrt{n} = 2.3/\sqrt{19} = 0.528$.

$t^\star_{df}$ の値は, 信頼水準と自由度が df の t 分布に基づく分割点である. 正規分布の場合と同様にして分割点を求める: 0 からの距離が $t^\star_{df}$ 以内である自由度 df の t 分布の比率が, 興味の対象となる信頼水準と一致するように $t^\star_{df}$ を求める.

例題 7.8
$n = 19$ のとき, 適切な自由度はいくつか. この自由度と信頼水準 95% に対して $t^\star_{df}$ を求めよ.

自由度の計算は簡単である: $df = n - 1 = 18$.

統計ソフトを用いて, 上側の裾が 2.5% と等しくなる分岐点を探す: $t^\star_{18} = 2.10$. 2.10 を下回る面積も 2.5% に等しい. すなわち, $df = 18$ である t 分布の 95% は, 0 から 2.10 単位以内に存在する.

例題 7.9
ハナゴンドウの平均水銀含有量に対する 95% 信頼区間を計算し解釈せよ.

信頼区間を以下のように作成することができる:

$$\bar{x} \pm t^\star_{18} \times SE \quad \to \quad 4.4 \pm 2.10 \times 0.528 \quad \to \quad (3.29, 5.51).$$

ハナゴンドウの筋肉の平均水銀含有量は 3.29 マイクログラム/グラム（湿重量）と 5.51 マイクログラム/グラム（湿重量）の間であると, 信頼度 95% で主張できる. この信頼度は非常に高いとみなされる.

> **平均に対する t 信頼区間**
>
> 独立でかつ概ね正規分布に従う n 個の観測値からなる標本に基づいて，平均に対する t 信頼区間は
>
> $$\text{点推定値} \pm t_{df}^{\star} \times SE \quad \rightarrow \quad \bar{x} \pm t_{df}^{\star} \times \frac{s}{\sqrt{n}}$$
>
> である．ここで，$\bar{x}$ は標本平均であり，$t_{df}^{\star}$ は自由度 df と信頼水準に対応し，SE は標本からの標準誤差である．

確認問題 7.10

FDA の Web ページは，魚の水銀含有量に関するデータを提供している．15 尾のニベ（太平洋）の標本に基づいて，標本平均と標準偏差は それぞれ，0.287，0.069 ppm (百万分率) である．15 個の観測値の範囲は，0.18ppm から 0.41ppm である．これらの観測値は独立であると仮定する．データの要約統計量から，個々の観測値の正規性の条件に対して何らかの異議があるか[3]．

例題 7.11

確認問題 7.10 のデータ要約を用いて．$\bar{x} = 0.287$ ppm の標準誤差を推定する．t 分布を用いて，水銀含有量の実際の平均に対する 90% の信頼区間を作成する場合は，自由度と $t_{df}^{\star}$ を求める．

標準誤差：$SE = \frac{0.069}{\sqrt{15}} = 0.0178$．自由度：$df = n-1 = 14$．目標は 90% 信用区間であるから，$t_{14}^{\star}$ を選ぶ．その結果，両裾の面積は 0.1 となる：$t_{14}^{\star} = 1.76$．

> **単一の平均に対する信頼区間**
>
> 単一平均の信頼区間が応用に役立つと判断したならば，以下の 4 つのステップで信頼区間を作成する：
>
> **準備** $\bar{x}, s, n$ を求め，使用したい信頼水準を決める．
>
> **確認** $\bar{x}$ がほぼ正規分布であることを保証する条件を検証する．
>
> **計算** 上の条件が成立すれば，SE を計算し，$t_{df}^{\star}$ を求め，信頼区間を作成する．
>
> **結論** 問題の文脈において信頼区間の解釈を与える．

確認問題 7.12

確認問題 7.10 と 例 7.11 の情報と結果を用いて，ニベ（太平洋）の平均水銀含有量の 90%信頼区間を計算せよ[4]．

確認問題 7.13

確認問題 7.12 からの 90% 信頼区間は 0.256 ppm から 0.318 ppm である．ニベ（太平洋）の 90%が 0.256ppm と 0.318ppm の水銀レベルであるといえるであろうか[5]．

---

[3] 標本の大きさは 30 以下であるから，明白な外れ値をチェックする．すべての観測値は平均から標準偏差の 2 倍以内に入っているから，そのような明白な外れ値は存在しない．

[4] $\bar{x} \pm t_{14}^{\star} \times SE \rightarrow 0.287 \pm 1.76 \times 0.0178 \rightarrow (0.256, 0.318)$．平均水銀含有量が 0.256ppm と 0.318ppm の間であるということに対して，90%の信頼度を持っている．

7.1.5 1標本 t 検定

典型的なアメリカの走者は，時間の経過とともに，段々早くなっているであろうか，それとも遅くなっているであろうか．この問題を考えるために，首都ワシントンで毎年春に行われている10マイル走である「桜花レース」（Cherry Blossom Race）を取り上げる．2006年の「桜花レース」で完走した全走者の平均時間は93.29分 (93分17秒) であった．2017年の「桜花レース」の100人の参加者のデータを使って，この大会の走者がより早くなっているかあるいはより遅くなっているかを，変化がなかったという別の可能性と比べて，判定したい．

確認問題 7.14
この状況における適切な仮説は何だろうか[6]．

確認問題 7.15
このデータは，全参加者からの無作為抽出から得られてるため，観測値は独立である．しかし，正規性の条件を心配すべきではないだろうか．このデータのヒストグラムである図表7.7を眺めて，先に進めることができるかどうかを検討せよ[7]．

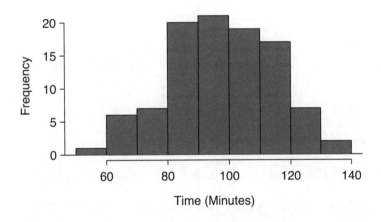

図表 7.7: 「桜花レース」データの標本の時間 のヒストグラム

1標本の平均に対する仮説検定を実行するプロセスは，単一の比率に対する仮説検定の実行とほとんど同一である．まず，観察された値，帰無仮説の値，標準誤差を用いて，**Z スコア**を求める．しかし，裾面積を計算するときに t 分布を用いるため，それを **T スコア**と呼ぶ．その後で，以前に用いたものと同じアイディアを用いて，p 値を求める：すなわち，標本分布の下で片側の裾の面積を求め，それを2倍する．

---

[5] いいえ．信頼区間は，もっともらし母集団パラメータ（このケースでは母集団平均）の値の範囲を提供するにとどまる．それは，個々の観測値に対して何を観測するかを記述するものではない．

[6] H_0: 10マイル走の平均時間は，2006年と2017年で同一であった．$\mu = 93.29$ 分．H_A: 10マイル走の2017年の平均時間は，2006年の平均時間とは**異なる**ものであった．$\mu \neq 93.29$ 分．

[7] 100の標本では，特に極端な外れ値があるかどうかに注意すればよい．データのヒストグラムからはそのような注意すべき外れ値は見て取れない（実際，外れ値は全くないといっていいだろう）．

例題 7.16

独立性と正規性の条件が両方とも満たされている場合，t 分布を用いて仮説検定を進めることができる．2017 年の「桜花レース」から 100 人の走者からなる標本の標本平均と標本標準偏差は，それぞれ 97.32 分, 16.98 分である．以前に見たように，標本の大きさは 100 であり，2006 年の平均走行時間は 93.29 分であった．検定統計量と p 値を求めよ．結論を述べよ．

検定統計量 (T スコア) を求めるために，まず標準誤差を定める：

$$SE = 16.98/\sqrt{100} = 1.70 \ .$$

これで，標本平均 (97.32)，帰無仮説の値 (98.29)，および SE を用いて，T スコアを計算できる：

$$T = \frac{97.32 - 93.29}{1.70} = 2.37 \ .$$

$df = 100 - 1 = 99$ に対して，統計ソフト（または t 分布表）を用いて，片側の裾面積が 0.01 であることが分かる．それを 2 倍して，p 値: 0.02 が得られる．得られた p 値は 0.05 より小さいため，帰無仮説を棄却する．すなわち，データは，2017 年の「桜花レース」の平均走行時間は，2006 年のものと異なるという強いエビデンスを提供する．観測された値は帰無仮説の値より大きく，帰無仮説は棄却されたから，2017 年におけるレースの走者は，平均すると，2016 年の走者より遅くなったという結論が得られる

単一の平均に対する仮説検定

単一平均の仮説検定が正しい手法であると決めたならば，それを実行するために 4 つのステップがある：

準備 対象となるパラメータを定め，仮説をリストし，有意水準を決め，$\bar{x}, s, n$ を定めよ．

確認 $\bar{x}$ がほぼ正規分布をすることを保証する条件を示せ．

計算 上の条件が満たされるならば，SE と T スコアを計算し，p 値を定めよ．

結論 p 値を α と比較して，検定を検討し，問題の文脈において，結論を提示せよ．

練習問題

7.1 臨界値 t の特定.. 標準偏差が未知である近似的な正規母集団から独立な無作為標本を抽出する．所与の標本サイズと信頼水準に対する自由度と t 値の臨界値 (t^*) を求めよ．

(a) $n = 6$, CL $= 90\%$
(b) $n = 21$, CL $= 98\%$
(c) $n = 29$, CL $= 95\%$
(d) $n = 12$, CL $= 99\%$

7.2 t 分布. 右の図には，3 つの単峰で対称な曲線が示されている：標準正規 (z) 分布，自由度が 5 である t 分布，自由度が 1 である t 分布．どれがどれかを特定せよ．また，その理由を説明せよ．

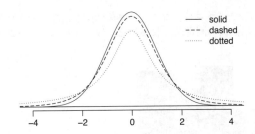

7.3 p 値を求めよ，パート I. 標準偏差が未知である近似的な正規母集団から独立な無作為標本を抽出する．所与の標本サイズと検定統計量に対する p 値を求めよ．また，$\alpha = 0.05$ で帰無仮説が棄却されるかどうかを決めよ．

(a) $n = 11$, $T = 1.91$
(b) $n = 17$, $T = -3.45$
(c) $n = 7$, $T = 0.83$
(d) $n = 28$, $T = 2.13$

7.4 p 値を求めよ，パート II. 標準偏差が未知である近似的な正規母集団から独立な無作為標本を抽出する．所与の標本サイズと検定統計量に対する p 値を求めよ．また，$\alpha = 0.01$ で帰無仮説が棄却されるかどうかを決めよ．$\alpha = 0.01$.

(a) $n = 26$, $T = 2.485$
(b) $n = 18$, $T = 0.5$

7.5 後ろ向きに取り組む，パート I. 母集団平均 μ の 95% 信頼区間は (18.985, 21.015) と与えられている．この信頼区間は 36 個の観測値からなる単純無作為標本に基づいている．この標本の平均と標準偏差を計算せよ．推測に必要な条件はすべて満たされていると仮定せよ．どう計算する場合でも，t 分布を用いよ．

7.6 後ろ向きに取り組む，パート II. 母集団平均 μ の 90% 信頼区間は (65, 77) と与えられている．母集団分布は近似的に正規分布であり母集団標準偏差は未知である．この信頼区間は 25 個の観測値からなる単純無作為標本に基づいている．標本平均，許容誤差，および標本標準偏差を計算せよ．

7.7 ニューヨーク市民の睡眠習慣. ニューヨークは「眠らない街」として知られている．無作為に抽出された25人のニューヨーク市民は，一晩当たりどの程度寝ているかを質問された．これらのデータの統計的な要約は以下のように示されている．点推定値から，ニューヨーク市民は平均すると毎晩8時間以下しか寝ていないと示唆される．この結果は統計的に有意か．

n	$\bar{x}$	s	最小値	最大値
25	7.73	0.77	6.17	9.78

(a) 記号および言葉で仮説を記述せよ．
(b) 条件を検討し，その後で検定統計量 T とその自由度を計算せよ．
(c) p値をもとめ，この文脈においてそれを説明せよ．図を書くことが助けになるであろう．
(d) この仮説検定の結論は何か．
(e) この仮説検定に対応する90%信頼区間を作ったとしたら，その区間の中に8時間は含まれると期待するか．

7.8 成人の身長. 文化人類学の研究者たちは，507人の身体活動が活発な個人に対して，年齢，体重，身長，性別とともに，胴囲の測定値と骨格直径の測定値を収集した．以下のヒストグラムは，センチメートルで表した身長のデータ分布を示す[8]．

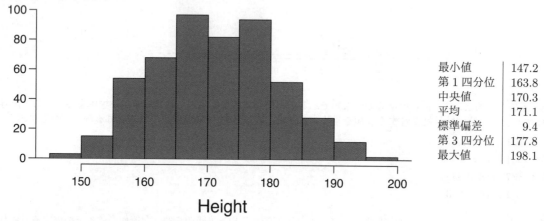

最小値	147.2
第1四分位	163.8
中央値	170.3
平均	171.1
標準偏差	9.4
第3四分位	177.8
最大値	198.1

(a) 活発な個人の平均身長の点推定値はいくつか．中央値はどうか．
(b) 活発な個人の身長の標準偏差の点推定値はいくつか．IQRはどうか．
(c) 身長が1メートル80センチ（180cm）の人は，並外れて背が高いであろうか．身長が1メートル55センチ（155cm）の人は，並外れて背が低いであろうか．あなたの論拠を説明せよ．
(d) 研究者たちは身体活動が活発な個人から別の無作為標本を抽出する．この新たな標本の平均と標準偏差は前述のものと一致すると期待するか．あなたの論拠を説明せよ．
(e) もしも個人の標本が単純無作為標本ならば，標本平均は，身体活動が活発な個人全体の平均身長に対する点推定である．そのような推定値の変動性を数値化するためにいかなる尺度を用いるか．データは単純無作為標本であるという条件の下で，元の標本からのデータを用いてこの数値を計算せよ．

7.9 平均を求める. 以下の仮説が与えられている:

$$H_0 : \mu = 60$$
$$H_A : \mu \neq 60$$

標本の標準偏差が8であり標本サイズが20であると分かっている．p値が0.05となるような標本平均の値はいくつか．推測に必要な条件はすべて満たされていると仮定せよ．

7.10 t^* vs. z^*. 所与の信頼水準に対して，t^*_{df} は z^* より大きい．t^*_{df} が z^* よりやや大きいことが信頼区間の幅にどのような影響を与えるかを説明しなさい．

7.11 ピアノを弾く. ジョージアーナは，音楽学校で有名なある小都市では平均的な子供は5年未満のピアノのレッスンを受けると主張している．この都市から20人の子供を無作為に抽出したところ，ピアノレッスンの平均は4.6年であり，標準偏差は2.2年であった．

(a) 仮説検定を使ってジョージアーナの主張（あるいはその逆が真かもしれないということ）を評価せよ．
(b) この都市の生徒がピアノレッスンを受ける年数の95%信頼区間を設定し，このデータの文脈で解釈せよ．
(c) あなたの仮説検定および信頼区間からのあなたの結果は一致するか．あなたの論拠を説明せよ．

---

[8] G. Heinz et al. "Exploring relationships in body dimensions". In: *Journal of Statistics Education* 11.2 (2003).

7.1. 1標本の平均と T 分布

7.12 自動車の排ガスと鉛暴露. 自動車の排ガスに起因する鉛暴露に関心を抱く研究者が，都市中心部の交通違反の取り締まりに当たる中で自動車の排気ガスの摂取に常に曝されている警察官 52 人の血液の標本抽出を行った．これらの警官の血液サンプルの鉛濃度の平均は 124.32 μg/l, SD（標準偏差）は 37.74 μg/l であった；　近郊に住む暴露の経験がない住民に対する既存の研究では，平均鉛濃度は 35 μg/l だった.[9]

(a) 警察官が異なる水準の鉛濃度に曝されていたと思われるか否かの検定に対する適切な仮説を記せ.

(b) これらのデータに関する推測に必要なすべての条件を明示的に述べて検討せよ.

(c) (b) のあなたの解答にかかわらず，中心街の警察官は過去の研究のグループより高い水準の鉛暴露にさらされているという仮説を検定せよ．この文脈であなたの結果を解説せよ.

7.13 自動車保険の値引. ある市場調査員は，競合企業における自動車保険の値引きを評価したいと考えている．過去の研究から値引額の標準偏差は 100 ドルであると仮定する．95%信頼区間における許容誤差が 10 ドルを超えないようにデータを収集したい．収集する標本をどの程度大きくすればよいか.

7.14 SAT の成績. アイビーリーグのある大学の学生の SAT 得点の標準偏差は 250 点である．2 人の統計学の学生，レイナとルーク，は授業のプロジェクトの一部としてこの大学の SAT 平均得点を推定したい．かれらは許容誤差を 25 点を超えないようにしたい.

(a) レイナは 90%信頼区間を用いたい．収集する標本をどの程度大きくすべきか.

(b) ルークは 99%信頼区間を用いたい．実際の標本サイズを計算せずに，彼の標本がレイナの標本よりも大きいべきか小さいべきかを究明せよ．あなたの論拠を説明せよ.

(c) ルークが必要とする標本サイズの最小値を求めよ.

---

[9] WI Mortada et al. "Study of lead exposure from automobile exhaust as a risk for nephrotoxicity among traffic policemen." In: *American journal of nephrology* 21.4 (2000), pp. 274–279.

7.2 対応のあるデータ

この教科書の初期の版で，2010年におけるUCLAのコースについて，平均的には，アマゾンの価格の方が，UCLAの書店の価格より低いということを見出した．その後何年か経過し，多くの書店はオンライン市場に対応してきている．そこで，いまUCLAの書店がどうなっているかという疑問が生じる：

UCLAの201の授業コース201科目を抽出した．これらの中に，68冊の必修科目の書籍がアマゾン上にあった．これらの科目からのデータセットの一部が図表7.8に示されてる．ここで，値段の単位はUSドルである．

	科目	書店	アマゾン		価格差
1	アメリカインデアン研究	M10	47.97	47.45	0.52
2	人類学	2	14.26	13.55	0.71
3	芸術と建築	10	13.50	12.53	0.97
⋮	⋮	⋮	⋮	⋮	⋮
68	ユダヤ研究	M10	35.96	32.40	3.56

図表 7.8: データ textbooks からの4つのケース．

7.2.1 対応のある観測値

このデータセットにおいて，各教科書に対応する2つの価格がある：UCLAの書店に対するものとアマゾンに対するものである．このような特別な対応がある場合，2つのデータセットの観測値には**対応がある**と言う．

> **対応のあるデータ**
> 一方のデータセットの各観測値が，もう一方のデータセットのただ1つの観測値と特別な対応あるいは関係を持つ場合，2つのデータセットは**対応がある**．

対応のあるデータを分析する場合，対になっている観測値の結果の差に着目することが有用である．教科書のデータでは，価格の差に注目する．それは，教科書のデータセットでは price_difference という変数として表示されている．ここで，差は以下の通りある：

$$\text{UCLA の書店の価格} - \text{アマゾンの価格}.$$

同じ順序で引き算を行うことが重要である．ここでは，どの場合でも，UCLAの価格からアマゾンの価格が引かれている．図表7.8の最初の差は $47.97 - 47.45 = 0.52$ のように計算される．同様に2番目の差は $14.26 - 13.55 = 0.71$，3番目の差は $13.50 - 12.53 = 0.97$ となる．これらの差のヒストグラムは，図表7.9に示されている．対応のある観測値の差を用いることは，対応のあるデータを分析する際の常套で有用な方法である．

7.2. 対応のあるデータ

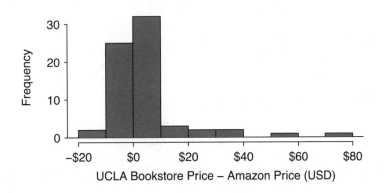

図表 7.9: 抽出された各書籍の価格差のヒストグラム

7.2.2 対応のあるデータに対する推測

対応のあるデータの分析は，ただ単にその差を分析するだけである．7.1 節で適用したものと同じ t 分布を使うことができる．

n_{diff}	$\bar{x}_{diff}$	s_{diff}
68	3.58	13.42

図表 7.10: 68 冊の価格差の要約統計量

例題 7.17

ある本に対するアマゾンの価格と UCLA の書店の価格の間に，平均して差があるかどうかを決める仮説を設定せよ．さらに，t 分布を用いる検定を進めることができるかどうかの条件を確認しなさい．

---

2 つのシナリオを考える：平均価格に差がない，あるいは，一定の差がある．

H_0: $\mu_{diff} = 0$. 教科書の平均価格に差がない．

H_A: $\mu_{diff} \neq 0$. 平均価格に差がある．

次に独立性と正規性の条件を確認する．観測値は，単純無作為抽出に基づいているため，独立性は妥当である．外れ値があるが，$n = 68$ であり，どの外れ値も特に極端ではない．したがって，$\bar{x}$ の正規性は満たされてる．これらの条件が満たされているため，t 分布を用いてもよいであろう．

例題 7.18

例 7.17 で始めた仮説検定を完成せよ.

検定の計算を行うために,価格差 ($s_{diff} = 13.42$) の標準偏差と価格差の個数 ($n_{diff} = 68$) を用いて,$\bar{x}_{diff}$ の標準誤差を計算せよ:

$$SE_{\bar{x}_{diff}} = \frac{s_{diff}}{\sqrt{n_{diff}}} = \frac{13.42}{\sqrt{68}} = 1.63 \ .$$

検定統計量は,本当の平均差は 0 であるという帰無仮説の条件の下における $\bar{x}_{diff}$ の T スコアである:

$$T = \frac{\bar{x}_{diff} - 0}{SE_{x_{diff}}} = \frac{3.58 - 0}{1.63} = 2.20 \ .$$

p 値を視覚化するために,H_0 が真であると仮定して,$\bar{x}_{diff}$ の分布を描こう:

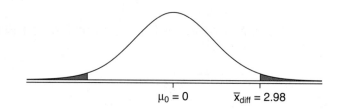

自由度は $df = 68 - 1 = 67$ である.統計ソフトを用いると,片側の裾面積は 0.0156 と分かる.この面積を 2 倍すると p 値は 0.0312 となる.

p 値は 0.05 より小さいので,帰無仮説を棄却する.UCLA のコースの教科書は,平均すると,UCLA の書店よりアマゾンの方が安い.

確認問題 7.19

UCLA の書店の書籍とアマゾンの書籍の平均価格差に対する 95% 信頼区間を作成しなさい[10].

確認問題 7.20

アマゾンの方が平均してより安いという強い証拠を得た.この結論は,UCLA の学生の購買習慣にいかに影響を及ぼすべきか.UCLA の学生はつねに自分の本をアマゾンで購入すべきか[11].

---

[10] 例 7.17 で,すでに条件を確かめ,標準誤差も計算してある.信頼区間を探すためには,統計ソフトあるいは t 分布表 ($t_{67}^\star = 2.00$) 用いて,$t_{67}^\star$ を見つけ,それを,点推定値と標準誤差とともに,信頼区間の公式に代入する.

$$\text{point estimate} \pm z^\star \times SE \rightarrow 3.58 \pm 2.00 \times 1.63 \rightarrow (0.326.84) \ .$$

UCLA のコースの教科書に対して,アマゾンが,平均して,0.32 ドルから 6.84 ドルだけ,UCLA の書店より安いと 95% の信頼度でいえる.

[11] この質問に対して,平均的な価格差はあまり役に立たない.図表 7.9 に示された分布を吟味しなさい.確かに,一部にはアマゾンの価格が UCLA の書店の価格よりはるかに下回るケースもあるため,購入前にアマゾン(そしておそらく他のオンラインサイト)をチェックする価値はあるだろう.しかし,多くのケースでは,アマゾンの価格は UCLA の書店がつける値段より高いし,ほとんどの場合,価格は大きくは変わらない.結論的に言うと,ある特定の本の価格差が非常に大きいというようなことでない限り,例えば,購読や宿題に取り掛かるなどのために書店からすぐに本を入手することが都合がいいのであれば,UCLA で購入する方がよいであろう.

参考のためにいうと,我々が 2010 年の同様なデータセットで気づいたこととはかなり異なる結果である.その時点では,アマゾンの価格は,UCLA の書店の価格よりほとんど一様に低かった.そして,よほどの理由がない限り,UCLA の書店ではなくアマゾンを使うべきであると主張している.最近では最良の価格を探すために複数の Web サイトを頻繁にチェックできる.

7.2. 対応のあるデータ

練習問題

7.15 大気の品質. 無作為に標本抽出した 25 か国の首都において，大気の品質の測定値が 2013 年に収集された．その後 2014 年に，再び同じ都市において測定値が収集された．これらのデータを用いて，2 つの年の平均的な大気の品質を比較したい．対応のある検定を使うべきか．それとも対応のない検定を使うべきか．あなたの論拠を説明しなさい．

7.16 正 / 誤: 対応のある場合. 次の文章が正しいか，誤っているか判定せよ．誤っている場合は，説明せよ．

(a) 対応のある分析では，まず最初に各組の観測値の差を取り，これらの差に関する推測を行う．
(b) サイズが異なる 2 つのデータセットは対応のあるデータとして分析できない．
(c) 互いに組となっている 2 つのデータセットを考える．一方のデータセットの各観測値は他方のデータセットに属するただ 1 つの観測値と自然な対応を持っている．
(d) 互いに組となっている 2 つのデータセットを考える．一方のデータセットの各観測値は他方のデータセットの観測値の平均から差し引かれている．

7.17 対応があるかないか．パート I. 以下のシナリオの各々について，データが対応しているか判定せよ．

(a) 事前（学期始め）と事後（学期最後）の学生の成績を比較する．
(b) 無作為に抽出した男性と女性の給料を比較して，性別による給料格差を評価する．
(c) 同一群の患者に対して，ビタミン E の摂取の研究の前後で動脈の厚さを比較する．
(d) 食事療法の効果を評価するために被験者の事前事後の体重を比較する．

7.18 対応があるかないか．パート II. 以下のシナリオの各々について，データが対応しているか判定せよ．

(a) インテルの株式とサウスウエスト・エアラインズの株式の収益率が類似しているか知りたい．これを確かめるために，50 日を無作為に抽出し，この同一期間におけるインテルとサウスウエスト・エアラインズの株式を記録する．
(b) ターゲットの店舗から 50 個の商品を無作為に抽出し，各々の価格を記録する．その後ウォルマートに行って，同一の 50 個の商品の各々についてその価格を集める．
(c) ある教育委員会は，2 つの高校の生徒の SAT の平均得点に差があるかどうかを判定したい．確認するために，それぞれの高校から 100 人の生徒の単純無作為標本を行う．

7.19 地球温暖化, パート I. 1948 年と 2018 年の温度差を調べるために，少しばかりの気候データを使おう．両方の年のデータが利用可能であるアメリカ海洋大気庁 (National Oceanic and Atmospheric Administration, NOAA) の過去データから 197 個所を抽出した．気温が 90°F を上回る日は 2018 年と 1948 年のどちらが多いかを知りたい[12]．各地区について，90°F を上回る日数の差（2018 年の日数 - 1948 年の日数）が計算された．これらの差の平均は 2.9 日であり標準偏差は 17.2 日であった．これらのデータが，NOAA の測候所では 2018 年の方が 90°F を上回る日が多かったという強い証拠を与えるかどうかを判定することに興味を持っている．

(a) 1948 年に収集した観測値と 2018 年に収集した観測値の間に関係はあるだろうか．すなわち，2 つのグループの観測値は独立だろうか．説明せよ．
(b) この研究の仮説を記号と言葉で記述せよ．
(c) この検定を完成するのに必要な条件を確認せよ．差のヒストグラムが右に与えられている．
(d) 検定統計量を計算し，p 値を求めよ．
(e) $\alpha = 0.05$ を用いて検定を評価し，この文脈であなたの結論を解釈せよ．
(f) 起こしたかもしれない誤りはどの種類のものか．その誤りが，この文脈で何を意味するか説明せよ．
(g) この仮説検定の結果に基づいて，90°F を超える日数の 2018 年と 1948 年の差の平均に対する信頼区間は 0 を含むと期待するか．あなたの論拠を説明せよ．

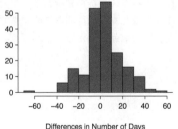

Differences in Number of Days

---

[12] NOAA, www.ncdc.noaa.gov/cdo-web/datasets, April 24, 2019.

7.20 高校生将来調査 (High School and Beyond), パート I. アメリカ教育統計センター (The National Center of Education Statistics) は高校生シニアの調査を行い，読解力や文章力などの科目に関するテストデータを集めている．ここでは，単純無作為抽出によるこの調査からの 200 人の標本を調べる．読解力と文章力の得点の並列プロットとそれらの得点の差のヒストグラムが以下に示されている．

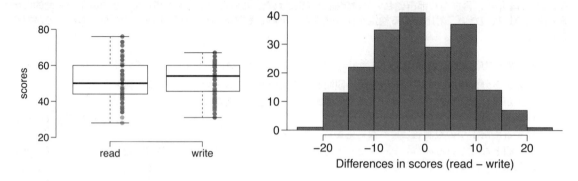

(a) 読解力と文章力の平均得点に明白な差はあるか．
(b) 各生徒の読解力と文章力の得点は互いに独立か．
(c) 次のリサーチ・クエスチョンにふさわしい仮説を構築せよ：「読解力と文章力の試験において平均得点に明白な差はあるか」
(d) このテストを完成するのに必要な条件を確認せよ．
(e) 観察された平均得点差は $\bar{x}_{read-write} = -0.545$ であり，差の標準偏差は 8.887 点である．これらのデータは，2 つの試験の得点の間の差があることに対する納得のいく証拠を与えるか．
(f) 起こしたかもしれない誤りはどのような種類か．この応用の文脈において，その誤りが意味するものを説明せよ．
(g) この仮説検定の結果に基づいて，読解力と文章力の平均得点差に対する信頼区間が 0 を含むと期待するか．あなたの論拠を説明せよ．

7.21 地球温暖化, パート II. 練習問題 7.19 で，NOAA データから無作為に抽出した 197 個所において，気温が 90°F を上回る日数の 2018 年と 1948 年の間の変化を考えた．報告されている差の平均と標準偏差はそれぞれ 2.9 日と 17.2 日である．

(a) 気温が 90°F を上回る日数の 2018 年と 1948 年の差の平均に対する 90%信頼区間を作成せよ．そのための条件は確認済みである．
(b) 作成した信頼区間をこの文脈で解釈せよ．
(c) この信頼区間から，NOAA の観測所において 1948 年よりも 2018 年の方が 90°F を超える日が多かったという納得のいく証拠が得られるか．説明せよ．

7.22 高校生将来調査, パート II. 練習問題 7.20 で，高校生将来調査に参加した学生から無作為に抽出した 20 人の標本の読解力と文章力の間の差を考えた．差の平均と標準偏差は $\bar{x}_{read-write} = -0.545$ および 8.887 点であった．

(a) すべての生徒の読解力と文章力の間の平均得点差に対する 95% 信頼区間を作成せよ．
(b) 作成した信頼区間をこの文脈で解釈せよ．
(c) この信頼区間から，平均得点の間に真の差があるという納得のいく証拠が得られるか．説明せよ．

7.3 2つの平均の差

この節では，データが対応していないという状況の下で，2つの母集団平均の差 $\mu_1 - \mu_2$ を考える．単一の標本の場合と同様に，差の点推定値である $\bar{x}_1 - \bar{x}_2$ と新たな標準誤差の公式に対して，t 分布を適用できる条件を明らかにする．これら2つの相違点を除いて，その詳細は，単一標本の平均の手順とほとんど同一である．これらの手法を3つの状況で適用する：幹細胞は心機能を改善するか否かを判定すること，女性の喫煙と新生児の出生体重の関係を探ること，ある試験の1つのバージョンが別のバージョンより難しいかに対する統計的に有意な証拠があるかどうかを調べること．この節は，「喫煙者の母親からの新生児は非喫煙者の母親からの新生児とは平均体重が異なるという説得的な証拠はあるか」というような疑問に動機付けられている．

7.3.1 平均の差に対する信頼区間

胚幹細胞 (ESC) を使う治療は，心臓発作後の心機能を改善するか．図表 7.11 には，心臓発作を起こした羊の ESC を検査する実験の要約統計量が掲げられている．これらの羊の各々を無作為に ESC 群と対照群に割り当て，かれらの心臓のポンプ能力の変化を測定した．図表 7.12 は，2つのデータセットのヒストグラムを示されている．正の値はポンプ能力の向上に対応している．それは，一般により強い回復を一般に示唆する．我々の目的は，対照群と比較して，ポンプ機能の変化に対する ESC の影響の信頼区間を特定することである．

	n	$\bar{x}$	s
ESCs	9	3.50	5.17
対照群	9	-4.33	2.76

図表 7.11: 胚幹細胞の要約統計量

心臓のポンプ機能の変数の差の点推定値を探すのは簡単である．それは，標本平均の差：

$$\bar{x}_{esc} - \bar{x}_{対照} = 3.50 - (-4.33) = 7.83$$

である．t 分布を使ってこの差をモデル化できるかどうかという質問に答えるには，新しい条件を確認する必要がある．2つの比率のケースと同様に，両群が独立であることを確信できるような，より頑健な独立性が要求される．第二に，各群における正規性を別々に確認する必要がある．これは，実際には外れ値の確認である．

> **平均の差に対する t 分布の利用**
>
> 以下の条件が成立すれば，2つの平均の標準化された差を扱う推測に t 分布を用いることができる：
>
> - **独立性，拡張版** データは各群内および群間で独立である，たとえば，データが独立な無作為抽出あるいはランダム化実験から得られている場合．
> - **正規性** 各群ごとに，外れ値の経験則を確認する．
>
> 標準誤差は次のように計算できる
>
> $$SE = \sqrt{\frac{\sigma_1^2}{n_1} + \frac{\sigma_2^2}{n_2}}.$$
>
> 自由度の正式な公式は非常に複雑[13]) (訳注：例えば「統計学基礎」（日本統計学会編）4.4節を参照されたい．) なので，ソフトウエアを使って計算するのが一般的である．そのためソフトウエアがすぐに利用できない場合は，$n_1 - 1$ と $n_2 - 1$ の小さい方を自由度として用いてもよいであろう．

例題 7.21

点推定値，$\bar{x}_{esc} - \bar{x}_{対照} = 7.83$ を用いる推測に t 分布を適用することができるか．

まず独立性を確認する．羊は無作為に割り当てられているため，各群内および群間で独立性は満たされている．図表 7.12 からは明白な外れ値はどちらの群にも見られない（ESC（胚幹細胞）群のほうがやや変動性が大きいように見える．これは明白な外れ値があるということとは異なる）．両方の条件が満たされているので，t 分布を用いて標本平均の差をモデル化することができる．

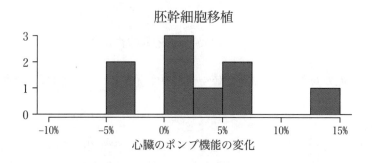

図表 7.12: 胚幹細胞群と対照群のそれぞれに対するヒストグラム

一標本のケースと同様に，標準誤差を計算するときは常に，母集団標準偏差ではなく標本標準偏

7.3. 2つの平均の差

差を用いる．

$$SE = \sqrt{\frac{s_{esc}^2}{n_{esc}} + \frac{s_{対照}^2}{n_{対照}}} = \sqrt{\frac{5.17^2}{9} + \frac{2.76^2}{9}} = 1.95 \ .$$

一般に，統計ソフトを使って，適切な自由度を見つける．例えば t 分布表を用いるときのように統計ソフトを利用できないような場合には，$n_1 - 1$ と $n_2 - 1$ の小さい方を自由度として使う．例題と確認問題の透明性のために，後者のアプローチを用いて df を探す：ESC の例では，このことから $df = 8$ を使う．

例題 7.22

心臓発作後の羊の心臓のポンプ能力の変化に対する ESC（胚幹細胞）の効果の 95%信頼区間を計算しなさい．

以前に計算した標本平均の差と標準誤差を用いる：

$$\bar{x}_{esc} - \bar{x}_{対照} = 7.83 \ , \qquad SE = \sqrt{\frac{5.17^2}{9} + \frac{2.76^2}{9}} = 1.95 \ .$$

$df = 8$ を用いると，95% 信頼区間の臨界値 $t_8^\star = 2.31$ が分かる．最後に，これらの値を信頼区間の公式に代入すると：

$$\text{point estimate} \ \pm \ t^\star \times SE \quad \rightarrow \quad 7.83 \ \pm \ 2.31 \times 1.95 \quad \rightarrow \quad (3.32, 12.34) \ .$$

95%の信頼度で，胚幹細胞は心臓発作後の羊の心臓のポンプ機能を 3.23%から 12.34%だけ高める．

過去の統計推測の応用と同様に，よく使われて定着した手続がある：

準備 重大な文脈上の情報を引き出し，必要であれば仮説を設定する．

確認 必要な条件が概ね満足されていることを確保する．

計算 標準誤差を探し，信頼区間を作成する．あるいは，仮説検定を行うのであれば，検定統計量と p 値を探す．

結論 応用した文脈において，結果を解釈する．

細かい点は，設定ごとにやや変わる．しかし，この一般的なアプローチは変わらない．

7.3.2 2つの平均の差に対する仮説検定

データ ncbirths という名前のデータセットは，ある1年間のノースカロライナ州における母親とその新生児の 150 例からなる無作為標本である．このデータセットからの4つの例が，図表 7.13 に示されている．変数 weight と変数 smoke の2つの変数に特に関心がある．変数 weight は新生児の体重を表し，変数 smoke は妊娠期間中の母親が喫煙していたか否かを表ている．我々が知りたいことは，「喫煙者の母親から生まれた新生児は，非喫煙者の母親から生まれた新生児とは平均体重が異なる」ということに対する説得力のある証拠が存在するか否かである．ノースカロライナ州の標本を使って，この問題への解答を試みよう．喫煙群は 50 例，非喫煙群は 100 例から構成されている．

	Fage(化粧品)	Mage(ゲーム)	週	体重	性別	喫煙
1		NA	13	37	5.00	女性	非喫煙
2		NA	14	36	5.88	女性	非喫煙
3	19		15	41	8.13	男性	喫煙
⋮	⋮	⋮	⋮	⋮	⋮	
150	45		50	36	9.25	女性	非喫煙

図表 7.13: ncbirths データセットからの 4 つのケース．第 1 変数の最初の 2 つの入力行に示されている "NA" という値はその値が欠損していることを示す．

例題 7.23

母親の喫煙と平均出生時体重の間に関係があるか否かを判断するための適切な仮説を設定しなさい．

帰無仮説は，群間に差がないという状況をあらわす．

H_0: 母親が喫煙したか，喫煙しなかったかによって新生児の平均体重に差がない．統計用語では，$\mu_n - \mu_s = 0$ である．ここで，μ_n は非喫煙者の母親，μ_s は喫煙者の母親を表す．

H_A: 母親が喫煙したか，喫煙しなかったかによって新生児の平均体重に何らかの差がある $(\mu_n - \mu_s \neq 0)$．

t 分布を使って標本平均の間の差をモデル化するために必要な 2 つの条件を確認する．

- データは単純無作為標本から得られているため，級内でも級間でも観測値は独立である．
- 両群のデータにはともに 30 以上の観測値があるため，図表 7.14 に示されるデータを調べる．しかし，特に極端な外れ値は発見されない．

両方の条件が満たされているため，t 分布を使って標本平均の間の差をモデル化してもよい．

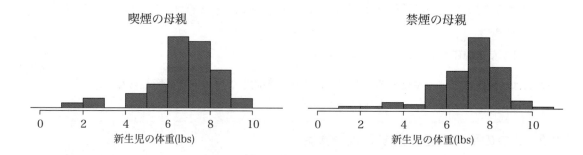

図表 7.14: 左のパネルは母親が喫煙者である幼児の出生時体重を表し，右のパネルは母親が非喫煙者である幼児の出生時体重を表す．

確認問題 7.24

図表 7.15 の要約統計量は，この確認問題にとって有用である[14]．

(a) 母集団の差 $\mu_n - \mu_s$ の点推定値は何か．

(b) パート (a) からの点推定値の標準誤差を計算しなさい．

---

[14] (a) 標本平均の差が適切な点推定値: $\bar{x}_n - \bar{x}_s = 0.40$ である．(b) 以下の標準誤差の公式を用いて推定値の標準誤差を計

7.3. 2つの平均の差

	喫煙 (somoker)	非喫煙 (nonsmoker)
平均	6.78	7.18
標準誤差	1.43	1.60
標本の大きさ	50	100

図表 7.15: データ ncbirths の要約統計量.

例題 7.25

例題 7.23 と確認問題 7.24 で学んだ仮説検定を完成せよ．有意水準は $\alpha = 0.05$ を使いなさい．参考までに，$\bar{x}_n - \bar{x}_s = 0.40$, $SE = 0.26$, 標本サイズは，$n_n = 100$ と $n_s = 50$ である．

確認問題 7.24 の値から，この検定の検定統計量を見つけることができる：

$$T = \frac{0.40 - 0}{0.26} = 1.54 \ .$$

以下のプロットの影になっている裾の部分が p 値を表す．

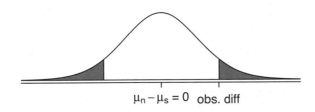

ソフトウエア (あるいは付録 C.2 の t 分布表) を使って，片側の裾の面積を見つけよう．自由度として，$n_n - 1 = 99$ と $n_s - 1 = 49$ の小さい方である $df = 49$ を用いる．片側の裾面積は 0.065 である．この値を 2 倍して，両側の裾の面積である p 値は 0.135 となる．

p 値は有意水準 0.05 より大きいため，帰無仮説は棄却できない．妊娠期間中に喫煙したノースカロライナの母親と喫煙しなかったノースカロライナの母親の間で，新生児の平均体重に差があると言える十分な証拠はない．

確認問題 7.26

妊娠中の喫煙は有害であることを示唆する多くの研究があるのにもかかわらず，例 7.25 の帰無仮説をなぜ棄却できなかったのであろうか[15]．

確認問題 7.27

もしも第 2 種の過誤を犯してしまい本当は差があるとしたら，データ収集において，その差をより検知しやすくするために別に何ができたであろうか[16]．

公共広告：この比較的小さいデータセットを例として用いたが，より大きなデータセットは喫煙

算できる

$$SE = \sqrt{\frac{\sigma_n^2}{n_n} + \frac{\sigma_s^2}{n_s}} \approx \sqrt{\frac{s_n^2}{n_n} + \frac{s_s^2}{n_s}} = \sqrt{\frac{1.60^2}{100} + \frac{1.43^2}{50}} = 0.26 \ .$$

[15] 実際には差があるのにそれを検知できなかったという可能性もある．そうであれば，第 2 種の過誤を犯したことになる．

[16] より多くのデータを収集できたかもしれない．もしも差があれば，標本サイズが大きくなるにつれ，差を探す見込みが大きくなっていく．実際，これは，より大きなデータセットを吟味すれば，我々が見出すであろうことである．

する女性はより小さい新生児を生む傾向にあることを示している．実際，たばこ産業の中には，喫煙の便益としてそれを宣伝するという大胆な行為に及んだ会社もあった：

> 喫煙する女性から生まれた赤ちゃんの方が小さいということは本当である．しかし，彼らは，喫煙しない女性から生まれた赤ちゃんと同程度には健康である．中には小さい赤ちゃんを持つことを好む女性もいるであろう．
>
> - ジョセフ・カルマン，フィリップモリス社取締役会長
> CBS 放映の TV 番組 Face the Nation, 1971 年 1 月 3 日

ファクト・チェック: 喫煙する女性から生まれた新生児が，喫煙しない女性から生まれた新生児と同程度に健康的であるというのは事実ではない[17]．

7.3.3 事例研究: 2 つのバージョンの授業試験

ある講師は，同じ授業の試験で，若干異なる 2 つのバージョンの試験を行うことを決めた．試験配布の前に，試験を混ぜ合わせて，各学生が無作為なものを受け取るようにした．図表 7.16 は，これら 2 つのバージョンの試験で学生がどのような成績だったかに関する要約統計量を示している．この講師は，バージョン B を受けた学生からの苦情を予想して，「バージョン B はバージョン A より（平均して）より難しかった」という証拠を引き出すほどの差が両群の間で観察されたかどうかを調べたいと考えている：

バージョン	n	$\bar{x}$	s	最小値	最大値
A	30	79.4	14	45	100
B	27	74.1	20	32	100

図表 7.16: 各バージョンの試験の得点の要約統計量

確認問題 7.28

標本平均の間の観察された差，$\bar{x}_A - \bar{x}_B = 5.3$ が偶然によるものかを調べるための仮説を設定せよ．$\alpha = 0.01$ を用いて，これらの仮説を調べよう[18]．

確認問題 7.29

t 分布を使って確認問題 7.28 の仮説を調べるために条件をまず確かめなければならない[19]．

(a) 各得点は独立であるということは妥当と思われるか．

(b) 外れ値に関して心配すべき点はあるか．

各サンプルに対して条件を確かめ，標本が互いに独立であることを確認すれば，t 分布を用いた検定を行うことができる．このケースでは，標本のデータを使ってテストの平均得点の真の差を推定

---

[17] TV 番組 John Oliver on Last Week Tonight のある回の放映を見れば，今日におけるたばこ産業の罪を検討することができる．成人向けの言葉が含まれていることに注意しなさい: youtu.be/6UsHHOCH4q8.

[18] H_0: 試験の難易度は平均的には同じ．$\mu_A - \mu_B = 0$. H_A: 一方の試験の方が他方よりも難しい．$\mu_A - \mu_B \neq 0$.

[19] (a) 各試験は混ぜ合わされたから，この場合の「処理」は無作為に割り当てられている．従って，級内および級間の独立性は満たされている．(b) 要約統計量から判断すると，データは平均のまわりでほぼ対称的であり，最小値あるいは最大値からは心配するような外れ値は示されない．

7.3. 2つの平均の差

する．その点推定値は $\bar{x}_A - \bar{x}_B = 5.3$ であり，その標準誤差は次のように計算できる．

$$SE = \sqrt{\frac{s_A^2}{n_A} + \frac{s_B^2}{n_B}} = \sqrt{\frac{14^2}{30} + \frac{20^2}{27}} = 4.62 \ .$$

最後に，検定統計量を計算する：

$$T = \frac{\text{点推定値} - \text{帰無仮説の値}}{SE} = \frac{(79.4 - 74.1) - 0}{4.62} = 1.15 \ .$$

コンピュータが手元にあれば，自由度は 45.97 と分かるだろう．そうでなければ，$n_1 - 1$ と $n_2 - 1$ の小さい方を取り，$df = 26$ とする．

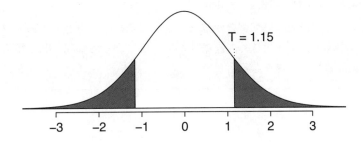

図表 7.17: 自由度が 26 の t 分布と試験の例からの p 値（影の領域）

例題 7.30

p 値 ($df = 26$) を用いて，図表 7.17 に示されている p 値を求め，この事例の文脈において結論を述べよ．

ソフトウエアを用いると，片側の裾面積 (0.13) が求められる．この値を 2 倍した両裾の面積が p 値 0.26 である．（この代わりに，付録 C.2 の t 分布表を用いることもできる．）

確認問題 7.28 では，$\alpha = 0.01$ を用いると規定した．p 値が α より大きいため，帰無仮説を棄却しない．すなわち，データからは，一方のバージョンの試験がもう一方より難しいことは説得的には示されない．したがって，この講師は，バージョン B の試験の得点を加点するべきであると信じてはいけない．

7.3.4 プールした標準偏差の推定 (特別なトピック)

場合によっては，2 つの母集団の標準偏差がよく似ており，同一と捉えることができる．例えば，履歴データやよく理解されている生物学的メカニズムは，この強い仮定を正当化できるかもしれない．このような場合は，プール化した標準偏差を用いることによって，t 分布のアプローチを少しではあるがより正確にすることができる．

2 つの群のプール化した標準偏差とは，両群からの標本を用いて標準偏差と標準誤差をよりよく推定するものである．s_1 と s_2 が群 1 と群 2 の標準誤差であり，母集団標準誤差が等しいと信じる有力な理由があれば，それらのデータをプールすることによって群の分散に対する改善された推定値を得ることができる．

$$s_{pooled}^2 = \frac{s_1^2 \times (n_1 - 1) + s_2^2 \times (n_2 - 1)}{n_1 + n_2 - 2} \ .$$

ここで，n_1 と n_2 は，以前と同じく標本サイズである．この新しい統計量を使うには，標準誤差の公

式で s_1^2 と s_2^2 のところに s_{pooled}^2 を代入し，自由度の更新された公式：

$$df = n_1 + n_2 - 2$$

を使えばよい．

標準誤差をプーリングするメリットが実現されるのは，各群に対する標準偏差のよりよい推定値が得られることと，t 分布のより大きな自由度パラメータを用いることに拠っている．もしも 2 つの群の標準偏差が本当に等しいのであれば，これら 2 つの変化によって，$\bar{x}_1 - \bar{x}_2$ の標本分布に対するより正確なモデルが可能となる．

注意深く考慮したあとでのみ標準誤差をプールせよ．
背景となる研究によって母集団標準偏差がほぼ等しいと示唆されたときにのみプールした標準誤差は適切となる．標本サイズが大きく，諸条件がデータによって確認される場合には，標準偏差をプールする便益は著しく小さくなる．

練習問題

7.23 13日の金曜日，パート I. 1990年代初期に英国の研究者が，『13日の金曜日』とその前の週の金曜日である『6日の金曜日』における交通量，買物客の人数および緊急入院に結びつく交通事故の件数に関するデータを収集した．そのような日付の組み合わせに対して，ある特定の交差点を通過した自動車の台数の『13日の金曜日』と『6日の金曜日』における分布が以下のヒストグラムに示されている．さらに，その分布のいくつかの標本統計量が与えられている．ここで差とは，『6日の金曜日』の自動車台数から『13日の金曜日』の自動車台数を引いたものである[20]．

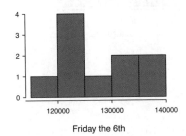
Friday the 6th

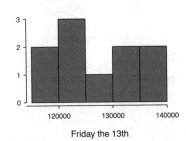
Friday the 13th

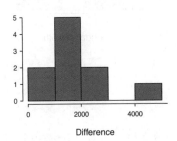
Difference

	6日	13日	差
$\bar{x}$	128,385	126,550	1,835
s	7,259	7,664	1,176
n	10	10	10

(a) これらのデータに，分析において考慮すべき何らかの潜在的な構造はあるか．説明せよ．
(b) 『6日の金曜日』の外出人数が『13日の金曜日』の外出人数と異なるかどうかを検証する仮説はどのようなものか．
(c) パート (b) の仮説検定を実行するための条件を確認せよ．
(d) 検定統計量と p 値を計算せよ．
(e) この仮説の結論は何か．
(f) この文脈で p 値を解釈せよ．
(g) あなたの検定の結論においてどの種類の誤りを犯したかもしれないか．説明せよ．

7.24 ダイヤモンド，パート I. ダイヤモンドの価格は，カット (cut)，クラリティ (clarity)，カラー (color)，カラット重量 (carat weight) のいわゆる 4C によって決まる．カラット重量が増加すればダイヤモンドの価格は上昇するが，価格上昇はなめらかではない．例えば，0.99 カラットと 1 カラットの大きさの差は人間の目では分からないが，1 カラットのダイヤモンドの価格は 0.99 カラットのダイヤモンドの価格よりはるかに高い傾向がある．この問題では，ダイヤモンドの2つの無作為標本を用いる．1つは 0.99 カラット，もう1つは 1 カラットのものであり，標本サイズはどちらも 23 である．この2つの平均価格を比較する．同値な単位を比較するために，まず各ダイヤモンドの価格をそのカラット重量の 100 倍で割る．すなわち，0.99 カラットのダイヤモンドは 99 で割り，1 カラットのダイヤモンドは 100 で割る．分布といくつかの標本統計量が以下に示されている[21]．

0.99 カラットのダイヤモンドと 1 カラットのダイヤモンドの間で平均基準価格に差があるか否かを評価する仮説検定を実行せよ．必ず，あなたの仮説をはっきりと述べ，適切な条件を確認し，このデータの文脈であなたの結果を解釈せよ．

	0.99 カラット	1 カラット
平均	$44.51	$56.81
標準偏差	$13.32	$16.13
n	23	23

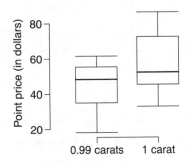

---
[20] T.J. Scanlon et al. "Is Friday the 13th Bad For Your Health?" In: *BMJ* 307 (1993), pp. 1584–1586.
[21] H. Wickham. *ggplot2: elegant graphics for data analysis*. Springer New York, 2009.

7.25 13日の金曜日，パートII. 練習問題7.23で報告されている『13日の金曜日』の調査は，緊急入院に結びつく交通事故件数に関するデータを提供している．そのような日付の6つの組み合わせに対して，『6日の金曜日』と『13日の金曜日』の事故件数の分布とその要約統計量が以下に示されている．推測に必要な条件は仮定するものとする．

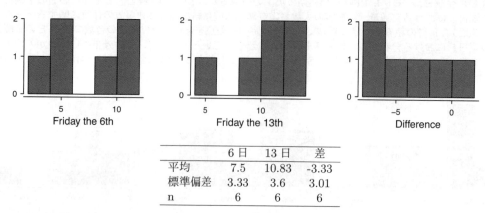

	6日	13日	差
平均	7.5	10.83	-3.33
標準偏差	3.33	3.6	3.01
n	6	6	6

(a) 緊急入院に結びつく事故の平均件数が『6日の金曜日』と『13日の金曜日』の間で異なるかどうかを検定する仮説を作成せよ．

(b) 緊急入院に結びつく事故の平均件数の『6日の金曜日』と『13日の金曜日』の間の差に対する95%信頼区間を作成せよ．

(c) 通常の調査の結論は，「一部の人には『13日の金曜日』は不運をもたらす．交通事故で入院するリスクは52%高まる．家にいることが推奨される」と述べられる．この記述に賛成するか．論拠を示せ．

7.26 ダイヤモンド，パートII. 練習問題7.24で，0.99カラットと1カラットのダイヤモンドの（重量で基準化した）価格を議論した．要約統計量の表を参照して，0.99カラットと1カラットのダイヤモンドの基準価格の差の平均に対する95%信頼区間を作成せよ．推測に必要な条件は満たされているものとする．

	0.99カラット	1カラット
平均	44.51ドル	56.81ドル
標準偏差	13.32ドル	16.13ドル
n	23	23

7.27 鶏の飼料と体重，パートI. 養鶏業は数十億ドルの産業であり，若鶏の成長率を増加させるどの方法も消費者のコストの低下と企業の利益の増加をもたらす可能性をもつ．鶏の成長率に対する様々な飼料の効果を測定し比較する実験が行われた．孵化したばかりのひよこは6つの群に無作為に割り当てられ，各群は異なる補足飼料が与えられた．以下は，飼料のタイプごとの体重の分布を表すボックスプロットとそのデータに基づくいくつかの要約統計量である[22]．

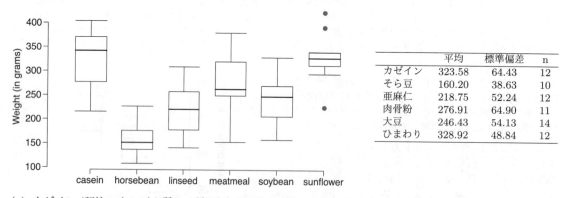

	平均	標準偏差	n
カゼイン	323.58	64.43	12
そら豆	160.20	38.63	10
亜麻仁	218.75	52.24	12
肉骨粉	276.91	64.90	11
大豆	246.43	54.13	14
ひまわり	328.92	48.84	12

(a) カゼイン（訳注：タンパク質の一種）を与えられた鶏とそら豆を与えられた鶏の体重の分布を記述せよ．

(b) これらのデータは，カゼインを与えられた鶏とそら豆を与えられた鶏の平均体重が異なるということに対する強い証拠をもたらすか．5%の有意水準を用いよ．

(c) どの種類の過りを起こしたかもしれないか．説明せよ．

(d) $\alpha = 0.01$ならば，あなたの結論は変わるであろうか．

---

[22] Chicken Weights by Feed Type, from the `datasets` package in R.

7.3. 2つの平均の差

7.28 マニュアル車とオートマ車の燃費，パート I. 毎年アメリカ環境保護庁 (US Environmental Protection Agency, EPA) はその年に製造された自動車の燃費のデータを発表する．以下は，マニュアル車とオートマ車のそれぞれの無作為標本の燃費（単位：マイル／ガロン）の要約統計量である．市街地平均走行距離の観点から見て，これらのデータはマニュアル車とオートマ車の平均燃費の間に差があるという強い証拠を提供するか[23]．

	市街地のマイル／ガロン	
	オートマ	マニュアル
平均	16.12	19.85
標準偏差	3.58	4.51
n	26	26

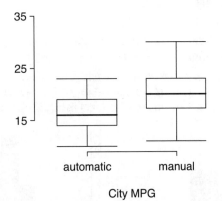

City MPG

7.29 鶏の飼料と体重，パート II. カゼインは人間にとってはありふれた体重増加サプリメントである．それは鶏に対しても有効だろうか．練習問題 7.27 で提供されたデータを用いて，カゼインを与えられた鶏の平均体重は大豆を与えられた鶏の平均体重と異なるという仮説を検定せよ．もしもあなたの仮説が統計的に有意な結果を生じたならば，鶏の平均体重の増加がカゼインの摂取に起因すると考えられるかどうか議論せよ．推測に必要な条件は満たされていると仮定せよ．

7.30 マニュアル車とオートマ車の燃費，パート II. この表は，練習問題 7.28 からの同一車種の 52 台の高速道路における燃費の要約統計量を提供する．これらの統計量を用いて，マニュアル車とオートマ車の高速道路における平均燃費の差に対する 98%信頼区間を計算し，このデータの文脈においてこの信頼区間を解釈せよ[24]．

	高速道路におけるマイル／ガロン	
	オートマ	マニュアル
平均	22.92	27.88
標準偏差	5.29	5.01
n	26	26

Hwy MPG

---
[23] U.S. Department of Energy, Fuel Economy Data, 2012 Datafile.
[24] U.S. Department of Energy, Fuel Economy Data, 2012 Datafile.

7.31 刑務所の隔離の実験, パート I. ノースカロライナ州ラリー市にある『中央刑務所』に属する被験者が,『隔離』の経験に関連する実験に志願した．この実験の目的は，被験者の精神病質的逸脱の T スコアを減少するような処理を探すことである．このスコアは，被験者の統制の必要性あるいは統制に反する抵抗を測定するものであり，ミネソタ多面人格目録 (MMPI) というよく使われているメンタルヘルスの検査の一部である．この実験には以下の 3 つの処理群が含まれた：

(1) 4 時間の感覚制限と専門家の助けを得ることが得られることを通知する 15 分の『癒しの』テープ
(2) 4 時間の感覚制限と狩猟用の犬の訓練に関する 15 分の『感情的に中立な』テープ
(3) 4 時間の感覚制限だけでテープのメッセージはなし

42 人の被験者がこれらの処理群に無作為に割り当てられ，処理の前後で MMPI 検査が施された．処理前スコアと処理後スコアの差（前 - 後）の分布とその標本統計量が以下に示されている．この情報を用いて，各処理の有効性を別々に検定しなさい．用いる仮説を必ず明確に述べ，条件を確認し，このデータの文脈で結果を解釈せよ[25]．

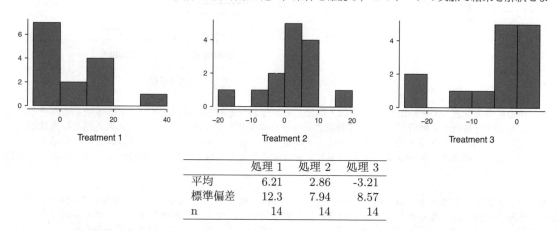

	処理 1	処理 2	処理 3
平均	6.21	2.86	-3.21
標準偏差	12.3	7.94	8.57
n	14	14	14

7.32 正 / 誤: 平均の比較. 以下の文章の記述が正しいか誤りかを判定せよ．誤りと判定した記述の論拠を説明せよ．

(a) $n_1 = 20$ と $n_2 = 40$ の 2 つの標本の平均を比較する場合，$n_2 \geq 30$ だから，平均の差に対する正規モデルを用いることができる．
(b) 自由度が大きくなると，t 分布は正規分布に近づく．
(c) 各群の標本サイズが等しければ，プールされた標準誤差を使って平均の差の標準誤差を計算する．

---
[25] Prison isolation experiment, stat.duke.edu/resources/datasets/prison-isolation.

7.4 平均の差に対する検出力の計算

実験を計画する場合，しばしば考慮すべき2つの背反する点がある．

- 重要な効果を検知するのに十分な大きさのデータを収集したい
- データ収集にはお金がかかる．また，人が関わる実験では，患者に対して何らかのリスクがあるかもしれない．

この節では，臨床試験—対象が人である健康に関する実験—の文脈に焦点を当て，80%の確からしさで何らかの実用上重要な効果を検知するのに適切な標本の大きさを決める[26]．

7.4.1 仮説検定を行うかのように振る舞う

仮説検定を行うかのように振る舞う．これによって，研究のために適切な標本サイズの決定の計算の枠組みを作る．

例題 7.31

ある製薬会社が血圧を低下させる新薬を開発し，その効果をテストするために臨床試験を準備しているとしよう．ある特定の標準的な血圧治療薬を服用している人々を募集する．盲検化を確かにするために，対照群の人々はジェネリックに見える錠剤の服薬を継続する．この文脈において，両側検定に対する検定を記述せよ．

一般に臨床試験は両側検定を用いる．そのため，この文脈では以下が適切な仮説である．

H_0：新薬は標準的な薬剤と完全に同程度の効果をもつ

$\mu_{trmt} - \mu_{ctrl} = 0.$

H_A：新薬の効果は標準的な薬剤とは異なる

$\mu_{trmt} - \mu_{ctrl} \neq 0.$

例題 7.32

研究者は収縮期血圧が 140 mmHg と 180 mmHg の間の患者に対する臨床試験を行いたい．過去に出版された研究から，これらの患者の血圧の標準偏差はおよそ 12 mmHG であり，その分布は近似的に対称的であると示唆されていると仮定しよう[27]．各群ごとに 100 人の患者がいた場合，$\bar{x}_{trmt} - \bar{x}_{ctrl}$ の標準誤差はどれくらいだろうか．

標準誤差は以下のように計算される：

$$SE_{\bar{x}_{trmt}-\bar{x}_{ctrl}} = \sqrt{\frac{s_{trmt}^2}{n_{trmt}} + \frac{s_{ctrl}^2}{n_{ctrl}}} = \sqrt{\frac{12^2}{100} + \frac{12^2}{100}} = 1.70 \ .$$

この値は，$SE_{\bar{x}_{trmt}-\bar{x}_{ctrl}}$ の完全な推定値ではないかもしれない．ここで用いた標準誤差は，この群の患者のものと正確に一致するものではないからである．しかし，我々の目的には十分である．

---

[26] 明示的にはカバーすることはしないが，同様な標本サイズの計画が観察研究においても役に立つ．

[27] この特定の研究では，一般には患者の血圧を研究の開始時と終了時に測定し，この研究のアウトカムの測定値を血圧の平均的な変化とするであろう．すなわち，μ_{trmt} と μ_{ctrl} は両方とも平均的な差を表している．これは，2標本の対応のある検定

例題 7.33

$\bar{x}_{trmt} - \bar{x}_{ctrl}$ の帰無仮説における分布はいかなるものか．

自由度は30より大きい．したがって，$\bar{x}_{trmt} - \bar{x}_{ctrl}$ は近似的に正規分布に従う．この分布の標準偏差（標準誤差）はおよそ1.70であり，帰無仮説の下でその平均は0となろう．

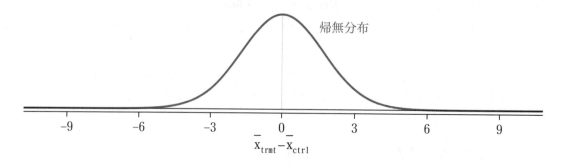

例題 7.34

$\bar{x}_{trmt} - \bar{x}_{ctrl}$ のどのような値に対して，帰無仮説を棄却するであろうか．

$\alpha = 0.05$ のとき，この差が下側 2.5%か上側 2.5%に入っていれば H_0 を棄却する：

下側 2.5%： 正規モデルの場合は，これは $-1.96\times$ 標準誤差である．したがって，差が $-1.96 \times 1.70 = -3.332$ mmHg より小さければ帰無仮説を棄却する．

上側 2.5%： 正規モデルの場合は，これは $1.96\times$ 標準誤差である．したがって，差が $1.96 \times 1.70 = 3.332$ mmHg より大きければ帰無仮説を棄却する．$1.96 \times 1.70 = 3.332$ mmHg．

これらの**棄却域**の境界は以下に示される：

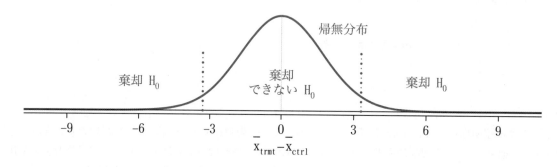

次に，本当は対立仮説が正しい場合に帰無仮説を棄却する確率を決定するような仮想的な計算を行う．

7.4.2 2標本検定に対する検出力の計算

調査を計画するとき，関心のある効果をどの程度の確からしさで検知するだろうか．別の言い方をすると，効果が本物であり実際的な価値を持つほど大きいとしたらその効果を検知する確率はいくつであろうか．この確率を**検出力**とよぶ．検出力は標本サイズや**効果量**に応じて計算される．

まず何が実際的に有意な結果であるかを決める．ある企業の研究者が標準的な治療に比べて 3 mmHG あるいはそれを上回る血圧に対する効果を見つけることに関心があるとしよう．ここで

の構造と考えられるものであり，患者の平均変化の差に対する仮説検定と全く同じように分析するであろう．ここで行う計算において，12 mmHg は，研究の開始時と終了時の患者の血圧の差の標準偏差の予測値と仮定する．

7.4. 平均の差に対する検出力の計算

3 mmHG は関心の対象となる最小の**効果量**であり，調査においてこの大きさの効果を検知する可能性がどの程度か知りたい．

例題 7.35

100 人の患者を処理群として分析を進めると決めたとする．また，新薬は標準的な治療に比べ，さらに追加的な 3 mmHG 血圧を下げると仮定する．血圧下落を検知する確率はいくつであろうか．

何らかの計算を始める前に，もしも $\bar{x}_{trmt} - \bar{x}_{ctrl} = -3$ mmHg ならば，H_0 を棄却するに足る十分な証拠さえないであろうことに注意しておこう．それは，あまりよい兆候ではない．H_0 を棄却する確率を計算するために，いくつかのことを決める必要がある：

- 真の差が-3 mmHg であるときの $\bar{x}_{trmt} - \bar{x}_{ctrl}$ の標本分布．これは，分布が左方向に 3 だけ移動していることを除けば，帰無仮説における分布と同一である：

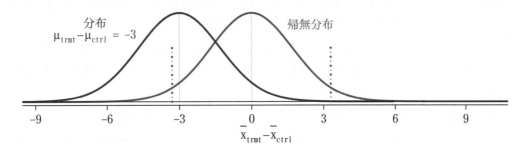

- 棄却域．これは，上の点線の外側である．
- 棄却域に落ちる分布の割合

要するに，平均 -3，標準偏差 1.7 の正規分布に対して $x < -3.332$ となる確率計算する必要がある．こうするために，計算したい領域に影をつける：

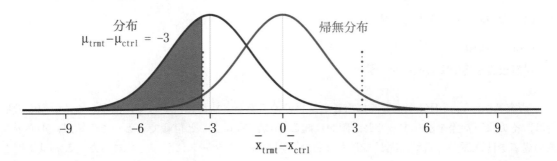

正規近似を用いる．自由度が 30 以上であれば，これは適切な正確な近似である．Z スコアを計算することから始め，統計ソフトか確率表を用いて，裾の面積を計算する：

$$Z = \frac{-3.332 - (-3)}{1.7} = -0.20 \quad \rightarrow \quad 0.42 .$$

$\mu_{trmt} - \mu_{ctrl} = -3$ であり，各群が大きさ 100 の標本のとき，検出力は約 42% である．

例題 7.35 では，計算の中で，仮説の値，すなわち -3 の反対方向に位置する上側の棄却域を無視したその理由は何だろうか．実際には減少が生じているとき，帰無仮説を棄却し増加が生じていると結論することに何の価値もないからである．また，ここでは t 分布の代わりに正規分布を用いた．これは，便宜上である．したがって，もしも標本サイズが小さすぎるのであれば，t 分布の使用に戻る必要が出てくる．この節の最後で，この点について更に議論する．

7.4.3 適切な標本サイズの決定

最後の例では各群に対する標本サイズが 100 の場合は，3 mmHG の効果量を検知できるのは約 0.42 であることを見た．各群に対して 100 人の患者しか使わないままで研究を進めた結果，データが対立仮説を支持しなかった．すなわち H_0 を棄却しなかったとしよう．いくつかの理由でこれはよくない状況である：

- 研究者たちは皆，おそらく，本当の意味のある差が存在するが，標本が小さいために検知できなかったと心の中で疑問に思うであろう．
- 企業は新薬の開発におそらく何百万ドルも投資した．その結果，新薬の潜在性に関して大きな不確実性を抱えたままとなってしまう．実験からは，依然として重要かもしれない効果を検知することが実現できなかったからである．
- 患者は新薬の実験を受けさせられた．しかし，新薬が患者の役に立たない（あるいは害を及ぼす）と大きな確実性をもって言うことさえできない
- 新薬が何らかの実際的な価値をもっているかどうかに関するより決定的な解答を得るために，さらなる臨床試験を行う必要があるかもしれない．しかし，2 回目の試験を行うには，長い年月と多額の費用を要するかもしれない．

この状況は避けたいので，実質的に重要な何らかの差を検知することを確信できることを保証する適切な標本サイズを決める必要がある．以前に述べたように，3 mmHg の変化は実質的に重要な最小の差である．第 1 ステップとして，異なるいくつかの標本サイズに対する検出力を計算できる．例えば，各群あたり 500 人の患者の場合を試してみよう．

確認問題 7.36

各群あたり 500 人の標本サイズを用いるとき，-3 mmHg の変化を検知する検出力を計算する[28]．

(a) 標準誤差を決定せよ（患者の標準偏差は約 12 mmHg と期待されたことを思い出そう）．

(b) 帰無仮説の分布と棄却域を求めよ．

(c) $\mu_{trmt} - \mu_{ctrl} = -3$ のときに対立仮説の分布を求める．

(d) 帰無仮説を棄却する確率を計算せよ．

研究者は，3 mmHG が実質的に重要な最小の差であると決めた．そして，標本サイズが 500 の場合は，そのような差を検知することが確かに起こる (97.7%以上) と信頼できる．この結果，不必要な数の患者を臨床試験の新薬に曝してしまうという別の極端なケースになってしまった．これは倫理上問題があるばかりでなく，何らかの重要な効果を検知することを確信するのために，必要以上の莫大なコストがかかってしまうことになる．

---

[28] (a) 標準誤差は $SE = \sqrt{\frac{12^2}{500} + \frac{12^2}{500}} = 0.76$ と与えられる．
(b) & (c) 帰無仮説の分布，棄却限界，対立仮説の分布は以下に示される：

棄却域は，$\pm 0.76 \times 1.96 = \pm 1.49$ に位置する 2 本の点線の外側の領域である．
(d) $\mu_{trmt} - \mu_{ctrl} = -3$ の場合の対立仮説の面積は影になっている．Z スコアを計算し裾の面積を求める：$Z = \frac{-1.49-(-3)}{0.76} = 1.99 \rightarrow 0.977$.

各群あたり 500 人の患者がいる場合，少なくとも 3 mmHg の効果量を検知することが約 97.7%（あるいはそれ以上）であると確信する．

7.4. 平均の差に対する検出力の計算

最も一般的な慣習は，検出力が80%程度，場合によっては90%，になるように標本サイズを定めることである．特定の場面では，他の値の方が妥当かもしれないが，高い検出力と必要以上の患者を新薬に曝さないこと（あるいはお金を過剰に浪費すること）を両立するために，80%と90%が最もよく目標とされる．

80%に近い検出力を得るまで，複数の標本サイズに対する検出力の計算を繰り返すことはできる．しかし，それよりよい方法がある．問題を後ろ向きに解くことだ．

例題 7.37

どの標本サイズが80%の検出力を達成するか．

検定統計量が正規分布で近似できるに十分な大きさの標本があると仮定しよう．これは，自由度がある程度大きい（例えば $df \geq 30$）とき正規分布と t 分布はほとんど同一視できるからである．もしもこれが成立しないならば，一定の修正を行う必要がある．

まず，下側の裾確率が80%である Z スコアの値を定めることから始める．各群について，標本サイズがある程度大きければ，下側の裾確率が80%のZスコアは約 0.84 となる．

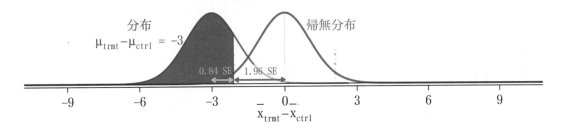

さらに，棄却域は，$\alpha = 0.05$ に対する帰無仮説の分布の中心から $1.96 \times SE$ 広がる．これによって，帰無仮説の分布と対立仮説の分布の中心間のターゲットとなる距離を標準誤差を用いて計算できる：

$$0.84 \times SE + 1.96 \times SE = 2.8 \times SE \ .$$

この例では，帰無仮説の分布の中心と対立仮説の分布の中心の間の距離を，関心のある効果量である 3 mmHg にしたい．このことから，この距離と標準誤差の間の等式を次のように設定できる：

$$3 = 2.8 \times SE \ ,$$
$$3 = 2.8 \times \sqrt{\frac{12^2}{n} + \frac{12^2}{n}} \ ,$$
$$n = \frac{2.8^2}{3^2} \times (12^2 + 12^2) = 250.88 \ .$$

この状況では，0.05 の有意水準において 80% の検出力を実現するには，各群当たり 251 人の患者を目標とすべきである

$2.8 \times SE$ という標準誤差の差は，目標とする検出力が 80% であり有意水準が $\alpha = 0.05$ という状況に特有なものである．もしも目標とする検出力が 90% ならば，あるいは，異なる有意水準を用いるならば，$2.8 \times SE$ とはいささか異なるものを用いることになる．

もしも示唆された標本サイズが比較的小さかったならば – 大雑把にいって 30 以下 –，最初の標本サイズの下で，より小さな標本サイズに対する自由度を使って計算をやり直す方がよい考えであったであろう．すなわち，最初の標本サイズによって示された自由度に基づく 0.84 と 1.96 という値を修正すべきであったろう．一般に，修正された標本サイズのターゲットの値は，より大きいものであった

確認問題 7.38

目標とする検出力が 90% であり，$\alpha = 0.01$ を用いたとしよう．標準誤差の何個分を取れば，帰無仮説の分布と対立仮説の分布を分離するであろうか．ここで，対立仮説は関心のある効果量の最小値に中心があるものとする[29]．

確認問題 7.39

ある実験に対する検出力の大きさを決めるときに考慮すべき重要な点は何であろうか[30]．

図表 7.18 は，$\alpha = 0.05$ であり真の差が-3 であるとき，患者数が 20 人から 5000 人までの標本サイズに対する検出力を示している．多くの異なる標本サイズに対する検出力を計算するプログラムを作成して，この曲線を構築した．

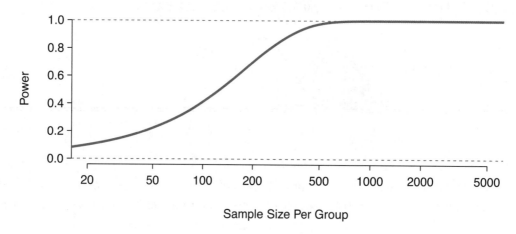

図表 7.18: この曲線は，真の差が-3 であるときの血圧の例の状況において，異なる標本サイズに対する検出力を示している．$\alpha = 0.05$ のときは，250 から 350 個程度の観測値が得られたとしても，効果を検知する上で役に立つような追加的な価値はもたらさない．

費用がかさむ，あるいは危険を伴う実験に対する検出力の計算は重大な意味を持つ．しかし，費用もかからず倫理的な考慮も最小限である実験の場合はどうであろうか．例えば，人気の高い Web サイトの新しい機能に関する最終的なテストを行うとしよう．我々の標本サイズに関する考慮はどう変化するであろうか．以前と同様に，標本サイズが十分に大きくなることを確保したいであろう．しかし，機能に対してテストが行われ仕様がうまく働いている（例えば，サイトのユーザーがその特徴に満足しているらしい）と仮定しよう．その場合，機能の効果のより正確な推定値を得ることによる価値（例えば次の有用な機能の開発のガイドの助けになる）があるかどうかを知るために，より大規模な実験を行うことは妥当であると思われる．

---

[29] まず，分布の 90% がそれより小さくなる Z スコアの値を求める：$Z = 1.28$．次に棄却域の臨界点を探す：± 2.58．そして中心の差がおよそ $1.28 \times SE + 2.58 \times SE = 3.86 \times SE$ となるようにする．

[30] 答えは様々であろう．しかし，以下は，考慮すべき重要な点である：
- 研究において患者に対する何らかのリスクがあるかどうか．
- より多くの患者を参加させる費用．
- 関心となる効果を検知できないという潜在的なマイナス面．

7.4. 平均の差に対する検出力の計算

練習問題

7.33 トウモロコシの収穫量の増加． ある大きな農家は，新しいタイプの肥料を試してみて，それがトウモロコシの産出量を改善するかどうかを調べたい．耕地を，1 区画当たりのトウモロコシの平均産出量が 1,215 パウンド，標準偏差が 94 パウンドになるようにいくつかの区間に分ける．農家は，1 区画当たりの平均的な差が少なくとも 40 パウンドと検知されることに関心がある．もしも 90% の検出力を望むのであれば，この実験に必要な区画はいくつになるであろうか．耕地の各区間は，従来の肥料か新しい肥料のいずれかを施されると仮定せよ．

7.34 E メールによるアウトリーチの取り組み． ある医学研究グループは，医療履歴に関する簡単な調査に参加する人々を募集している．例えば，ある調査では癌に関する家族履歴の情報を尋ねている．また，別の調査では直近の病院での診察でいかなる話題を話し合ったか尋ねている．これまでのところ，人々は参加してくれているが，平均して 4 件の調査にしか完全記入していない．また，完全記入の調査の件数の標準偏差は約 2.2 件である．この研究グループでは，新規参加者がより多くの調査を完全記入するであろうと考えられる新しいインターフェースを試したい．新規参加者を新しいインターフェースか古いインターフェースのいずれかに無作為に割り当てる．検出力を 80% とするとき，参加者 1 人当たり 0.5 件の効果量を各インターフェースが検知するには，何人の新規参加者が必要であろうか．

7.5 ANOVAによる多くの平均の比較

多くの群の間の平均を比較したい場合もある．最初は組ごとの比較を行うことを考えるかもしれない．例えば，3群がある場合，まず第1群と第2群の平均の比較，続いて第1群と第3群の平均の比較，最後に第2群と第3群の平均の比較，全体として3組の比較を行う誘惑にかられるかもしれない．しかし，この戦略は当てにならない．もしも多くの群があり何回も比較を行う場合，母集団では全く差がないにも関わらず，ただの偶然によって，最終的に差を見出す場合が起こりうる．そうする代わりに，少なくとも1つの組が本当に異なっているという証拠の有無を検討する総合的な検定を適用すべきである．このような場面では，ANOVA が有用となる．

7.5.1 ANOVAの中心となる考え方

この節では，**分散分析 (ANOVA)** という手法と F という検定統計量を新たに学ぶ．ANOVA は，多くの群の間の平均が等しいかどうかを確認する単一の仮説を用いる：

H_0: すべての群の間で平均効果は同一である．統計の用語を用いると，$\mu_1 = \mu_2 = \cdots = \mu_k$ である．ここで，μ_i は，i 群の観測値の効果の平均を表す．

H_A: 少なくとも1つの平均は異なる．

一般的に，ANOVA を行う前にデータに関する3つの条件を確認しなければならない：

- 郡内および群間で観測値は独立．
- 各群内のデータは近似的に正規分布に従う．
- 群間で変動の程度はほぼ等しい．

これら3つの条件が満たされたとき，ANOVA を行い，すべての μ_i が等しいという仮説に反する有力な証拠をデータが提供するか否かを判定する．

例題 7.40

大学の学部では，需要に応じて，各学期に同一の入門科目に対して複数の授業が開講されることが一般的である．入門統計学のコースに対して3つの授業を開講する統計学部を考えよう．これら3つのクラス (A, B, および C) の第1回目の試験得点の間に統計的に有意な差があるかどうかを判断したいとする．3つのクラスの間に何らかの差があるかどうかを決める適切な仮説を述べよ．

これらの仮説は以下の形に書けるであろう：

H_0: すべての授業で平均得点は等しい．観察される差は偶然によるものである．記号では $\mu_A = \mu_B = \mu_C$ と書く．

H_A: 平均得点はクラスによって異なる．偶然のみによって期待される以上の差がクラスの得点の間にあったとしたら，対立仮説を支持して帰無仮説を棄却するであろう．

ANOVA において対立仮説を支持する有力な証拠は，群平均の間の並外れて大きな差によって表される．すぐに見るように，各群内における個別の観測値の間のばらつきに対して，群平均間のばらつきを評価することが ANOVA の成功の鍵である．

7.5. ANOVAによる多くの平均の比較

例題 7.41

図表 7.19 を利用して左から群 I, II, III を比較しよう．群の中心における差が偶然によるものか否かを視覚的に判定できるか．今度は群，IV, V および VI を比較せよ．これらの差は偶然によるものと思われか．

群 I, II, および III の平均の差に本当に違いがあるかは判別しがたい．平均的な結果の差に比べて，各群内のデータの変動が著しいからである．その一方で，群 IV, V および VI の中心の間には差があるように思われる．例えば，群 V は他の 2 つの群のそれよりも高い平均を持つように思われる．群 IV, V, VI を調べると，群の中心の間の差が目立つ理由は，**個々の観測値のばらつきに比べてそれらの差が大きいこと**である．

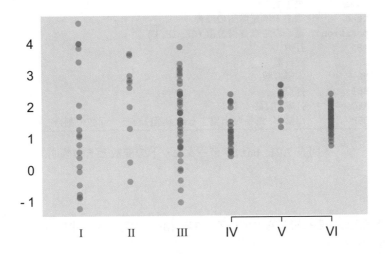

図表 7.19: 6 つの群の結果に対する並列点プロット

7.5.2 MLB では打撃の成績は選手の守備位置に関係しているか．

外野手 (OF)，内野手 (IF)，捕手 catcher (C) という守備位置によって野球選手の打撃成績の間に実質的な差があるかどうか判別したい．bat18 というデータセットを用いる．このデータには打数が 100 以上である 429 の大リーグ野球 (MLB) 選手の 2018 年シーズン以降の打撃成績が含まれている．データ bat18 に含まれている 429 件数の中の 6 つのケースが図表 7.20 に示されている．また，各変数の説明が図表 7.21 で与えられている．

選手の打撃成績 (結果変数) として使う評価基準は，出塁率 (OBP) である．大雑把にいうと，出塁率とは選手が出塁するか本塁打を打つ回数の割合である．

確認問題 7.42

検討の対象となる帰無仮説は以下の通り: $\mu_{\text{OF}} = \mu_{\text{IF}} = \mu_{\text{C}}$. 平易な言葉で，帰無仮説と対応する仮説を記せ[31]．

---

[31] H_0: 平均出塁率は 3 つの守備位置の間で等しい．H_A: 平均出塁率は，いくつか（あるいはすべての）群の間で異なる．

	名前	チーム	位置	AB	H	HR	RBI	AVG	OBP
1	Abreu, J	CWS	IF	499	132	22	78	0.265	0.325
2	Acuna Jr., R	ATL	OF	433	127	26	64	0.293	0.366
3	Adames, W	TB	IF	288	80	10	34	0.278	0.348
⋮	⋮	⋮	⋮	⋮	⋮	⋮	⋮		
427	Zimmerman, R	WSH	IF	288	76	13	51	0.264	0.337
428	Zobrist, B	CHC	IF	455	139	9	58	0.305	0.378
429	Zunino, M	SEA	OF	373	75	20	44	0.201	0.259

図表 7.20: データ bat18 からの 6 つのケース.

変数	説明
name	選手名
team	選手の所属球団の略称
position	選手の主な守備位置 (OF, IF, C)
AB	打数
H	安打数
HR	本塁打数
RBI	打点
AVG	打率, H/AB に等しい
OBP	出塁率, 選手が出塁するか本塁打を打つ回数の割合

図表 7.21: bat18 データセットの変数とその説明.

例題 7.43

選手の守備位置は次の 3 群に分けられている: 外野 (OF), 内野 (IF), 捕手 (C). 何が外野手の出塁率の適切な点推定値だろうか.

外野手の出塁率のよい推定値は, 守備位置が外野である選手のみに対する OBP の標本平均であろう. その値は $\bar{x}_{OF} = 0.320$ である.

図表 7.22 は, 各群の要約統計量を与える. 出塁率の並列ボックスプロットが図表 7.23 に示されている. 変動性が群間でほぼ一定であることに注意されたい. 群間で分散がほぼ一定である点は, ANOVA のアプローチを考える前に満たされていなければならない重要な仮定である.

	OF	IF	C
標本サイズ (n_i)	160	205	64
標本平均 ($\bar{x}_i$)	0.320	0.318	0.302
標本標準偏差 (s_i)	0.043	0.038	0.038

図表 7.22: 選手の守備位置ごとの出塁率の要約統計量

7.5. ANOVAによる多くの平均の比較

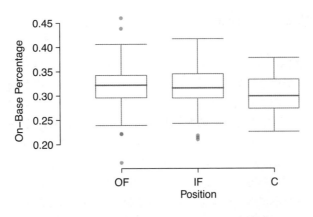

図表 7.23: 3つの群ごとの429選手の出塁率の並列箱ひげ図. 外野群に明らかな外れ値が1つ見えるが, 外野群と内野群はともに多くの観測値があるのでこの外れ値は懸念事項ではないだろう.

例題 7.44

標本平均の差が最も大きいのは, 捕手と外野の守備位置の間である. 再び元の仮説を考えよう:

H_0: $\mu_{\text{OF}} = \mu_{\text{IF}} = \mu_{\text{C}}$

H_A: 平均出塁率 (μ_i) は, いくつかまたはすべての群の間で異なる.

μ_{C} と μ_{OF} の差が有意水準 0.05 で統計的に有意であるかどうかをただ単に推定することによって検定を行うことはなぜ不適切なのであろうか.

この場合の第一の問題点は, 比較するであろう群を選択する前にデータを調べている点である. 目によってすべてのデータを調査 (インフォーマルな検証) した後で, どの部分をフォーマルに検定するかを決めるのは不適切である. これは**データスヌーピング**あるいは**データフィッシング**と呼ばれる. この場合, 当然, 最大の差を持つ群を選択することになり, これによって第1種の過誤の確率が増大する. この問題を正確に理解するために少し異なる問題を考えよう.

学年の始めに, 大規模な小学校の20クラスの生徒の適性を測定するとしよう. この学校では, すべての生徒は無作為にクラスに割り当てられるため, 学年の開始時に観測されるいかなる差も完全に偶然によるものである. しかし, 群が多数であるため, 互いに異なるように見える群がいくつか観察されるであろう. 異なるように見えるこれらのクラスだけを選び, フォーマルな検定を行うとすると, 割り当てが無作為ではなかったと誤って結論してしまうであろう. 数組のクラスに対してはフォーマルな差の検定を行うが, 比較のための最も極端なケースを選択する前に, 他のクラスを目によってインフォーマルに評価したことになる.

例題 7.44 で表された考えに関する追加的な情報については, **検察官の誤謬**に関する文献講読を推奨する[32].

次節では, 母集団平均に差がないのにも拘わらず, 単なる偶然によって観察された標本平均の差が生じたか否かを検定するために, F 統計量と ANOVA をいかに用いるかを学ぶ.

---

[32] 例えば, andrewgelman.com/2007/05/18/the_prosecutors を見よ.

7.5.3 分散分析 (ANOVA) と F 検定

この文脈では，分散分析法は「標本平均の変動は，偶然のみによるとは考えられないほど大きいか」という問に対する解答に焦点を当てている．この問いは，前述の検定の手続きとは異なる．なぜならば，ここでは同時に多数の群を考え，それらの平均が普通の変動から期待するものより大きく異なってるかどうかを評価するからである．この変動を群間平均平方 (MSG) と呼ぶ．群の個数が k であれば，この変動の自由度は $df_G = k - 1$ である．MSG は，平均に対するスケール化された分散と考えることができる．もしも帰無仮説が正しければ，標本平均のいかなる変動も偶然によるものであり，それほど大きくはならないはずである．MSG の計算の詳細は脚注で与えらえている[33]．通常はソフトウエアを用いてこれらの計算を行う．仮説検定における群間平均平方は，それだけでは全く役に立たない．帰無仮説が正しいとき標本平均の間の変動がどの程度と期待できるかに対する基準となる値を必要とする．この目的のために，しばしば平均平方誤差 (MSE) と略されるプールされた分散を用いる．その自由度は $df_E = n - k$ である．MSE を級内変動の尺度と考えることは有用である．

MSE の計算の詳細と ANOVA の計算に対する追加的なオンラインのセクションは脚注で与えておくので[34]を参照されたい．帰無仮説が正しいときは，標本平均の間の差は偶然によるのみであり，MSG と MSE はほぼ等しくなるはずである．ANOVA の検定統計量として，MSG と MSE の比

$$F = \frac{MSG}{MSE}$$

を調べる．MSG は級間変動性の尺度を表し，MSE は各群内の変動性を測るものである．

> **確認問題 7.45**
>
> 野球のデータでは，$MSG = 0.00803$, $MSE = 0.00158$ である．MSG と MSE の自由度を特定し，F 統計量が近似的に 5.077 であることを示せ[35]．

いわゆる **F 検定** (F-test) の仮説を検証するために，F 統計量を用いることができる．p 値は，F 分布を用いて，F 統計量から計算できる．F 分布は df_1, df_2 という 2 つのパラメータを持つ．ANOVA における F 統計量では，$df_1 = df_G$, $df_2 = df_E$ である．野球の仮説検定の F 統計量に対応する，自由度が 2 および 426 である F 分布は図表7.24に示されている．

級内観測値 (MSE) に対する標本平均の観察される変動 (MSG) が大きいほど，F は大きくなり，帰無仮説に反する証拠が強くなる．F の値が大きいほど帰無仮説に反する証拠が強くなるので，分布の上側の裾を用いて p 値を計算する．

---

[33] $\bar{x}$ は，すべての群の結果の平均を表すものとする．このとき級間平均平方は以下のように計算される：

$$MSG = \frac{1}{df_G} SSG = \frac{1}{k-1} \sum_{i=1}^{k} n_i (\bar{x}_i - \bar{x})^2$$

ここで，SSG は級間平方和と呼ばれ，n_i は i 番目の群の標本サイズである．

[34] $\bar{x}$ はすべての群の結果平均を表すものとする．このとき，総平方和 (SST) は

$$SST = \sum_{i=1}^{n} (x_i - \bar{x})^2$$

と計算される．ここで，和はデータセットのすべての観測値に対する．このとき，誤差平方和 (SSE) を以下の 2 つの同値な方法のいずれかで計算する．

$$SSE = SST - SSG$$
$$= (n_1 - 1) s_1^2 + (n_2 - 1) s_2^2 + \cdots + (n_k - 1) s_k^2 .$$

ここで，s_i^2 は i 番目の群の残差の標本分散（標準偏差の 2 乗）である．このとき MSE は，SSE を標準化したものである：$MSE = \frac{1}{df_E} SSE$．
ANOVA の計算の追加的な詳細について関心がある読者は www.openintro.org/d?file=stat_extra_anova_calculations

[35] $k = 3$ の群がある．したがって $df_G = k - 1 = 2$ である．全観測値の個数は $n = n_1 + n_2 + n_3 = 429$ であるから，$df_E = n - k = 426$ である．このとき，F 統計量は MSG と MSE の比として計算される：$F = \frac{MSG}{MSE} = \frac{0.00803}{0.00158} = 5.082 \approx 5.077$．($F = 5.077$ は，四捨五入していない MSG と MSE の値を用いて計算した．)

7.5. ANOVAによる多くの平均の比較

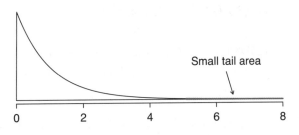

図表 7.24: $df_1 = 3$, $df_2 = 323$ の F 分布.

F 統計量と F 検定

分散分析 (ANOVA) は，2つあるいはそれ以上の群の間の平均的な結果が異なるかどうかを検定するために用いられる．ANOVA は検定統計量 F を用いる．F は級内の変動に対する標本平均の変動の比の標準化を表す．H_0 が正しくモデルの条件が満たされていれば，統計量 F はパラメータが $df_1 = k-1, df_2 = n-k$ の F 分布に従う．F 分布の上側の裾を用いて p 値を表す．

例題 7.46

図表 7.24 の影の部分の面積に対応する p 値は 0.0066 に等しい．これは帰無仮説に反する強い証拠を与えるか．

---

p-値は 0.05 より小さいため，有意水準 0.05 で帰無仮説を棄却するのに十分強い証拠が示唆される．すなわち，データから，選手の第一の守備位置によって平均出塁率が異なるという強い証拠がデータによってもたらされた．

7.5.4 ソフトウエアからの ANOVA 表の読み取り

ANOVA の実行に必要な計算を手によって行うのは面倒であり，人為的ミスを起こしやすい．これらの理由により，通常は，統計ソフトを使って F 統計量と p 値を計算する．

ANOVA は，第 8 章および第 9 章で扱う回帰分析の要約の表と同様な表に要約できる．図表 7.25 は，MLB において出塁率の平均が選手の守備位置によって変わるかどうかを検定するための ANOVA の要約を示している．これらの値の多くは見慣れたものであるはずだ; 特に，F 検定統計量と p 値は最後の 2 列から取り出すことができる．

	自由度	平方和	平均平方	F 値	Pr(>F)
守備位置	2	0.0161	0.0080	5.0766	0.0066
残差	426	0.6740	0.0016		

$s_{pooled} = 0.040$ on $df = 423$

図表 7.25: 平均出塁率が選手の守備位置で異なるかどうかを検定するための ANOVA の要約.

7.5.5 ANOVA 分析のためのグラフによる診断

ANOVA 分析のために確認しなければならない3つの条件がある：すべての観測値は独立でなければならない，各群のデータが従う分布はほぼ正規分布でなければならない，そして，各群の分散は近似的に等しくなければならない．

独立性 データが単純無作為標本ならば，この条件は満たされている．作業や実験の場合は，データが独立かどうか（例えば対応がない）かどうかを注意深く考慮せよ．たとえば MLB データでは，データは抽出されたわけではない．しかし，ほとんどあるいはすべての観測値に対して独立性が成立しない明白な理由はない．

近似的に正規分布 1標本および2標本の平均の検定の場合と同様に，標本サイズがかなり小さく皮肉にも非正規性の確認が困難なときは，正規性の仮定は特に重要である．各群からの観測値のヒストグラムが図表 7.26 に示されている．ここで考えている各群は相対的に大きな標本サイズを持つため，見出そうとするものは大きな外れ値である．明白な外れ値は皆無であるため，この条件はある程度満たされている．

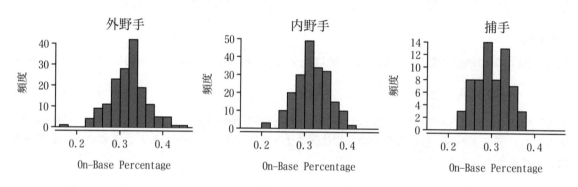

図表 7.26: 各守備範囲に対する OBP のヒストグラム．

一定の分散 最後の仮定は，群の分散はどの群でもほぼ等しいということである．この仮定は図表 7.26 のように，群ごとの並列箱ひげ図（ボックスプロット）を調べることによって確認できる．この場合は，3つの群の間で変動性は似ているが，同一ではない．図表 7.23 において，群ごとの標準偏差は大きくは変化しない．

ANOVA 分析のための診断

ANOVA 解析にとって，独立性は常に重要である．正規性の条件は，各群の標本サイズが相対的に小さいとき非常に重要である．群間で標本サイズが異なる場合は，分散一定の条件は特に重要である．

7.5.6 多重比較と第1種の過誤率の統御

ANOVA 分析の帰無仮説を棄却するとき，これらの群のどれが異なる平均をもつのか知りたいと思うかもしれない．この疑問に答えるために，可能な群の組の各々の平均を比較する．例えば，3つの群があり，これらの群の平均に何らかの差があるという強い証拠があるとするならば，群2に対して群1，群3に対して群1，群3に対して群2という3つの比較を行う．これらの比較は2標本 t 検定を用いて実行できるが，修正された有意水準と群ごとの標準偏差のプールされた推定値を用いる．通常

7.5. ANOVA による多くの平均の比較

は，このプールされた標準偏差は，ANOVA 表から探すことができる．例えば図表 7.25 では図表の一番下に与えられている．

例題 7.47

例題 7.40 は同じ学期中に開講された 3 つの統計学の講義を議論したものである．図表 7.27 はこれらの 3 つの講義の要約統計量を示し，データの並列ボックスプロットが図表 7.28 に表示されている．これらのデータに対する ANOVA を実行したい．ANOVA の 3 つの条件からの何らかの乖離が見られるであろうか．

この場合（他の多くの場合と同様に）独立性を厳密に確認することは難しい．その代わりに，せいぜいできることは，常識を使って独立性の仮定が成立しないかもしれない理由を考えうることである．例えば，学生の半分しかアクセスできない花形 TA がいる場合，独立性の仮定は成立しないかもしれない．そのような状況では，クラスが 2 つの部分群に分かれてしまうであろう．これらの特定のデータに対してそのような状況は明白ではないため，独立性は受容できると信じる．

並列箱ひげ図の分布は大体対称的であるように見える．また，明確な外れ値は見られない．

箱ひげ図は近似的に等しい変動性を示している．それは，図表 7.27 から確かめることが可能であり，分散一定の仮定が支持される．

クラス i	A	B	C
n_i	58	55	51
$\bar{x}_i$	75.1	72.0	78.9
s_i	13.9	13.8	13.1

図表 7.27: 同一科目の 3 つの異なる講義における 1 学期の中間試験の得点の要約統計量．

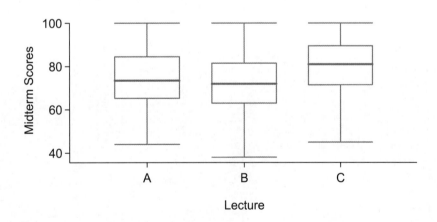

図表 7.28: 同一科目の 3 つの異なる講義における 1 学期の中間試験の得点の並列ボックスプロット．

確認問題 7.48

中間試験のデータに対して ANOVA が実行され，要約の結果が図表 7.29 のように示されている．結論はどうすべきであろうか[36]．

	自由度	平方和	平均平方	F 値	Pr(>F)
講義	2	1290.11	645.06	3.48	0.0330
残差	161	29810.13	185.16		

$s_{pooled} = 13.61 \ (df = 161)$

図表 7.29: 中間試験のデータに対する ANOVA の要約表．

3 つのクラスの各々における異なる平均が単に偶然によるものではないという強い証拠がある．どのクラスが実際に異なっているかを知りたいと思うかもしれない．前述の章で議論したように，2 標本の t 検定を用いて，可能な群の組の各々において差の検定を行うことができる．しかし，1 つの落とし穴が例 7.44 で議論されている：検定を何回も実行すると，第 1 種の過誤率が増大する．修正された有意水準を用いることによって，この問題は解決される．

多重比較と α に対するボンフェローニの補正

群の多くの組の検定を行うシナリオは，多重比較と呼ばれる．ボンフェローニの補正は，これらの検定に対して，より厳しい有意水準の方が適切であることが示唆される：

$$\alpha^\star = \alpha/K \ .$$

ここで K は (フォーマルあるいはインフォーマルに) 考慮される比較の個数である．群の個数が k ならば，通常はすべての可能な組が比較され，$K = \frac{k(k-1)}{2}$ となる．

---

[36] 検定の p 値は 0.0330 であり，デフォルトの有意水準である 0.05 より小さい．従って，帰無仮説を棄却し，中間試験の平均得点の間の差は偶然によるものではないと結論する．

7.5. ANOVA による多くの平均の比較

例題 7.49

確認問題 7.48 において，中間試験の平均得点に関して 3 つの講義の間に差がある強い証拠を見出した．ボンフェローニ補正を用いて 3 つの可能な対比較を完了し，何らかの差を報告せよ．

修正された有意水準 $\alpha^* = 0.05/3 = 0.0167$ を用いる．さらに，標準偏差のプールされた推定値：$s_{pooled} = 13.61(df = 161)$ を用いる．これは ANOVA 要約表に与えられている．

講義 A 対 講義 B：推定された差と標準誤差は，それぞれ，

$$\bar{x}_A - \bar{x}_B = 75.1 - 72 = 3.1, \qquad SE = \sqrt{\frac{13.61^2}{58} + \frac{13.61^2}{55}} = 2.56 .$$

(なお追加的な詳細については 7.3.4 節を参照．) この結果，$df = 161$ に対する T-スコアの値が 1.21 となる．(s_{pooled} に伴う df を用いる．) t 表に修正された有意水準である 0.0167 が見つからないため，両側 p 値を正確に探すために統計ソフトが用いられた．p 値 (0.228) は $\alpha^* = 0.0167$ より大きいため，講義 A と B の平均に差があるという強い証拠はない．

講義 A 対 講義 C：推定された差と標準誤差は，それぞれ，3.8 と 2.61 である．この結果，$df = 161$ に対する T スコアは 1.46 となり，両側 p 値は 0.1462 となる．この p 値は α^* より大きい．従って，講義 A と C の平均に差があるという強い証拠はない．講義 B 対 講義 C：推定された差と標準誤差はそれぞれ 6.9 と 2.65 である．この結果，$df = 161$ に対する T スコアは 2.60 となり，両側 p 値は 0.0102 となる．この p 値は，α^* より小さい．この場合は，講義 B と C の平均に差があるという強い証拠が発見される．

以下の記号を用いて，例 7.49 の分析結果を要約する：

$$\mu_A \stackrel{?}{=} \mu_B , \qquad \mu_A \stackrel{?}{=} \mu_C , \qquad \mu_B \neq \mu_C .$$

講義 A の中間試験の平均は，講義 B あるいは C の平均と統計的に区別できない．しかし，講義 B と講義 C が異なるという強い証拠がある．最初の 2 つの一対比較では，帰無仮説を棄却するのに十分な証拠がなかった．H_0 を棄却しないということは H_0 が正しいということを意味しないことを思い起こそう．

> **ANOVA で H_0 を棄却するが群の平均に差が見つからない場合**
>
> ANOVA を用いて帰無仮説を棄却しても，その後で一対比較で差が見つからないということはあり得る．しかし，これは *ANOVA* の結論を無効にするものではない．それが意味することは，どの特定の群が平均において異なっているかを明らかにできないということである．

ANOVA の手続きは全体像を調べる：それは，すべての群を同時に考慮し何らかの差が存在するという証拠があるかどうかを解き明かす．たとえ検定によって級平均に差があるという強い証拠があると示唆されたとしても，高い信頼度をもって特定の差を統計的に有意であると確認することはより難しい．

次の比喩を考えよう：合併の予測に基づいて大金を稼いでいるウォール街の企業を観察する．合併は一般には予測が難しく，もしも予測の成功率が極端に高いならば，それは証券取引委員会 (SEC) による調査を正当化するのに十分に強い証拠とみなされるかもしれない．SEC は，その企業でインサイダー取引が行われていると確信するかもしれないが，単独の特定のトレーダーに対する証拠はそれほど強くないかもしれない．すべてのデータを考慮したときはじめて，SEC はそのパターンを特定するのである．これが事実上 ANOVA の戦略である：後ろに下がってすべての群を同時に考えよ．

練習問題

7.35 空所に記入せよ．ANOVA を実行する際に，群間の平均値に大きな差が観測される．ANOVA の枠組みでは，これは ＿＿＿＿＿＿＿＿ 仮説を強く支持する証拠として解釈される可能性が最も高いであろう．

7.36 どの検定か．？ 社会科学，自然科学，芸術・人文学 およびそれ以外の各分野の学生がこのコースのために費やす時間が同じかどうかを検定したい．いかなるタイプの検定を用いるべきか．あなたの論拠を説明しなさい．

7.37 鶏の飼料と体重，パート III. 練習問題 7.27 と 7.29 で，2 つずつ飼料のタイプの効果を比較した．最初から，カゼイン，そら豆，亜麻仁，肉骨粉，大豆，ひまわりのすべての飼料のタイプを同時に考える方がよいであろう．以下の ANOVA の結果を用いて，様々な飼料によるひよこの平均体重の間の差の検定を行うことができる．

	自由度	平方和	平均平方	F 値	Pr(>F)
飼料	5	231,129.16	46,225.83	15.36	0.0000
残差	65	195,556.02	3,008.55		

これらのデータがひよこの平均体重は一部あるいは全部の群の間で異なっているという納得のいく証拠を提供するかを判断する仮説検定を作成せよ．忘れずに関連する条件を確認せよ．以下に図表が示されている．

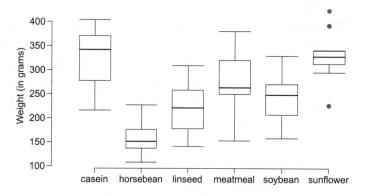

	平均	標準偏差	n
カゼイン	323.58	64.43	12
そら豆	160.20	38.63	10
亜麻	218.75	52.24	12
肉骨粉	276.91	64.90	11
大豆	246.43	54.13	14
ひまわり	328.92	48.84	12

7.38 記述統計学の授業．ある研究は，記述統計学を教える 5 つの異なる方法を比較した．これら 5 つの方法は，伝統的な講義とディスカッション，学習ガイドつき教科書による教育，学習ガイドつき教科書と講義，コンピュータによる教育，コンピュータによる教育と講義である．45 人の学生を各方法に対して 9 人ずつ無作為に割り当てた．コースの終了後に学生は 1 時間の試験を受けた．

(a) 教授法によって平均試験得点が異なるかどうかを評価する仮説はどのようなものか．
(b) これらの仮説を評価する F 検定に関する自由度はいくつか．
(c) この検定の p 値が 0.0168 であると仮定せよ．結論は何か．

7.39 コーヒー，鬱病，身体活動．カフェインは世界で最も広く用いられている刺激剤であり，約 80％がコーヒーとして消費される．コーヒーの消費と運動との関係を調査している研究の参加者は，中程度の強度の運動（例えば早歩きのウォーキング）および高い強度の運動（例えば，激しいスポーツやジョギング）に対してどれくらいの時間を費やしたかを質問された．これらのデータに基づいて，研究者は，1 週間当たりの代謝当量 (MET) の総時間を推定した．MET は 0 を上回る値である．以下の表は，この研究における女性に対するコーヒーの消費量に基づく要約統計量である[37]．

	カフェイン入りのコーヒーの消費量					
	≤1 杯/週	2-6 杯/週	1 杯/日	2-3 杯/日	≥4 杯/日	合計
平均	18.7	19.6	19.3	18.9	17.5	
標準偏差	21.1	25.5	22.5	22.0	22.0	
n	12,215	6,617	17,234	12,290	2,383	50,739

(a) コーヒー消費量の水準によって平均的な身体活動の水準が異なるかどうかを評価する仮説を記せ．
(b) この検定を実行するために必要な仮定を確認し，記述せよ．
(c) 以下は，この検定に関連する出力の一部である．空欄を埋めよ．

	自由度	平方和	平均平方	F 値	Pr(>F)
コーヒー					0.0003
残差		25,564,819			
合計		25,575,327			

---
[37] M. Lucas et al. "Coffee, caffeine, and risk of depression among women". In: *Archives of internal medicine* 171.17 (2011), p. 1571.

7.5. ANOVAによる多くの平均の比較

(d) この検定の結論はどうなるか．

7.40 ディスカッション・セクションの間の学生の成績． ある教授が教える大規模な入門統計学のクラス（197名の学生）には8つのディスカッション・セッションがある．各ディスカッション・セッションは異なる助手が担当しており，この教授は学生の成績がディスカッション・セクションによって異なるかどうかを検定したい．以下の要約表は，各ディスカッションセクションごとの最終試験の平均得点，標準偏差および学生数である．

セクション	1	2	3	4	5	6	7	8
n_i	33	19	10	29	33	10	32	31
$\bar{x}_i$	92.94	91.11	91.80	92.45	89.30	88.30	90.12	93.35
s_i	4.21	5.58	3.43	5.92	9.32	7.27	6.93	4.57

以下のANOVAの出力を用いて，異なるディスカッション・セクションごとの平均得点の間の差に対する検定を行うことができる．

	自由度	正方和	平均平方	F 値	Pr(>F)
セクション	7	525.01	75.00	1.87	0.0767
残差	189	7584.11	40.13		

このデータが平均得点が一部（あるいはすべての）群の間で異なっていることに対する納得のいく証拠を与えるかどうかを検定する仮説を作成せよ．この検定を実行するために必要なすべての条件を確認し記述せよ．

7.41 GPA と専攻分野． デューク大学の入門統計学を履修する学部学生がGPAと専攻分野に関する調査を実施した．並列ボックスプロットは3つの専攻群のGPAの分布を示す．また，ANOVAの出力も与えられている．

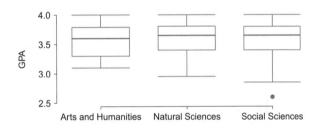

	自由度	平方和	平均平方	F 値	Pr(>F)
専攻分野	2	0.03	0.015	0.185	0.8313
残差	195	15.77	0.081		

(a) 専攻分野の間の平均GPAの差に対する検定のための仮説を記せ．
(b) 仮説検定の結論は何か．
(c) 調査の質問に答えた学生は何名か．すなわち，標本サイズはいくつか．

7.42 労働時間と教育． 『総合社会調査』は，アメリカ居住者の多くの特徴の中で，人口統計属性，教育，労働に関するデータを集めている[38]．ANOVAを用いて，1,172人の回答者すべての教育達成水準を同時に考えることができる．以下は，教育達成ごとの労働時間の分布と，この分析を実施するのに有用となる関連する要約統計量である．

	教育水準					合計
	高校未満	高校	短大	大学	大学院	
平均	38.67	39.6	41.39	42.55	40.85	40.45
標準偏差	15.81	14.97	18.1	13.62	15.51	15.17
n	121	546	97	253	155	1,172

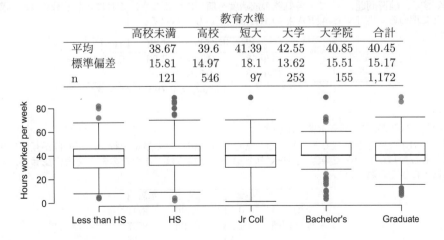

---

[38] National Opinion Research Center, General Social Survey, 2018.

(a) 5つの群の間で平均労働時間に違いがあるかどうか評価する仮説を記せ.
(b) 条件を確認し，この検定を実行するのに必要な仮定をすべて記せ.
(c) 以下はこの検定に関連する出力である．空欄を埋めよ.

	自由度	正方和	平均平方	F 値	Pr(>F)
学位			501.54		0.0682
残差		267,382			
合計					

(d) この検定の結論は何か.

7.43 正/誤: ANOVA, パート I. ANOVA において以下の記述が正しいか誤りかを判定し，誤りと判定した記述に対してあなたの論拠を説明せよ.
(a) 群の個数が増加するにつれて，組ごとの検定に対する修正された有意水準も増加する.
(b) 合計の標本サイズが増加するにつれて，残差の自由度も増加する.
(c) 群間で標本サイズが比較的一致していれば，分散一定の条件をいくらか緩和することができる.
(d) 合計の標本サイズが大きければ，独立の仮定を緩和することができる.

7.44 育児時間. 『中国健康栄養調査』(China Health and Nutrition Survey) の目的は，健康，栄養，および中央・地方政府によって施行された家族計画の政策とプログラムの効果を調べることである[39]．それは，例えば，中国の両親が 6 歳未満の彼らの子供の育児に費やす時間数に関する情報を集めている．以下の並列ボックスプロットは，この変数の両親の教育水準ごとの分布を示している．加えて，教育達成カテゴリーの間の平均時間を比較する ANOVA の出力が以下に与えられている.

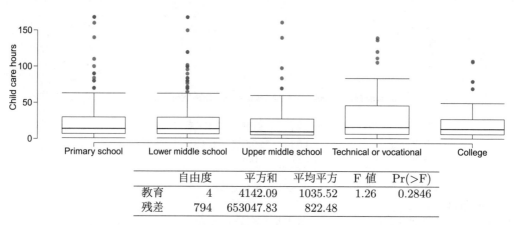

	自由度	平方和	平均平方	F 値	Pr(>F)
教育	4	4142.09	1035.52	1.26	0.2846
残差	794	653047.83	822.48		

(a) 育児に費やされた平均時間の教育達成水準の間の差を検定する仮説を記せ.
(b) この仮説検定の結論は何か.

7.45 刑務所の隔離の実験, パート II. 練習問題 7.31 で，被験者の精神病質的逸脱の T スコアを減少する処置を探すことを目標として，ある実験を導入した．ここで，このスコアは被験者の統制の必要性あるいは統制に反する抵抗度を測定する．練習問題 7.31 で，各処置の成功度を個別に評価した．これに代わる分析は，処置の成功度を比較することに関わる．関連する ANOVA の出力は以下に与えられる.

	自由度	平方和	平均平方	F 値	Pr(>F)
処置	2	639.48	319.74	3.33	0.0461
残差	39	3740.43	95.91		

$s_{pooled} = 9.793$, $df = 39$

(a) 仮説は何か.
(b) この検定の結論は何か．5%有意水準を用いよ.
(c) もしもパート (b) で検定が有意であると判定したならば，組ごとの検定を行い，どの群が互いに異なるのか判定せよ．もしもパート (b) で帰無仮説を棄却しなかったならば，あなたの答えを再確認せよ．各群の要約統計量は以下に与えられている

	処置 1	処置 2	処置 3
平均	6.21	2.86	-3.21
標準偏差	12.3	7.94	8.57
n	14	14	14

[39] UNC Carolina Population Center, China Health and Nutrition Survey, 2006.

7.5. ANOVA による多くの平均の比較

7.46 正/誤: ANOVA, パート II. 次の記述が正しいか誤りかを判定し，誤りと特定した記述に対するあなたの論拠を説明せよ．

5%の有意水準の ANOVA を用いて 4 つの群の平均がすべて等しいという帰無仮説が棄却されたならば，そのとき...

(a) このとき，すべての平均が互いに異なると結論することができる．
(b) 標準化された群間の変動性の方が標準化された郡内の変動性よりも高い．
(c) 組ごとの分析によって，少なくとも一組の有意に異なっている平均が特定されるであろう．
(d) 4 つの群があるから，組ごとの比較に用いるのに適切な α は $0.05 / 4 = 0.0125$ である．

章末練習問題

7.47 ゲームと気を散らされる食事, パート I. ある研究グループは，食事における気を散らされる刺激が与えうる影響，例えば，食物摂取量の増加あるいは減少などに興味を持っている．この仮説を検定するために，44 人の患者を 2 つの等しい群に無作為に分け，食物摂取を監視した．処理群はソリティアをしながら昼食を食べた．また，対照群は気を散らされるようなことは何も加えずに昼食を食べた．処理群の患者は 52.1 グラムのビスケットを食べ，その標準偏差は 45.1 グラムであった．対照群の患者は 27.1 グラムのビスケットを食べ，その標準偏差は 26.4 グラムであった．これらのデータは，(摂取されたビスケットの量で測定される) 平均食事摂取量が処理群と対照群で異なるという納得のいく証拠を与えるか．推測に必要な条件は満たされていると仮定せよ[40]．

7.48 ゲームと気を散らされる食事, パート II. 練習問題 7.47 の研究者は，ゲームによって気を散らされることが食事の量に与える影響も調査した．ソリティアをしながら昼食を食べた処置群の 22 人の患者に対して，彼らが食べた昼食の食品項目を順番に想起するように尋ねられた．この群の患者によって想起された食品項目の平均個数は 4.9 であり，その標準偏差は 1.8 であった．対照群（注意散漫なし）の患者によって想起された食品項目の平均個数は 6.1 であり，その標準偏差は 1.8 であった．これらのデータは，処置群と対照群の患者によって想起される食品項目の平均個数が異なるという有力な証拠を与えるか．

7.49 標本サイズと対応付け. 次の記述が正しいか誤りか判定せよ．誤りの場合には，あなたの論拠を説明せよ：「標本サイズが等しい 2 つの群の平均を比較する場合は，常に対応のある検定を行え．」

7.50 大学の履修単位. ある大学のカウンセラーは，各学期に学生が通常登録する履修単位数がいくつかを推定したい．このカウンセラーは教務部にある学生のデータベースを使って無作為に 100 人の学生を抽出する．以下のヒストグラムはこれらの学生が登録した履修単位数のヒストグラムである．この分布の標本統計量も与えられている．

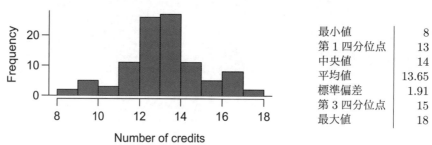

最小値	8
第 1 四分位点	13
中央値	14
平均値	13.65
標準偏差	1.91
第 3 四分位点	15
最大値	18

(a) この大学の学生が登録する 1 学期当たりの履修単位数の平均に対する点推定値はいくつか．メディアンはどうか．

(b) この大学の学生が登録する 1 学期当たりの履修単位数の標準偏差はいくつか．四分位範囲はどうか．

(c) この大学では，16 単位という履修数は並外れて多いであろうか．18 単位はどうであろうか．あなたの論拠を説明せよ．

(d) 大学カウンセラーが 100 人の学生の無作為標本をもう一度取ったところ，今度は標本平均が 14.02 であった．彼女は，この標本統計量が最初の標本のものとやや異なることに驚くべきであろうか．あなたの論拠を説明せよ．

(e) 上で与えた標本平均は，この大学のすべての学生が登録する履修単位数の平均に対する点推定値である．この推定値の変動性を数値化するためにどの尺度を用いるか．最初の標本からのデータを使って，この尺度の値を計算せよ．

7.51 雌鶏の卵. ある種類の雌鶏が繁殖期に産む卵の個数の分布の平均は 35，標準偏差は 18.2 である．ある研究グループがこの種類の雌鶏を無作為に 45 羽抽出し，繁殖期の産卵数を数え，その標本平均を記録すると仮定する．これを 1,000 回繰り返し，標本平均の分布を作る．

(a) この分布は何と呼ばれるか．

(b) この分布の形状は対称的，右側に歪んでいる，あるいは左側に歪んでいるのいずれと期待できるか．あなたの論拠を説明せよ．

(c) この分布の変動性を計算し，この値を言及するために用いる適切な用語を述べよ．

(d) 研究費が削減され，10 羽の無作為標本を集めることしかできなくなったとする．その標本平均を記録する．これを 1,000 回繰り返し，標本平均の新たな分布を作る．この新たな分布の変動性は元の分布の変動性といかに比較されるか．

---

[40] R.E. Oldham-Cooper et al. "Playing a computer game during lunch affects fullness, memory for lunch, and later snack intake". In: *The American Journal of Clinical Nutrition* 93.2 (2011), p. 308.

7.5. ANOVA による多くの平均の比較

7.52 森林の管理. 森林警備隊は公園の若木の成長率の理解を深めたいと考えた．50 本の若木の無作為標本の測定を 2009 年に行い，それら同一の木の測定を 2019 年に再び行った．以下のデータはそれらの測定値の要約である．ここで，高さの単位はフィートである．

	2009	2019	差
$\bar{x}$	12.0	24.5	12.5
s	3.5	9.5	7.2
n	50	50	50

公園の（かつての）若木の 2009-2019 の期間の平均成長に対する 99%信頼区間を作れ．

7.53 実験のサイズ変更. 新しい天気アプリを提供しているスタートアップの企業では，エンジニアのチームが実験を行う．この実験では，新しい特徴を検定するために，アプリの訪問者の 1% の無作為標本を対照群，別の 1% を処置群とする．このチームの主要な目標は，1 日当たり訪問者という数値基準を増加させることである．それは，基本的には，このアプリの毎日の訪問者数である．彼らは，実験の主要な数値基準として，各群におけるこの数値基準を追跡調査する．一番最近の実験で，チームはアプリがスタートしたときに新しいアニメを含むことを検定した．この実験における 1 日当たり訪問者の人数（の変化＜訳者挿入＞）は +1.2% で安定し，その 95% 信頼区間 は (-0.2%, +2.6%) だった．すなわち，この新しいアプリ開始時のアニメを取り入れると，1 日当たり訪問者の 0.2% もの人数を失うかあるいは 2.6% もの人数を獲得するとチームは考える．あなたは，このチームのデータサイエンティストとしてコンサルを行うと仮定しよう．彼らとの議論の結果，より大きな実験を新たに行い，1 日当たり訪問者数という数値基準の 1% 以上の増加を 80% の検出力で検知できるようにすることに合意したとする．ここで，彼らはあなたに向かって「この効果を確かに検知できるにはどれほど大きな実験を行う必要があるだろうか」と質問する．

(a) 有意水基準が $\alpha = 0.05$ のとき，検出力 80% で 1.0% の効果を検知できるためには，標準誤差はどの程度小さくなければならないだろうか．1 日当たり訪問者数という数値基準のパーセント変化は正規分布に従うと仮定しても問題ない．

(b) 最初の実験を考える．そこでは，点推定値は +1.2% であり 95% 信頼区間は (-0.2%, +2.6%) であった．もしもその点推定値が正規分布に従うならば，その推定値の標準誤差はいくつか．

(c) パート (a) からの標準誤差のパート (b) の標準誤差に対する比は 2.03 となるべきである．標準誤差を 2.03 分の 1 に縮小するには，実験をどれだけ大きくする必要があるか．

(d) パート (c) からのあなたの答えとオリジナルな実験が 1% 対 1% の実験であったことを使って，このチームに対して，実験のサイズを推奨せよ．

7.54 錆びたボルトに対する回転力. 「プロジェクト・ファーム (Project Farm)」は，様々な製品を定期的に比較する YouTube チャンネルである．このチャンネルは，ある回の放映で，錆びたボルトを緩める様々な選択肢を比較している[41]．最も効果的なものを特定するために，何の処置も施されない対照群（グラフでは "none"）を含め，8 つの選択肢が評価された．すべての処置に対して 4 個のボルトが試された．ただし，小型バーナー (blowtorch) で熱するという処置 (Heat) に対しては例外であり，2 個のデータ点しか収集されなかった．(その他は，防錆剤 WD-40，錆取オイルの Royal Purple, PB-Blaster, Liquid Wrench, AeroLrol, Acetonone/ATF である．Torque は必要な仕事量を意味する．) 結果は以下の図に示されている：

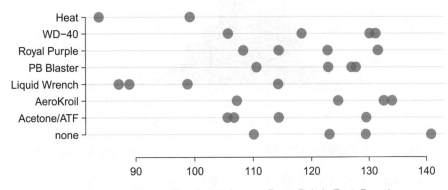

(a) この場合に ANOVA を適用することは妥当であると思うか．

(b) パート (a) のあなたの答えに関わらず，この文脈における ANOVA に対する仮説を記述し，以下の表を用いて検定を行え．このデータの文脈において，あなたの結論を与えよ．

	自由度	平方和	平均平方	F 値	Pr(>F)
処置	7	3603.43	514.78	4.03	0.0056
残差	22	2812.80	127.85		

[41] Project Farm on YouTube, youtu.be/xUEob2oAKVs, April 16, 2018.

(c) 以下の表は，異なる各群を比較する組ごとの t 検定に対する p 値である．これらの p 値は多重比較の補正は施されていない．どの群の組が，差を最も表していると思われるか．

	AeroKroil	Heat	Liquid Wrench	none	PB Blaster	Royal Purple	WD-40
Acetone/ATF	0.2026	0.0308	0.0476	0.1542	0.3294	0.5222	0.3744
AeroKroil		0.0027	0.0025	0.8723	0.7551	0.5143	0.6883
Heat			0.5580	0.0020	0.0050	0.0096	0.0059
Liquid Wrench				0.0017	0.0053	0.0117	0.0065
none					0.6371	0.4180	0.5751
PB Blaster						0.7318	0.9286
Royal Purple							0.8000

(d) パート (c) の表には 28 個の p 値が示されている．多重比較の補正後において統計的に有意なものがあるかどうかを判定せよ．もしも有意であれば，それはどれか．あなたの答えを説明せよ．

7.55 排他的関係． 203 人の学部学生からなるほぼ無作為な標本に対して行われた調査では，多くの質問とともに，これらの学生が経験してきた排他的恋愛関係の件数に関して尋ねた．以下のヒストグラムはこの標本からのデータの分布を示している．標本平均は 3.2 であり，標準偏差は 1.97 である．

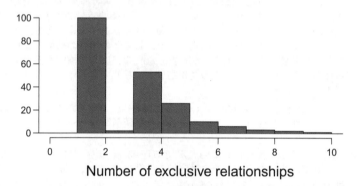

90%信頼区間を用いてデュークの学生が経験してきた排他的関係の平均件数を推定し，この区間を文脈の中で解釈せよ．推測に必要な条件を確認し，あなたの計算や結論を進めて行くときに置かなければいけない仮定を指摘せよ．

7.56 初婚年齢，パート I． アメリカ疾病管理センター (Centers for Disease Control) によって行われる家族成長の全国調査は，家族生活，結婚と離婚，妊娠，不妊，避妊の利用，男性と女性の健康に関する情報を収集している．この調査で収集される変数の 1 つは初婚年齢である．以下のヒストグラムは，2006 年から 2010 年の間に無作為に抽出された 5,534 人の女性の初婚年齢の分布を示している．これらの女性の平均初婚年齢は 23.44，標準偏差は 4.72 歳である[42]．

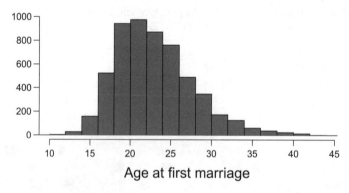

95%信頼区間を用いて女性の初婚平均年齢を推定し，この区間を文脈の中で解釈せよ．関連する仮定を議論せよ．

7.57 オンラインコミュニケーション． ある研究が示唆するところによると，平均的な大学生は他の人とのオンラインコミュニケーションに 1 週間当たり 10 時間を費やす．あなたは，これは過少推定であると信じ，仮説検定のためにあなた自身のデータを収集することを決意した．あなたの学生寮から 60 人の学生を無作為に抽出したところ，彼らは他の人とのオンラインによるコミュニケーションに平均して 13.5 時間を費やしていることが分かった．仮説検定の手助けをしてくれるあなたの友人の 1 人は次のような仮説を思い付いた．誤りがあれば指摘せよ．

$$H_0 : \bar{x} < 10 \text{ 時間}\ ,$$
$$H_A : \bar{x} > 13.5 \text{ 時間}\ .$$

---
[42] Centers for Disease Control and Prevention, National Survey of Family Growth, 2010.

7.5. ANOVAによる多くの平均の比較

7.58 初婚年齢, パート II. 練習問題 7.56 は，女性の平均初婚年齢が 23.44 歳であることを示す 2006-2010 年の調査結果を提示している．ある社会科学者が，この値は，調査が実施された時点から変化していると考えていると仮定しよう．以下は，彼女の仮説の設定は以下の通りである．誤りがあれば指摘せよ．

$$H_0 : \bar{x} \neq 23.44 \text{ 歳} ,$$
$$H_A : \bar{x} = 23.44 \text{ 歳} .$$

第 8 章

線形回帰への入門

8.1 直線の当てはめ・残差・相関

8.2 最小二乗回帰

8.3 線形回帰における外れ値

8.4 線形回帰の推測

線形回帰は非常に強力な統計的な方法である．多くの人々はニュースなどで散布図の中に直線が出てくるなどから回帰に親しんでいるはずである．線形モデルは予測に用いられたり，あるいは2つの数値変数の間に線形関係があるか否かを評価することに利用できる．

日本語版の参考資料はhttps://www.jstat.or.jp/openstatistics/ (日本統計協会) を訪問されたい．
原著の資料は以下にある．www.openintro.org/os

8.1 直線の当てはめ・残差・相関

直線を当てはめる過程を深く考えてみよう．本節では回帰モデルの形式を定義，あてはまりの良さの基準を検討し，新たに相関と呼ばれる統計量を導入する．

8.1.1 データへの直線の当てはめ

図表 8.1 は 2 つの変数の関係を直線で完全にモデル化できる場合を示している．この直線の方程式は

$$y = 5 + 64.96x \quad .$$

ある完全な直線関係が何を意味するかを考えよう：変数 x の値が分かると y の正確な値が分かる．この状況は観察されるほとんどの過程では非現実的である．例えば，家族の所得 (x) をとると，ある大学が将来の学生に経済的にどれだけ支援するかについて，有用な情報を提供するだろう．しかしながら，予測される値は完ぺきではなく．家族の所得水準以外にも経済支援には他の要因も影響する．

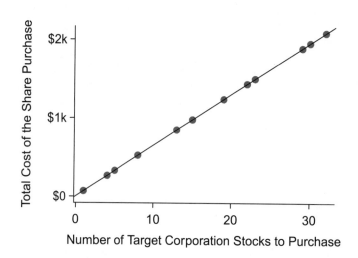

図表 8.1: ターゲットの株式 (スティッカー TGT, 2018 年 12 月 28 日) を購入するために 12 の異なる買い手がある証券会社に同時に発注，株式の合計コストが報告された．コストは線形の公式で計算されるので，完全に直線にフィットしている．

線形回帰はデータに直線を当てはめる方法であるが，2 変数 x と y の関係を誤差を持つ直線によりモデルが構成されている：

$$y = \beta_0 + \beta_1 x + \varepsilon$$

係数 β_0 と β_1 の値はモデルの母数 (パラメータ) であり (β はギリシャ文字ベータ)，誤差は ε(ギリシャ文字イプシロン) で表している．母数はデータを用いて推定され，点推定値はそれぞれ b_0 と b_1 である．変数 x を用いて y を予測するときには，しばしば x を説明変数 (explanatory variable)，あるいは予測変数 (predictor)，[**訳注**：分かりやすいと思われるので訳では予測変数をしばしば説明変数としている]，y を反応変数 (response variable) [**訳注**: よく被説明変数とよばれているが，分かりやすいと思われるので訳では反応変数をしばしば目的変数としている] と呼ばれることがある．しばしば ϵ 項を省略することがあるが，これは主な関心が平均的結果 (average outcome) に関心があることによる．

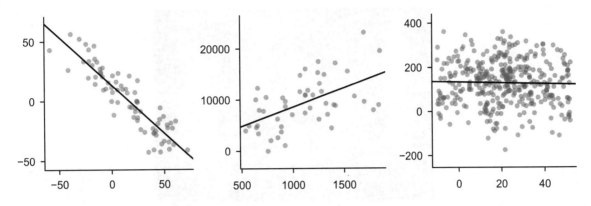

図表 8.2: 3つのデータセット，データが直線上にないにもかかわらず線形モデルが役に立つ例．

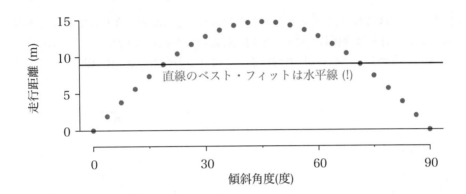

図表 8.3: 非線形の場合には線形モデルは有用ではない．ここでのデータは入門的な物理実験による．

すべてのデータが完全に直線上にあることは稀である．普通はデータは図表 8.2 のように，点のかたまり (*cloud of points*) となって観測されることが一般的である．そうした場合，正確に直線上にある観測値がなくともデータは直線の周りにある．最初の図はかなり強い下方への線形トレンドを示していて，直線の周りのデータの散らばりは変数 x と y の関係の強さに比べて小さい．第二の図では上昇トレンドは明らかにあるが，最初の図ほど強い関係ではない．最後の図はデータでの非常に弱い下方へのトレンドがあるが，それを見つけるのが困難なほどである．これらの例ではモデルの母数 β_0 と β_1 の推定値についての不確実性がある．例えば直線を上方，下方にすべきか，傾きを少し変えるべきか．本章では直線を当てはめる (フィットする) 基準について学び，モデル母数の推定値に関わる不確実性についても学んでいく．

変数間に明らかな関係があるとしても場合によっては直線を当てはめることが有益ではない場合もある．そうした一例を図表 8.3 に示しておいたが，変数間の非常に明瞭な関係があるが，トレンドは線形ではない．本章では非線形 (nonlinear) トレンドについてもすこしだけ議論するが，非線形モデルを当てはめる問題などについて詳しい内容はより進んだ書籍やコースに任せよう．

8.1.2 線形回帰を用いてポッサムの頭長を予測する．

フクロギツネ (Brushtail possums) はオーストラリアに棲息する有袋類の一種であり，その写真が図表 8.4 である．研究者が 104 匹を捕獲，体を測定した後に野生に戻した．ここでは 2 つの測定値，頭からしっぽまでと頭の長さを扱おう．

図表 8.4: オーストラリアに生息するフクロギツネ (ポッサム),

Greg Schechter 氏による写真 (https://flic.kr/p/9BAFbR). CC BY 2.0 license.

　図表 8.5 はポッサムの頭の長さと身長の散布図である．各点はデータとして取った各ポッサムを表している．頭の長さと身長は関係している：平均的には身長が長いほど頭が大きい傾向がある．この関係は完全な直線というわけではないが，直線によりこの 2 つの変数の関係を説明するには役に立つだろう．

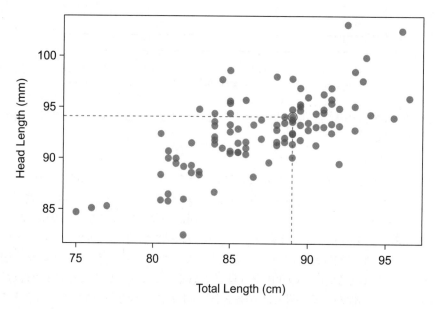

図表 8.5: 104 匹のフクロギツネの頭長と身長. 頭長 94.1mm, 身長 89cm のあるポッサムの例.

　ポッサムデータにおける頭長と身長の間の関係を直線で記述してみよう．この例では身長が説明変数 x を用いてポッサムの頭長 y を予測する．とりあえず線形関係を図表 8.6 のように直線をフィットさせてみよう．この直線の方程式は

$$\hat{y} = 41 + 0.59x \ ,$$

y 上のハットはこれが推定値であることを意味している．この直線を用いてポッサムの性質を議論できる．例えば方程式によれば身長 80cm なら頭長は

$$\hat{y} = 41 + 0.59 \times 80$$
$$= 88.2 \ .$$

8.1. 直線の当てはめ・残差・相関

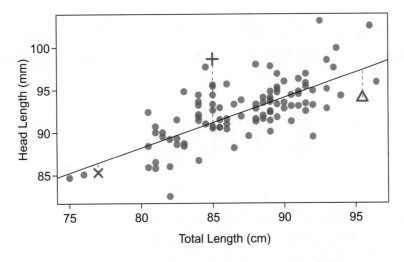

図表 8.6: 頭等と身長の関係を表現するために線形モデルをフィット.

となる．この推定値はある種の平均値であり，身長が 80cm のポッサムなら平均では頭長 88.2 mm である．身長が 80 cm のポッサムについて他に情報がなければ，頭長の予測にはこの平均を用いることが妥当だろう．

例題 8.1

身長の他，どのような変数が頭長を予測するのに役立つだろうか．

多分，この関係はオスのポッサムとメスのポッサムは異なるかもしれないし，オーストラリアのある地域は別の地域と異なるかもしれない．第 9 章では 1 個より多い予測変数 (説明変数) を利用する方法を学ぶことになる．その前に 1 個の予測変数による単回帰モデルをうまく構築する方法を理解する必要がある．

8.1.3 残差

残差 (residuals) はモデルをフィットした後に残されたデータの変動部分

$$(データ, \text{Data}) = (理論値, \text{Fit}) + (残差, \text{Residual}) .$$

各観測値に残差が求まるが，possum データに線形モデルをフィットして得られた 3 つの残差が図表 8.6 で示されている．もしある観察値が直線より上側であれば，観測値から直線の垂直な距離である残差は正となる．直線より下の観察値は負の残差をとなる．ここでの目的は正しい線形モデルを導くのはこのような残差を可能な限り小さくすることにある．

　ここで図表 8.6 にある 3 個の残差をより注意深く見てみよう．ある "×" で示されている観測値は小さな負の残差，約-1 を持つ，"+" で示される観測値は約+7 の大きな残差，また "△" で示される観測値は約-4 の残差を持つ．残差の大きさは普通はその絶対値で議論される．例えば "△" の残差は "×" の残差より大きいが，これは $|-4|$ は $|-1|$ より大きいからである．

> **残差：観測値と期待値の差**
>
> 第 i^{th} 番目の観測値 (x_i, y_i) は観測された目的変数 (y_i) とフィットした線形モデルから予測される値 $(\hat{y}_i)$ の差であり，
>
> $$e_i = y_i - \hat{y}_i .$$
>
> ここで $\hat{y}_i$ は線形モデルに x_i を代入して求める．

例題 8.2

図表 8.6 で示されている線形モデルのフィットは $\hat{y} = 41 + 0.59x$ で与えられる．この直線から観測値 $(77.0, 85.3)$ の残差を形式的に計算してみよう．この観測値は図表 8.6 の "×" である．これが既に求めた-1 となることを確認しなさい．

まずモデルに基づく点 "×" の予測値を計算する．

$$\hat{y}_\times = 41 + 0.59 x_\times = 41 + 0.59 \times 77.0 = 86.4 .$$

次に実際の頭長と予測される頭長の差を計算すると，

$$e_\times = y_\times - \hat{y}_\times = 85.3 - 86.4 = -1.1 .$$

モデルによる誤差は $e_\times = -1.1$mm となり，図から推定した -1mm に極めて近くなっている．負の残差はこのポッサムについては線形モデルでは少し大きめの頭長であることを示している．

確認問題 8.3

もしモデルが観測値を過小に推定すると誤差は正，あるいは負になるだろうか．モデルが観測値を過大に推計するとどうなるだろうか[1]．

確認問題 8.4

直線関係 $\hat{y} = 41 + 0.59x$ を用いて図の中の点 "+" 観測値 $(85.0, 98.6)$ および "△" 観測値 $(95.5, 94.0)$ を計算してみよう[2]．

　　残差はある線形モデルがデータにどの程度あてはまるか評価するのに役立つ．しばしば残差プロット (residual plot) を用いるが，一例として図表 8.6 の回帰線について図表 8.7 に示しておく．残差プロットでは水平軸はもとのまま，しかし残差を垂直軸にする．例えば点 $(85.0, 98.6)_+$ の残差は 7.45，そこで残差プロットでは $(85.0, 7.45)$ となる．残差プロットの作成は散布図を斜めにして回帰線を水平線にとろう．

---

[1] モデルが観測値を過少に推定すると，モデルによる推定値は実際の観測値の下方に位置する．残差は観測値からモデルによる推定値を引くので残差は正になる．モデルの推定値が観測値を過大なら逆となり，残差は負になる．

[2] (+) まず線形モデルに基づく予測値を計算すると，

$$\hat{y}_+ = 41 + 0.59 x_+ = 41 + 0.59 \times 85.0 = 91.15 .$$

このとき残差は

$$e_+ = y_+ - \hat{y}_+ = 98.6 - 91.15 = 7.45 .$$

この値は前に述べた推定値 7 に近い．(図の観測点 △ については) $\hat{y}_\triangle = 41 + 0.59 x_\triangle = 97.3$．$e_\triangle = y_\triangle - \hat{y}_\triangle = -3.3$，となり -4 に近い値を得る．

8.1. 直線の当てはめ・残差・相関

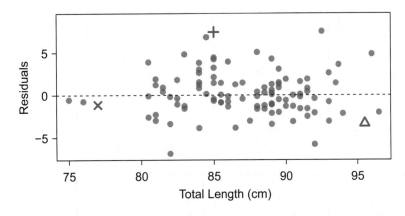

図表 8.7: 図表 8.6 のモデルの残差プロット．

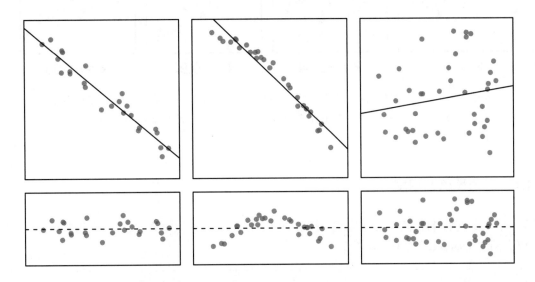

図表 8.8: データと直線フィット (上) と残差プロット (下)．

例題 8.5

残差プロットの 1 つの目的は直線をフィットしたあとデータになお何かの特徴，パターンがあるか否かを識別することにある．図表 8.8 は線形モデルからの 3 つの散布図を示している．残差から何かのパターンを見つけられるだろうか？

最初のデータ (最初の行) では残差には明瞭なパターンは見られない．0 で表されている点線の周りにランダムに散らばっているように見える．

第二のデータでは残差にパターンが見られる．散布図には反りが見られるが残差ではよりはっきりする．このデータには直線を当てはめるべきではなく，より上級の統計技術を使うべきだろう．

最後のプロットはやや小さな上方へのトレンドがあるが，残差には明確なパターンは見られない．このデータには線形モデルを当てはめるのは妥当だろう．ただし傾きの母数がゼロでないか統計的に有意な証拠があるかは不透明である．傾き母数の推定値 (b_1 と書く) はゼロではないが，これが単なる偶然ではないか気になるところだろう．この種の問題は 8.4 節で議論する予定である．

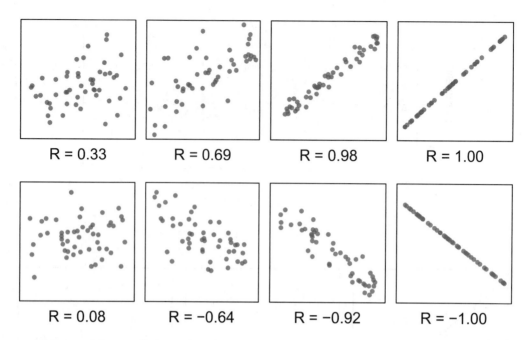

図表 8.9: データの散布図と標本相関. 最初の行はトレンドが右に上昇している正の関係, 2番目の行は負のトレンドがあり, ある変数が大きければ別の変数は小さくなる.

8.1.4 線形関係と相関

プロットにより強い線形関係, 非常に弱い線形関係があることを見てきた. こうした線形関係の強さを1つの統計量で測ることは有用だろう.

> **相関：線形関係の強さ**
>
> 相関 (correlation) の値は -1 と 1 の間にあり, 2変数間の線形関係の強さを示す. 相関を R で表そう.

相関は標本平均や標準偏差と同様に1つの公式を用いて計算できる. この公式は少し複雑だが[3], 他の統計量と同様, 普通は計算機や電卓で計算する. 図表 8.9 に8つのプロットおよび相関を示しておこう. 線形関係が完全な場合にのみ相関は -1 か $+1$ となる. 強い正の関係があれば相関は1に近く, 強い負の関係があれば-1に近くなる. 2つの変数間明らかな線形関係が見られなければ相関はゼロに近くなる.

相関は線形トレンドの強さを数量化するためである. 強い非線形トレンドがあるにもかかわらず, 関係の強さを相関は表さないことがある. 例えば図表 8.10 の例が挙げられる.

確認問題 8.6

図表 8.10 に示したデータでは直線のフィットは良くない. 各プロットで非線形の曲線を試してみると良い. それぞれカーブを作りどのフィットが重要なのか考えてみよう[4].

---

[3] 正式には, 観測値 $(x_1, y_1), (x_2, y_2), ..., (x_n, y_n)$ について公式

$$R = \frac{1}{n-1} \sum_{i=1}^{n} \frac{x_i - \bar{x}}{s_x} \frac{y_i - \bar{y}}{s_y}$$

による. ここで $\bar{x}, \bar{y}, s_x,$ および s_y は2つの変数の標本平均と標本分散である.

8.1. 直線の当てはめ・残差・相関

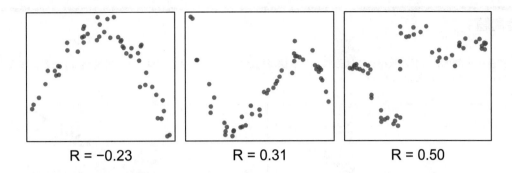

図表 8.10: 標本の散布図と相関. それぞれ変数間には強い関係があるが, 非線形関係のために相関は強くない.

---

4) 読者に直線を引くのを任せよう. 一般的には直線は大部分の点に近く引き, データの大体のトレンドを反映させるべきだろう.

練習問題

8.1 残差の視覚化. 以下の散布図にはそれぞれ直線が描かれている. 残差プロット (残差 vs. x) を作成すると, どのようなプロットになるだろうか?

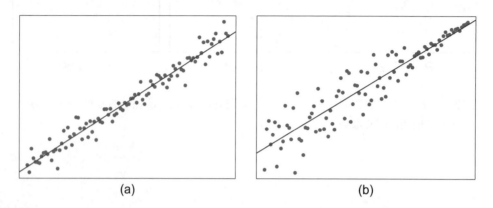

8.2 残差でのトレンド. 以下の残差プロットは 2 つの異なるデータセットに直線モデルを当てはめた結果である. 重要な特徴を述べ, データに線形モデルが妥当であるか決めなさい. その理由を説明しなさい.

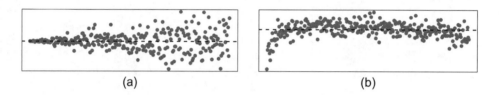

8.3 関係の識別, パート I. 6 個の各プロットにおいて, データの関係の強さ (弱い, 中位, 強い) および線形モデルのフィットが妥当か否かを述べなさい.

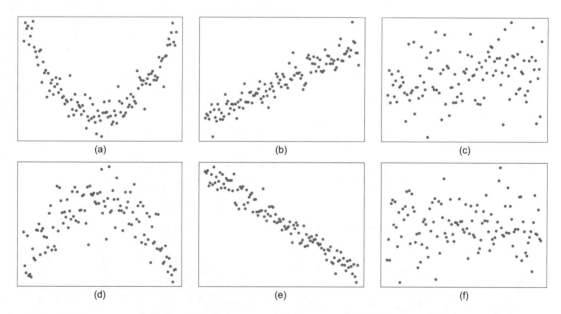

8.4 関係の識別, パート II. 6 個の各プロットについてデータの関係の強さ (弱い, 中位, 強い) および線形モデルのフィットが妥当か否かを述べなさい.

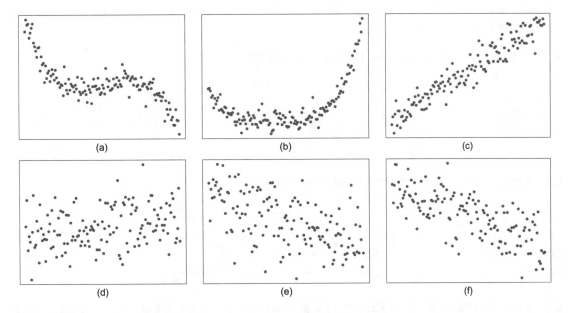

8.5 試験と成績. 次の 2 個の散布図はある大学の統計学コースにおける数年間に記録された期末試験と中間試験の関係を示している.

(a) グラフに基づき, どの試験の組み合わせが期末試験の成績との相関が高いだろうか, 説明しなさい.
(b) (a) で選んだ試験と期末試験の相関が高いのか理由が考えられるだろうか.

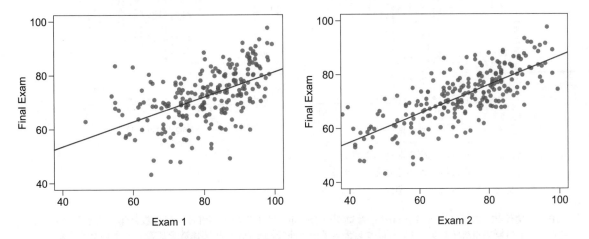

8.6 夫と妻, パート I. 英国国勢調査局はあるとき英国の 170 の夫婦をランダム・サンプルにより集め, 年齢 (年で計算), 夫と妻の身長 (インチに変換) を調べた[5]. 左の散布図は妻の年齢 vs. 夫の年齢, 右の散布図は妻の身長 vs. 夫の身長をそれぞれ示している.

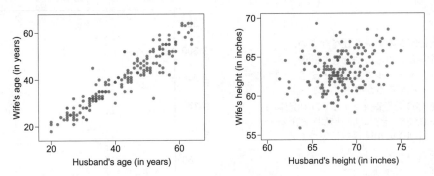

(a) 夫と妻の年齢の関係を記述しなさい.
(b) 夫と妻の身長の関係を記述しなさい.
(c) どちらのプロットがより強い相関関係を示しているだろうか, 理由を説明しなさい.

---

[5] D.J. Hand. *A handbook of small data sets.* Chapman & Hall/CRC, 1994.

(d) 身長のデータはセンチ・メートルで測られ,あとでインチに変換されている.この変換は夫と妻の身長の相関に影響するでしょうか?

8.7 相関係数, パートⅠ. 次の散布図と相関係数を照合しなさい.

(a) $r = -0.7$
(b) $r = 0.45$
(c) $r = 0.06$
(d) $r = 0.92$

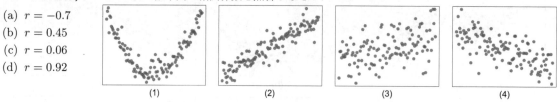

8.8 相関係数, パートⅡ. 次の散布図と相関係数を照合しなさい.

(a) $r = 0.49$
(b) $r = -0.48$
(c) $r = -0.03$
(d) $r = -0.85$

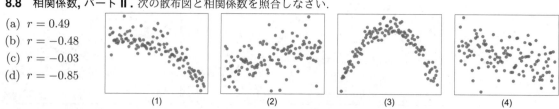

8.9 スピードと身長. 1,302 名の UCLA の学生を調査, 身長, 運転したことのある最高スピード, 性別, が記録された. 左の散布図は身長と最高スピード, 右は性別に分けた散布図を示している.

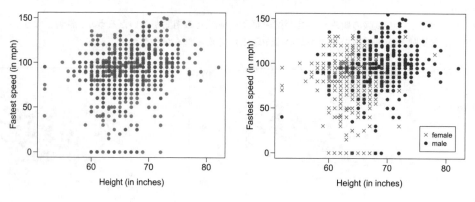

(a) 身長と最高スピードの関係を記述しなさい.
(b) これらの変数に正の相関があると考えられるだろうか?
(c) 性別が身長と最高スピードの関係に影響しているだろうか?

8.10 相関係数. エドワルド (Eduardo) とロジー (Rosie) は1年の雨が降った日の数と年降雨量を集めている. エドワルドは降雨量をインチ, ロジーはセンチ・メートルで測ったが, 相関係数を比較してよいだろうか?

8.11 海岸特急, パートⅠ. 海岸特急アムトラック (Amtrak) 列車はシアトルからロサンゼルス間を走行している. 散布図は各停車間の距離 (マイル) と各停車場所から次の停車場所への時間 (分) を示している.

(a) 距離と走行時間の関係を述べなさい.
(b) もし走行時間を測るのではなく時間, 距離はキロ・メートルで測ったとすると関係は変化するだろうか?
(c) 走行時間 (分) と距離 (マイル) の相関係数は $r = 0.636$. 走行時間 (時間) と距離 (キロメートル) の相関係数は幾つだろうか?

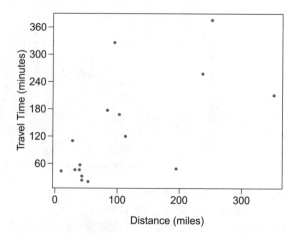

8.12 幼児の這い這い, パートⅠ. デンバー大学のある研究では暖かい季節に比べ寒い季節ではクロール (這い這

い) ができるようになるにはしばしば服にくるまれ行動が制約されるのでより長い時間がかかることを調べた[6]. ある年に生まれた幼児を各月ごとに 12 グループに分けた. 幼児が 6 か月のとき (幼児が這い這いし始めるとき) 平均気温に対して各グループの幼児の這い這いできた平均年齢を考えよう. 気温は華氏 (°F) で測り, 年齢は週で測った.

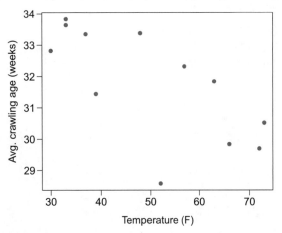

(a) 気温とハイハイできた年齢の関係を述べなさい.
(b) 気温を摂氏 (°C) で測り年齢を月で測るときに関係はどうなるだろうか.
(c) 気温 °F と週で測る年齢との相関は $r = -0.70$ であった. 気温を °C, 年齢を月で計算するとき相関はどうなるだろうか？

8.13 身体測定, パート I. 人体測定学 (anthropometry) の研究者が 507 名の健常者から胴回りと骨格径の測定値を年齢, 身長, とともにデータとして集めた[7]. 以下の散布図はセンチメートルで測った身長と肩幅 (三角筋の上) である.

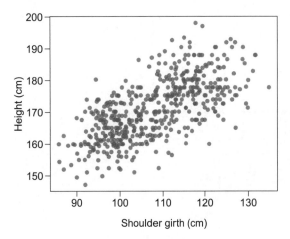

(a) 肩幅と身長の関係を記述しなさい.
(b) 肩幅をインチで測り身長はセンチメートルのままのとき関係は変わるだろうか？

8.14 身体測定, パート II. 以下の散布図は練習問題 8.13 のデータからキロ・グラムで測った体重とセンチメートルで測ったヒップ (尻幅) である.

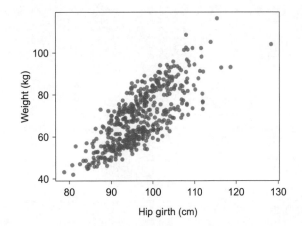

(a) ヒップと体重の関係を記述しなさい.
(b) 体重をポンド, ヒップの測り方はセンチメートルのままのとき, 関係は変わるだろうか？

8.15 相関, パート I. 男性が次の条件の女性と結婚しているとき, 夫と妻の年齢の相関はどうなるだろうか.
(a) 3 歳年下の場合.

---

[6] J.B. Benson. "Season of birth and onset of locomotion: Theoretical and methodological implications". In: *Infant behavior and development* 16.1 (1993), pp. 69–81. ISSN: 0163-6383.
[7] G. Heinz et al. "Exploring relationships in body dimensions". In: *Journal of Statistics Education* 11.2 (2003).

(b) 2 歳年上の場合.
(c) 年齢が半分の場合.

8.16 相関, パートⅡ. ある企業の男性と女性の年俸の相関はもしある種のポストの男性が次の条件を満たすときどうなるだろうか？

(a) 女性よりも 5,000 ドル多い.
(b) 女性より 25% 多い.
(c) 女性より 15% 少ない.

8.2 最小二乗回帰

線形モデルを目の子で当てはめることは個人の好みに基づくので批判され得る. 本節ではより正確な方法として最小二乗回帰 (least squares regression) を導入する.

8.2.1 エルムハースト (Elmhurst) 大学1年生のための経済援助

本節ではイリノイ州エルムハースト (Elmhurst) 大学1年生のクラスでランダムにとった50名について家計所得とギフト援助の例を考える. ギフト援助とはローンではなく返さなくてもよい無償奨学金のことである. データは図表 8.11 にフィットした直線と共に示しておいた. データには負のトレンドがあり, 高い家計所得の学生は大学からの経済援助が低い傾向がある.

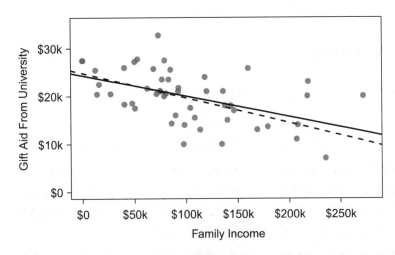

図表 8.11: エルムハースト大学1年生からのランダムサンプルの経済支援と家計所得. データに2つの直線をフィット, 実線は最小二乗線.

確認問題 8.7
図表 8.11 のデータの相関は正, あるいは負だろうか[8].

8.2.2 最良の直線を見つける客観的指標

ここで「最良」("best") の意味の考察から始めよう. 数理的には残差が小さくなる直線を求めたいのである. 最初の基準としては残差の大きさ (絶対値) の和を小さくすることが考えられ,

$$|e_1| + |e_2| + \cdots + |e_n|$$

これは計算プログラムがあれば実行できるだろう. この結果は図表 8.11 で示されている点線であるが, フィットはかなり妥当である. しかしながら, より実際的な方法は残差二乗和を小さくする直線を選ぶ

---

[8] 家計所得が大きければ低い援助額となる関係があり, 相関は負となる. 計算機を用いて計算すると -0.499.

ことである.

$$e_1^2 + e_2^2 + \cdots + e_n^2$$

この最小二乗基準 (least squares criterion) による最小化で得られた直線は図表 8.11 の実線で示されている. この直線は最小二乗直線 (least squares line) と呼ばれている. 二乗せず残差の絶対値の和を最小化するのではなく, この基準を利用するには次に挙げる 3 つの理由が考えられる.

1. もっともよく用いられている方法.

2. 最小二乗線を求める方法は統計ソフトウエアで広くサポートされている.

3. 多くの応用では他の二倍の残差は二倍以上に悪く評価する. 例えば 4 離れているのは普通は 2 離れているよりも 2 倍以上に悪く評価する. 残差を二乗することでこの乖離を考慮する.

最初の 2 つの理由は主に伝統や簡便さの為であるが, 最後の理由がなぜ最小二乗基準がより有用なのかを説明しているだろう[9].

8.2.3 最小二乗線の条件

最小二乗線をフィットするときには一般的に次のような条件が必要である.

線形性 (Linearity). データには線形トレンドが見られる. 非線形トレンド (図表 8.12 の左パネル) があると, より高度な回帰分析を他の書物やコースで学ぶ方法が必要となる.

ほぼ正規分布の誤差 (nearly normal residuals). 一般的に残差の分布は正規分布に近い必要がある. この条件が適当ではないときには外れ値や影響のあるデータ (influential points) があることが多いが, この問題については 8.3 節でより詳しく論じる. 図表 8.12 で示される残差について, 1 点が明らかに他の点と異なり直線から大きく外れている.

一定の変動性 (Constant variability). 最小二乗線の周りの観測点の変動は大まかに一定となる. 変動が一定ではない例は図表 8.12 の 3 列目パネルで与えられているが, この条件を満たさないよくあるパターンとして, x が大きくなるにつれ y の変動が大きくなっている.

独立な観察値 (Independent observations). 時系列 (time series) データ, 例えば毎日の株価などの時間と共に観察されるデータに回帰を適用するときは注意を要する. 時系列の場合にはモデルや分析においてデータの背後にある種の構造を考慮する必要があることが多い. 一例は図表 8.12 の 4 番目のパネルに挙げたが, 連続的な観測値は独立でない. 他の場合でデータ内の相関が重要となる場合があるが, 第 9 章でさらに議論する.

確認問題 8.8

図表 8.11 のデータに最小二乗回帰を適用すべきだろうか[10].

---

[9] なお応用によっては残差の絶対値の和の方が役に立つ場合があり, 他にも多くの他の基準を考え得る. しかしながら本書では最小二乗基準のみを扱う.

[10] トレンドは線形, データは直線の周りにあり外れ値は見られず, 分散はラフに言って一定である. これは時系列の観測値でもない. 最小二乗回帰をこのデータに利用するのは妥当だろう.

8.2. 最小二乗回帰

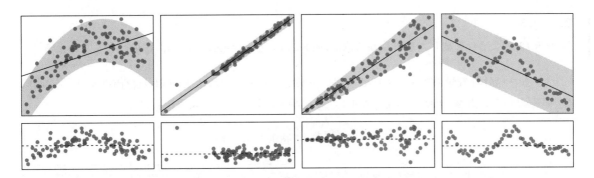

図表 8.12: 本章の条件が十分でないデータの例を示す．最初のパネルは線形性を満たさない．第二のパネルは外れ値があり 1 点のみ直線からかなり外れた値がある．第三のパネルは誤差の変動が x の値に関係している．第四のパネルは時系列データが示され連続する観測値が互いに高い相関がある．

8.2.4 最小二乗線の探索

エルムハースト (Elmhurst) データを用いて最小二乗回帰を表現すると，

$$(\text{経済援助額}, \widehat{aid}) = \beta_0 + \beta_1 \times (\text{家計所得}, family\_income) .$$

ここである学生の家計所得をもとに経済援助額を予測するために方程式を用意したが，例えばエルムスハースト大学に応募しようとしている学生には有益だろう．この β_0 と β_1 の 2 つの値は回帰方程式の母数 (parameters) である．

第 5 章，第 6 章，および第 7 章と同様，母数は観測データにより推定される．実際にはこの推定は標本平均などと同様に計算機や電卓を用いて行うことができる．しかしながら最小二乗線の 2 つの性質を利用することで求めることができる．

- 最小二乗線の傾きを求めるには

$$b_1 = \frac{s_y}{s_x} R .$$

ただし R は 2 変数の相関，s_x と s_y はそれぞれ説明変数と目的変数の標準偏差である．

- ここで $\bar{x}$ を説明変数の標本平均，$\bar{y}$ を目的変数の標本平均とすると，点 $(\bar{x}, \bar{y})$ は回帰直線上にある．

図表 8.13 では家計所得と経済援助額の標本平均はそれぞれ 101,780 ドルと 19,940 ドルである．図表 8.11 上の点 $(101.8, 19.94)$ が最小二乗線 (実線) 上にあることが確認できる．

次に正確に母数 β_0 と β_1 の点推定値 b_0 と b_1 を求めよう．

	家計所得 (x)	経済援助額 (y)
平均	$\bar{x} = 101{,}780 (\text{ドル})$	$\bar{y} = 19{,}940 (\text{ドル})$
標準偏差	$s_x = \$63{,}200$	$s_y = \$5{,}460$
		$R = -0.499$

図表 8.13: 家計所得と経済援助額の要約．

確認問題 8.9

図表 8.13 のように要約した統計量から家計所得に対する経済援助の回帰直線の傾きを求めよう[11].

ここで (高校) 数学の直線の方程式を思い出してみると，定数項 b_0 があれば直線をフィットできる．直線の傾きと直線上の点 (x_0, y_0) があれば，直線の方程式は次のように書ける．

$$y - y_0 = (傾き, slope) \times (x - x_0) .$$

統計量から最小二乗線を導く

統計量から最小二乗線を導くには:

- 係数母数を推定 $b_1 = (s_y/s_x)R$.
- 点 $(\bar{x}, \bar{y})$ が最小二乗直線上にあることに注意して，$x_0 = \bar{x}$ と $y_0 = \bar{y}$ より直線の方程式: $y - \bar{y} = b_1(x - \bar{x})$.
- 方程式を整理すると $b_0 = \bar{y} - b_1\bar{x}$ となる．

例題 8.10

標本平均を表す点 $(101780, 19940)$ と確認問題 8.9 から傾きの推定値 $b_1 = -0.0431$ を用いて，家計所得から最小二乗で経済支援を予測してみよう．

これら $(101.8, 19.94)$ と傾き $b_1 = -0.0431$ を用いると，

$$y - y_0 = b_1(x - x_0) ,$$
$$y - 19{,}940 = -0.0431(x - 101{,}780) .$$

右辺を展開し，両辺に 19,940 を加えて整理すると

$$(経済援助額, \widehat{aid}) = 24{,}320 - 0.0431 \times (家計所得, family\_income) .$$

ここで y を $\widehat{aid}$ で置き換え，x は $family\_income$ で置き換えた．最終的な方程式は予測値にハット (「ハット, hat」) をつけ，元の変数は「y」あるいは「経済援助, aid」というように名をつけてある．

普通は計算ソフトウエアにより最小二乗線は計算されるが，エルムハースト (Elmhurst) データについての回帰直線についての結果は図表 8.14 にまとめた．一列目の数値はそれぞれ b_0 と b_1 の推定値が与えられているが，結果は同一である．

	推定値	標準誤差	t 値	Pr(>|t|)
(切片)	24319.3	1291.5	18.83	<0.0001
家計所得	-0.0431	0.0108	-3.98	0.0002

図表 8.14: データ Elmhurst への最小二乗フィットの要約．

---

[11] 図表 8.13 の統計量を用いて傾きを計算すると:

$$b_1 = \frac{s_y}{s_x}R = \frac{5{,}460}{63{,}200} \times (-0.499) = -0.0431 .$$

8.2. 最小二乗回帰

例題 8.11

図表 8.14 の 2 列,3 列,4 列目を調べよう．（まだ推測についての章を学んでいなければこの確認問題はスキップしよう．）

ここで β_1 に対応する第 2 行を用いて行の意味を述べておこう．第 1 列は β_1 の点推定値であり，既に $b_1 = -0.0431$ と計算していた．第 2 列は点推定値の標準誤差 $SE_{b_1} = 0.0108$ である．第 3 列は帰無仮説 $\beta_1 = 0$ に対する t 統計量であり，$T = -3.98$．最後の列は帰無仮説 $\beta_1 = 0$ 対両側仮説に対する t 統計量の p 値，0.0002 である．に対する p 値である．後の 8.4 節でより詳しく議論する．

例題 8.12

ある高校 3 年生がエルムスハースト大学を考慮しているとしよう．彼女は大学からの経済援助を推定した方程式を利用できるだろうか？

この推定値を利用できるが，幾つか注意した方が良いだろう．第一にデータはすべて 1 年生のクラスのもので大学は年によって援助方式を変えるかもしれない．第二には方程式は完全な推定ではない．データのトレンドを推定するには線形式は良いが，すべての学生の経済援助額を完ぺきに予測できるというわけではない．

8.2.5 回帰のモデル母数推定値の解釈

回帰モデルにおける母数を解釈することはしばしば分析上ではもっとも重要なステップの 1 つである．

例題 8.13

エルムハースト・データでは切片と傾きは $b_0 = 24,319$ と $b_1 = -0.0431$ であった．この数字は実際にはどういう意味だろう？

ほとんどすべての応用では傾き母数を解釈することが重要である．家計所得が 1,000(ドル) ごとに学生が平均的には差額 1,000(ドル) × (−0.0431) = −43.10(ドル) を受け取る，つまり 43.10(ドル) 少なく受け取ると予想できる．ここでより高い家計所得はより少ない経済援助に対応するが，モデルでは家計所得の係数は負であることによる．むろんこの解釈には注意する必要があり，変数間の関係はデータが観測データであるから因果的な関係と解釈することはできない．つまり学生の家計所得が増加したから学生の援助額が減ったわけではない．（むろん大学に連絡してこの関係が因果的か否か，大学の経済援助の決定が部分的に家計所得に基づくか，聞くことは妥当かもしれない．）切片の推定値は $b_0 = 24,319$，もし学生の家計所得がゼロならば平均的な援助額を表している．この応用では，エルムハースト大学では学生の家計所得がゼロもあり得るから切片の意味はあると思われる．他の応用，特に x がゼロ周辺で観測値がなければ切片はあまり意味がないこともある．

最小二乗により推定された母数の解釈

傾きは説明変数 x が 1 単位大きいとき，y 変数の推定した変化分を表して．切片は $x = 0$ かつ線形モデルが $x = 0$ まで妥当である場合の y の平均的結果を表現しているが，多くの応用では厳密にはこれらは成り立たない．

8.2.6 あてにならない外挿

> 今年，東海岸を猛吹雪が襲ったので地球温暖化は嘘であることを示した．雪は凍り付くほど冷たかった．しかし警告トレンドのように春の気温が上昇した，という例を考えよう．2月6日は10度 (F, 華氏)，今日は約80度となった．この傾向だと8月までには220度になるだろう．こうした気候を巡る噂話は色々あるだろう．
>
> Stephen Colbert
April 6th, 2010[12]

線形モデルは2つの変数間の関係を近似するために利用することができる．しかしながらこうしたモデルは実際的な限界を含んでいる．ほとんどの場合には真実は単純な直線よりもかなり複雑である．例えば限られた窓の外側のデータがどうなっているかは分からないのである．

例題 8.14

線形モデル (経済援助額, $\widehat{aid}$) $= 24{,}319 - 0.0431 \times$ (家計所得, $family\_income$) を用いて，家計所得が百万 (1 million) ドルの学生の経済援助額を推定してみよう．

―――

(家計所得) $= 1{,}000{,}000$ として援助額を計算すると，

$$24{,}319 - 0.0431 \times \text{(家計所得)} = 24{,}319 - 0.0431 \times 1{,}000{,}000 = -18{,}781 \ .$$

このモデルによると学生は -18,781 ドルの援助額！と予測される．しかし エルムハースト大学は負の援助額，つまり入学に追加の授業料を要求することはない．

モデルを実際のデータの範囲外の値を推定することを外挿と呼んでいる．一般に線形モデルは2つの変数間の関係の近似にすぎない．外挿する場合には分析されたことのない範囲で線形関係で近似しているという，ある種の賭けを行っていることを注意しておく．

8.2.7 フィットの良さを R^2 で表す

2変数間の線形関係の強さを相関 R での評価を説明した．より一般には R^2(R-squared, 決定係数) が用いられる．線形モデルに対してデータがフィットした線形関係の周りでどの程度説明できるかを表現するのが目的となる．

線形モデルの R^2 は最小二乗線によりデータの変動がどの程度まで説明できるかを表現している．例えば図表 8.15 のエルムハースト・データの場合を見てみよう．目的変数，援助額の変動は約 $s^2_{aid} \approx 29.8$ 百万 (million) である．最小二乗線を適用すると，この学生の家計所得を用いると統計モデルを用いると学生への援助額に関する不確実性は減少する．残差の変動はモデルを用いた後にどの程度変動が残っているかを表しているが，$s^2_{RES} \approx 22.4$ 百万となる．まとめると変動の減少は

$$\frac{s^2_{aid} - s^2_{RES}}{s^2_{aid}} = \frac{29{,}800{,}000 - 22{,}400{,}000}{29{,}800{,}000} = \frac{7{,}500{,}000}{29{,}800{,}000} = 0.25 \ .$$

あるいは家計所得を説明変数とする援助額の予測に線形モデルを用いると，データの変動は約 25% になる．これから決定係数 (R二乗) は

$$R = -0.499 \ , \qquad\qquad R^2 = 0.25 \ .$$

―――
[12] www.cc.com/video-clips/l4nkoq

8.2. 最小二乗回帰

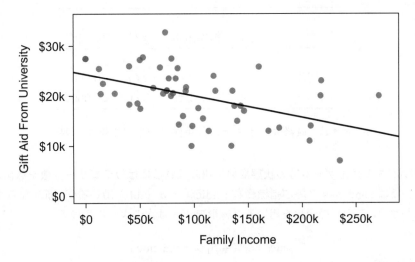

図表 8.15: エルムハースト大学の 50 名のランダム・サンプルへの経済援助額と家計所得・最小二乗線.

確認問題 8.15

ある線形モデルが相関係数 -0.97 の強い負の関係があるとすると，説明変数によりどれだけ目的変数の変動を説明できるだろうか[13].

8.2.8 2 水準のダミー説明変数

カテゴリカル変数もまた目的変数の予測に役立つ．ここでは 2 つの水準のカテゴリカル変数 (**水準** (level) は **カテゴリー** (category) と同義) を考えよう．ビデオゲーム, 任天堂 Wii の**マリオカート** *(Mario Kart)* のネット (Ebay) オークションを例とするが, オークション価格とゲームの状態が記録されている．ここでゲームの条件, 中古 (used) と新品 (new) による価格の予測が目的である．オークションデータは図表 8.16. に示されている.

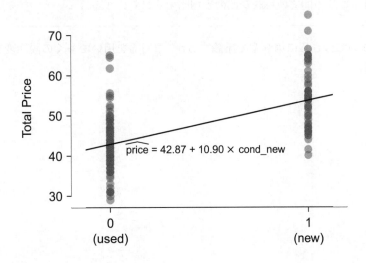

図表 8.16: ビデオゲーム・マリオカートのオークション価格, 中古 ($x=0$) と新品 ($x=1$), 最小二乗線も示されている.

---

[13] この線形モデルで約 $R^2 = (-0.97)^2 = 0.94$ あるいは 94% の変動が説明されている.

	推定値	標準誤差	t 値	Pr(>|t|)
(切片)	42.87	0.81	52.67	<0.0001
新品ダミー	10.90	1.26	8.66	<0.0001

図表 8.17: 最終価格とゲームの条件の最小二乗推定の要約

回帰方程式にマリオ・ゲーム機の状態変数を組み入れるにはカテゴリー変数を数値に変換する必要がある．ここでは cond_new と呼ぶ指標変数 (indicator variable) 用いるが, 新品なら 1, 中古なら 0 をとる変数としよう．この指標変数を用いると線形モデルは次のように書ける

$$\widehat{price} = \beta_0 + \beta_1 \times \text{cond\_new} .$$

母数の推定値は図表 8.17 に与えておくが, モデル方程式を要約すると

$$(\text{価格}, \widehat{price}) = 42.87 + 10.90 \times (\text{新品ダミー}, \text{cond\_new}) .$$

2 水準のカテゴリー説明変数について線形性の仮定は常に満足している．しかし各グループにおける残差が近似的に正規分布に従い, ほぼ分散が等しいかは調べておくべきである．

例題 8.16

ネット (eBayo) オークションでのマリオカートの価格の母数推定の解釈．

変数 cond_new が 0 をとる, つまり中古のとき切片が推定される．つまりゲームの中古の平均販売価格は 42.87 ドルだった．傾きの推定値は平均では新品のゲームは中古よりも約 10.90 ドル高いことを示している．

カテゴリー説明変数のモデル推定値の解釈

推定された切片は最初のカテゴリー (数値が 0 のカテゴリー) での目的変数の値である．傾きの推定値は 2 つのカテゴリー間での目的変数の平均的変化に対応する．

この話題についてはさらに第 9 章で議論するが, 重回帰を用いて多くの説明変数の影響を同時に扱うことができる．

8.2. 最小二乗回帰

練習問題

8.17 回帰の単位. 成人男性のサンプルについて身長 (cm) から体重 (kg) を予測する回帰を考えよう．相関係数の単位は何だろうか，切片と傾きを解釈しなさい？

8.18 回帰での大きさ? ある回帰直線において傾きの推定値 b_1 の不確実性は次の I と II ではどちらが大きくなるか，あるいは等しいか説明しなさい．

I. 回帰直線の周りにデータは広がっている，あるいは

II. 回帰直線の周りにほとんど散らばりがない．

8.19 回帰の予測，パート I. 仮にリンゴの貯蔵寿命を重量をもとに予測する回帰直線をフィットしよう．あるリンゴについて貯蔵寿命は 4.6 日と予測する．残差は-0.6 日であった．ここではリンゴの寿命を過大，あるいは過小に予測したでしょうか？理由も述べなさい．

8.20 回帰の予測，パート II. 回帰直線をフィットしてある年の晴れた日数により 1,000 名当たりの皮膚ガン件数を予測したいとしよう．ある年の予測では 1,000 名当たり 1.5 の件数を予測したが，残差は 0.5 であった．皮膚ガンの件数を過大，あるいは過小に推定したのだろうか？理由を説明しなさい．

8.21 旅行. トルコ旅行協会は年ごとにトルコを訪れる外国人数と旅行支出を報告している[14]．次の 3 つのプロットはこの 2 つの変数間の関係を示す散布図 (最小二乗フィットを含む)，残差プロット，残差のヒストグラムである．

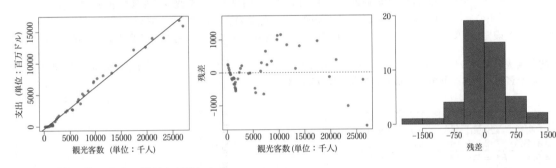

(a) 観光客数と旅行支出の関係を記述しなさい．
(b) 説明変数と目的変数は何だろうか？
(c) このデータに回帰直線をフィットしたいのはなぜでしょうか？
(d) このデータは最小二乗線をフィットする為の条件を満たしているでしょうか？この質問には散布図とともに残差プロットと残差ヒストグラムも利用しなさい．

8.22 スターバックスと栄養素，パート I. 以下の散布図はスターバックスのメニューが含むカロリー数と炭水化物量 (グラム) である[15]．スターバックスはメニュー上の品のカロリー数を掲示しているのでカロリー数に基づき炭水化物量の予測に関心がある．

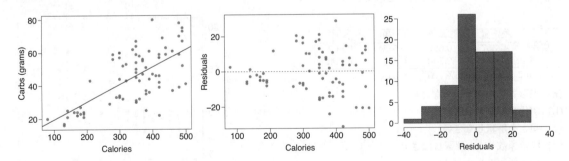

(a) スターバックスのメニューの食物が含むカロリー数と炭水化物 (グラム数) の関係を記述しなさい．
(b) この説明では何が説明変数で何が目的変数だろうか？
(c) このデータになぜ回帰直線をフィットさせたいのか？
(d) このデータは最小二乗直線のフィットに必要な条件を満たしているだろうか？

---

[14] Association of Turkish Travel Agencies, Foreign Visitors Figure & Tourist Spendings By Years.
[15] Source: Starbucks.com, collected on March 10, 2011, www.starbucks.com/menu/nutrition.

8.23 海岸特急, パート II. 練習問題 8.11 でスターライト号のデータを取り上げた. シアトルからロサンゼルス行きのアムトラック (Amtrak) 列車を取り上げる. コースト・スターライト号は 1 つの駅から次の駅まで平均走行時間は 129 分, 標準偏差は 113 分である. 1 つの駅から次の駅まで平均走行距離は 108 マイル, 標準偏差は 99 マイルである. 走行時間と距離の相関係数は 0.636 である.

(a) 走行時間を予測する為の回帰直線を表しなさい.
(b) この直線の傾きと切片を解釈しなさい.
(c) コースト・スターライト号による走行距離から走行時間を予測する回帰直線の線の R^2 を計算し, 応用のため R^2 を解釈しなさい.
(d) サンタバーバラとロサンゼルスの距離は 103 マイルである. 回帰モデルを用いてスターライト号でのこの 2 つの走行時間を推定しなさい.
(e) 実際にはサンタバーバラからロサンゼルスまで約 168 分かかる. 残差を計算し, 残差の意味を説明しなさい.
(f) Amtrak はロサンゼルスから 500 マイル離れた場所にコースト・スターライト号の新しい駅を考慮中である. ロサンゼルスからこの地点までの走行時間を予測するために線形モデルを利用するのは適切だろうか.

8.24 身体測定, パート II. 練習問題 8.13 は個人のあるグループの肩幅と身長のデータを論じている. 平均の肩幅は 107.20 cm, 標準偏差 10.37 cm, 平均の身長は 171.14 cm, 標準偏差 9.41 cm, 肩幅と身長の相関係数は 0.67 である.

(a) 身長を予測する為の回帰直線を表しなさい.
(b) 傾きと切片を解釈しなさい.
(c) 肩幅から身長を予測する回帰直線の R^2 を計算し, 応用上の意味を解釈しなさい.
(d) クラスでランダムに選んだ学生の肩幅が 100 cm とする. 回帰モデルを使って身長を予測しなさい.
(e) (d) の学生の身長は 160 cm だった. 残差を計算, この残差の意味を説明しなさい.
(f) ある 1 歳児の肩幅が 56cm であった. この線形モデルを用いてこの子の身長を予測するのは妥当だろうか.

8.25 殺人と貧困, パート I. 次の回帰出力は都市部 20 地区のランダムサンプルにおける年間百万人あたりの殺人件数を貧困パーセントから予測するためのものである.

	推定値	標準誤差	t 値	Pr(>|t|)
(切片)	-29.901	7.789	-3.839	0.001
貧困率%	2.559	0.390	6.562	0.000

$s = 5.512$, $R^2 = 70.52\%$, $R^2_{adj} = 68.89\%$

(a) 線形モデルを表現しなさい.
(b) 切片を解釈しなさい.
(c) 傾きを解釈しなさい.
(d) 決定係数 R^2 を解釈しなさい.
(e) 相関係数を求めなさい.

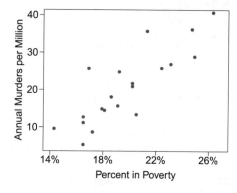

8.26 Cats, Part I. 次の回帰出力は猫の心臓の重さ (g) を体重 (kg) から予測する為のものである. 144 匹の国内の猫のデータを用いて係数は推定されている.

	推定値	標準誤差	t 値	Pr(>|t|)
(切片)	-0.357	0.692	-0.515	0.607
体重	4.034	0.250	16.119	0.000

$s = 1.452$, $R^2 = 64.66\%$, $R^2_{adj} = 64.41\%$

(a) 線形モデルを表現しなさい.
(b) 切片を解釈しなさい.
(c) 傾きを解釈しなさい.
(d) 決定係数 R^2 を解釈しなさい.
(e) 相関係数を求めなさい.

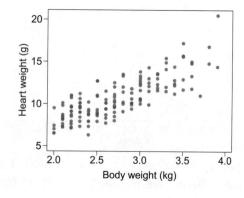

8.3 線形回帰における外れ値

この節では外れ値が重要となり影響が大きくなる場合の基準を考える. 回帰における外れ値とは直線の周りから大きく外れている観測値のことである. これらの観測点は最小二乗線に強い影響があるので特に重要となる.

例題 8.17
図表 8.18 には 6 つの散布図を最小二乗線と残差プロットと共に示してある. 各散布図と残差プロットで外れ値とその最小二乗線への影響を識別しよう. なお外れ値とは大多数の他点と共に属さないと思われる点を意味する.

(1) 他の点からはかなり離れている外れ値が 1 個, 直線の推定にはほんの少し影響する.

(2) 右側に 1 個の外れ値があるが, 最小二乗線には近く, それほど結果に影響を与えることはない.

(3) 他の点からかなり離れた 1 点があり, この外れ値が最小二乗線を右に引っ張っている. 多くある点の直線はあまりフィットしてないか確かめる必要がある.

(4) データの主要なかたまりと 4 つの外れ値から成る小さな副次的なかたまりがある. 副次的なかたまりはかなり強く直線に影響を与えているようにも見える. 2 つのかたまりを説明することは興味深いが, よく調べてみる必要がある.

(5) データの主要なかたまりには明瞭なトレンドはなく, 右側の外れ値が最小二乗線の傾きを決めるのに寄与しているように見える.

(6) データのかたまりからかなり離れた外れ値がある. しかしその点は最小二乗線にかなり近く, あまり影響を与えていないように見える.

図表 8.18 の残差プロットを調べよう. (3) と (4) では主なかたまりで何らかのトレンドがあるだろう. これらの場合では外れ値が最小二乗線の傾きに影響を与えている. (5) ではほとんどのデータにはトレンドがなく, 1 個の外れ値のみによりトレンドが決まる.

> **レバレッジ (LEVERAGE)**
> データのかたまりの中心から水平に離れている点は直線をよりひどく引っ張る傾向にあるので, こうした点を高レバレッジ (high leverage) 点と呼ぶ.

直線から水平上で非常に離れている点は高レバレッジ点である. こうした点は最小二乗線の傾きに強い影響を与える. こうした高レバレッジ点が回帰直線の傾きの推定に強く影響していると思われるとき, 例えば例題 8.17 の (3), (4), (5) などの場合であるが, 影響点 (influential point) と呼ぼう. 普通の場合はその点を除いて直線をフィットすると最小二乗線からかなり離れている場合には, その点は影響点となる. しばしば外れ値を除いてデータ分析しようとする誘惑があるかもしれない. しかしながら, かなりはっきりした理由なしにはそうしないほうが良い. 例外的な場合 (しかもかなり興味深い場合) を無視したモデル分析はしばしば良い性能を示さない. 例えば, 金融関連会社が最も大きい市場の振れを"外れ値"として無視したりすると, 非常に誤った投資などの結果, 遅かれ早かれ破綻する可能性があるかもしれない.

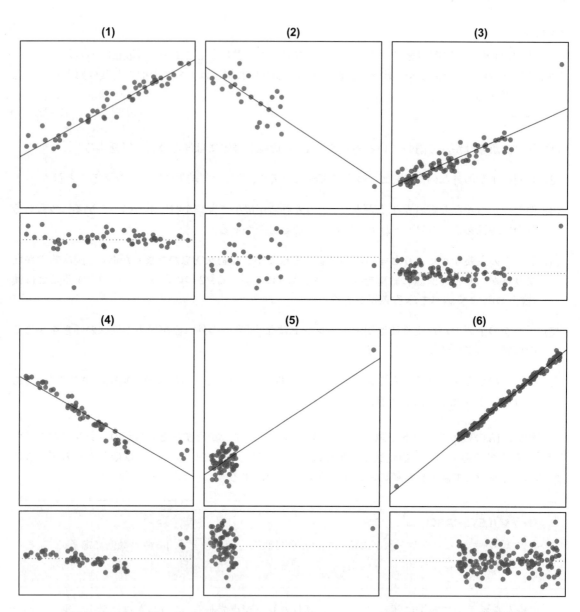

図表 8.18: 6個のプロット, 最小二乗線, 残差プロットを含み, データは少なくとも1個の外れ値を含む.

8.3. 線形回帰における外れ値

練習問題

8.27 外れ値，パートI. 次の散布図における外れ値を識別し，どのようなタイプの外れ値か定め，その理由を説明しなさい．

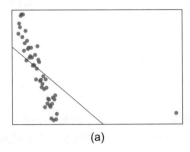
(a)

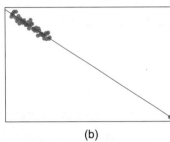
(b)

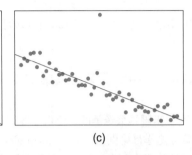
(c)

8.28 外れ値，パートII. 次の散布図における外れ値を識別し，どのようなタイプの外れ値か定め，その理由を説明しなさい．

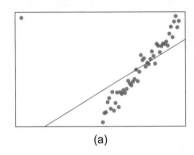
(a)

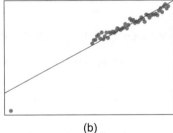
(b)

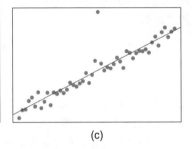
(c)

8.29 都市部の住宅保有，パートI. 以下の散布図は自宅所有家族率と都市部の居住人口率を示している[16]．全米の州にプエルトリコ，コロンビア州を含めて52の観測値がある．

(a) 自宅所有家族率と都市部の居住人口率との関係を記述しなさい．

(b) 右下の外れ値はコロンビア特別区であり，人口の100%が都市部である．この外れ値はどのようなタイプだろうか？

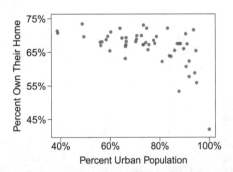

8.30 幼児と這い這い，パートII. 練習問題 8.12 では (誕生から約6ヶ月後) 這い這いを始めた月の平均気温と這い這いを始めた年齢のデータを与えている．これら2つの変数の散布図には平均気温が約53°F，平均ハイハイを始める年齢は28.5週から外れているように見える点がある．その点のレバレッジは高いでしょうか？影響点 (influential point) だろうか？

---

[16] United States Census Bureau, 2010 Census Urban and Rural Classification and Urban Area Criteria and Housing Characteristics: 2010.

8.4 線形回帰の推測

この節では回帰線の傾きと切片の推定についての不確実性を説明する．以前の章で点推定量の標準誤差を説明したようにこれらの推定量の標準誤差をまず説明しよう．

8.4.1 中間選挙と失業率

米国議会選挙は2年に一度行われ，4年に一度の大統領選挙に重なることがある．大統領任期中の議会選挙は中間選挙 (midterm elections) と呼ばれている．米国の二大政党システムではある政治理論では失業率が高ければ大統領が属する政党は中間選挙で負ける傾向にあることを示唆している．

この主張の妥当性を評価する為，歴史データを集め関係を調べてみた．大恐慌 (Great Depression) 時を除く1898年から2018年までの中間選挙を考えてみよう．図表8.19はこのデータと最小二乗回帰線である．

$$(\text{大統領が属する政党の議員数の\%変化}) = -7.36 - 0.89 \times (\text{失業率}).$$

ここでは大統領が属する政党の議員のパーセント変化 (例えば2018年における共和党の議員割合の変化など) 対失業率を考察している．

データを吟味すると線形からのかなりな乖離，一定の分散の条件，かなりな外れ値，などは見られない．データは連続して集められているが，別の分析では特に連続した観測値の間に明らかな相関も見られない．

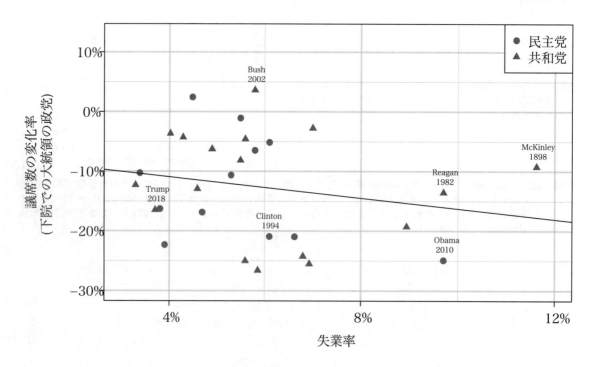

図表 8.19: 1898年から2010年までの選挙で大統領の政党の議員数変化対失業率の散布図．大恐慌の2点を除き最小二乗線をデータにフィット．

8.4. 線形回帰の推測

確認問題 8.18

大恐慌時のデータ (1934 年と 1938 年) を除いたが，この時期の失業率はそれぞれ 21% と 18% であったからである．研究でこれらのデータを除くことに同意するだろうか．なぜ同意する，あるいは不同意なのだろうか[17]．

図表 8.19 に示された直線は負の傾きがある．しかし，この傾き（および切片は）母数の推定値にすぎない．そこで"真の"線形モデルは負の傾きとなる説得的な証拠があるかだろうか？つまりデータはこの政治理論が正確であり，失業率が中間選挙の説明変数である強い証拠を提供していると言えるだろうか？この論点を統計的仮説検定を用いて調べることができる．

H_0: $\beta_1 = 0$. 真の線形モデルは傾きはゼロである．

H_A: $\beta_1 \neq 0$. 真のモデルの傾きはゼロではない．失業率は大統領の政党が中間選挙で勝つか負けるかという説明変数となる．

データが傾き母数がゼロでないという強い証拠があれば，H_A が妥当として H_0 を棄却するだろう．これらの仮説を評価するには母数の標準誤差を求め，適切な検定統計量を計算，p 値を求める必要がある．

8.4.2 統計ソフトウエアからの回帰出力を理解しよう

既に学んだ他の点推定量と同様に b_1 の標準誤差や検定統計量を計算することができる．一般に検定統計量を T と表記するが，これは t 分布にしたがうことによる．[訳注：誤差が標準正規分布などの標準的な仮定の下では成立する．]

ここでは標準誤差の計算は統計ソフトウエアに任せ，どのように標準誤差を求めるかは中級の統計学コースに任せることにしよう．図表 8.19 についての最小二乗回帰線の計算ソフトウエアの出力を図表 8.20 に示しておいた．失業 (*unemp*) の列には点推定値と傾き母数，失業率変数の係数，についての仮説検定のための情報がある．

	推定値	標準誤差	t 値	Pr(>|t|)
(切片)	-7.3644	5.1553	-1.43	0.1646
失業率	-0.8897	0.8350	-1.07	0.2961
				$df = 27$

図表 8.20: 大統領の政党が失業率に対して中間選挙の勝負についての回帰モデルの統計ソフトウエアの出力．

---

[17] 次の 2 つの論点を考察しよう．これら 2 点はどんな最小二乗回帰線に対しても非常に高レバレッジがあり，そうした高失業率の年のデータは失業率がやや高い他の年がどうなるかについての理解には助けにならないだろう．他方，こうしたデータは例外的な時期であるが，最終的な分析からのぞいてしまうと重要な情報を捨てることになりかねない．

例題 8.19

図表 8.20 の第 1 列・第 2 列は何を表しているだろうか.

第 1 列は最小二乗推定値 b_0 と b_1, 第 2 列は推定値の標準誤差が対応している. この推定値を用いると最小二乗回帰線の式は

$$\hat{y} = -7.3644 - 0.8897x$$

となる. ここで $\hat{y}$ は大統領が属する政党の議席の変化分の予測値, x は失業率を表している.

数値データの脈絡で以前に t 検定統計量を用いたことがあったが, 回帰分析もこの状況を類推するとよいだろう. 帰無仮説は傾き係数が 0 であり, T(あるいは Z) スコアを用いて検定統計量を計算でき,

$$T = \frac{(\text{推定値}) - (\text{帰無仮説での値})}{(\text{標準誤差}, \text{SE})} = \frac{-0.8897 - 0}{0.8350} = -1.07 \ .$$

この値が図表 8.20 の第 3 列に対応する.

例題 8.20

図表 8.20 の中の表を用いて p 値を求めなさい.

表の最後の列 0.2961 は失業率の係数に対する両側検定における p 値を与えている. したがってデータは失業率が高いと中間選挙において大統領が属する議会の政党が小さく, あるいは大幅に議員数を失うことについての強い証拠は見いだせない.

回帰における推論

今では実際の分析では統計ソフトウエアを利用して推定値, 標準誤差, 検定統計量, p 値を求める. しかしながら, 注意を要するのは一般にはソフトウエアは推定方法が正しいことをチェックしてはくれないので, 我々が条件が適切か調べるべきと言うことである.

例題 8.21

エルムハースト大学での経済援助額と家計所得の関係を示している図表 8.15(333 頁) を調べてみよう. 傾きが統計的にはゼロでないとどの程度確かなのだろうか.

つまり直線の真の傾きがゼロでないという主張を仮説検定とするとき棄却できるだろうか？変数間の関係が完璧でない場合にデータには低下するトレンドがあるとの証拠がある. このことは傾きがゼロという帰無仮説が棄却されると考えられる.

確認問題 8.22

図表 8.21 は図表 8.15 で示された最小二乗回帰線をフィットした結果を示している. この回帰出力から次の仮説を評価しよう[18].

H_0: 家計所得の真の係数はゼロである.

H_A: 家計所得の真の係数はゼロではない.

8.4. 線形回帰の推測

	推定値	標準誤差	t 値	Pr(>|t|)
(切片)	24319.3	1291.5	18.83	<0.0001
家計所得	-0.0431	0.0108	-3.98	0.0002
				$df = 48$

図表 8.21: エルムハースト大学データへの最小二乗フィットの要約. 学生の家計所得をもとに大学による経済援助を予測.

8.4.3 係数の信頼区間

回帰出力を用いてモデルの係数について仮説検定を行うのと同様に信頼区間を構成できる.

例題 8.23

図表 8.21 の回帰出力より変数 family_income の係数の 95%信頼区間を計算しよう.

点推定値は -0.0431, 標準誤差は $SE = 0.0108$. モデルの信頼区間を構成するには t 分布を用いる. 分布の自由度は回帰出力から $df = 48$ より $t^\star_{48} = 2.01$ となる. 信頼区間はいつものように構成すると,

$$(\text{点推定値}) \pm t^\star_{48} \times SE \quad \rightarrow \quad -0.0431 \pm 2.01 \times 0.0108 \quad \rightarrow \quad (-0.0648, -0.0214).$$

信頼係数 95% で family_income の 1 ドルの増加に対して大学の経済援助額は平均では 0.0214(ドル) から 0.0648(ドル) 減額される.

係数の信頼区間

回帰モデルの係数の信頼区間は t 分布を用いて求められ,

$$b_i \pm t^\star_{df} \times SE_{b_i}.$$

ここで $t^\star_{df}$ はモデルの自由度から求める信頼区間に対応する t 値となる.

信頼区間の話題について本書ではこれまで回帰モデルの母数に焦点を当ててきた. もちろん他の形の区間推定も関心があるかもしれない. 例えば目的変数の予測区間 (prediction interval) 回帰の中の目的変数の平均などが例として挙げられよう. これら 2 つの話題についてはオンラインで見ることができる資料を用意した (以下よりダウンロードできる).

www.openintro.org/d?file=stat_extra_linear_regression_supp

---

[18] 家計所得に関する第 2 列を見てみよう. 直線の傾きの点推定値は -0.0431, 推定値の標準誤差は 0.0108, t-統計量は $T = -3.98$ である. 関心のある両側検定に対する検定の p 値は 0.0002 となる. この p 値は非常に小さいので帰無仮説を棄却, つまり 2011 年に大学に入学した 1 年生について家計所得と経済援助額には負の相関があり, 真の母係数は 0 よりも小さいと結論される. 例 8.21 と同じ結論となる.

練習問題

次の練習問題では図から最小二乗回帰直線をフィットする条件をチェックしなさい．ただし解答では必ずしもすべての条件をレポートする必要はない．

8.31 身体測定，パート IV． 以下で述べる散布図と最小二乗回帰表は健康で活動的な個人 507 人のキログラムで測った体重とセンチメートルで測った身長の関係を示している．

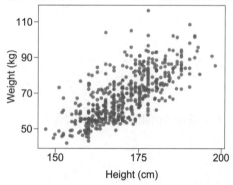

	推定値	標準誤差	t 値	Pr(>|t|)
(切片)	-105.0113	7.5394	-13.93	0.0000
身長	1.0176	0.0440	23.13	0.0000

(a) 身長と体重の関係を記述しなさい．
(b) 回帰直線を書き，傾きと切片を解釈しなさい．
(c) このデータは身長の増加は体重の増加が関係する強い証拠となるだろうか．帰無仮説と対立仮説を述べ，p 値と結論を述べなさい．
(d) 身長と体重の相関係数は 0.72 であった．R^2 を計算，解釈しなさい．

8.32 ビールと血中アルコール． 多くの人々は血中アルコール度 (BAC) を予測するには単に飲酒の回数だけよりも性別，体重，飲酒の習慣，その他の要因の方が重要と考えている．オハイオ大学の 16 名の学生ボランティアによるランダムに割り付けられたビール缶数を飲む実験データを調べよう．学生は男女に分けられ，体重と飲酒の習慣はそれぞれ異なっていた．30 分後に警官により血液デシリットル当たりのアルコール量 (BAC) が測られた[19]．散布図と回帰表が結果を要約している．

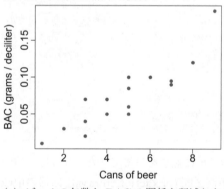

	推定値	標準誤差	t 値	Pr(>|t|)
(切片)	-0.0127	0.0126	-1.00	0.3320
ビール	0.0180	0.0024	7.48	0.0000

(a) ビールの缶数と BAC の関係を記述しなさい．
(b) 回帰直線の方程式を書きなさい．傾きと切片を解釈しなさい．
(c) データはビール缶を多く飲むと血中アルコールが高まる強い証拠を与えているでしょうか？帰無仮説と対立仮説を述べなさい．p 値を報告し結論を述べなさい．
(d) ビール缶数と BAC の相関係数は 0.89 であった．R^2 を計算し解釈しなさい．
(e) あるバーに出かけ，何杯既に飲んだかを尋ね BAC を調べるとしよう．杯数と BAC の間の関係はオハイオ大学の研究で見られた関係と同様に強いと考えるだろうか．

8.33 夫と妻，パート II． 次の散布図は英国でランダムに選んだ 2 人とも 65 歳未満の 170 の夫婦の夫と妻の身長を要約したものである．夫の身長から妻の身長を予測する為の最小二乗推定の結果を表にまとめてある．

---

[19] J. Malkevitch and L.M. Lesser. *For All Practical Purposes: Mathematical Literacy in Today's World.* WH Freeman & Co, 2008.

8.4. 線形回帰の推測

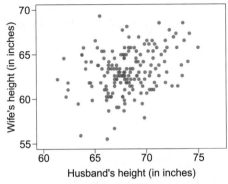

	推定値	標準誤差	t 値	Pr(>|t|)
(切片)	43.5755	4.6842	9.30	0.0000
夫の身長	0.2863	0.0686	4.17	0.0000

(a) 背の高い男性は背の高い女性と結婚する強い証拠があるだろうか？
(b) 夫の身長から妻の身長を予測する回帰方程式を書きなさい．
(c) この例で傾きと切片を解釈しなさい．
(d) $R^2 = 0.09$ を所与とするとこのデータでの相関係数を求めよ．
(e) 英国人で 5'9" (69 インチ) の妻帯男性に出会ったとしよう．妻の身長の予測値はいくらだろうか．その値はどの程度まで信頼できるだろうか．
(f) 別の英国人で 6'7" (79 インチ) の妻帯男性に出会ったとしよう．その人の妻の身長を予測するために同じ線形モデルを用いることは妥当だろうか．その理由も述べなさい．

8.34 都市住民の住宅所有，パート II. 練習問題 8.29 では自宅所有の家族の比率と都市部に住んでいる人口比率との関係を示す散布図が与えられている．次はコロンビア特別区を除いた同様の散布図と残差プロットであり，データ数は 51 となる．

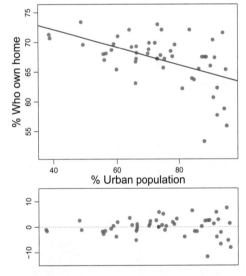

(a) このデータでは $R^2 = 0.28$ となる．相関係数は幾つでしょうか？相関が正か負なのか分かるだろうか？
(b) 残差プロットを調べなさい．何か今日あることが観察されされないだろうか？このデータに最小二乗による単回帰は妥当だろうか？

8.35 殺人と貧困，パート II. 練習問題 8.25 では都市部 20 のランダムサンプルに基づき，貧困率により 100 万人あたりの殺人率を予測する回帰モデルの出力であり，推定結果は以下のようである．

	推定値	標準誤差	t 値	Pr(>|t|)
(切片)	-29.901	7.789	-3.839	0.001
貧困率%	2.559	0.390	6.562	0.000

$$s = 5.512, \quad R^2 = 70.52\%, \quad R^2_{adj} = 68.89\%$$

(a) 貧困率は殺人率についての有意な説明力がある仮説は何だろうか．
(b) データから仮説検定の結果を述べなさい．
(c) このデータから貧困率変数の係数の 95%信頼区間を計算し，解釈しなさい．
(d) 仮説検定と信頼区間の結果は一致しているだろうか，説明しなさい．

8.36 赤ん坊． 出生時の頭周を予測するには低体重の懐妊期間 (妊娠と出生) は有用だろうか？25 名の低体重の幼児をハーバード教育病院で調べられている．研究者は頭周 (センチメートルで計測) を懐妊期間 (週数で計測) に回帰を計算，推定された回帰直線は次のようであった．

$$\widehat{(頭周)} = 3.91 + 0.78 \times (懐妊期間) \ .$$

(a) 懐妊期間が 28 週で生まれた赤ん坊の予測される頭周は幾らでしょうか?
(b) 懐妊期間の係数の標準誤差は 0.35, 自由度は $df = 23$ であった. このモデルによると懐妊期間は頭周に有意に関係する強い証拠と言えるだろうか？

章末練習問題

8.37 真か偽か？. 次の説明は正しいかそれとも誤りか選びなさい．もし間違いならその理由を説明しなさい．

(a) 相関係数 -0.90 は相関係数 0.5 よりも強い線形関係を示している．

(b) 相関係数は任意の2変数の関係を示す尺度である．

8.38 樹木. 次の散布図は伐採された31本のブラックチェリー(桜)の木の高さ, 直径, 体積の関係を示している．木の直径は地上から4.5フィートで測られている[20]．

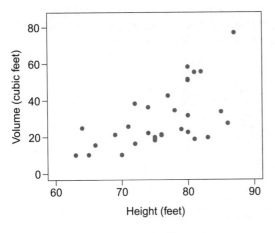
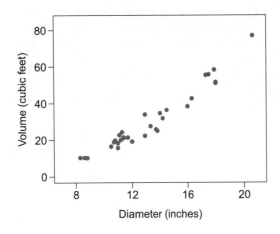

(a) 木の体積と高さの関係を記述しなさい．

(b) 木の体積と直径の関係を記述しなさい．

(c) 他のブラックチェリーの高さと直径を測るとしよう．単回帰を用いるときこの木の体積を予測しようとするとき，どの変数を用いた方が良いだろうか，その理由を説明しなさい．

8.39 夫と妻, パート III. 練習問題8.33では英国の2人とも65歳以上の夫婦, 170のランダムサンプルの夫の年齢と妻の年齢の散布図が示された. 以下に夫の年齢による妻の年齢を予測する為の最小二乗による回帰出力の要約である．

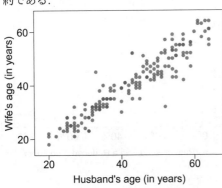

	推定値	標準誤差	t値	Pr(>|t|)
(切片)	1.5740	1.1501	1.37	0.1730
年齢_(夫)	0.9112	0.0259	35.25	0.0000
				$df = 168$

(a) 夫と妻の年齢差は年齢に関わりがないか興味があるかもしれない．このことが正しければ係数は $\beta_1 = 1$ となる．上の情報をもとに夫の年齢と妻の年齢の差が年齢により異なるか否かを評価しなさい．

(b) 夫の年齢を用いて妻の年齢を予測する回帰直線を書きなさい．

(c) 傾きと切片を解釈しなさい．

(d) このデータで $R^2 = 0.88$ のとき，相関係数を求めなさい．

(e) 55歳の英国の夫に会ったとしよう．妻の年齢をどう予測したらよいだろうか．この予測値はどの程度信頼できるだろうか．

(f) 別の85歳の英国の夫に遭遇したとすると，妻の年齢を予測するために同じ線形モデルを用いることは賢明だろうか, 説明しなさい．

8.40 猫, パート II. 練習問題8.26は猫の心臓の重さ(g)を体重(kg)で予測する線形モデルの回帰出力を示した．144匹の米国産の猫のデータを使って係数は推定されている．線形モデルの出力は以下のようである．

---

[20] Source: R Dataset, stat.ethz.ch/R-manual/R-patched/library/datasets/html/trees.html.

	推定値	標準誤差	t 値	Pr(>|t|)
(切片)	-0.357	0.692	-0.515	0.607
体重	4.034	0.250	16.119	0.000

$$s = 1.452 \quad R^2 = 64.66\% \quad R^2_{adj} = 64.41\%$$

(a) 係数の点推定値は正となっている．猫の体重は心臓の重量と正の関係があるかどうか評価する仮説は何でしょうか？

(b) (a) の仮説検定の結果を述べなさい．

(c) 体重の係数の 95% 信頼区間を計算し，結果を解釈しなさい．

(d) 仮説検定と信頼区間の結果は一致しているでしょうか？説明しなさい．

8.41 スターバックスと栄養，パート II． 練習問題 8.22 はスターバックスのメニューについての栄養のデータを示している．散布図と残差プロットに基づき，メニューの項目についてのたんぱく質の量とカロリーの関係を記述し，線形モデルがカロリー数からたんぱく質の量を予測するのに適当か否か決めなさい．

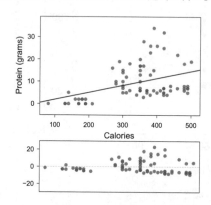

8.42 ヘルメットとランチ補助． 散布図は近隣で学校の割引ランチを享受している子供の割合 (変数 lunch) と近隣でヘルメットを着けて自転車に乗っている割合 (変数 helmet) で測った社会経済のステイタスの関係を示している．割引ランチを享受している子供の割合は 30.8%，標準偏差は 26.7%，ヘルメットを着けて自転車に乗っている子供の平均は 38.8%，標準偏差は 16.9% である．

(a) このデータで最小二乗回帰の R^2 が 72% とすると，変数 lunch と変数 helmet の相関係数を求めなさい．

(b) データによる最小二乗回帰の傾きと切片を計算しなさい．

(c) この応用での最小二乗回帰の切片を解釈しなさい．

(d) この応用での最小二乗回帰の傾きを解釈しなさい．

(e) 40% の子供が割引ランチを享受し，40% が自転車に乗るときにヘルメットを着用する場合の残差はどうなるでしょうか？この応用での残差の意味を解釈しなさい．

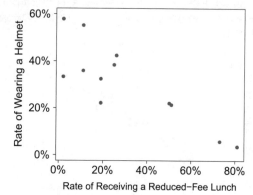

8.43 相関，パート III． 次に挙げる各相関と対応する散布図に結び付けなさい．

(a) $r = -0.72$
(b) $r = 0.07$
(c) $r = 0.86$
(d) $r = 0.99$

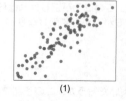 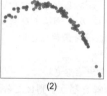 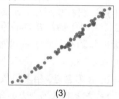 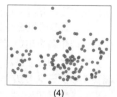

(1) (2) (3) (4)

8.44 教授の評価． 多くの大学の授業では最後に学生が授業と教員を評価する．しかしこの学生による評価が授業の質と教育効果の指標となるか否かについてしばしば批判されている．もしかすると授業評価は担当者の身体的見かけなど教育内容と関係ないことが反映するかもしれない．オースティンのテキサス大学の研究者は 463 名の教授について学生授業評価 (高得点は良い意味)，標準化した美的点数 (0 点は平均，負値は平均以下，正値は平均以上) のデータを集めた[21]．次の散布図はこれらの変数の関係を示し，美的スコアにより学生評価を予測した時

---

[21] Daniel S Hamermesh and Amy Parker. "Beauty in the classroom: Instructors' pulchritude and putative pedagogical productivity". In: *Economics of Education Review* 24.4 (2005), pp. 369–376.

8.4. 線形回帰の推測

の回帰出力を示しておく.

	推定値	標準誤差	t 値	Pr(>|t|)
(切片)	4.010	0.0255	157.21	0.0000
美的スコア		0.0322	4.13	0.0000

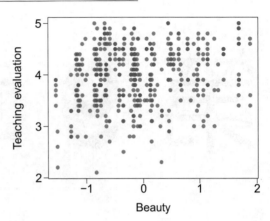

(a) 標準化美的スコアの平均は -0.0883, 学生評価点の平均は 3.9983 とすると, 傾きを計算しなさい. あるいは傾きはモデルの要約により示した情報のみで求められるかもしれない.

(b) このデータは学生の授業評価と美的スコアの関係が正であることの十分な証拠を与えているだろうか？その理由を述べなさい.

(c) 線形回帰に必要な条件を書きだして, 次の診断プロットに基づきこのモデルが各条件を満たしているか検討しなさい.

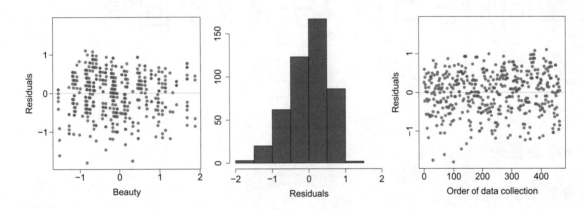

第9章

重回帰とロジスティック回帰

9.1 重回帰への入門

9.2 モデル選択

9.3 グラフを用いるモデル診断

9.4 重回帰のケース：マリオカート

9.5 ロジスティック回帰入門

単回帰はより複雑な状況をあつかう基礎となっている．第9章では重回帰を説明し，単回帰での説明変数を拡張して複数の説明変数をとる方法，ロジスティック回帰では2つのレベルを伴うカテゴリカル目的変数の予測を扱う．

日本語版の参考資料はhttps://www.jstat.or.jp/openstatistics/ (日本統計協会) を訪問されたい．
原著の資料は以下にある．www.openintro.org/os

9.1 重回帰への入門

重回帰は2変数間の単回帰を拡張し，1個の目的変数，多数の予測変数 ($x_1, x_2, x_3, ...$ と記する) の場合を扱う．多くの変数が1つの出力変数を同時に説明する例によってこの方法の有用性が動機付けられる．

融資仲介サービス (peer-to-peer lending, ソーシャル・レンディング, 一種の貸付組合) ローン・データを考えよう．借入クラブのデータは第1章と第2章で既に説明した．データにはローン金額と共に借り手の情報が含まれている．理解を深めたい目的変数はローンに対する金利である．例えば，他の条件を一定とするとき既に負債を持っていることが影響するか，などを知りたい．また所得が証明されているか否か，の影響なども問題である．重回帰はこうした問，他の問題への解答を助けてくれる．

データ loans には 10,000 ローンの結果を含み，利用可能な変数の一部分を利用するが，以前の章では表れなかった変数も幾つかある．データの中の6個を図表 9.1 に示すが，変数の説明は図表 9.2 にある．なお破産変数 (bankruptcy) は指標変数と呼ばれるが，借り手が過去に破産していれば 1, 破産していなければ 0 とする．カテゴリーの代わりに指標変数 (訳注：ダミー変数と言う名も使われる) という名を用いて回帰分析では利用される．その他の2つの変数はカテゴリカル変数で (income_ver および issued) はそれぞれ非数値の変数が1を含む幾つかの数値をとる変数，回帰モデルでの扱いは 9.1.1 節で説明する．

	金利	所得	負債・所得比	信用	破産	期間	既存	信用審査
1	14.07	verified	18.01	0.55	0	60	Mar2018	6
2	12.61	not	5.04	0.15	1	36	Feb2018	1
3	17.09	source_only	21.15	0.66	0	36	Feb2018	4
4	6.72	not	10.16	0.20	0	36	Jan2018	0
5	14.07	verified	57.96	0.75	0	36	Mar2018	7
6	6.72	not	6.46	0.09	0	36	Jan2018	6
⋮	⋮	⋮	⋮	⋮	⋮	⋮	⋮	⋮

図表 9.1: データセット loans から最初の 6 行.

変数	説明
interest_rate	ローン金利.
income_ver	借り手の所得源泉を説明するカテゴリカル変数, verified(源泉あり), source_only(あり), および not(なし) のいずれか.
debt_to_income	負債-所得比, 借り手の全所得に対する負債の比率.
credit_util	借り手が利用可能な信用枠の中で実際に利用額. 例えばクレジットカード利用率ならカード限度額の中のカード利用額.
bankruptcy	借り手が過去に破産したか否かの指示関数. 破産したことがあれば 1, なければ 0 をとる.
term	ローン期間 (月).
issued	ローンを発行した年月 (2018 年第一四半期のみ)
credit_checks	過去 12 か月での信用審査. 例えばクレジットカードに応募していれば受けた会社は信用審査を行うのが一般的.

図表 9.2: loans データにおける変数とその説明.

9.1. 重回帰への入門

9.1.1 予測変数としての指標変数とカテゴリー変数

まず始めに金利についての線形回帰モデルを過去に破産経験があるか否かを示す1つの説明変数によりフィットしてみよう.

$$\widehat{(金利, rate)} = 12.33 + 0.74 \times (破産, bankruptcy) .$$

回帰の結果を図表 9.3. に示しておこう.

	推定値	標準誤差	t 値	Pr(>|t|)
(切片)	12.3380	0.0533	231.49	<0.0001
変数 bankruptcy(破産)	0.7368	0.1529	4.82	<0.0001

$$df = 9998$$

図表 9.3: 借手の破産記録の有無による金利予測の線形モデル.

例題 9.1

回帰モデルの (過去の) 破産変数の係数を解釈しよう. 係数は有意に 0 ではないだろうか.

変数 bankruptcy は 2 つの値のどちらか, 破産履歴があれば 1, なければ 0 をとる. 0.74 という係数値は回帰モデルによると破産履歴があると 0.74% 金利が高くなることを予測している. (2 水準のカテゴリー説明変数の解釈については 8.2.8 節を参照されたい. 図表 9.3 を調べると, 変数 bankruptcy の p 値は非常にゼロに近く, 1 個の説明変数を用いると係数はゼロと異なる強い証拠を見いだせることが分かる.

ここで変数 income_ver など 3 水準のカテゴリー変数に回帰モデルをフィットしたとしよう. 図表 9.4 はこの場合の計算ソフトウエアからの回帰出力が示されている. この回帰では変数 income_ver について複数の行が与えられているが, 各行には変数 income_ver の相対差が示されている. ただし水準の値 not(証明なし) は除いた. この除かれた水準は参照水準 (reference level) と呼ばれるが, 他の水準を測る水準を意味するからである.

	推定値	標準誤差	t 値	Pr(>|t|)
(切片)	11.0995	0.0809	137.18	<0.0001
変数 income_ver: *source_only*	1.4160	0.1107	12.79	<0.0001
変数 income_ver: *verified*	3.2543	0.1297	25.09	<0.0001

$$df = 9998$$

図表 9.4: 借手の所得源泉と金額が証明がありなしにより金利を予測する線形モデル. 説明変数は 3 水準, 回帰出力には 2 列で示される.

例題 9.2

この回帰モデルの方程式をどう表現したらよいか？

2個の説明変数の回帰モデルは次のように書ける:

$$(\text{金利}, \widehat{rate}) = 11.10 + 1.42 \times (\text{income\_ver}_{\text{source\_only}}) + 3.25 \times (\text{income\_ver}_{\text{verified}}).$$

ここで記号 $\text{variable}_{\text{level}}$ をカテゴリー変数が数値をとる指標関数 (indicator variable) を表す. 例えば $\text{income\_ver}_{\text{source\_only}}$ はローン income_ver が source_only なら 1 その他は 0 を意味する. 同様に変数 $\text{income\_ver}_{\text{verified}}$ はもし income_ver が verified をとれば 1, その他の場合は 0 をとる.

例 9.2 の記号は少し混乱するように感じられるかもしれない. そこで変数 income_ver の各水準に対する方程式により考えてみよう.

例題 9.3

例 9.2 の回帰モデルを用いて借り手の所得源泉や金額が確認できない場合の平均金利を計算しよう.

変数 income_ver が値 not をとるとき, 例 9.2 の方程式から指標関数をゼロとすると,

$$(\text{金利}, \widehat{rate}) = 11.10 + 1.42 \times 0 + 3.25 \times 0$$
$$= 11.10 .$$

ローンの借り手にとっての平均金利は 11.1% となる. not 水準は係数を持たず基準値であるのでこの変数に対し他の水準についての指標はゼロとなる.

例題 9.4

例 9.2 より回帰モデルの所得源泉は証明, 金額は証明されない場合には借り手の平均金利を計算してみよう.

変数 income_ver が値 source_only をとり, 対応する変数が 1 をとり, 他の変数 ($\text{income\_ver}_{\text{verified}}$) はゼロなら,

$$(\text{金利}, \widehat{rate}) = 11.10 + 1.42 \times 1 + 3.25 \times 0$$
$$= 12.52 .$$

この借り手にとっての平均金利は 12.52% となる.

確認問題 9.5

所得源泉と金額の両方が証明される場合には借り手の平均金利は[1],

---

[1] 変数 income_ver が値 verified をとると, 対応する変数は 1, 他の変数 ($\text{income\_ver}_{\text{source\_only}}$) はゼロとすると,

$$(\text{金利}, \widehat{rate}) = 11.10 + 1.42 \times 0 + 3.25 \times 1$$
$$= 14.35 .$$

この借り手にとっての平均金利は 14.35% となる.

9.1. 重回帰への入門

> **複数のカテゴリーの説明変数 (PREDICTOR)**
>
> カテゴリー変数が k 水準 ($k > 2$) の回帰モデルをフィットすると，計算ソフトウエアは $k-1$ 水準の係数を推定する．係数を持たない残りの水準は参照水準 (reference level) に対応，他の水準に対する係数はすべてこの参照水準からの相対的な値となる．

確認問題 9.6

ここで変数 income_ver の回帰モデルを解釈しよう[2]．

所得源泉とその金額が証明されている借り手に対する金利がより高くなると言うことには驚くかもしれない．直観的には所得源泉が証明されればリスクは小さくなるのでローン金利はより低くなるはずだろう．ただし状況はより複雑であり，ここで扱っていない潜在変数 (confounding variables) があるのかもしれない．例えば貸し手はより低品質の信用力のある借り手に対して所得源泉の証明を求めているかもしれないのである．すなわち，データで所得源泉の証明の情報は借り手がより確実にローンを返す情報というより，借り手の情報を意味するかもしれないかもしれない．このことから借り手がより高いリスクを持つので，結果として金利がより高くなるかもしれないのである．(この回帰モデルの結果が示している直観に反する関係を説明する他の潜在変数は考えられるだろうか？)

確認問題 9.7

所得源泉と金額を証明した借り手が所得源泉を証明した借り手よりどれだけ高い金利を払うと予想できるだろうか[3]．

9.1.2 多数の説明変数の追加とその評価

現実は複雑であり同時に多くの要素を統計的モデルに取り込むことが有用かもしれない．例えば借り手が払う金利の説明として 1 個の説明変数より良く予測できるかもしれない．こうした考察は重回帰 (multiple regression) で用いられる．ただし観測データによる重回帰において因果的解釈を行うことには慎重であるべきで，回帰モデルから洞察を得る，あるいは因果的関係についての証拠を提供する最初のステップである．ここで借り手の破産履歴や所得源泉と金額の証明の有無だけの回帰モデルではなく，同時にデータセットのすべての変数を考慮する回帰モデルを求めると，変数 income_ver, debt_to_income, credit_util, bankruptcy, term, issued, および変数 credit_checks を用いると次のように書ける．

$$(金利, \widehat{rate}) = \beta_0 + \beta_1 \times \text{income\_ver}_{\text{source\_only}} + \beta_2 \times \text{income\_ver}_{\text{verified}}$$
$$+ \beta_3 \times \text{debt\_to\_income} + \beta_4 \times \text{credit\_util} + \beta_5 \times \text{bankruptcy} + \beta_6 \times \text{term}$$
$$+ \beta_7 \times \text{issued}_{\text{Jan2018}} + \beta_8 \times \text{issued}_{\text{Mar2018}} + \beta_9 \times \text{credit\_checks} .$$

この方程式はすべての変数を同時にモデルに組み込むアプローチを表現している．ここで変数 income_ver には 2 個の係数，変数 issued にも 2 個の係数，ともに 3 水準のカテゴリカル変数である．

母数 $\beta_0, \beta_1, \beta_2, ..., \beta_9$ は単回帰の場合と同様に推定することができ，係数 $b_0, b_1, b_2, ..., b_9$ は残

---

[2] それぞれ係数は参照水準の変数値 not 水準からの相対水準の追加的金利水準を与える．例えば所得源泉と金額が証明されている場合，回帰モデルは所得源泉と金額が証明されていない借り手よりも金利が 3.25% 高いと予測されている．

[3] 基準の not カテゴリーに対する verified(源泉所得証明) カテゴリーでは金利は 3.25%高く，source_only(源泉情報のみ) カテゴリーでは 1.42% のみ高くなっている．verified 借り手の金利が 3.25% − 1.42% = 1.83% 高い．

差二乗和を最小化するように選べばよい．

$$SSE = e_1^2 + e_2^2 + \cdots + e_{10000}^2 = \sum_{i=1}^{10000} e_i^2 = \sum_{i=1}^{10000} (y_i - \hat{y}_i)^2 \ . \tag{9.8}$$

ここで y_i と $\hat{y}_i$ はそれぞれ観測された金利と回帰モデルにより推定された値であり，各観測値に対して残差 10,000 が計算される．一般には計算機により残差二乗和を最小化，点推定値などが図表 9.5 のように計算される．単回帰と同様，計算出力から各 β_i に対する推定値 b_i を得ることができる．

	推定値	標準誤差	t 値	Pr(>|t|)
（切片）	1.9251	0.2102	9.16	<0.0001
変数 income_ver: *source_only*	0.9750	0.0991	9.83	<0.0001
変数 income_ver: *verified*	2.5374	0.1172	21.65	<0.0001
変数 debt_to_income	0.0211	0.0029	7.18	<0.0001
変数 credit_util	4.8959	0.1619	30.24	<0.0001
変数 bankruptcy	0.3864	0.1324	2.92	0.0035
変数 term	0.1537	0.0039	38.96	<0.0001
変数 issued: *Jan2018*	0.0276	0.1081	0.26	0.7981
変数 issued: *Mar2018*	-0.0397	0.1065	-0.37	0.7093
変数 credit_checks	0.2282	0.0182	12.51	<0.0001

$df = 9990$

図表 9.5: 回帰モデルの計算出力，変数 `interest_rate` は目的変数，さらに説明変数のリスト．

重回帰モデル

重回帰モデルは多数の説明変数 (予測変数 predictor) を含む線形回帰モデルである．一般に回帰モデルは次のように表現される．

$$\hat{y} = \beta_0 + \beta_1 x_1 + \beta_2 x_2 + \cdots + \beta_k x_k \ .$$

ここで k 個の説明変数があるとする．普通は母係数 β_i は統計ソフトウエアで推定する．

例題 9.9

図表 9.5 から点推定値を利用して回帰モデルを書いてみよう．この回帰モデルでは幾つの説明変数があるだろうか．

ローン金利に対してフィットされた回帰モデルは

$$\widehat{(金利, \text{rate})} = 1.925 + 0.975 \times \text{income\_ver}_{source\_only} + 2.537 \times \text{income\_ver}_{verified}$$
$$+ 0.021 \times \text{debt\_to\_income} + 4.896 \times \text{credit\_util} + 0.386 \times \text{bankruptcy} + 0.154 \times \text{term}$$
$$+ 0.028 \times \text{issued}_{Jan2018} - 0.040 \times \text{issued}_{Mar2018} + 0.228 \times \text{credit\_checks} \ .$$

説明変数の係数の数を求めると，回帰モデルの有効な係数は $k = 9$ となる．カテゴリカル変数 issued は回帰モデルでは 2 水準なので 2 である．一般に重回帰モデルでは p 水準のカテゴリカル説明変数は $p - 1$ 個の説明変数で表現される．

9.1. 重回帰への入門

確認問題 9.10

変数 credit_util の係数 β_4 は何を表しているだろうか. β_4 の点推定値は幾つだろうか[4].

例題 9.11

確認問題 9.9 の方程式を用いて図表 9.1(352 頁) の最初の残差を求めてみよう.

残差を求めるにはまず予測値が必要となるが, 例 9.9 から推定値を代入して求められる. 例えば変数 income_ver$_{source\_only}$ の値は 0, 変数 income_ver$_{verified}$ の値は 1(借り手の所得源泉と金額は照明されている), 変数 debt_to_income は 18.01 などとなる, これから予測値 $\widehat{rate}_1 = 18.09$ が得られる. 観察される金利は 14.07%なので, 残差は $e_1 = 14.07 - 18.09 = -4.02$ となる.

例題 9.12

9.1.1 節の変数 bankruptcy の係数を推定した値は単回帰では $b_4 = 0.74$, 標準偏差は $SE_{b_1} = 0.15$ であった. 以前の推定値と重回帰で変数 0.39 の推定された係数は異なるのだろうか.

データを注意深く見ると, 幾つかの説明変数には相関があることが分かる. 例えば単回帰では目的変数 interest_rate と説明変数 bankruptcy の関係を推定するとき, 例えば借り手が所得源泉を証明しているか否か, 借り手の負債-所得比率, その他の変数をコントロールすることはできない. 元の単回帰モデルはある種の真空の中で構築できるが, より実際的な環境ではない. 現実には背景としている他の変数による意図せざるバイアスはすべての変数を用いると削減できる可能性がある. むろん他の潜在変数からのバイアスは常に生じ得る.

この例題 9.12 は重回帰における共通の問題を表し, それは説明変数間の相関の問題である. 2 つの説明変数に相関があるとき共線関係 (co-linear) の関係があると言われるが, この共線関係により回帰推定は複雑になる. 観測データではこの共線関係を防ぐことはできないが, 実験データでは説明変数 (予測変数) に共線関係が生じないようにデータを設計することは可能である.

確認問題 9.13

切片の推定値は 1.925 となる. この係数を解釈すると, 説明変数がゼロをとるときには, 例えば所得源泉の証明がなく, 負債もなく (負債-所得比率はゼロ) などのときの回帰モデルの予測値であるが, この解釈は妥当だろうか. この解釈には価値があるだろうか[5].

9.1.3 重回帰モデルにおける自由度修正 R^2

回帰モデルでは目的変数の変動性を評価するために 8.2 節では次の量を用いた.

$$R^2 = 1 - \frac{(残差変動, \text{variability in residuals})}{(目的変数の変動, \text{variability in the outcome})} = 1 - \frac{Var(e_i)}{Var(y_i)}.$$

---

[4] β_4 は他の条件をすべて一定とするとき, 個人のクレジット利用 0 から 1 となるときの金利の変化を表し, $b_4 = 4.90\%$ である.

[5] 多くの変数は少なくとも 1 つのデータ上でもゼロ値をとることがあり, こうした変数については問題はない. しかしながら, 変数 term は月単位のローン期間なのでゼロをとることはない. 変数 term をゼロとするとローンは即座に返却せねばならないことになり, ローンの借り手は受け取ってすぐ返却するというのは実際のローンではあり得ない. 結局のところ, このような設定の下では回帰の切片の解釈は意味があるとは言えないことになる.

ここで e_i は回帰モデルの残差, y_i は目的変数を表している. この式は重回帰モデルでも有効であるが, 少し修正することでより情報量が多くなりモデルの比較が容易になる.

確認問題 9.14

確認問題 9.9 で与えられた回帰モデルの残差分散は 18.53, オークションすべての価格の分散は 25.01 であった. この回帰モデルの R^2 を計算しなさい[6].

説明変数が 1 個であれば R^2 を求めるという方法は正当化できる. しかし説明変数が多数の場合には問題が生じる. 通常の R^2 は新たなデータに適用すると回帰モデルで説明する変動性の情報としてバイアスがあるのでより良い推定値として修正 R^2 を用いる.

モデル評価のための修正 R^2

自由度修正 R 二乗 (R^2_{adj}) は次のように求められる.

$$R^2_{adj} = 1 - \frac{s^2_{(残差,\text{residuals})}/(n-k-1)}{s^2_{(目的変数,\text{outcome})}/(n-1)} = 1 - \frac{s^2_{(残差,\text{residuals})}}{s^2_{(目的変数,\text{outcome})}} \times \frac{n-1}{n-k-1}$$

ここで n は回帰モデルをフィットしたデータ数, k は回帰モデルの説明変数の数である. なお p 水準のカテゴリー変数の場合, $p-1$ が回帰モデルの説明変数の数になる.

---

k は負値にならないので R^2 は修正しない R^2 に比べ (しばしばほんの少しであるが) より小さくなる. この自由度修正 R^2 が妥当なので各分散に関連する自由度 (degrees of freedom) であり, 重回帰モデルでは $n-k-1$ となる. 真の回帰モデルを新しいデータの予測に利用しようとすると, 元の R^2 は若干ではあるが楽観的過ぎるが, 修正 R^2 はそのバイアスを補正してくれるからである.

確認問題 9.15

`loans` データでは $n=10000$, 回帰モデルでは説明変数 $k=9$ である. 確認問題 9.14 においてこの n と k を用いて金利モデルの R^2_{adj} を計算してみよう[7].

確認問題 9.16

ここで回帰モデルに他の説明変数を追加するとき, 誤差 $Var(e_i)$ 分散が小さくならなかったとしよう. このとき R^2 はどうなるだろうか. 修正 R^2 はどうなるだろうか [8].

修正 R^2 を第 8 章でも利用することは可能であった. ここで説明変数 $k=1$ の場合には修正 R^2 は元の R^2 に非常に近いので, 説明変数が 1 個の場合にはこの差は普通は重要とはならない.

---

[6] $R^2 = 1 - \frac{18.53}{25.01} = 0.2591$.

[7] $R^2_{adj} = 1 - \frac{18.53}{25.01} \times \frac{10000-1}{1000-9-1} = 0.2584$. この場合には差は小さいが, 次節で述べるように回帰モデルでは重要な意味がある.

[8] 元の R^2 は変わらず, 修正 R^2 は小さくなるかもしれない.

9.1. 重回帰への入門

練習問題

9.1 幼児の体重, パートI. 子供の健康・発達研究 (Child Health and Development Studies) は多くの話題を検討している. ある研究ではサンフランシスコ東岸地区のカイザー基金健康計画における女性の 1960 年〜1967 年での妊娠を検討している. その中で喫煙と赤ん坊の体重の関係を調べよう. 変数 smoke は母親が喫煙者なら 1, そうでなければ 0 とする. 次の表は母親の喫煙に基づき赤ん坊の平均的体重 (オンスで計測) を予測する線形回帰モデルの結果である[9].

	推定値	標準誤差	t 値	Pr(>|t|)
(切片)	123.05	0.65	189.60	0.0000
喫煙	-8.94	1.03	-8.65	0.0000

喫煙者と非喫煙者のばらつきはほぼ等しく, 分布は対称的である. これらの条件が満たされているのでモデルを当てはめるのは妥当だろう. (説明変数は 2 水準ダミー変数なので線形性をチェックする必要はない.)

(a) 回帰モデルの方程式を書きなさい.
(b) このデータで傾きを解釈し, 喫煙者の母親と非喫煙者の母親に対する予測される出生体重を計算しなさい.
(c) 平均的出生体重と母親の喫煙とは統計的に有意な関係はあるだろうか?

9.2 幼児の体重, パートII. 練習問題 9.1 では赤ん坊の出生時体重のデータを扱っている. もう 1 つの変数, パリティ parity は第一子は 1, それ以外は 0 とする. 以下の表は赤ん坊の出生時体重 (オンスで計測) の平均に対する線形回帰である.

	推定値	標準誤差	t 値	Pr(>|t|)
(切片)	120.07	0.60	199.94	0.0000
パリティ (parity)	-1.93	1.19	-1.62	0.1052

(a) 回帰モデルの方程式を書きなさい.
(b) このデータから傾きを解釈し, 第一子とその他の予測される出生時体重を計算しなさい.
(c) 平均出生時体重とパリティには統計的に有意な関係があると言えるだろうか.

9.3 幼児の体重, パートIII. 練習問題 9.1 では 9.2 における幼児の出生体重をモデル分析において説明変数 smoke と parity を同時に考慮した. より現実的なアプローチは幼児の体重をモデル分析するときに可能な説明変数を同時に考慮することだろう. 他の変数としては懐妊期間 (日数) (gestation), 母親の年齢 (age), 母親の身長 (インチ) (height), 母親の妊娠時体重 (ポンド) (weight). 以下にこのデータセットの観測値を例示する.

	bwt	懐妊 (gestation)	パリティ (parity)	年齢	身長	体重	喫煙
1	120	284	0	27	62	100	0
2	113	282	0	33	64	135	0
⋮	⋮	⋮	⋮	⋮	⋮	⋮	⋮
1236	117	297	0	38	65	129	0

以下の要約表はすべての説明変数を用いて平均出生時体重を予測する回帰モデルの結果である.

	推定値	標準誤差	t 値	Pr(>|t|)
(切片)	-80.41	14.35	-5.60	0.0000
懐妊 (gestation)	0.44	0.03	15.26	0.0000
パリティ (parity)	-3.33	1.13	-2.95	0.0033
年齢	-0.01	0.09	-0.10	0.9170
身長	1.15	0.21	5.63	0.0000
体重	0.05	0.03	1.99	0.0471
喫煙	-8.40	0.95	-8.81	0.0000

(a) すべての説明変数を含む回帰方程式を書きなさい.
(b) この方程式での変数 gestation と変数 age の係数を解釈しなさい.
(c) 変数 parity の係数は練習問題 9.2 で示されている線形モデルの係数と異なっているが, なぜ違いが生じるのだろうか.
(d) データセットにおける最初の観測値の残差を計算しなさい.
(e) 残差の分散は 249.28, データセットのすべての幼児の出生時体重の分散は 332.57 である. R^2 と修正 R^2 を計算しなさい. なおデータの観測数は 1,236 である.

---
[9] Child Health and Development Studies, Baby weights data set.

9.4 不登校, パート I. 学校への不登校と子供の社会的特性との関係に関心がある研究者がある年にオーストラリアのニューサウスウェールズ州でランダムに 146 名の学生のデータを集めた. 以下がそのデータからの 3 つの観測値である.

	民族	性別	学習	日数
1	0	1	1	2
2	0	1	1	11
⋮	⋮	⋮	⋮	⋮
146	1	0	0	37

以下の表は平均欠席日数を予測する説明変数として民族上の背景 (eth: 0 - アボリジニ, 1 - 非アボリジニ), 性別 (sex: 0 - 女性, 1 -男性), 学習 (lrn: 0 - 平均, 1 - 学習遅れ), による線形回帰の結果である[10].

	推定値	標準誤差	t 値	Pr(>|t|)
(切片)	18.93	2.57	7.37	0.0000
民族	-9.11	2.60	-3.51	0.0000
性別	3.10	2.64	1.18	0.2411
学習	2.15	2.65	0.81	0.4177

(a) 回帰モデルの方程式を書きなさい.
(b) 各変数の係数を解釈しなさい.
(c) データセットの最初の観測値: アボリジニ, 男性, 学習速度は遅い, 欠席日数 2, に対する残差を計算しなさい.
(d) 残差の分散は 240.57, データのすべての学生に対する欠席日数の分散は 264.17. このとき R^2 および修正 R^2 を計算しなさい. 注意: データセットの観測数は 146 である.

9.5 GPA. ある調査で 55 名のデューク大学の学生が GPA, 就寝時刻, 夜に勉強する時間, 夜に外に出かける日数, 性別を聞かれた. 回帰モデルの出力が以下である. (注意: 男性のコードは 1 とする.)

	推定値	標準誤差	t 値	Pr(>|t|)
(切片)	3.45	0.35	9.85	0.00
夜間勉強	0.00	0.00	0.27	0.79
就寝	0.01	0.05	0.11	0.91
外出	0.05	0.05	1.01	0.32
性別	-0.08	0.12	-0.68	0.50

(a) モデルにおける性別の係数の 95% 信頼係数を計算し, 解釈しなさい.
(b) 他の説明変数の係数の 95%信頼区間は 0 を含むだろうか, 説明しなさい.

9.6 桜の木. 木材生産額は近似的に木の体積と同等である. しかしこの値は木を伐りだす前には測定が困難であるので他の変数, 例えば高さや直径などを用いて木の体積と生産額を予測することが考えられる. ブラックチェリーについてこれらの変数の関係を理解するために研究者はペンシルベニア州国立アレジェニー (Allegheny) 森林において 31 本のデータを集めた. 高さはフィート, 直径はインチ (地上 54 インチの高さ). 体積はフィートの 3 乗で測られている[11].

	推定値	標準誤差	t 値	Pr(>|t|)
(切片)	-57.99	8.64	-6.71	0.00
高さ	0.34	0.13	2.61	0.01
直径	4.71	0.26	17.82	0.00

(a) 高さの係数の 95% 信頼区間を計算し, 解釈しなさい.
(b) この標本の 1 本に 79 フィート, 直径 11.3 インチ, 体積 24.2. フィートの 3 乗がある. 回帰モデルはこの木を過大推定しているか, それとも過小推定しているだろうか.

---

[10] W. N. Venables and B. D. Ripley. *Modern Applied Statistics with S.* Fourth Edition. Data can also be found in the R MASS package. New York: Springer, 2002.

[11] D.J. Hand. *A handbook of small data sets.* Chapman & Hall/CRC, 1994.

9.2 モデル選択

最良の回帰モデルはもっとも複雑なモデルとは限らず,しばしば明らかに重要ではない変数を入れると予測の精度が低下することがある.この節ではモデル選択の方法を議論するが,あまり重要ではない変数を回帰モデルから除外することを学ぶ.少なくとも統計学の世界ではけちの原理 (parsimonious) という名に耐えられる変数を含む回帰モデルを用いることが一般的である.

利用可能なすべての説明変数を含む回帰モデルをフル (最大) 回帰モデル (full model) と呼ぶことにしよう.この回帰モデルは最良のモデルではないかもしれないし,もしそうならより好ましいより小さいモデルを選ぶ必要がある.

9.2.1 有用ではない説明変数の識別

修正 R^2 は回帰モデルのフィットの良さを表現して回帰モデルにどの説明変数を加えたらよいか評価するのに役立つ.ここで変数を付け加えると言うのは将来の目的変数の値を予測する精度を改善するという意味である.

ここで図表 9.6 と図表 9.7 で示されている 2 つの回帰モデルを考えよう.最初の表はフル回帰モデルでありすべての説明変数を含み,第二の表は変数 issued を含まない回帰モデルである.

	推定値	標準誤差	t 値	Pr(>|t|)
(切片)	1.9251	0.2102	9.16	<0.0001
変数 income_ver: *source_only*	0.9750	0.0991	9.83	<0.0001
変数 income_ver: *verified*	2.5374	0.1172	21.65	<0.0001
変数 debt_to_income	0.0211	0.0029	7.18	<0.0001
変数 credit_util	4.8959	0.1619	30.24	<0.0001
変数 bankruptcy	0.3864	0.1324	2.92	0.0035
変数 term	0.1537	0.0039	38.96	<0.0001
変数 issued: *Jan2018*	0.0276	0.1081	0.26	0.7981
変数 issued: *Mar2018*	-0.0397	0.1065	-0.37	0.7093
変数 credit_checks	0.2282	0.0182	12.51	<0.0001

$R^2_{adj} = 0.25843$ $\qquad df = 9990$

図表 9.6: フル回帰モデルの推定結果と修正 R^2.

例題 9.17

2 つの回帰モデルのどちらがより良いだろうか?

各回帰モデルの修正 R^2 を比べ,どちらかを選ぶことができる.最初の回帰モデルの R^2_{adj} は第二の回帰モデルの R^2_{adj} よりも小さいので第二のモデルは第一のモデルよりも好ましい.

変数 issued がない回帰モデルの方が変数 issued がある回帰モデルよりもより良いのだろうか.むろん正しい答えは分からないのだが,修正 R^2 に基けばこれが最善の評価となる.

	推定値	標準誤差	t 値	Pr(>|t|)
(切片)	1.9213	0.1982	9.69	<0.0001
変数 income_ver: *source_only*	0.9740	0.0991	9.83	<0.0001
変数 income_ver: *verified*	2.5355	0.1172	21.64	<0.0001
変数 debt_to_income	0.0211	0.0029	7.19	<0.0001
変数 credit_util	4.8958	0.1619	30.25	<0.0001
変数 bankruptcy	0.3869	0.1324	2.92	0.0035
変数 term	0.1537	0.0039	38.97	<0.0001
変数 credit_checks	0.2283	0.0182	12.51	<0.0001

$R^2_{adj} = 0.25854$ $\qquad df = 9992$

図表 9.7: 変数 issued 変数を除いた回帰モデルのフィット結果

9.2.2 2つのモデル選択法

重回帰モデルにおいて変数を加えたり除いたりする2つの一般的方法として後方削除法 (backward elimination) と前方選択法 (forward selection) が知られている. これらの方法はしばしばステップワイズ (stepwise) モデル選択法と呼ばれているが, 各ステップで候補の説明変数から1つの変数を加える, あるいは除くからである.

後方削除法 (Backward elimination) は可能なすべての説明変数を含む回帰モデルから出発する. 修正 R^2 が改善しなくなるまでモデルから一度に1個の変数を除いて行く. この方法では各ステップで修正 R^2 をもっとも改善するように変数を除いて行く方法である.

9.2. モデル選択

例題 9.18

ローン (loans) データに対してフル回帰モデルを適用して結果を図表 9.6 に示してある. 後方削除法を用いるにはどう進めたらよいだろうか.

ベースラインとするフル回帰モデルの修正 R^2 は $R^2_{adj} = 0.25843$, 1 つの説明変数を削減するときに修正 R^2 を改善するかを決める必要がある. それには次のように各説明変数 1 個を削除して回帰モデルをフィットさせ修正 R^2 を記録すればよい.

除く (Exclude) ...	income_ver	debt_to_income	credit_util	bankruptcy
	$R^2_{adj} = 0.22380$	$R^2_{adj} = 0.25468$	$R^2_{adj} = 0.19063$	$R^2_{adj} = 0.25787$
	term	issued	credit_checks	
	$R^2_{adj} = 0.14581$	$R^2_{adj} = 0.25854$	$R^2_{adj} = 0.24689$	

説明変数に変数 issued がない回帰モデルが修正 R^2 が最も高く 0.25854 となり, フル回帰モデルの修正 R^2 よりも高い. そこで変数 issued を除くことでより高い修正 R^2 が得られるので変数 issued を回帰モデルから除外する.

最初のステップで回帰モデルから 1 つの説明変数を除いたので, さらに説明変数を除くべきかを見る必要がある. 今度のベースラインとなる修正 R^2 は $R^2_{adj} = 0.25854$ となる. 変数 issued に加えて残りの説明変数からさらに 1 個の変数を除くか否か, 新たな回帰モデルをフィットすると

除く (Exclude) issued および ...	income_ver	debt_to_income	credit_util
	$R^2_{adj} = 0.22395$	$R^2_{adj} = 0.25479$	$R^2_{adj} = 0.19074$
	bankruptcy	term	credit_checks
	$R^2_{adj} = 0.25798$	$R^2_{adj} = 0.14592$	$R^2_{adj} = 0.24701$

これらのどの回帰モデルからも修正 R^2 を改善するものを見いだせないので, 残りの説明変数は削減しないことになる. つまり後方削除法では変数 issued を除き, 他の説明変数は維持されるのである. 図表 9.7 を用いて係数をまとめると,

$$\widehat{(金利, rate)} = 1.921 + 0.974 \times (\text{income\_ver}_{\text{source\_only}}) + 2.535 \times (\text{income\_ver}_{\text{verified}})$$
$$+ 0.021 \times (\text{debt\_to\_income}) + 4.896 \times (\text{credit\_util}) + 0.387 \times (\text{bankruptcy})$$
$$+ 0.154 \times (\text{term}) + 0.228 \times (\text{credit\_check}).$$

前方選択法 (forward selection) は後方削除法の逆の方法である. 1 度に 1 個ずつ変数を削減するのではなく, 1 度に 1 個ずつ変数を増加して行き, (修正 R^2 の意味で) 回帰モデルを改善できなくなるまで繰り返す.

例題 9.19

ローン (loans) データについて前方選択法を用いて回帰モデルを作成しなさい.

始めに説明変数のないモデルから出発する. 次に1個の説明変数を用いて可能な回帰モデルをフィットする. まず変数 income_ver を含む回帰モデル, 次に変数 debt_to_income を含む回帰モデル, 変数 credit_util を含む回帰モデル, 等々としていき, 回帰モデルの修正 R^2 を調べよう.

追加 (Add) ... 　income_ver　　　debt_to_income　　　credit_util　　　bankruptcy
$R^2_{adj} = 0.05926$　　$R^2_{adj} = 0.01946$　　$R^2_{adj} = 0.06452$　　$R^2_{adj} = 0.00222$

term　　　　issued　　　　credit_checks
$R^2_{adj} = 0.12855$　　$R^2_{adj} = -0.00018$　　$R^2_{adj} = 0.01711$.

最初のステップでは説明変数のないベースライン・モデルに対して修正 R^2 を比較する. 説明変数がないモデルでは $R^2_{adj} = 0$. 1個の説明変数の回帰モデルとしては term 変数の回帰モデルの修正 R^2 が最大となったが, 説明変数を持たないモデル ($R^2_{adj} = 0$) より大きいのでこの変数を回帰モデルに加える.

このプロセスを繰り返し, 次には2個の説明変数 (その中の1個は変数 term) という回帰モデルを探すが, 今度のベースラインは $R^2_{adj} = 0.12855$ である.

追加 (Add) term および ...　　income_ver　　　debt_to_income　　　credit_util
$R^2_{adj} = 0.16851$　　$R^2_{adj} = 0.14368$　　$R^2_{adj} = 0.20046$

bankruptcy　　　issued　　　credit_checks
$R^2_{adj} = 0.13070$　　$R^2_{adj} = 0.12840$　　$R^2_{adj} = 0.14294$.

第二ステップでの最良の説明変数は変数 credit_util, ベースライン (0.12855) より修正 R^2 (0.20046) は大きい. そこで変数 credit_util を回帰モデルに加える. 再び説明変数を追加したので, 3番目の説明変数の追加が有益であるか否かという作業を続ける.

追加 (Add) term, credit_util, および ...　　income_ver　　　debt_to_income
$R^2_{adj} = 0.24183$　　$R^2_{adj} = 0.20810$

bankruptcy　　　issued　　　credit_checks
$R^2_{adj} = 0.20169$　　$R^2_{adj} = 0.20031$　　$R^2_{adj} = 0.21629$.

回帰モデルに変数 income_ver を追加すると修正 R^2 は増加 (0.24183 から 0.20046) したので変数 income_ver を回帰モデルに追加する.

この作業をさらに続けて, 変数 debt_to_income, 変数 credit_checks, さらに変数 bankruptcy を加える. ここで変数 issued variable にまた遭遇するが, $R^2_{adj} = 0.25843$ となる. issued 変数を除く他のすべての変数を加えると修正 R^2 は改善して $R^2_{adj} = 0.25854$ となる. したがって変数 issued は利用しないのがよいことになる. この例では後方削除法から得た回帰モデルと同じモデルに到達した.

9.2. モデル選択

> **モデル選択の方法**
> 後方削除法では説明変数が最大の回帰モデルから出発，1個ずつ変数を削減，残った説明変数が回帰モデルにとり重要なところまで続ける．前方選択法では説明変数がないモデルから出発し，重要な変数を追加してゆき重要な変数が見つからなくなるまで続ける．

後方削除法と前方選択法では時には最終的な回帰モデルが異なる場合がある．両方を適用して異なるモデルに到達した場合には R^2_{adj} が大きい方を選ぶのが一般的である．

9.2.3 p値による方法：修正 R^2 でない選択法

モデル選択では R^2_{adj} の代わりに確率値 (p値) R^2_{adj} を用いることも考えられる．

p値による後方削除法． 後方削除法では最大のp値に対応して説明変数を除くことも可能である．例えばp値がある有意水準を上回る (しばしば $\alpha = 0.05$) とき，その変数を削減，回帰モデルをフィットしなおすことを続ける．最大p値が $\alpha = 0.05$ より小さければ削減をやめてその回帰モデルを最良とすることが考えられる．

p値による前方選択法 前方選択法では上のプロセスを逆転する．説明変数のないモデルから始め，各説明変数を加えたモデルをフィット，最小のp値に対応した説明変数を加える．p値が有意水準 $\alpha = 0.05$ 下回れば説明変数に加え，毎回1個の説明変数を加えるか否かの作業を繰り返す．どの説明変数を加えてもp値が $\alpha = 0.05$ より大きくなれば作業をやめてその回帰モデルを最良の回帰モデルとする．

確認問題 9.20
362頁の図表9.7を検討しよう．この場合にはローンの発行月以外の変数はすべて含まれた回帰モデルとなっている．後方削除法によりp値を利用していたとするとこの回帰モデルに到達していただろうか．その説明変数を削減しただろうか，あるいは回帰モデルに入れて利用するのだろうか[12]．

> **修正 R^2 法 対 P値法**
> データ分析の目的が予測の精度を改善することならば R^2_{adj} を用いるのがよい．これは機械学習 (machine learning) の応用では特にそう重要となる．目的変数についてどの説明変数が統計的に有意であるかを理解したい場合，多少の予測の正確さが犠牲なる可能性があっても 簡単な回帰モデルを作りたい場合にはp値法の利用が望ましいだろう．

R^2_{adj} 法，あるいはp値法によるかには関わらず，また後方削除法あるいは前方選択法かにも関わらず，説明変数の選択でデータ分析の仕事が終わるわけではない．回帰モデルの用いる条件が妥当であるかを示す必要がある．

---

[12] 変数 `bankruptcy` は最大のp値となるので除かれる対象であるが，p値は0.05以下なので回帰モデルには利用される．修正 R^2 法 とp値法は似てはいるが，時には異なる回帰モデルを導くことがある．修正 R^2 は最終的な回帰モデルにより多くの説明変数を入れる傾向がある．

練習問題

9.7 幼児の体重, パート IV. 練習問題 9.3 では幾つかの説明変数 (妊娠期間, パリティ, 母親の年齢, 母親の身長, 母親の体重, 母親の喫煙事情) により新生児の体重を予測する回帰モデルを考えた. 以下の表はフル回帰モデルの修正 R 二乗とともに後方削除法の最初のステップで評価したすべての回帰モデルのい修正 R 二乗を示している.

	モデル	修正 R^2
1	フル回帰モデル	0.2541
2	懐妊変数なし	0.1031
3	パリティ変数なし	0.2492
4	年齢変数なし	0.2547
5	身長変数なし	0.2311
6	体重変数なし	0.2536
7	喫煙変数なし	0.2072

回帰モデルから最初に（あるとすれば）除かれる変数は何だろう.

9.8 不登校, パート II. 練習問題 9.4 では欠席日数を 3 つの説明変数, 民族変数 (変数 eth), 性別 (変数 sex), 学習態度 (変数 lrn) により予測する回帰モデルを考えた. 以下の表は回帰モデルの修正 R 二乗および後方削除法の最初のステップで評価したモデルの修正 R 二乗である.

	回帰モデル	修正 R^2
1	フル回帰モデル	0.0701
2	民族変数なし	-0.0033
3	性別変数なし	0.0676
4	学習変数なし	0.0723

回帰モデルから最初に（あるとすれば）除かれる変数は何だろうか.

9.9 幼児の体重, パート V. 練習問題 9.3 では新生児の出生時体重を予測するためにフル回帰モデル (データのすべての説明変数を利用) の出力を示した. この演習では前方選択法, 回帰モデルに一度に 1 個の説明変数を付け加えることを考える. 以下の表は特定の説明変数を加えた時の p 値と修正 R^2 を示している. この表をもとにするとまずどの変数を加えたらよいだろうか.

変数	懐妊期間	パリティ	年齢	身長	体重	喫煙
p 値	2.2×10^{-16}	0.1052	0.2375	2.97×10^{-12}	8.2×10^{-8}	2.2×10^{-16}
R^2_{adj}	0.1657	0.0013	0.0003	0.0386	0.0229	0.0569

9.10 不登校, パート III. 練習問題 9.4 では学校の欠席日数を予測するために, データに含まれる説明変数をすべて含むフル回帰モデルの出力を示している. ここでは前方選択法, 回帰モデルに 1 度に 1 つの変数を加えることを検討しよう. 以下の表は特定の説明変数を加えた時の p 値と修正 R^2 を示している. この表をもとにするとまずどの変数を加えたらよいだろうか.

変数	民族	性別	学習
p 値	0.0007	0.3142	0.5870
R^2_{adj}	0.0714	0.0001	0

9.11 映画愛好者, パート I. ある社会科学者は視聴者がなぜ映画を好きになったり嫌いになったりするか関心があるとしよう. 映画をランダムに選び (ジャンル, 長さ, キャスト, デレクター, 予算 など), 英語の成功の尺度 (映画評論の集計サイトのスコア) も集めた. もし研究の一環として映画の成功にどの変数が重要なのかを見つけたいとすると, どのタイプの回帰モデル選択法を使うべきだろうか.

9.12 映画愛好者, パート II. あるオンライン・メディア映像会社が映画の推薦システムの作成に関心があるとしよう. Web サイトはデータベースに映画のデータを管理 (ジャンル, 長さ, キャスト, ディレクター, 予算, 等々) するとともに, お客からデータ (社会経済情報, 以前に視聴した映画, 以前に視聴した映画の評価 etc.) を収集する. 推薦システムはお客が実際に視聴して推薦された映画を高く評価すると成功と評価される. この企業は推薦システムの開発で修正 R^2 法あるいは P 値法を用いて変数選択を行うべきだろうか.

9.3 グラフを用いるモデル診断

線形重回帰モデル

$$\hat{y} = \beta_0 + \beta_1 x_1 + \beta_2 x_2 + \cdots + \beta_k x_k$$

は一般的に次の4条件に依存している．

1. 回帰モデルの残差はほぼ正規分布にしたがう (大きなデータセットにはそれほど重要ではない)，
2. 残差の変動性はほぼ一定である，
3. 残差は互いに独立である，
4. 各説明変数は目的変数とほぼ線形に関係する．

9.3.1 診断プロット

診断プロット (Diagnostic plots) を用いてこうした条件を調べることができる．ここでは貸付ローン・データを用いて主な課題を検討しよう．

$$\begin{aligned}(金利, \widehat{rate}) =\ & 1.921 + 0.974 \times (\mathtt{income\_ver_{source\_only}}) + 2.535 \times (\mathtt{income\_ver_{verified}}) \\ & + 0.021 \times (\mathtt{debt\_to\_income}) + 4.896 \times (\mathtt{credit\_util}) + 0.387 \times (\mathtt{bankruptcy}) \\ & + 0.154 \times (\mathtt{term}) + 0.228 \times (\mathtt{credit\_check}).\end{aligned}$$

外れ値のチェック． 理論的には残差の分布は近似的に正規分布に近くあるべきであるが，実際には正規性は大部分の応用では緩められるだろう．外れ値があるか否かは残差のヒストグラムで調べられ，図表 9.8 がその例である．このデータセットは非常に大きいので，極端な観察値が重要である．この図では特に極端な観測値は見られない．

もし将来の値についていわゆる予測区間 (prediction intervals) を構成したければ，より厳しく残差が正規分布に近いことを要求する必要がある．予測区間についてさらなる議論は次の OpenIntro の Web サイトのオンラインで議論している．
www.openintro.org/d?id=stat_extra_linear_regression_supp

残差の絶対値 vs. 予測値． 残差の絶対値 vs. フィットした予測値 ($\hat{y}_i$) のプロットは図表 9.9 に示されている．このプロットは残差の分散が近似的に一定という条件をチェックするのに役立ち，このプロットに近似的トレンドを表す平滑化した直線を加えてある．明らかにフィットした値で大きい方の変動性があるので，後に議論する．

データ収集順序と残差 このタイプのプロットは観測値が連続的に集められているときに有用である．プロットにより互いに近い観測値の関係を識別するのに役立つ．データセットのローンは 3 か月間に収集，ローンの発行日は重要性は見られなかったので，このデータでは考慮する必要はない．データ・セットにこのプロットでパターンがあるとき時系列 (time series) 分析が有用となるだろう．

各説明変数と残差 図表 9.10 の残差 vs. 各説明変数のプロットを考えよう．グループが 2-3 の場合は箱ひげ図 (ボックス・プロット) で色々なことが示せる．目的変数が数値をとるなら，データにフィットした平滑化した直線もフィットできるだろう．結局はデータの中のグループやパターンの重要な変化を探すことができる．

これらのプロットで重要と思われるのは次のようなことである．

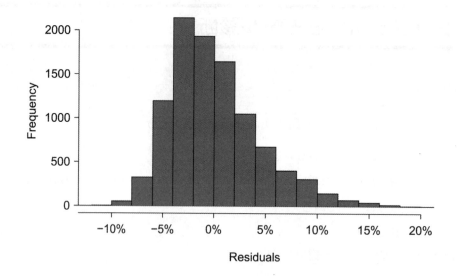

図表 9.8: 残差のヒストグラム.

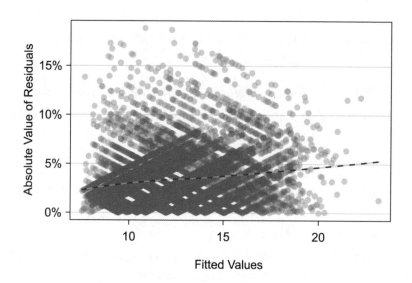

図表 9.9: 残差の絶対値 vs. 予測値 ($\hat{y}_i$) の比較は一定の誤差分散の仮定からの乖離の識別に有用.

- 所得確認されたグループ間のばらつきの小さな変化.
- 負債-所得変数でのかなり明瞭なパターン. この変数は非常に右に歪んでいる. 幾つかの観測値で非常に高い負債-所得比率となっている.
- 信用供与と信用チェックのプロットが右側で右下がりはこれらの大きな値でフィットが少し良くないことを示している.

ここで診断プロットを復習すると, 2 つの選択肢がある. 第一の選択肢は観測した課題に関心がなければ, 最終的な回帰モデルとする. この選択においても, 診断作業で観察した非正規性は注意する必要がある. 第二の選択は回帰モデルをより改善することであり, この作業によりモデルを改善を試みてみよう.

9.3. グラフを用いるモデル診断

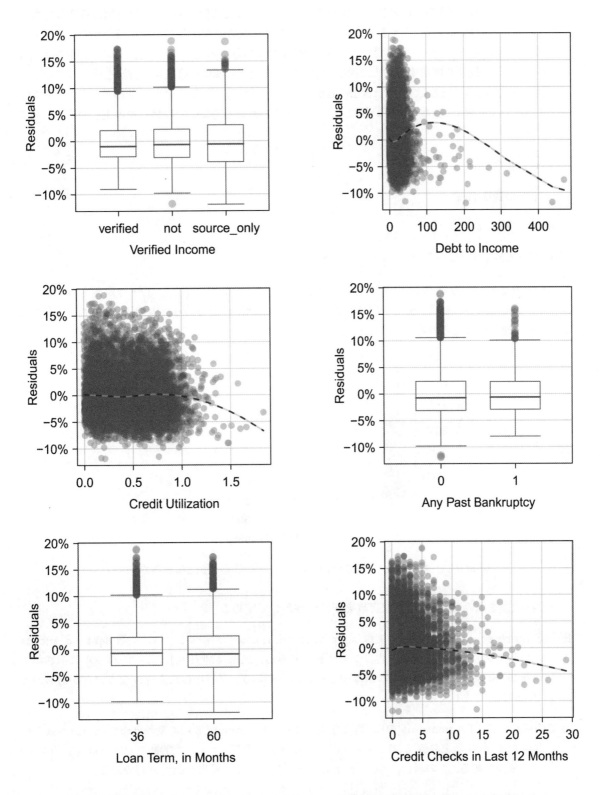

図表 9.10: 残差 vs. 説明変数の診断的プロット．箱ひげ図では変動性の有意な差がある．数値をとる説明変数ではデータのトレンドや他の構造の診断．

9.3.2 モデルのフィットの改善法

回帰モデルを改善する方法として変数の変換, 回帰モデルと実際とのギャップを埋める変数を探す, 説明変数と目的変数間の変動性や非線形性を考慮するより上級の方法などを含め幾つか考えられる.

最初の回帰モデルへの課題については図表 9.10 で観察される負債-所得変数との非線形関係を挙げておこう. この問題を解決するために説明変数と目的変数間の関係を修正する方法を検討してみよう.

図表 9.11 における変数 debt_to_income のヒストグラムを見ることから始める. この変数の分布は非常に歪んでいて, 変数の大きい値により結果が変わり得る. ここでは幾つかの選択肢を挙げることができる.

- 対数変換 ($\log x$),
- 平方根変換 ($\sqrt{x}$),
- 逆変換 ($1/x$),
- 切断変換 (可能な最大を制限)

データをじっくり調べると, 値 0 をとる変数があり, $x=0$ に $\log(0)$ と $1/x$ は定義されないのでこれらの変換は除かれる[13]. 根号変換は変数すべての値に適用可能であり, 上位切断変換も可能なのでこの変換の適用は考えられる.

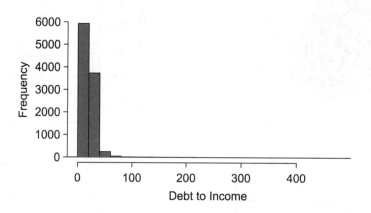

図表 9.11: 変数 debt_to_income のヒストグラム (極端な歪みがある).

変数変換を試みるため, 新たな変数を変換変数として定める.

根号 (Square root) 変換. 新しい変数 sqrt_debt_to_income はすべての値は変数 debt_to_income の根号であり, 回帰モデルを再びフィットしてみる. 結果は図表 9.12 の左のパネルに示されているが, 根号変換により大きな値は少し引き戻されるが, 平滑化した直線はなうねりがあるのでフィットは好ましくない.

50 での切断変換 (Truncate at 50). 新たな変数 debt_to_income_50 は 変数 debt_to_income と同じ値および 50 以上の値は 50 とする. 再び回帰モデルをフィットした診断プロットは図表 9.12 の右パネルである. この場合, フィットはまずまずなのでより妥当な改善方向である.

変数変換を利用する欠点は結果の解釈の容易さが減ることである. 幸い切断変換はそれほど多くないデータに影響を与えるだけなので解釈にはそれほど影響しない.

次のステップは変数 debt_to_income を用いた新たな回帰モデルの評価であり, まず前に説明したことと同様の作業を行う. 9.3.1 節で述べた診断の他に 2 つの問題に注意しておこう. 新たな回帰モ

---

[13] これらの変換を使う方法はあるがその問題は別のコースに譲る.

9.3. グラフを用いるモデル診断

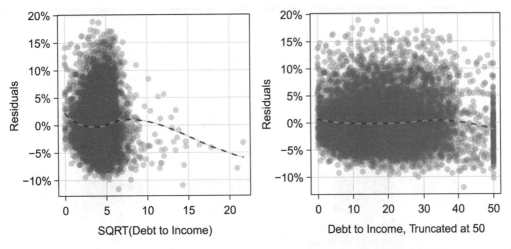

図表 9.12: 変数 debt_to_income のヒストグラム (極端な歪みがある).

デルを採用する場合には議論を透明にして短所を明らかにしておく必要がある．どの回帰モデルを用いるかにより，問題をコントロールしたり，あるいは大したことがないので検討しないかのどちらかを選択する．分散一定でない状況がより明瞭ならこの問題の優先順位は高くなるだろう．結局は回帰モデルが適切か否かを決めて最終的には次のように報告することが良いだろう．

$$
\begin{aligned}
(\text{金利}, \widehat{rate}) =\ & 1.562 + 1.002 \times (\texttt{income\_ver}_{source\_only}) + 2.436 \times (\texttt{income\_ver}_{verified}) \\
& + 0.048 \times (\texttt{debt\_to\_income\_50}) + 4.694 \times (\texttt{credit\_util}) + 0.394 \times (\texttt{bankruptcy}) \\
& + 0.153 \times (\texttt{term}) + 0.223 \times (\texttt{credit\_check}) .
\end{aligned}
$$

よく見ると変数 debt_to_income_50 の係数は前のモデルでの変数 debt_to_income の係数の 2 倍以上となっている．このことは，単に大きな影響 (high leaverage) があるだけではなく，影響点 (influential point) があり，それが係数を大きく影響していることを示唆している．

> "すべてのモデルは間違っている，しかし幾つかは役に立つ" - ジョージ・ボックス **(GEORGE BOX)**
> 正確に言うとどの統計モデルも完全ではない．しかし不完全なモデルであっても有用なことが多い．間違ったモデルをレポートすることでも我々はモデルを理解しその短所も報告している限り妥当となり得る．

　条件が大きく満たしていないときにその結果だけを報告するのは注意すべきである．モデル条件が少し疑わしいときにはそのまま進めるべきではない．モデル条件を満たさないことがはっきりしていればより深く統計的方法を学んだり，助けを求めるとしても，新しいモデルを考えることがよいだろう．こうした作業を助けるために幾つかの説明を制作したので OpenIntro の Web サイトに掲載しておく．その内容は交互作用 (interaction terms) と非線形曲線 (nonlinear curves) のデータへのフィットなどである．

www.openintro.org/d?file=stat_extra_interaction_effects

www.openintro.org/d?file=stat_extra_nonlinear_relationships

練習問題

9.13 幼児の体重, パート VI. 練習問題 9.3 では平均新生児の出生時体重の予測を懐妊期間, パリティー, 母親の身長, 体重, 喫煙状況に基づく回帰モデルを示した. 以下のプロットを用いて回帰モデルの仮定が満たされているか. もし満たされてないなら, どう分析したらよいか説明しなさい.

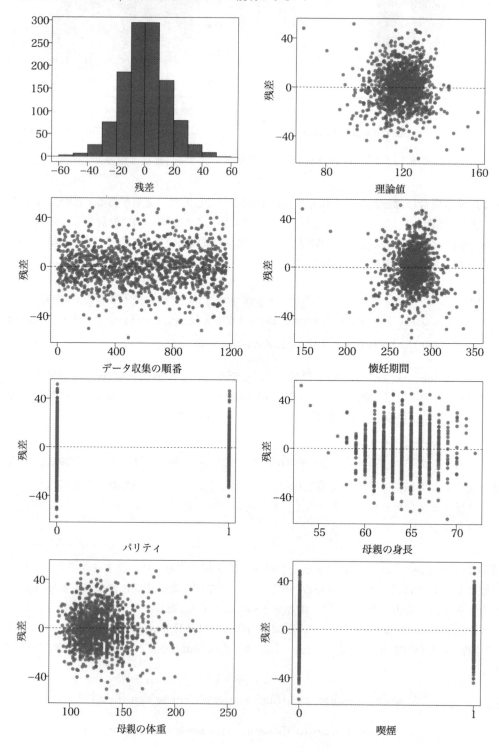

9.14 映画の収益, パートI. ある FiveThirtyEight.com によると「ホラー映画は 夏の大うけ映画, アクション・冒険映画のようなことはない. こうした映画製作を続けるインセンティブはあるが, ホラー映画への投資リターンがあるというのはばかげている」投資・収益をジャンルごと, 時間と共に関係の変化を調べるために, 統計学を学んでいる学生が回帰モデルをフィットして, 2000-2018 間に公開された 1,070 についてジャンルごと, 公開年ごとに映画収益比を予測した. 次のプロットを利用して回帰モデルがこのデータについて妥当かどうか決めなさい.[14]

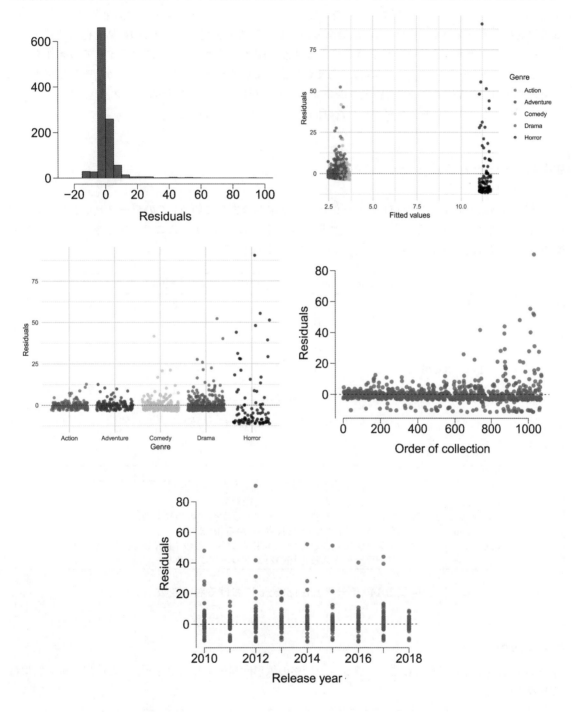

---

[14] FiveThirtyEight, Scary Movies Are The Best Investment In Hollywood.

9.4 重回帰のケース：マリオカート

任天堂のビデオゲームのマリオカートについてのネット (Ebay) オークションの例を扱おう．興味のある目的変数はオークション価格，これは最高の競り値プラス輸送費である．この価格を他の変数をコントロールした上でオークションにおける様々な特性と関連付けよう．例えば他のすべての条件を一定とすると，長いオークションはより高い，あるいはより安い価格と関連するだろうか．そして平均的には購入者は追加の Wii ハンドル (Will コントローラーに付属しているプラスチック・ハンドル) にいくら払うだろうか．重回帰モデルがこうした疑問に答えることに役立つ．

9.4.1 データとフル・モデル

データ mariokart には 141 オークションの結果が含まれている．このデータセットから 4 つの例を図表 9.13 を示すが，各変数の説明は図表 9.14 にまとめておいた．ここで条件変数やストック写真変数は データ loan の変数 bankruptcy と同様な指標変数, である．

	価格	新品 (cond_new)	写真 (stock_photo)	期間	ハンドル
1	51.55	1	1	3	1
2	37.04	0	1	7	1
⋮	⋮	⋮	⋮	⋮	⋮
140	38.76	0	0	7	0
141	54.51	1	1	1	2

図表 9.13: データ mariokart 4 つの例．

変数	説明
price	US ドル表示の最終オークション価格プラス輸送費．
cond_new	ゲームが新品 (1) か中古 (0) の指標変数．
stock_photo	オークションの主写真がストック写真か否かの指標関数．
duration	オークションの日で測った長さ (1 から 10 まで)．
wheels	オークションに含まれている Wii ハンドルの数 (*Wii wheel* は Wii コントローラーを支える追加のハンドル・アクセサリー)．

図表 9.14: データ mariokart における説明変数．

確認問題 9.21

ゲームの条件を説明変数としてオークション価格の線形回帰モデルをフィットした回帰分析の結果は以下の通り．

	推定値	標準誤差	t 値	Pr(>|t|)
(切片)	42.8711	0.8140	52.67	<0.0001
変数 cond_new	10.8996	1.2583	8.66	<0.0001

$df = 139$

回帰モデルの方程式を書き，傾きがゼロか否か係数を解釈しなさい[15]．

9.4. 重回帰のケース：マリオカート

しばしばデータの背後の関係や説明変数間の関係が明確な場合がある．例えばネット (Ebay) オークションで売られている新品は Wii ハンドルの数が多く，オークションではより高額になる傾向がある．ここでは潜在的に可能性がある説明変数を同時に考慮する回帰モデルをフィットしたい．そうすることにより説明変数と目的変数の関係を他の変数による影響を考慮しつつ評価できるであろう．

ここでは確認問題 9.21 と同様，ゲーム機器の条件にとどまらず他の変数も考慮すると，

$$(\widehat{変数, \text{price}}) = \beta_0 + \beta_1 \times (変数\ \text{cond\_new}) + \beta_2 \times (変数\ \text{stock\_photo})$$
$$+ \beta_3 \times (変数\ \text{duration}) + \beta_4 \times (変数\ \text{wheels})$$

図表 9.15 はフル回帰モデルを要約している．この回帰出力より個々の係数の点推定値を知ることができる．

	推定値	標準誤差	t-値	Pr(>|t|)
(切片)	36.2110	1.5140	23.92	<0.0001
変数 cond_new	5.1306	1.0511	4.88	<0.0001
変数 stock_photo	1.0803	1.0568	1.02	0.3085
変数 duration	-0.0268	0.1904	-0.14	0.8882
変数 wheels	7.2852	0.5547	13.13	<0.0001

$df = 136$

図表 9.15: 回帰モデルの計算出力．変数 price が目的変数，変数 cond_new, 変数 stock_photo, 変数 duration, 変数 wheels は説明変数．

確認問題 9.22
図表 9.15 の点推定値をつかって回帰モデルの方程式を書きなさい．説明変数の数は何個だろうか[16]．

確認問題 9.23
ここで変数 x_4 (Wii ハンドル) の係数 β_4 は何を表しているだろうか，β_4 の点推定値を求めよ幾らだろうか．[17]．

確認問題 9.24
確認問題 9.22 で識別された方程式を用いて図表 9.13 の最初の観測値の残差を計算してみよう[18]．

---

[15] 直線の方程式は

$$(\widehat{価格, price}) = 42.87 + 10.90 \times (変数\ cond\_new).$$

確認問題 9.21, の回帰モデルを検討すると，変数 cond_new の p-値はゼロに近いので，この単回帰モデルにより係数はゼロとこ となる強い証拠があることが分かる．
  変数 cond_new は 2 水準のカテゴリー変数でありゲームが新品なら 1, 中古なら 0 である．したがって回帰モデルの 10.90 は 中古に比べて新品のゲームは $10.90 高いことを予測している．

[16] $(\widehat{価格 price}) = 36.21 + 5.13 \times (\text{cond\_new}) + 1.08 \times (\text{stock\_photo}) - 0.03 \times (\text{duration}) + 7.29 \times (\text{wheels})$，および $k = 4$ の説明変数．

[17] これはオークション価格において他の条件を一定としたとき，追加的に Wii ハンドルが 1 つ増えるときの平均差を表している．点推定値は $b_4 = 7.29$ となる．

[18] $e_i = y_i - \hat{y}_i = 51.55 - 49.62 = 1.93$，ここで 49.62 は観測値の値と確認問題確認問題 9.22 の方程式より計算した．

例題 9.25

確認問題 9.21 では単回帰で推定した変数 cond_new の係数は $b_1 = 10.90$, 標準誤差 $SE_{b_1} = 1.26$ であった. なぜこの推定値と重回帰モデルでの推定値が異なるのだろうか.

データを注意深く見ると説明変数同士に共線関係 (collinearity) が見られるかもしれない. 例えば目的変数 price を 説明変数 cond_new に単回帰を推定すると, Wii ハンドルの数などオークションにおける他の説明変数の影響をコントロールできていない潜在変数 (confounding variable) の変数 wheels によりバイアスが生じていたかもしれない. 両方の変数を用いると, この種のバイアスは (他の変数によるバイアスは残るとしても) 減少, もしくは削減される.

9.4.2 モデル選択

マリオカートのオークションの回帰モデルに戻り, 後方削除法によるモデル選択を行おう. フル回帰モデルは次の形である.

$$(価格, \widehat{price}) = 36.21 + 5.13 \times (\texttt{cond\_new}) + 1.08 \times (\texttt{stock\_photo}) - 0.03 \times (\texttt{duration}) + 7.29 \times (\texttt{wheels})$$

例題 9.26

データ mariokart についてのフル回帰モデルは図表 9.15 に示されている. この回帰モデルから各変数を除くとどうなるか見てみよう.

除く変数 (Exclude) ...	cond_new	stock_photo	duration	wheels
	$R^2_{adj} = 0.6626$	$R^2_{adj} = 0.7107$	$R^2_{adj} = 0.7128$	$R^2_{adj} = 0.3487$

フル回帰モデルでは $R^2_{adj} = 0.7108$ であった. 後方削除法でどう進めたらよいだろうか.

変数 duration を除いた 3 番目の R^2_{adj} が 0.7128 で最大, フル回帰モデルの R^2_{adj} と比較する. 変数 duration を除くと, より高い R^2_{adj} が得られるので変数 duration は除かれる.

確認問題 9.27

例 9.26 では変数 duration を除き, $R^2_{adj} = 0.7128$ となった. 後方削除法でさらに削減すべきか見てみよう.

除く変数 (Exclude) duration および ...	cond_new	stock_photo	wheels
	$R^2_{adj} = 0.6587$	$R^2_{adj} = 0.7124$	$R^2_{adj} = 0.3414$

ここでさらに変数を削減すべきだろうか, もしそうならどの変数だろうか[19].

---

[19] 3 つの残った変数のどれを削減しても R^2_{adj} は小さくなる. したがって回帰モデルから変数 duration を除いた後はどの変数も除くべきでない.

9.4. 重回帰のケース：マリオカート

確認問題 9.28

回帰モデルの説明変数からオークションの長さを除いた後に得られるモデルは,

$$\widehat{(価格, price)} = 36.05 + 5.18 \times (\text{cond\_new}) + 1.12 \times (\text{stock\_photo}) + 7.30 \times (\text{wheels}).$$

マリオカートゲームのセリ価格としてデータが得られた期間では, 中古, 1枚のストック写真, 2個のハンドル, でオークションにかけると幾らと予測されるだろうか[20].

確認問題 9.29

確認問題 9.28 より売り手がもし予測した値段を得られなかったとしたら驚くべきだろうか[21].

9.4.3 グラフを用いたモデル条件のチェック

ここでマリオカートに対する回帰モデルが妥当かどうか診断してみよう.

外れ値のチェック. 残差のヒストグラムは図表 9.16 にしめされている. データは 100 を超えているので主要な外れ値を探してみると, 上方で 1 個のそれほどでもない外れ値があるが, データの数は大きいので影響は小さい.

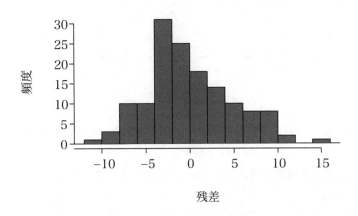

図表 9.16: 残差のヒストグラム, 明確な外れ値はなし.

残差の絶対値 vs. 予測値. 残差 vs. 予測値 ($\hat{y}_i$) のプロットは図表 9.17 に示されている. この例では分散が一定という状況からの明らかな逸脱は観察されない.

データの順番による残差. 残差 vs. オークションの順序付けた残差は図表 9.18 に示されている. 問題を示すような構造は見られない.

残差 vs. 各説明変数. 残差 vs. 変数 cond_new のプロット, 残差 vs. 変数 stock_photo のプロット, 残差 vs. 変数 wheels のプロットは図表 9.19 に示されている. 2 水準の変数についてはトレンド要素は必ず観察されないが, グループごとに変動性がばらつくか否かチェックする必要がある. ここで変数 stock photo を見ると 2 群の中で変動性が異なることが見いだせる. さらに残差 vs. 変

---

[20] 方程式の変数 cond_new に 0, 変数 stock_photo には 1, 変数 wheels には 2 を代入すると\$51.77 となり, これがオークションで期待される価格となる.

[21] 否となる. 回帰モデルは期待される平均オークション価格を与えるだけであり, あるオークション, 次のオークションでの値段は少し変化し続ける (なお回帰モデルなしの予測より変動は小さくなる).

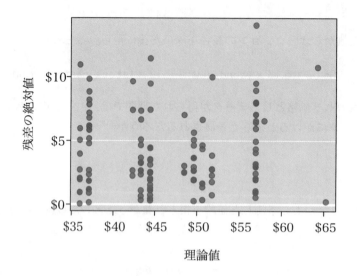

図表 9.17: 残差の絶対値 vs. 予測値, 明確パターンはなし.

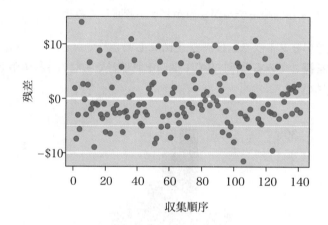

図表 9.18: 観察データの収集の順番に対応する残差, 明確なパターンはなし.

数 wheels にはある種の構造を見出すことができ, 残差が曲線的であるので関係が線形ではないことを示唆している.

データ loans の分析と同様, 回帰モデルの結果の診断を要約しておこう. オークション・データではストック写真変数に分散不均一があり, 価格とハンドル数には非線形の関係があるかもしれない. この情報は分析を読む売り手と買い手にとり重要かもしれないし, こうした情報を無視すると回帰モデルが役に立たず, 余分な費用が掛かるかもしれない.

注意：本節には練習問題は用意されていない.

9.4. 重回帰のケース：マリオカート

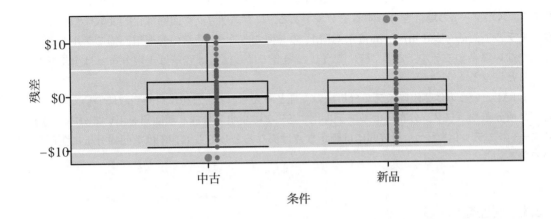

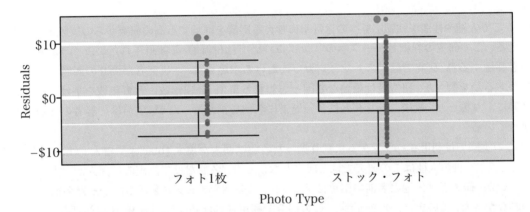

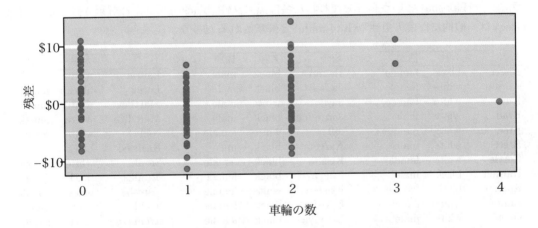

図表 9.19: 条件変数および 変数 stock photo についての残差の分布形と変動性をチェック．変数 stock photo についてストック写真のグループより 1 枚の写真・グループの方の変動性が小さい．最後のプロットでは残差 vs. 変数 wheels では弓形が見られる．

9.5 ロジスティック回帰入門

本節ではロジスティック回帰 (logistic regression) を導入するが，目的変数が 2 水準のカテゴリカル変数 (イエスかノー) の場合を分析するモデルである．ロジスティック回帰は目的変数についての一般化線形モデル (generalized linear model, GLM) の一種であるが，通常の線形重回帰モデルがあまりうまく働かない場合のモデルである．特にこうした場合ではしばしば残差は正規分布とは全く異なる形をとることになる．

GLM というのは 2 段階モデル分析法の一種と考えられる．最初に目的変数について確率分布，例えば二項分布やポワソン分布によりモデル化する．次に説明変数群と重回帰を用いて分布の母数 (パラメター) のモデル化を行う．最終的には細かな点は異なるとしても GLM は重回帰分析に類似しているのである．

9.5.1 履歴書データ

ここで人種や性別が就職応募への返答率に与える影響を理解する為の研究からの実験データを使って考える．この研究の詳細とデータへのリンクについては付録 B を参照されたい．どの要因が重要なのかを評価する為，研究ではボストンとシカゴにおける求職を調べ，研究者が偽りの履歴書を送り何に応答があるかを調べた．研究者は重要な要因と思われる事項，経験年数，教育年数を挙げ，ランダムに履歴書に割り振った．最後にランダムに各履歴書に名前を割り振ったが，名前は応募者の性別や人種に関連している．

この実験では利用されランダムに割り振った名前は個人が黒人 (black) や白人 (white と区別できそうなもので，他の人種はこの研究では考慮されなかった．名前だけで決定的に黒人か白人かを推測はできないが，研究者は人種と名前の関係はチェック，この調査チェックを通らなかった名前は実験では使われなかった．このチェックを通過し，この研究で利用された名前は図表 9.20 に挙げられている．例えばラキシャ(Lakisha) という調査で使われた名は黒人女性 (black female) と解釈されうるが，グレッグ (Greg) は一般的には白人男性 (white male) と解釈されるだろう．

名前	人種	性別	名前	人種	性別	名前	人種	性別
Aisha	black	female	Hakim	black	male	Laurie	white	female
Allison	white	female	Jamal	black	male	Leroy	black	male
Anne	white	female	Jay	white	male	Matthew	white	male
Brad	white	male	Jermaine	black	male	Meredith	white	female
Brendan	white	male	Jill	white	female	Neil	white	male
Brett	white	male	Kareem	black	male	Rasheed	black	male
Carrie	white	female	Keisha	black	female	Sarah	white	female
Darnell	black	male	Kenya	black	female	Tamika	black	female
Ebony	black	female	Kristen	white	female	Tanisha	black	female
Emily	white	female	Lakisha	black	female	Todd	white	male
Geoffrey	white	male	Latonya	black	female	Tremayne	black	male
Greg	white	male	Latoya	black	female	Tyrone	black	male

図表 9.20: データ 36 における名前，人種や性別に関連すると考えられる名前のリスト．

関心のある目的変数は応募者に対して雇用者から連絡が来るか否かであり，人種や性別に特別の関心がある．人種や性別の要素はランダムの割り付けられたが，これらは米国では採用や雇用において法的には許されていない要素である．すべての要素については図表 9.21 に示してある．

各履歴書の項目はランダムに割り付けられた．これから雇用に際して好まれる，あるいは有利な

9.5. ロジスティック回帰入門

変数	説明
`callback`	職に応募してから雇用主から応募者への連絡.
`job_city`	市 (職の場所:ボストンかシカゴ).
`college_degree`	履歴書に大卒の記載の有無.
`years_experience`	履歴書に記載された経験年数.
`honors`	履歴書に記載された名誉の有無, 例えば月間優秀など.
`military`	履歴書における軍歴の有無.
`email_address`	履歴書での応募者の e メール住所の有無.
`race`	応募者の人種 (履歴書の名前が意味する).
`sex`	応募者の性別 (この研究では男性 (`male`) と女性 (`female`), 履歴書の名前で意味する).

図表 9.21: resume データに含まれている callback 変数と他の変数の説明. 多くの変数は指標変数, ある性質があると 1, そうでなければ 0 となる変数.

特性はこれらの履歴書にはないことを意味する. 重要な論点としては, この研究は実験の性格を持つので統計的に有意なら変数と返事の間に因果関係を推測できることである. ここでの分析を通じて各変数の他の変数との比べて実際的重要性を比較することができるのである.

9.5.2 事象確率のモデル分析

ロジスティック回帰は一般化線形モデルの一種で目的変数が 2 水準カテゴリー変数の場合である. 目的変数 Y_i 確率 p_i で 1 をとり (ここでの応用では履歴書に回答がある場合), そうでない場合には確率 $1-p_i$ で 0 をとる. 観測値はそれぞれ少しずつ異なるので (例えば異なる教育履歴, 異なる経験年数など) 確率 p_i はそれぞれ異なる. 結局のところ, 説明変数によりモデル分析するのはこの確率:履歴書のどの特性値が回答率 (コール・バック率) を高めたり低めたりするかを調べることになる.

> **ロジスティック回帰モデルの表記**
>
> GLM モデルにおける目的変数は Y_i であるが, 添え字 i は i 番目の観測値を意味する. 履歴書の例では Y_i は i 番目の履歴書に対応があれば $(Y_i = 1)$, なければ $(Y_i = 0)$ となる.
>
> 説明変数 (予測変数) は次のように表現され, $x_{1,i}$ は第 i 観測値の 1 番目の変数値, $x_{2,i}$ は第 i 観測値の 2 番目の変数値, 等々.

ロジスティック回帰モデルはある履歴書の送付が回答を受ける確率 (p_i) を重回帰分析と同様な方法で説明変数 $x_{1,i}, x_{2,i}, ..., x_{k,i}$ と結びつける.

$$(\text{変換}, transformation)(p_i) = \beta_0 + \beta_1 x_{1,i} + \beta_2 x_{2,i} + \cdots + \beta_k x_{k,i} . \tag{9.30}$$

この方程式において実際的で数理的にも意味のある変換を選ぶ必要がある. 例えば変換は方程式の左辺の確率を右辺の確率の範囲とするように選ぶ必要がある. ここで変換を施さないと左辺は 0 と 1 の間であるが, 右辺はこの範囲を超えてしまう. p_i に対する一般的な変換はロジット変換 (logit transformation) であり, 次のように書かれる.

$$logit(p_i) = \log_e \left(\frac{p_i}{1 - p_i} \right) .$$

ロジット変換は図表 9.22 に示されている. この p_i のロジット変換を用いて Y_i に説明変数を関連

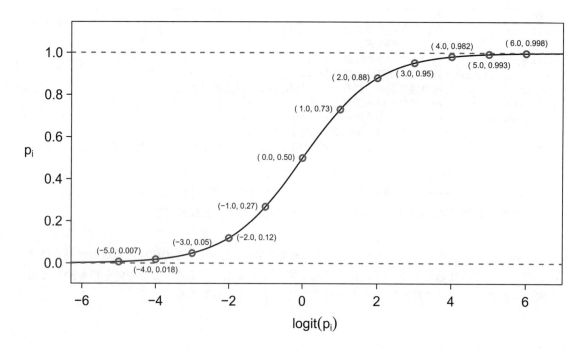

図表 9.22: 確率 p_i vs. 対数確率 $logit(p_i)$.

付けると，

$$\log_e\left(\frac{p_i}{1-p_i}\right) = \beta_0 + \beta_1 x_{1,i} + \beta_2 x_{2,i} + \cdots + \beta_k x_{k,i} \ .$$

履歴書データの例では 8 個の説明変数があるので $k=8$ となる．ここでロジット関数の選択が直観的ではないかもしれないが，一般化線形モデルを支える理論に基づいているが，詳しくは本書の範囲を超える．幸いなことに，統計ソフトウエアを利用するとロジットモデルをフィットすることができ，重回帰モデルと同様な印象があるが，係数の解釈はより複雑となる．

例題 9.31

最初に 1 個の説明変数 honors のロジスティック回帰モデルから始めよう．この変数は応募者が履歴書に月間優秀などの表彰があるか否かである．統計ソフトウエアを利用してロジスティック回帰モデルをフィットすると，

$$\log\left(\frac{p_i}{1-p_i}\right) = -2.4998 + 0.8668 \times (\text{変数 honors}) \ .$$

(a) 研究から履歴書をランダムに選び，表彰履歴がない場合，回答が来る確率は幾つか？
(b) 履歴書に表彰履歴がある場合に回答が来る確率は幾つか？

(a) 履歴書をランダムに選び，表彰履歴がない場合，変数 honors は 0 をとり，方程式の右辺-2.4998 を p_i について解くと，$\frac{e^{-2.4998}}{1+e^{-2.4998}} = 0.076$ となる．単回帰モデルや重回帰モデルと同様に y_i にフィットした値に"ハット"を付けると $\hat{p}_i = 0.076$ となる．

(b) 履歴書に表彰履歴があるときには，方程式の右辺は $-2.4998 + 0.8668 \times 1 = -1.6330$ となる．これより確率は $\hat{p}_i = 0.163$ となる．正確に値を計算できなくとも，図表 9.22 の-2.4998 および -1.6330 を調べ確率を評価することもできる．

ロジスティック回帰のスケールの値 (例題 9.31 における変数-2.4998 と変数-1.6330) を変換する

9.5. ロジスティック回帰入門

には，公式 (ロジスティック回帰より p_i を解いた結果) を利用すると，

$$p_i = \frac{e^{\beta_0+\beta_1 x_{1,i}+\cdots+\beta_k x_{k,i}}}{1 + e^{\beta_0+\beta_1 x_{1,i}+\cdots+\beta_k x_{k,i}}}.$$

多くの応用データ問題では母数に点推定値 (β_i) を代入することによりこの公式を利用している．例題 9.31 において確率を求めると，

$$\frac{e^{-2.4998}}{1 + e^{-2.4998}} = 0.076 \;, \qquad \frac{e^{-2.4998+0.8668}}{1 + e^{-2.4998+0.8668}} = 0.163\;.$$

したがって履歴書の表彰履歴があることを知ると，雇用主が問い合わせるか否かを予測するシグナルになるが，多くの説明変数が同時にあるとき，様々な異なる特質が問い合わせのチャンスにどの程度提供するか考慮すべきだろう．

9.5.3 多数の説明変数によるロジスティック回帰の構築

統計ソフトウエアにより図表 9.21 にある 8 個のすべての説明変数をロジスティック回帰を行った．結果は重回帰と同様に図表 9.23. にまとめている．この表は重回帰の場合とほぼ同様であるが，異なる点としては p 値は t 分布ではなく正規分布を利用して計算されていることだろう．

	推定値	標準誤差	z 値	Pr(>|z|)
(切片)	-2.6632	0.1820	-14.64	<0.0001
変数 job_city: *Chicago*	-0.4403	0.1142	-3.85	0.0001
変数 college_degree	-0.0666	0.1211	-0.55	0.5821
変数 years_experience	0.0200	0.0102	1.96	0.0503
変数 honors	0.7694	0.1858	4.14	<0.0001
変数 military	-0.3422	0.2157	-1.59	0.1127
変数 email_address	0.2183	0.1133	1.93	0.0541
変数 race: *white*	0.4424	0.1080	4.10	<0.0001
変数 sex: *male*	-0.1818	0.1376	-1.32	0.1863

図表 9.23: 履歴書データに対するフル・ロジスティック回帰の要約．

重回帰と同様にロジスティック回帰モデルから変数を除くこともできる．ここでは赤池の情報量基準 (Akaike information criterion, AIC) という 1 つの統計量を用いるが，これは重回帰における修正 R 二乗に類似の統計量で，後方削除法の中でより小さな AIC のロジスティック回帰モデルを探す方法である．この基準を利用すると変数 college_degree は除かれ，AIC はより小さいが図表 9.24 に要約されている．今後はここで選ばれたモデルを利用する．

	推定値	標準誤差	z 値	Pr(>|z|)
(切片)	-2.7162	0.1551	-17.51	<0.0001
変数 job_city: *Chicago*	-0.4364	0.1141	-3.83	0.0001
変数 years_experience	0.0206	0.0102	2.02	0.0430
変数 honors	0.7634	0.1852	4.12	<0.0001
変数 military	-0.3443	0.2157	-1.60	0.1105
変数 email_address	0.2221	0.1130	1.97	0.0494
変数 race: *white*	0.4429	0.1080	4.10	<0.0001
変数 sex: *male*	-0.1959	0.1352	-1.45	0.1473

図表 9.24: 履歴書データに対するフル・ロジスティック回帰の要約 (変数選択は AIC による).

例題 9.32

変数 race は 2 水準: black と white のみをとる. ロジスティック回帰の結果から人種が将来の雇用主から連絡が来るか否かに意味があるだろうか？

この係数の p 値は非常に小さい (ゼロに近い) ので, 人種変数は応募者が問い合わせを貰うか否かについて有意な役割を果たしている. さらに水準 white の係数を確認できるが正である. この正の係数は応募者の名前が白人を意味する履歴書での正の効果を反映していることを意味する. データは将来の雇用主による人種差別が名前が白人と解釈される履歴書を優先するという強い証拠を示している.

図表 9.23 に示されているフル・モデルにおける $race_{white}$ の係数は図表 9.24 で示されている値とほぼ同じである. この研究での説明変数はよく考えられているので, 係数推定値は他の説明変数にはあまり影響されないが, それは研究の目的が回答を貰うことに何が効果的かよく考えられているからである. 大部分の観測データでは点推定値の変化は小さいが, とくにはモデルに含まれる他の変数に強く依存することもある.

例題 9.33

図表 9.24 は図表 9.24 で要約されているロジスティック回帰モデルを用いてシカゴで職に募集に対して回答を受ける確率を推定しなさい. 応募者のリストでは経験 14 年, 表彰なし, 軍歴なし, e-メール住所, 名前は白人男性とする.

モデルに含まれる方程式を書くことから始め, 各個人の変数に値を入れる,

$$\log\left(\frac{p}{1-p}\right)$$
$$= -2.7162 - 0.4364 \times (\text{job\_city}_{\text{Chicago}}) + 0.0206 \times (\text{years\_experience}) + 0.7634 \times (\text{honors})$$
$$\quad - 0.3443 \times (\text{military}) + 0.2221 \times (\text{email}) + 0.4429 \times (\text{race}_{\text{white}}) - 0.1959 \times (\text{sex}_{\text{male}})$$
$$= -2.7162 - 0.4364 \times 1 + 0.0206 \times 14 + 0.7634 \times 0$$
$$\quad - 0.3443 \times 0 + 0.2221 \times 1 + 0.4429 \times 1 - 0.1959 \times 1$$
$$= -2.3955 \ .$$

さらに p について解けばその個人が回答を受け取る確率は約 8.35% となる.

9.5. ロジスティック回帰入門

例題 9.34

図表 9.33 において，ある個人で黒人男性としてよく使われる名前だがその他は先ほどの例と同一の場合の回答を受ける確率を計算しなさい．

ある個人について同じ様に計算するが，黒人なので変数 $\text{race}_{\text{white}}$ は 0 をとる．この確率は 0.0553 となる．ここで例 9.33 の結果と比較してみよう．

実際には名前が白人と認識される個人が回答を得るのは平均的に $\frac{1}{0.0835} \approx 12$ に応募する必要がある．したがってこの研究では黒人と認識される応募者が回答を貰うためには名前で白人と認識される場合より 50% 多く応募する必要があることになる．

本節で数値化した内容は警告的で論争的である．しかしこの種の人種差別を論じることが困難なのは，この実験はよく設計されてはいるが，どの雇用者が差別しているかについてのシグナルは発していないことだろう．例えばどの回答，あるいは非回答は差別と判断できるとはいえ，差別が起きていることを述べることのみが可能なのである．個別の事例について人種差別があることの強い証拠を見つけることができれば，反人種差別法に対する挑戦となるだろう．

9.5.4 コールバック率モデルの診断

> **ロジスティック回帰の条件**
> ロジスティック回帰モデルを適用する 2 つの鍵となる条件がある．
>
> 1. 各結果 Y_i は他の結果とは独立．
> 2. 各説明変数は他の変数を所与とすると $\text{logit}(p_i)$ と線形に関係する．

ロジスティック回帰についての最初の条件，観測値の独立性，はこの実験では妥当である．履歴書の特性はランダムに付与して送られている．

ロジスティック回帰についての第 2 の条件はかなり大きなデータでなければ簡単にはチェックしにくい．幸いにもデータでは 4870 の履歴書の投函がなされている．そこで履歴書の正しい分類とモデルでフィットした確率を図表 9.25 によりデータを可視化してみた．

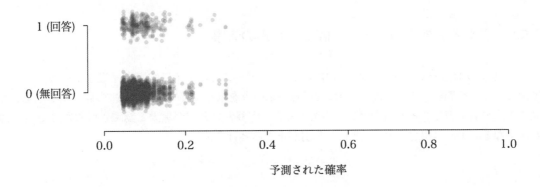

図表 9.25: 4870 の履歴書が回答を受ける予測された確率．なおノイズを付け加えてほぼ同一の値の点を異なる観測点とした．

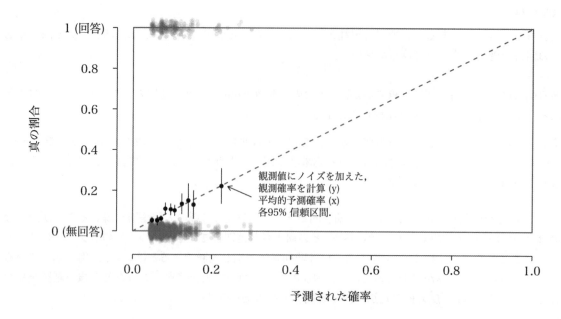

図表 9.26: 実線は 95% 信頼区間, ロジット変換が妥当.

ここでロジスティック回帰モデルの質を評価しよう. 例えば, 次のような問: 10% の回答を受けるチャンスがモデル化された履歴書を見ると, 実際に約 10% が回答を得ることができるだろうか. データをグループ化して次のようなプロットにより調べることができる.

1. データをその予測確率ごとにグループ化する.
2. 各グループで平均的な予測確率を計算する.
3. 各グループで観測値を 95%信頼区間と共に計算する.
4. 観測確率 (95%信頼区間とともに) 対各グループの平均的予測確率をプロットする.

予測した確率は実際の確率に近いはずなので, プロットした点は直線 $y = x$ に近いはずである. 信頼区間を使えば不適当な事例を大体はカバーすることができるが, プロットの例を例 9.26 に示しておく.

さらなる診断法を 9.3 節で議論したように作ることもできる. 例えば, 残差を観測結果と期待観測値から ($e_i = Y_i - \hat{p}_i$) としてこの残差と各説明変数のプロットを作ることができる. 予測値との乖離を理解する為に図表 9.26 のようなプロットを作ることも可能である.

9.5.5 異なる大きさのグループ間での差別の考察

どのようなものでも差別は重要な事項であり, データを用いてこの話題を取り上げることとした理由である. 履歴書研究は簡単な側面における差別のみを取り上げている. 将来の雇用主が応募した履歴書の応募者に連絡するか否かという点であった. 応募者の名前が黒人と認識されるだけで 50%障害が高くなるという結果であり, こうした差別が止まるとは考えにくい.

9.5. ロジスティック回帰入門

例題 9.35

性別がバランスしていない企業：例えば 20% 女性,80% 男性[22]．を考え，その企業がかなり大きく 20,000 名の従業員があるとしよう．この企業である 1 人が昇進するとき同僚 5 名がランダムに選ばれ仕事についてフィードバックするとする．企業の 10% が異なる性に対して偏見があるとすると，男性 10% が女性に対し偏見があり，女性 10% が男性に対し偏見があるとする．この企業ではだれがより差別が多いだろうか，男性，それとも女性．

⑳ ここで過去数年で昇進を申請した 100 名の男性を取ってみよう．彼らは $5 \times 100 = 500$ 名のランダムな同僚ににより評価を受けるが,20% が女性 (100 名) である．100 名の中で 10 名は評価に際してバイアスを持っている．したがって評価する 500 名の中で男性は昇進に際して約 2% から差別されることになる．

同様の計算を過去数年で昇進を申請した 100 名の女性に行ってみよう．彼女らは 500 名のランダムな同僚ににより評価を受けるが, 400 名 (80%) が男性．400 名の男性の中で 40 名 (10%) は評価に際してバイアスを持っている．したがって評価する 500 名の中でこれらの女性は昇進に際して約 8% から差別されることになる．

例題 9.35 はより深い問題を浮き彫りにしている．ここでは各人口構成員が他のグループに同程度に偏見を持っている仮説的状況では，小さなグループほどより頻繁に負の影響を経験しがちということがある．加えて，異なる数からなるグループについての幾つかの例で分かるように，グループの構成がバランスが取れていないと小さなグループは比例的以上にインパクトが生じることになる[23]．

もちろん実際には仮説的例とは異なる様々な要素が議論に抜けている．例えば，研究によれば抑圧的なグループに属するメンバーは同じグループの他者から差別される例が報告されている．また，歴史的な南アフリカのように多数派が抑圧される例もある．結局，差別は複雑であり，例題 9.35. で観察した数理を超えた様々な要素がある．

本書ではこの深刻で意義深い差別の話題を最後の例としたが，データに基づく統計分析の意義について読者を刺激できていることを期待している．正確な統計的モデルに基づくか否かに関わらず，ここで学んだ事項に基づきより良い考察が可能となるようになり，さらに今後の人生に役立つことを期待して本書を閉じることにしよう．

---

[22] 2 値ではない個人のデータならより深い例が考えられる．
[23] ある企業の割合 p が女性，他が男性とすると，仮説的状況では女性と男性への差別の比は $(1-p)/p$ となる．この比は $p < 0.5$ ならば 1 よりも大きくなる．

練習問題

9.15 ポッサムの分類, パートI. オーストラリア地域のフクロギツネ (common brushtail possum) はその親類の米国のポッサムより少しかわいい.(図表 8.4, 316 頁を参照.) オーストラリアの 2 つの地域から 104 匹のランダムサンプルと見なせるポッサムを考えよう.第一はビクトリア, オーストラリアの東部, 南海岸に沿った地域.第二はニューサウスウェールズとクイーンズランド, 東部で北東部の地域である.ロジスティック回帰を用いて 2 つの地域のポッサムを区別できるか検討しよう.目的変数 (population と呼ぶ) はビクトリアなら 1, ニューサウスウェールズ・クイーンズランドなら 0 をとる.5 個の説明変数としては sex_male (オスの指標), head_length, skull_width, total_length, tail_length である.各変数はヒストグラムとして要約されている.フル・ロジスティック回帰モデルと変数選択の後のロジスティック回帰モデルを表にまとめた.

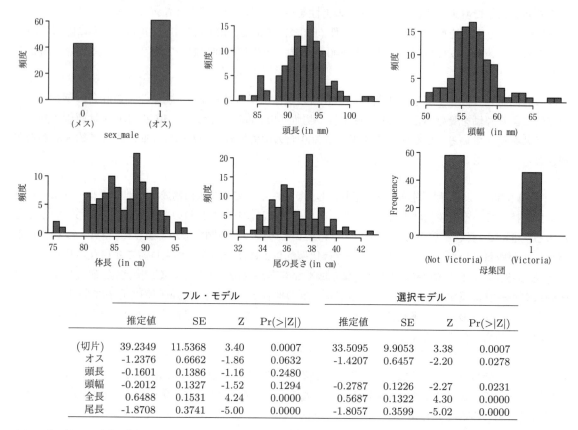

	フル・モデル				選択モデル			
	推定値	SE	Z	Pr(>|Z|)	推定値	SE	Z	Pr(>|Z|)
(切片)	39.2349	11.5368	3.40	0.0007	33.5095	9.9053	3.38	0.0007
オス	-1.2376	0.6662	-1.86	0.0632	-1.4207	0.6457	-2.20	0.0278
頭長	-0.1601	0.1386	-1.16	0.2480				
頭幅	-0.2012	0.1327	-1.52	0.1294	-0.2787	0.1226	-2.27	0.0231
全長	0.6488	0.1531	4.24	0.0000	0.5687	0.1322	4.30	0.0000
尾長	-1.8708	0.3741	-5.00	0.0000	-1.8057	0.3599	-5.02	0.0000

(a) それぞれの予測誤差を調べなさい.ロジスティック回帰モデルに非常に大きく影響する外れ値はあるだろうか.

(b) フル回帰モデルの結果によると変数選択のp値アプローチを用いると少なくとも 1 変数: head_length を除くべきと言うことになる.表の第二要素は変数選択を用いた結果の回帰モデルである.2 つのモデルの間で残った推定値の変化を説明しなさい.

9.16 チャレンジャーの悲劇, パートI. 1986 年 1 月 18 日チャレンジャー・スペース・シャトルの通常の打ち上げが想定されていた.打ち上げから 73 分後に悲劇が起きた:シャトルが分解, 乗員 7 名が死亡した.事故原因についての調査によると O リングと呼ばれる重要な部品に焦点が当てられ, シャトル打ち上げ時の O リングの破損が打ち上げ時の環境の温度に関係すると信じられている.次の表は 23 のシャトル打ち上げ時 O リングの観測データを要約したもので, ミッションの順番は打ち上げ時の温度に基いている.変数 (温度, $Temp$) は華氏の温度, 変数 (破損, $Damaged$) は破損した O リングの数, 変数 (非破損, $Undamaged$) は破損しなかった O リングの数を示している.

9.5. ロジスティック回帰入門

ミッション	1	2	3	4	5	6	7	8	9	10	11	12
温度	53	57	58	63	66	67	67	67	68	69	70	70
破損数	5	1	1	1	0	0	0	0	0	0	1	0
非破損数	1	5	5	5	6	6	6	6	6	6	5	6

シャトル	13	14	15	16	17	18	19	20	21	22	23
温度	70	70	72	73	75	75	76	76	78	79	81
破損数	1	0	0	0	0	1	0	0	0	0	0
非破損数	5	6	6	6	6	5	6	6	6	6	6

(a) 表の各列は異なるシャトル・ミッションを表している．データを調べ，温度と破損したOリングの関係について観察したことを述べなさい．

(b) 失敗のコードとして破損したOリングは1，非破損のOリングとして，ロジスティック回帰をデータに適用した．このモデルの結果は次のように要約される．この要約の重要な要素を言葉で説明しなさい．

	推定値	標準誤差	z 値	Pr(>|z|)
(切片)	11.6630	3.2963	3.54	0.0004
温度	-0.2162	0.0532	-4.07	0.0000

(c) 統計モデル母数の点推定値を用いたロジスティック回帰モデルを表しなさい．

(d) 統計モデルに基づいてOリングの議論は正当化できるだろうか，説明しなさい．

9.17 ポッサムの分類，パートⅡ． 練習問題9.15の2地域のポッサムを分類するためにロジスティック回帰モデルが提案されている．目的変数はビクトリアなら1，その他なら0をとる．

	推定値	SE	Z 値	Pr(>|Z|)
(切片)	33.5095	9.9053	3.38	0.0007
オス	-1.4207	0.6457	-2.20	0.0278
頭幅	-0.2787	0.1226	-2.27	0.0231
全長	0.5687	0.1322	4.30	0.0000
尾長	-1.8057	0.3599	-5.02	0.0000

(a) ロジスティック回帰モデルを書きなさい．他の変数をコントロールするとどちらの変数と正の相関があるか識別しなさい．

(b) 米国の動物園でポッサムを眺め，表示ではオーストラリアの野生で捕獲されたと述べているが，オーストラリアのどこかは書かれていないとしよう．ただしポッサムはオス，頭幅63mm，尻尾37cm，全長83cmであったとする．このポッサムがビクトリアからである選択されたモデルから求められる確率は幾つだろうか？この確率計算をどの程度信頼できるだろうか．

9.18 チャレンジャーの悲劇，パートⅡ． 練習問題9.16では1986年の発射から73秒後のスペースシャトルチャレンジャー号の失敗の可能な原因としてのOリングが説明された．調査によればスペースシャトル発射時の環境の温度がシャトルの重要な部品であるOリングの破損と関係していることが分かった．原データを見たければ前の問題を参照されたい．

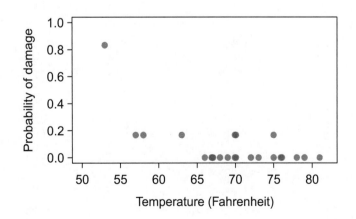

(a) 前の課題で示したデータをプロットで示す．ロジスティック回帰モデルのフィットを書くと

$$\log\left(\frac{\hat{p}}{1-\hat{p}}\right) = 11.6630 - 0.2162 \times (温度) \ .$$

ここで $\hat{p}$ は O リングが破損する確率を示している．このモデルを用いて環境の気温が華氏 51, 53, 55 のとき O リングがダメージを受ける確率を計算する．幾つかの温度に対してモデルで推定した確率を次に挙げておく (添え字は温度を示している):

$$\hat{p}_{57} = 0.341 \qquad \hat{p}_{59} = 0.251 \qquad \hat{p}_{61} = 0.179 \qquad \hat{p}_{63} = 0.124$$
$$\hat{p}_{65} = 0.084 \qquad \hat{p}_{67} = 0.056 \qquad \hat{p}_{69} = 0.037 \qquad \hat{p}_{71} = 0.024 \ .$$

(b) プロットに (a) からモデル推定確率を付け加え，このドット点を滑らかな曲線で結び，ロジット回帰モデルからの推定確率を表現しなさい．

(c) この例におけるロジスティック回帰の応用について考慮すべきことを記述し，モデルの妥当性を受け入れるのに必要な仮定に注意しなさい．

章末練習問題

9.19 重回帰・真偽. 次の説明は正しいか，それとも誤りか．正しくない場合にはなぜか説明しなさい．

(a) 説明変数に共線性があると1つの変数を除いても他の変数の係数の点推定値に影響を与えない．

(b) 重回帰モデルで数値変数 x の係数 $b_1 = 2.5$ とする．最初の観測値は $x_1 = 7.2$，第二観測値は $x_1 = 8.2$ であり，この2つの観測値の他の説明変数は同一の値をとっている．このとき第二の観測値の予測値は最初の観測値に比べて 2.5 だけ高くなる．

(c) 回帰モデルの最初の変数の係数 $b_1 = 5.7$，x_1 の値を何もしないときに比べ1増加させることができれば，この観測値に対応する y_1 の値は 5.7 増加する．

(d) 重回帰モデルを 472 の観測値データにフィットする．残差の分布は歪んでいるが特別な外れ値はないと思われた．残差は正規分布に近くないのでこの回帰モデルを利用すべきではなく，もっと上級の方法を利用する必要がある．

9.20 ロジスティック回帰・真偽. 次の説明は正しいか，誤りか．正しくない場合には，なぜか説明しなさい．

(a) あるロジスティック回帰モデルによる最初の2つの観測値 (1番目 $x_1 = 6$, 2番目 $x_1 = 4$) を考える．ここで2つの観測値を誤って最初の観測値には $x_1 = 7$ (6 ではない)，第二の観測値には $x_1 = 5$ (4 ではない) としたとしよう．このときロジスティック回帰の予測確率はこれらの値を正しくした後の各観測地に対して同じ値だけ増加する．

(b) ロジスティック回帰を用いるときには負の確率や1より大きい確率を予測することはない．

(c) ロジスティック回帰では目的変数の確率を予測するので，モデルを作る観測値は独立ではなくてもよい．

(d) ロジスティック回帰では通常は修正 R^2 を用いたモデル選択法を用いる．

9.21 スパム・フィルター，パートⅠ. スパム・フィルターはロジスティック回帰で用いた原理と類似の方法で作られている．各メッセージがスパムか非スパムかの確率をフィットしている．この問題のためにメールに関する幾つかの変数があり，変数 `to_multiple`, 変数 `cc`, 変数 `attach`, 変数 `dollar`, 変数 `winner`, 変数 `inherit`, 変数 `password`, 変数 `format`, 変数 `re_subj`, 変数 `exclaim_subj`, 変数 `sent_email`．なお，ここでは節約のために個々の変数の意味を説明しないが数値変数と指標変数である．

(a) 変数選択ではすべての変数を含むフル・モデルをフィット，変数を1つごとに落としていった．各モデルに対してAICを計算，報告している．この結果よりどの変数をモデル選択の結果として落とすべきだろうか．説明しなさい．

除かれた変数	AIC
除かない場合	1863.50
変数 `to_multiple`	2023.50
変数 `cc`	1863.18
変数 `attach`	1871.89
変数 `dollar`	1879.70
変数 `winner`	1885.03
変数 `inherit`	1865.55
変数 `password`	1879.31
変数 `format`	2008.85
変数 `re_subj`	1904.60
変数 `exclaim_subj`	1862.76
変数 `sent_email`	1958.18

パート (b) を参照．

(b) 次のモデル選択のステップを考える．1つの各変数を除くのAICを計算した．この結果からモデル選択により変数を除くべきだろうか．説明しなさい．

(除かれた変数)	AIC
(フル・モデル)	1862.41
変数 `to_multiple`	2019.55
変数 `attach`	1871.17
変数 `dollar`	1877.73
変数 `winner`	1884.95
変数 `inherit`	1864.52
変数 `password`	1878.19
変数 `format`	2007.45
変数 `re_subj`	1902.94
変数 `sent_email`	1957.56

9.22 映画の収益, パートⅡ. 練習問題 9.14 では学生がリリース年とジャンルに基づく映画の投資・リターン (ROI) を分析した. 以下のプロットは各ジャンル別に予測 ROI vs. 実際の ROI を示したものである. これらの図は FiveThirtyEight.com のコメント「ホラー映画の ROI はばかげている...」を支持できるだろうか. なお x 軸は各プロットで異なることに注意しておく.

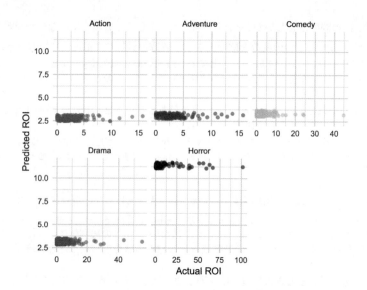

9.23 スパム・フィルター, パートⅡ. 練習問題 9.21 ではロジスティック回帰モデルを応用して個別 e メールに対するスパム分類のためのデータを示した. ここでは変数の一部をとりモデルをフィットした結果の出力である.

	推定値	標準誤差	z 値	Pr(>|z|)
(切片)	-0.8124	0.0870	-9.34	0.0000
to_multiple	-2.6351	0.3036	-8.68	0.0000
受賞 (winner の知らせ)	1.6272	0.3185	5.11	0.0000
書式 (format)	-1.5881	0.1196	-13.28	0.0000
re_subj	-3.0467	0.3625	-8.40	0.0000

(a) フィットしたモデルからの係数を利用してモデルを書きだしなさい.

(b) ある観察値が次のようであるとする: $\mathtt{to\_multiple} = 0$, $\mathtt{winner} = 1$, $\mathtt{format} = 0$, and $\mathtt{re\_subj} = 0$. このメッセージがスパムである予測確率を求めなさい.

(c) スパム・フィルターを利用しているデータサイエンティストになったとしよう. あるメッセージが与えられた時, ゴミ箱 (スパム箱, 利用者は多分チェックしない) に入れるのが妥当と考える前にメッセージがスパムである確率はどの程度にすべきか. ここで考慮すべきトレードオフとは何か, あなたの e メール・サービスを用いる利用者からの観点ではスパム・フィルターシステムをよりよくする何かアイデアはないだろうか?

付録 A

解答例

1 データ分析への誘い

1.1 (a) 処理群: $10/43 = 0.23 \rightarrow 23\%$.
(b) 対照群: $2/46 = 0.04 \rightarrow 4\%$. (c) 処理群の患者の方がより高い割合が針治療後の 24 時間に片頭痛がなかった. (d) 2 群の間の観察されている差が偶然である可能性はある.

1.3 (a)「大気汚染と早産に関係があるか？」(b) 1989 年～1993 年間の南カリフォルニアでの 143,196 の出生. (c) 一酸化炭素, 二酸化窒素, オゾン, $10\mu g/m^3$ (PM_{10}) 以下の物質粒子の計測値が空気モニタリング・ステーション, その他に受胎期間が集められている. 連続的数値変数.

1.5 (a)「子供にうそをつくなとはっきり言うことが効果的か？」. (b) 5 歳-15 歳の子供 160 名. (c) 4 変数. (1) 年齢 (数値, 離散), (2) 性別 (カテゴリカル), (3) 1 人っ子か否か (カテゴリカル), (4) うそをついたか否か (カテゴリカル).

1.7 説明変数：針治療か否か. 目的 (反応) 変数：痛みがあるか無いか.

1.9 (a) $50 \times 3 = 150$. (b) 4 個の連続数値変数: がくの長さ (sepal length), がくの幅 (sepal width), 花弁の長さ (petal length), 花弁の幅 (petal width). (c) 1 個のカテゴリカル変数: 種類, 3 水準: *setosa, versicolor, virginica*.

1.11 (a) 空港の所有 (公共/私有), 空港の利用 (公共/私用), 緯度 (latitude) と経度 (longitude). (b) 空港所有: カテゴリカル, 非順序. 空港利用: カテゴリカル, 非順序. 緯度: 数値, 連続, 経度: 数値, 連続.

1.13 (a) 母集団: すべての出生, 標本: 143,196 出生 (1989 年-1993 年の南カリフォルニア). (b) 仮にこの地域, この期間における出生がすべての出生を代表する者であれば, 南カリフォルニアのすべての母集団に一般化できる. しかしこの研究は観察データに基くので因果関係を確立することには利用できない.

1.15 (a) 母集団：18 歳-69 歳の治療を受けているすべての喘息患者. 標本 Sample: 600 名の患者. (b) この標本の患者 (ランダムなサンプリングをされていないが) が喘息の治療を受けている 18 歳-69 歳のすべての患者を代表しているとすれば, 結果は母集団に一般化できる. この研究は実験研究であり, 因果関係を確かめることに利用できる.

1.17 (a) 観察研究. (b) 変数 (Variable). (c) 標本統計量：平均 (mean). (d) 母集団パラメータ (母数)：平均 (mean).

1.19 (a) 観察研究. (b) 層別サンプリングを用いて一定の数 (例えば 10 名) の学生をランダムに選び標本全体を 40 名とする.

1.21 (a) 正, 非線形, かなり強い関係. インターネットにアクセスできる人口が多い国ほど平均寿命は高いが, 80 歳ぐらいで平均寿命は平坦になる. (b) 観察研究. (c) 富: インターネットを広く整えられる個人が多い国は多分だが基本的な医療を支えられる. (注意：様々な回答がありうる.)

1.23 (a) 単純無作為抽出 (ランダムサンプリング) で良い. 単純無作為抽出が妥当でない場合は稀である. (b) 学生の意見は研究分野により異なるかもしれないので, この変数で層別することは合理的である. (c) 年齢がほぼ同じ学生は似たような意見を持つ傾向があるが, クラスターは関心のある結果についてばらつきがある方が良い. したがってこの方法は良くないアプローチだろう. (追加の考察：この場合にはクラスターは異なる人数となる可能性が高いが, 予想しないほど異なる標本数になるかもしれない.)

1.25 (a) ランダムに選ばれた男女 200 名. (b) 反応変数は架空のマイクロオーブンに対する態度. (c) 説明変数は気質の態度. (d) はい, 各ケースはランダムにサンプリングされている. (e) これは観察研究であり処理 (treatment) はなされていない. (f) いいえ, これは観察研究なので変数間の因果関係を確立できない. (g) はい, 標本はランダムにとられているのでこの研究結果を母集団について一般化は可能である.

1.27 (a) 単純無作為標本. 非回答バイアス, かりに強い意見を持つ人のみが回答する場合には母集団を代表していない可能性がある. (b) 有意標本 (あるいは便宜的な標本). カバレッジのバイアス, 友人のみであると標本は母集団を代表していない可能性がある. さらに返事をしない人がいると非回答バイアスが生じ得る. (c) 便宜的な標本. この例は友人に聞いた時と同様の問題が生じ得る. (d) 多段サンプリング. もし各クラスが学生の構成などが似ていれば, 潜在的な非回答バイアスを除きバイアスは生じない.

1.29 (a) 試験成績. (b) 照明の水準: 蛍光灯, 黄色の天井照明, 卓上灯. (c) 性別: 男性, 女性.

1.31 (a) 試験成績. (b) 照明の水準 (蛍光灯, 黄色の天井照明, 卓上灯) と騒音の水準 (ノイズなし, 建設ノイズ, おしゃべり). (c) 研究者は性別について同等の評価を希望したので, 性別が局所化 (ブロッキング) 変数だろう.

1.33 ランダム化と目隠し化が必要だろう. ある可能な計画: (1) 参加者ごとに 2 カップを準備, 1 つはレギュラーコーラ, もう 1 つにダイエットコーラ. カップの見た目は同一, 同一のソーダ, カップ A(レギュラー), B(ダイエット) とラベルを張る. (各回で A と B をランダム化する!) (2) 各参加者に 2 カップ配るが, 一度に 1 カップ, 順番はランダム, 参加者に飲み物をどの程度好きか記録してもらう. ここで参加者, カップを扱う人の両方とも飲み物の中身が分からないよう, 二重に目隠しする. (なお様々な解答があり得る.)

1.35 (a) 観察研究. (b) 犬: Lucy. 猫: Luna. (c) Oliver, Lily. (d) 正の関係, 犬の名前の人気が大きいほど猫の人気も高くなる.

1.37 (a) 実験研究. (b) 処理群: 1 日 2 回 25 グラム, 対照群: プラセボ. (c) はい, 性別. (d) はい, 患者は処理について目隠しされているので, 単純盲検 (単盲検, single blind). (e) 実験研究なので因果関係を述べてることができる. しかし標本はランダムではないので大きな母集団について因果的関係を一般化はできない.

1.39 (a) 非回答者は多分, 質問へ異なる反応があるかもしれない. つまり調査に応じた両親は子供と過ごす時間を持つことに困難を感じていないかもしれない. (b) 3 年後に同じ住所で連絡できた女性がランダム・サンプルとは見なしにくい. サンプルに欠落した女性はおそらく賃貸 (自宅保有ではなく) で, 回答した人よりも低い社会階層の可能性がある. (c) この研究では対照群はなく, 観察研究であり, 潜在変数の可能性がある. 例えばランニングしている人は一般的により健康であったり, また他のエクササイズをしているかもしれない.

1.41 (a) ランダム化実験. (b) 説明変数: 処理群 (カテゴリカル, 3 水準). 反応変数: 心理的幸福感. (c) いいえ, 参加者はボランティア. (d) はい, これは実験研究. (e) 説明としては「証明」は「証拠」があると訂正すべき.

1.43 (a) 郡, 州, 運転者の人種, 車が記録されたことがあるか否か, 運転者が逮捕されたことがあるかないか. (b) すべてカテゴリカル, 非順序. (c) 反応 (目的) 変数: 車が記録されたことがあるか否か. 説明変数: 運転者の人種.

2 統計データの記述

2.1 (a) 正の関係性: 懐妊期間が長いと寿命が長い傾向がある. (b) 関係性は正. (c) いいえ, 独立ではない. (a) を見よ.

2.3 次のグラフは増殖期間を示している. スタートから指数的に増加して立ち上がり, ゆっくりした増加に転じることを示している.

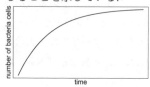

2.5 (a) 母平均, $\mu_{2007} = 52$; 標本平均, $\bar{x}_{2008} = 58$. (b) 母平均, $\mu_{2001} = 3.37$; 標本平均 $\bar{x}_{2012} = 3.59$.

2.7 工場で働いているものの中で休みを取る日数が最小から平均の間であればどの 10 名でもよい.

2.9 (a) 分布 2 の方が平均は大きく (20 > 13), 標準偏差も大きい. (20 は 13 以上で他より大きい.) (b) 分布 1 の方が平均は大きく (−20 > −40), 分布 2 の方が標準偏差は大きい. (-40 は-20 より小さく離れている.) (c) 分布 2 のすべての値は分布 1 よりも大きいが, それぞれの平均の周りで同じように変動しているので標準偏差は等しい. (d) 両方の分布は 300 の周りに散らばり平

均は等しい. 分布 2 は分布 1 に比べて平均からの散らばりがあるので標準偏差は大きい.

2.11 (a) 大体 30. (b) 分布は右に歪んでいるので平均は中央値より大きい. (c) Q1: 15 と 20 の間, Q3: 35 と 40 の間, IQR: 大体 20. (d) 異常に低いか高い値は四分位点から 1.5×IQR 離れている点である. 上側の壁: $Q3 + 1.5 \times IQR = 37.5 + 1.5 \times 20 = 67.5$; 下側の壁: $Q1 - 1.5 \times IQR = 17.5 + 1.5 \times 20 = -12.5$; 記録されている最低の AQI は 5 より小さくなく, 最大の AQI は 65 より高くない. したがってこの標本で観察されている日には以上に低い, あるいは高い AQI は観察されていない.

2.13 ヒストグラムは分布が双峰を示しているが, 箱ひげ図でははっきりしない. 他方, 箱ひげ図はヒゲを超える観測値の値をより正確に教えてくれる.

2.15 (a) 家族で飼っているペット数の分布は右に歪んでいると考えられる. 境界はゼロ, 多くのペットを飼っているのは少数, したがって, 中心は中央値 (メディアン) で記述, ばらつきは IQR で記述するのが良い. (b) 仕事場への距離は右に歪んでいると考えられよう. 境界ゼロ, ごく少数の人々が非常に遠くに住んでいる. したがって, 中心は中央値 (メディアン) で記述, ばらつきは IQR で記述するのが良い. (c) 男性の背の高さの分布は対称であるだろう. したがって, データの中心は平均, ばらつきは標準偏差で記述するのが良いだろう.

2.17 (a) この 42 名の典型的所得としては中央値がよいだろう. 平均は 42 名中の 40 名の所得より高いが, 平均は算術平均であり, 2 名の極端に高い観測値に影響されている. 中央値はそれほど影響を受けず, 外れ値に対してロバスト (頑健) である. (b) IQR は 42 名の大部分のデータのばらつきを測る尺ととして良いだろう. 標準偏差は 2 名の高額所得に強く影響される. IRQ は外れ値に対してロバストである.

2.19 (a) 分布は単峰であり, 中心は約 25 分, 標準偏差は約 5 分で対称である. 異常に低い, 高い観測値は見当たらない. 分布は単峰, 対称なので特に対数変換する必要はない. (b) 様々な回答があるだろう. ワシントン DC, 南西ニューヨーク, シカゴ, ミネアポリス, ロサンゼルス, その他の大都市ではより長い地域がある. さらに通勤時間が短い地域も中西部の農業地内にあり, 多くの農業従事者は農地が自宅に隣接, この地域の郡での通勤時間を短くしている.

2.21 (a) 棒グラフではカテゴリーの順番と相対頻度が分かる. (b) バー・プロットで分かるがバー・プロットで分からない事項は特に考えられない. (c) 通常はバー・プロットがより好まれるが, 各カテゴリーの相対比率が

この図から良く分かるからである.

2.23 縦の各イデオロギー・グループで はい (yes), いいえ (no), 分からない (Not Sure) に分かれているので, イデオロギーによりドリーム法に対する意見が異なることが分かる. したがって 2 つの変数は独立ではないと考えられる.

2.25 (a) (i) 誤り. 件数を数えるのではなく心臓疾患が起こる各グループに属する人の割合を比較するべきである. (ii) 正しい. (iii) 誤り. 関連性 (Association) は因果性 (causation) を意味するわけではない. 観測研究から因果関係を推測することはできない. (ii) における結果は微妙である. (iv) 正しい.
(b) $\frac{7,979}{227,571} \approx 0.035$.
(c) ロシグリタゾン群における心臓疾患の期待数は心臓疾患と処理が独立なら, グループ内の患者数に研究における心臓疾患率を乗じて計算され, $67,593 * \frac{7,979}{227,571} \approx 2370$.
(d) (i) H_0: 処理と心臓疾患は独立である. 何の関係もないので, ロシグリタゾン群とピオグリタゾン群での違いは単なる偶然である. H_A: 処理と心臓疾患は独立ではない. ロシグリタゾン群とピオグリタゾン群での違いは単なる偶然ではなく, ロシグリタゾンにはより高いある心臓疾患のリスクがある. (ii) 独立性の下での期待される数よりも心臓疾患の患者数が多ければ, リスクがより高いという対立仮説を支持する可能性がある. (iii) 実際の研究ではロシグリタゾン群では 2,593 件の心臓疾患があった. 独立性仮説の下での 1,000 回のシミュレーションではどのシミュレーションでも 2,593 より小さい数が検出され, 実際の観測値は独立性モデルの下ではないことが示唆された. すなわち, 変数は独立ではなく対立仮説がもっともらしいので独立性モデルを棄却された. この研究ではロシグリタゾンは心臓疾患のリスクが高くなることの強い証拠が与えられている.

2.27 (a) 減少する. 新しい点数は 24 個の点数の平均より小さい. (b) 加重和を計算する. 既存の平均には 24, 新しい点数には 1, $(24 \times 74 + 1 \times 64)/(24 + 1) = 73.6$. (他の方法もある.) (c) 新たな点数は 1 標準偏差以上に平均から離れているので増加する.

2.29 いいえ, 2 つの理由から分布は右に歪んでいると予想できる. (1) ゼロという境界がある.(TV を見る時間はゼロかゼロ以上.) (2) 標準偏差は平均に比べて大きい.

2.31 最優秀女優の年齢は右に歪んでいて, 中央値は約 30 である. 最優秀男優の年齢は右には少し歪んでいるが中央値は約 40 である. 2 つの分布のピークを比較すると, 最優秀女優は最優秀男優より若い傾向がある. 最優秀女優の年齢は最優秀男優よりばらつきが大きく, 両

方の分布には高齢のところに外れ値と思われる観測値がある.

2.33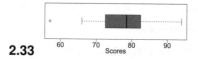

3 確率

3.1 (a) 誤り. 独立な試行. (b) 誤り. 赤の絵札がある. (c) 正しい. 絵札とエースは同時には起きない.

3.3 (a) 10 回. 回数が少なければ標本での表の出る (少なくとも 60%の確率) 変動はより大きい. (b) 100 回. 回数が多ければ表の出る回数は確率 0.50(0.40 より大きい) にの近くになる可能性が高い. (c) 100 回. 回数が多ければ表の出る回数は確率 0.50 の近くになる可能性が高い. (d) 10 回. 回数が少なければ標本での表の出る変動はより大きい.

3.5 (a) $0.5^{10} = 0.00098$. (b) $0.5^{10} = 0.00098$. (c) $P(\text{at least one tails}) = 1 - P(\text{no tails}) = 1 - (0.5^{10}) \approx 1 - 0.001 = 0.999$.

3.7 (a) いいえ. 無党派と浮動層である有権者はいる. (b)

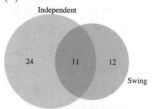

(c) 無党派層は浮動層かそうでないかであり, 35%が無党派層, 11%が無党派かつ浮動層. (d) 0.47. (e) 0.53. (f) P(無党派) × P(浮動層) = 0.35 × 0.23 = 0.08, P(無党派 and 浮動層) = 0.11 なので独立でない.

3.9 (a) クラスの成績が相対評価によらなければ独立. 成績が相対評価なら, 独立とも排反とも言えないだろう. (b) 多分, 独立ではないだろう. 一緒に勉強していたとすると, 試験結果は似てくるはずである. (c) いいえ. 例えば (a) で教員が真面目に独立に成績をつけていたとしてもある事象が他の事象が起きないことを保証はしていない.

3.11 (a) $0.16 + 0.09 = 0.25$. (b) $0.17 + 0.09 = 0.26$. (c) 夫と妻の教育水準が独立とすると $0.25 \times 0.26 = 0.065$. このことは多分, 既婚と教育歴が独立と言うことを仮定していることになる. (d) 夫と妻の独立性の仮定は多分, 妥当ではないだろう. 多くの人はしばしば同等の教育水準の人と結婚する傾向があり, 第二の仮定に反する.

3.13 (a) いいえ, ただし A と B が独立なら可能. (b-i) 0.21. (b-ii) 0.79. (b-iii) 0.3. (c) いいえ, $0.1 \neq 0.21$ であり, 0.21 (は独立性の仮定の下での数値). (d) 0.143.

3.15 (a) いいえ, 回答者の 18 パーセントはこの項目に該当する. (b) $0.60 + 0.20 - 0.18 = 0.62$. (c) $0.18/0.20 = 0.9$. (d) $0.11/0.33 \approx 0.33$. (e) いいえ, さもなければ (c) と (d) は同じになる.. (f) $0.06/0.34 \approx 0.18$.

3.17 (a) いいえ. 6 名の女性は Five Guys Burgers を好む. (b) $162/248 = 0.65$. (c) $181/252 = 0.72$. (d) デートをする選択とハンバーガーの好みが独立であるという (一応はもっともらしい) 仮定の下で $0.65 \times 0.72 = 0.468$. (e) $(252 + 6 - 1)/500 = 0.514$.

3.19 (a)

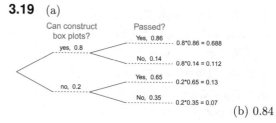

(b) 0.84

3.21 0.0714. ルーパス検査が陽性の時でも 7.14% の確率でルーパス. 多分, ショーの説明は正しいと考えられる.

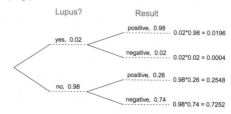

3.23 (a) 0.3. (b) 0.3. (c) 0.3. (d) $0.3 \times 0.3 = 0.09$. (e) はい, 標本が採られる母集団は各サンプルで同一.

3.25 (a) $2/9 \approx 0.22$. (b) $3/9 \approx 0.33$. (c) $\frac{3}{10} \times \frac{2}{9} \approx 0.067$. (d) いいえ, 一枚チップをとると次のサンプリングの確率が変化する.

3.27 $P(^1\text{leggings}, ^2\text{jeans}, ^3\text{jeans}) = \frac{5}{24} \times \frac{7}{23} \times \frac{6}{22} = 0.0173$ となる. ここでレギングス (leggiungs) を履いている人は二番目, あるいは三番目でもよく, かつ同じ確率であるから $3 \times 0.0173 = 0.0519$.

3.29 (a) 13. (b) いいえ. 27 名は大学の学生全体の母集団からのランダムサンプルではない. 多分, 土曜の 9 時に体育館に出かける学生の喫煙率は全体に比べて低いのではと考えられる.

3.31 (a) E(X) = 3.59. SD(X) = 9.64. (b) E(X) = -1.41. SD(X) = 9.64. (c) いいえ，期待収益は負，平均的にはお金を失うと考えられる．

3.33 5% 増加．

3.35 E = -0.0526. SD = 0.9986.

3.37 近似的な解でよいだろう．
(a) $(29 + 32)/144 = 0.42$. (b) $21/144 = 0.15$. (c) $(26 + 12 + 15)/144 = 0.37$.

3.39 (a) 不適切．和は1以上．(b) 不適切．確率は0と1の間で和が1．(c) 不適切．和が1以下．(d) 不適切．負の確率がある．(e) 適切．確率は0と1の間で和が1．(f) 不適切．負の確率がある．．

3.41 0.8247.

3.43 (a) E = 3.90(ドル). SD = 0.34(ドル).
(b) E = 27.30(ドル). SD = 0.89(ドル).

3.45 $Var\left(\frac{X_1+X_2}{2}\right)$
$= Var\left(\frac{X_1}{2} + \frac{X_2}{2}\right)$
$= \frac{Var(X_1)}{2^2} + \frac{Var(X_2)}{2^2}$
$= \frac{\sigma^2}{4} + \frac{\sigma^2}{4}$
$= \sigma^2/2$.

3.47 $Var\left(\frac{X_1+X_2+\cdots+X_n}{n}\right)$
$= Var\left(\frac{X_1}{n} + \frac{X_2}{n} + \cdots + \frac{X_n}{n}\right)$
$= \frac{Var(X_1)}{n^2} + \frac{Var(X_2)}{n^2} + \cdots + \frac{Var(X_n)}{n^2}$
$= \frac{\sigma^2}{n^2} + \frac{\sigma^2}{n^2} + \cdots + \frac{\sigma^2}{n^2}$ (n 項の和)
$= n\frac{\sigma^2}{n^2}$
$= \sigma^2/n$.

4 確率変数の分布

4.1 (a) 8.85%. (b) 6.94%. (c) 58.86%. (d) 4.56%.

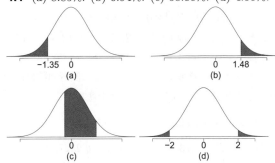

4.3 (a) 言語: $N(\mu = 151, \sigma = 7)$, 数学的: $N(\mu = 153, \sigma = 7.67)$. (b) $Z_{VR} = 1.29$, $Z_{QR} = 0.52$.

(c) ソフィアは言語能力セクションの平均より1.29標準偏差分高い得点であり，数学的能力セクションの平均より0.52標準偏差分高い得点であった．(d) ソフィアはZスコアがより高かった言語能力セクションの方がよい成績であった．(e) $Perc_{言語} = 0.9007 \approx 90\%$, $Perc_{数学的} = 0.6990 \approx 70\%$. (f) ソフィアよりも，言語では $100\% - 90\% = 10\%$ がよく，数学的では $100\% - 70\% = 30\%$ がよかった．(g) 素点は尺度が異なるので比較できない．他人と成績を比較するときはパーセンタイルのスコアの方がより適切である．(h)(b) の解答は正規分布ではない分布に対して計算されたZスコアでも変更はない．しかし，正規モデルを使用しないと確率やパーセンタイルを正規確率表を用いて計算することができないので，(d) から (f) の解答は変更がありうる．

4.5 (a) $Z = 0.84$ でありこれは数学的能力の 159 に対応している．(b) $Z = -0.52$ でありこれは言語能力の 147 に対応している．

4.7 (a) $Z = 1.2$, $P(Z > 1.2) = 0.1151$.
(b) $Z = -1.28 \to 70.6°F$ またはこれより涼しい．

4.9 (a) $N(25, 2.78)$. (b) $Z = 1.08$, $P(Z > 1.08) = 0.1401$. (c) 解答は単位が変更されただけであるので非常に近い．(ではなぜ違いがあるかというと，28°C は 82.4°F であり，厳密には 83°F ではないからである．) (d)$IQR = Q3 - Q1$ より，まず $Q3$ と $Q1$ を求める必要があり，この2つの差を取る．$Q3$ は 75th パーセント点であり，$Q1$ は 25th パーセント点である．$Q1 = 23.13$, $Q3 = 26.86$, $IQR = 26.86 - 23.13 = 3.73$.

4.11 (a) いいえ．カードは独立ではない．例えば，最初のカードがクラブのエースだとすると2番目のカードはクラブのエースではあり得ないことになる．さらに，簡単化しなければならない多くのカテゴリーがある．(b) いいえ．検討するイベントは6種類ある．ベル

ヌーイ分布は2種類のイベントまはたカテゴリーのみが許されている．もし，例えば6の目が出るかどうかのように2種類のイベントに単純化すればサイコロ転がしはベルヌーイ試行になり得るが，このように詳細に特定することが必要である．

4.13 (a) $0.875^2 \times 0.125 = 0.096$. (b) $\mu = 8, \sigma = 7.48$.

4.15 pを成功確率とすると，ベルヌーイ確率変数Xの平均は次式で与えられる．
$$\mu = E[X] = P(X=0) \times 0 + P(X=1) \times 1$$
$$= (1-p) \times 0 + p \times 1 = 0 + p = p$$

4.17 (a) 二項分布の条件は次のように満たされている．(1) 独立試行:無作為抽出標本で，ある18-20歳の者が飲酒していたことは他の者が飲酒していたかどうかに依存していない．(2) 固定された試行回数: $n = 10$. (3) 各試行の結果は2種のみ: 飲酒していたか，していなかったか．(4) 各試行の成功確率は同一: $p = 0.697$. (b) 0.203. (c) 0.203. (d) 0.167. (e) 0.997.

4.19 (a) $\mu 34.85, \sigma = 3.25$ (b) $Z = \frac{45-34.85}{3.25} = 3.12$. 45人は平均から3標準偏差離れており，通常ではない観測値である．したがって，解答は「はい」で，このことは驚くべきことである．(c) 正規近似を使用し，0.0009. 0.5の調整をし，0.0015である．

4.21 (a) $1 - 0.75^3 = 0.5781$. (b) 0.1406. (c) 0.4219. (d) $1 - 0.25^3 = 0.9844$.

4.23 (a) 幾何: 0.109. (b) 二項: 0.219. (c) 二項: 0.137. (d) $1 - 0.875^6 = 0.551$. (e) 幾何: 0.084. (f) $n = 6$および$p = 0.75$の二項分布を使うと，$\mu = 4.5$，$\sigma = 1.06$であり，$Z = 2.36$である．これは2標準偏差の範囲外であるので，通常ではないと考え得る．

4.25 (a) $\overset{Anna}{1/5} \times \overset{Ben}{1/4} \times \overset{Carl}{1/3} \times \overset{Damian}{1/2} \times \overset{Eddy}{1/1} = 1/5! = 1/120$. (b) 確率を合計すると1になるので，$5! = 120$とおりありうる．(c) $8! = 40,320$.

4.27 (a) 0.0804. (b) 0.0322. (c) 0.0193.

4.29 (a) $n = 4$および$p = 0.55$の負の二項分布で，成功は女子学生と定義．最後の試行が固定され，最初から3試行の順序は決まっていないので負の二項分布が適切である．(b) 0.1838. (c) $\binom{3}{1} = 3$. (d) 二項モデルでは最後の試行の結果については制約がない．したがって，それを除く最初から$n-1$試行のうち$k-1$回の成功の順序が関心の対象である．

4.31 (a) $\lambda = 75$のポアソン分布．(b) $\mu = \lambda = 75$，$\sigma = \sqrt{\lambda} = 8.66$. (c) $Z = -1.73$. 60人は平均から2標準偏差の範囲内であり，通常のことではないとは言えないであろう．この経験則は正規分布が応用できない場合も時折使用する．(d) $\lambda = 75$のポアソン分布を使用すると0.0402.

4.33 (a) $\frac{\lambda^k \times e^{-\lambda}}{k!} = \frac{6.5^5 \times e^{-6.5}}{5!} = 0.1454$
(b) 確率は$0.0015 + 0.0098 + 0.0318 = 0.0431$になる(丸め誤差がなければ0.0430)．
(c) 自動車1台当たりの人数は$11.7/6.5 = 1.8$人で，小さなクラスターで来店することを意味する．すなわち，1人の来店があったとき，もう1人あるいはそれ以上の同乗者がいる可能性がある．これは自動車の到着が独立であっても個人は独立ではないことを意味し，ポアソン分布の重要な仮定に違反する．すなわち，2時から3時の間に来店する人数はポアソン分布には従わないであろう．

4.35 0勝(-3ドル): 0.1458. 1勝(-1ドル): 0.3936. 2勝(+1ドル): 0.3543. 3勝(+3ドル): 0.1063.

4.37 1,786人以上の入学者数になる確率を求めたい．$\mu = np = 2,500 \times 0.7 = 1750$および$\sigma = \sqrt{np(1-p)} = \sqrt{2,500 \times 0.7 \times 0.3} \approx 23$の正規近似を用いると，$Z = 1.61$となり，$P(Z > 1.61) = 0.0537$. 0.5の調整をして0.0559.

4.39 (a) $Z = 0.67$. (b) $\mu = \$1650, x = \$1800$. (c) $0.67 = \frac{1800-1650}{\sigma} \rightarrow \sigma = \$223.88$.

4.41 (a) $(1-0.471)^2 \times 0.471 = 0.1318$. (b) $0.471^3 = 0.1045$. (c) $\mu = 1/0.471 = 2.12$, $\sigma = \sqrt{2.38} = 1.54$. (d) $\mu = 1/0.30 = 3.33$, $\sigma = 2.79$. (e) pが小さいとき，この事象はまれであり，成功するまでの試行回数の期待値と標準偏差はより高くなることを意味する．

4.43 $Z = 1.56, P(Z > 1.56) = 0.0594$. すなわち6%．

4.45 (a) $Z = 0.73, P(Z > 0.73) = 0.2327$. (b) もし，1つのオークションにのみ入札していて，最高入札価格を低く設定すると，おそらく誰かがあなたに競り勝つであろう．もし，最高入札価格を高く設定すると，あなたはオークションに勝つかもしれないが，必要以上に支払うことになる．複数のオークションに入札し，最高入札価格を非常に低くすると，おそらく全くオークションに勝てないであろう．しかし，もし最高入札価格が多少高い場合，複数のオークションに勝ち目がある．(c) おおまかな答えとしては，10パーセント点に等しい価格が妥当であろう．残念ながら，少なくとも1つのオークションで勝つことを保証する閾値となるパーセント点はない．しかし，オークションにより確実に勝つことを望むときは，より高いパーセント点を選ぶこともよい．(d) 答えは少し変動しうるだろうが，(c)の解答に対応する．10パーセンタイルを用いて，$Z = -1.28 \rightarrow 69.80$ドルとなる．

4.47 (a) $Z = 3.5$, 上側の裾の確率は0.0002. (より

正確な値は 0.000233 であるが，ここでは計算のために 0.0002 を使用する．）
(b) $0.0002 \times 2000 = 0.4$．身長が 76 インチ以上ある 10 歳児が入場する人数の期待値は約 0.4 人である
(c) $\binom{2000}{0}(0.0002)^0(1-0.0002)^{2000} = 0.67029$.
(d) $\frac{0.4^0 \times e^{-0.4}}{0!} = \frac{1 \times e^{-0.4}}{1} = 0.67032$.

5 統計的推測の基本

5.1 (a) 平均．各学生は時間数という数値を答えている．(b) 平均．各学生はパーセンテージという数値を答えて，結果ではその数値から平均を使用している．(c) 比率．各学生は，「はい」か「いいえ」を答え，これはカテゴリー変数で，結果では比率が使用される．(d) 平均．各学生は数値を答え，(b) と同様なパーセンテージである．(e) 比率．各学生は就職すると思っているかどうかを答えるので，これはカテゴリー変数で，結果では比率が使用される．

5.3 (a) 標本はその週にその工場で生産されたすべてのコンピュータチップから採集されている．すべての週が母集団としてしまうかもしれないが，不良品率は時間により変化する可能性に注意を払うべきである．(b) その週にその工場で生産されたコンピュータチップの不良品率．(c) データによりパラメータを推計すると，$\hat{p} = \frac{27}{212} = 0.127$．(d) **標準誤差** (または SE)．(e) p の代わりに $\hat{p} = 0.127$ を用いて SE を推計すると $SE \approx \sqrt{\frac{\hat{p}(1-\hat{p})}{n}} = \sqrt{\frac{0.127(1-0.127)}{212}} = 0.023$．(f) 標準誤差は $\hat{p}$ の標準偏差である．0.10 という値は観測値より約 1 標準誤差分離れ，非常に珍しいほどは離れていない．（通常，2 標準誤差を超えるのがよい経験則である．）驚くべきではない．(g) $p = 0.1$ を用いて再計算された標準誤差は $SE = \sqrt{\frac{0.1(1-0.1)}{212}} = 0.021$ である．この値はあまり差がなく，比較的同様な比率を用いて計算すると通常はこのようになる（そして，比率が非常に違っているときでさえもあまり差がない！）．

5.5 (a) 標本分布．(b) 母比率が 5-30％の範囲内にあれば，成功・失敗条件は満たされ，標本分布は左右対称になるであろう．(c) 標準誤差の公式を用いれば，$SE = \sqrt{\frac{p(1-p)}{n}} = \sqrt{\frac{0.08(1-0.08)}{800}} = 0.0096$ となる．(d) 標準誤差．(e) 標本毎の観測値が少なくなると，分布のばらつきはより大きくなる傾向がある．

5.7 公式は 点推定値 $\pm z^\star \times SE$ であったことを思い出そう．第 1 に 3 個の異なる値を確認する．点推定値は 45%，95% 信頼水準には $z^\star = 1.96$，および $SE = 1.2\%$．そして，公式に代入すると $45\% \pm 1.96 \times 1.2\%$ → $(42.6\%, 47.4\%)$．95% の信頼性でアメリカ人の成人の慢性疾患を抱えている人の比率は 42.6% と 47.4% の間である．

5.9 (a) 誤り．信頼区間はもっともらしい値の範囲を与えるもので，時折，真実を見誤る．95% の信頼区間は約 5% の回数で「見誤る」．(b) 正しい．この記述は真の母集団の値に焦点を合わせていることに注意．(c) 正しい．もし，例題 5.9 で計算された 95% 信頼区間で分析すると，50% はこの区間内にないことが分かる．このことは仮説検定で真の比率が 0.5 という帰無仮説を棄却するということを意味している．(d) 誤り．標準誤差は偶然による自然変動により推定値全体の不確実性を記述するものであり，個別の回答に対応する不確実性を記述するものではない．

5.11 (a) 誤り．推論は母集団のパラメータに関するものであり，点推定値に関するものではない．点推定値は常に信頼区間内にある．(b) 正しい．(c) 誤り．信頼区間は標本平均に関するものではない．(d) 誤り．パラメータを捕獲していることをより信頼するにはより広い信頼区間が必要である．濁った湖でより確実に魚を捕まえるにはより大きな網が必要になることを考えよう．(e) 正しい．追加説明:正規モデルは標本平均に対して用いられてきたので正しい．誤差の範囲は信頼区間の幅の半分であり，標本平均は信頼区間の中央である．(f) 誤り．標準誤差の計算で標準偏差を標本サイズの平方根で除している．標準誤差（または誤差の範囲）を半分に減らすには最初の標本の人数から $2^2 = 4$ 倍の標本にする必要がある．

5.13 (a) 訪問者は無作為抽出標本からものであり，独立性は満たされている．成功・失敗条件も，64 と $752 - 64 = 688$ とどちらも 10 を超えており，満たされている．したがって，$\hat{p}$ に対して正規分布を用いることができ，信頼区間を設定できる．(b) 標本比率は $\hat{p} = \frac{64}{752} = 0.085$ である．標準誤差は

$$SE = \sqrt{\frac{p(1-p)}{n}} \approx \sqrt{\frac{\hat{p}(1-\hat{p})}{n}}$$
$$= \sqrt{\frac{0.085(1-0.085)}{752}} = 0.010 \quad \text{である．}$$

(c) 90% 信頼区間には，$z^\star = 1.65$ を用いる．信頼区間は $0.085 \pm 1.65 \times 0.010 \to (0.0685, 0.1015)$ である．サイトへの初回訪問者の 6.85% から 10.15% が新デザインを使って登録することは 90% の信頼性がある．

5.15 (a) $H_0 : p = 0.5$ (学生の過半数も少数も成績はよくならなかった)．$H_A : p \neq 0.5$ (学生の過半数または少数の成績がよくなった)．

(b) $H_0 : \mu = 15$ (3 月の勤務時間のうち，従業員が業務をしなかった平均時間は 15 分間である)．$H_A : \mu \neq 15$

(3月の勤務時間のうち，従業員が業務をしなかった平均時間は15分間とは異なる).

5.17 (1) 仮説は母比率 (p) に関するものであるべきで標本比率ではない．(2) 帰無仮説は等号を用いるべきである．(3) 対立仮説は否定等号 ($\neq$) を使用すべきである．(4) 帰無値 $p_0 = 0.6$ を使うべきで，標本比率を使うべきではない．正しい仮説の設定は $H_0 : p = 0.6$ および $H_A : p \neq 0.6$ となる

5.19 (a) 信頼区間全体が50%を超えているのでこの主張は妥当である．(b) 70%という値は信頼区間の外にあるので，研究者の推測は間違っていたという説得力のある証拠がある．(c) 90%信頼区間は95%信頼区間よりも狭くなるであろう．信頼区間を計算するまでもなく，70%という値は信頼区間の中にはないと言えるだろうから同様に90%信頼水準に基づき研究者の推測は棄却される．

5.21 (i) 仮説を設定する．$H_0: p = 0.5$, $H_A: p \neq 0.5$．信頼水準 $\alpha = 0.05$ を用いる．(ii) 条件を確認: 無作為抽出標本なので独立であり，成功・失敗条件は $0.42 \times 1000 = 420$ および $(1 - 0.42) \times 1000 = 580$ より，少なくとも10であるので満たされる．(iii) 次に以下の計算をする: $SE = \sqrt{0.5(1-0.5)/1000} = 0.016$．$Z = \frac{0.42-0.5}{0.016} = -5$，これにより片側の裾の面積は約 0.0000003 であり，したがって p-値はこの片側の裾の面積の2倍の 0.0000006 である．(iv) 結論: p-値は $\alpha = 0.05$ より小さいので，帰無仮説は棄却され，最低賃金の引き上げが経済にプラスであると信じるアメリカ人の成人の割合は50%ではないとの結論になる．観測値は50%を下回り，帰無仮説は棄却されているので，これを信じている人はアメリカ人の成人の50%よりも少ないと結論付けられる．(参考までに，この調査は経済にプラスであるかとの質問とは別に，最低賃金の引き上げを支持するかも調査している．)

5.23 もしp-値が0.05であれば，検定統計量は $Z = -1.96$ または $Z = 1.96$ のどちらかである．$Z = 1.96$ の場合を示す．標準誤差: $SE = \sqrt{0.3(1-0.3)/90} = 0.048$．最後に，検定統計量の公式に代入して $\hat{p}$ について解くと $1.96 = \frac{\hat{p}-0.3}{0.048} \to \hat{p} = 0.394$．もう1つ別の場合として，$Z = -1.96$ のときは $\hat{p} = 0.206$ を使う．

5.25 (a) H_0: 抗うつ剤は線維筋痛症に効果がない．H_A: 抗うつ剤は線維筋痛症に（症状を和らげるかさらに悪化させるかどちらかの）効果がある．(b) 抗うつ剤は線維筋痛症の症状を和らげるかさらに悪化させるかどちらの効果もない場合にどちらかの効果があると結論を下すこと．(c) 抗うつ剤は線維筋痛症の症状に効果がある場合に，効果がないと結論を下すこと．

5.27 (a) アメリカ人が1日にリラックスまたは趣味の活動に費やしている平均的な時間は1.38から1.92の間であることに95%の信頼性がある．(b) 信頼区間の幅は信頼水準が高まるほど広いので，別の研究者のグループの信頼水準は高い．(c) 標本サイズが大きくなると標準誤差が小さくなり，誤差の幅は小さくなるので新しい誤差の幅は小さくなるであろう．

5.29 (a) H_0: そのレストランは食品安全衛生規則に従っている．H_A: そのレストランは食品安全衛生規則に従っていない．(b) 食品安全検査官がそのレストランは実際には安全であるときに，食品安全衛生規則に従っていないと結論を出し，レストランを閉店させること．(c) 食品安全検査官がそのレストランは実際には安全でないときに，食品安全衛生規則に従っていると結論を出し，レストランを開店させ続けること．(d) 第1種の過誤はレストランのオーナーにとって食品安全衛生規則に従っているのに閉店させられる，より問題である．(e) 第2種の過誤は食事客にとって実際はそのレストランは安全でないのに安全と見なされるのでより問題である．(f) 強い証拠である．食事客は規則に従っていない店が閉店させられないよりも規則に従っている店が閉店させられるほうがどちらかと言えばよい．

5.31 (a) $H_0 : p_{失業中} = p_{就業中}$: 失業中と就業中の人々の間で人間関係に問題がある人の比率は等しい．$H_A : p_{失業中} \neq p_{就業中}$: 失業中と就業中の人々の間で人間関係に問題がある人の比率は異なる．(b) もし実際に2つの母比率が等しいなら，少なくとも2%の標本比率の差が観測される確率はほぼ0.35である．この確率は高いので帰無仮説は棄却できない．失業中と就業中の人々の間で人間関係に問題がある人の比率が異なることの説得力のある証拠はデータからは得られていない．

5.33 130は信頼区間の中にあるので真の平均が栄養成分表示と異なることを示す説得力のある証拠はない．

5.35 正しい．もし標本サイズがより大きくなっていくとき，標準誤差はより小さくなっていくであろう．最終的には，標本サイズが十分に大きく，標準誤差が非常に小さいとき，帰無値と点推定値の差が非常に小さいとき（これらは正確には等しくないと仮定する）でも統計学的に有意であることが分かる．

5.37 (a) 実質的には，男性が女性よりも賃金が高いこと（またはその逆）を検証し，以下の仮説の下でどちらかの結果になると思われる．

$$H_0 : p = 0.5 \qquad H_A : p \neq 0.5$$

p は男性が女性よりも賃金が高い比率を表す．
(b) 以下のように仮説検定ができあがる．

- 仕事は単純無作為抽出ではないので，独立性を確認するよい方法はない．しかし，それぞれの仕

事の個人は互いに異なるので，独立性は不適切とは思えない．成功・失敗条件は帰無比率を用いて $p_0 n = (1-p_0)n = 10.5$ と 10 より大きいので満たされている．
- 標本比率，SE および検定統計量を次のように計算できる．

$$\hat{p} = 19/21 = 0.905$$

$$SE = \sqrt{\frac{0.5 \times (1-0.5)}{21}} = 0.109$$

$$Z = \frac{0.905 - 0.5}{0.109} = 3.72$$

検定統計量 Z は上側確率の約 0.0001 に対応し，したがって p-値はこの値の 2 倍で 0.0002 である．

- p-値は 0.05 より小さいのですべての賃金の男女格差は偶然であるという考えは棄却される．男性の賃金がより高いことの比率が高いことと，H_0 を棄却していることにより，男性は偶然によるものだけとは説明できない要因で高い賃金が支払われていると結論を下すことができる．

もし，賃金に影響がある他の要因を調整することの議論を含め，この話題のさらなる情報に興味がある場合，次のヘルスケアトリアージによる動画を参照のこと．(youtu.be/aVhgKSULNQA)

6 カテゴリカル・データの統計的推測

6.1 (a) 誤り．成功・失敗条件を満たさない．(b) 正しい．成功・失敗条件は満たさない．多くの場合には $\hat{p}$ は真の値 0.08 に近いと予想される．$\hat{p}$ は 0.08 を大きく上回ることはあるが，0 以下にはならないので，分布は右に歪んだ形になると予想される．(c) 誤り．$SE_{\hat{p}} = 0.0243$ であるから $\hat{p} = 0.12$ は期待値から標準誤差 $\frac{0.12 - 0.08}{0.0243} = 1.65$ 離れているが，これは稀ではない．(d) 正しい．$\hat{p} = 0.12$ は期待値から 2.32 標準誤差の所であり，通常は滅多に起こらないと考える．(e) 誤り．標準誤差は $1/\sqrt{2}$ 倍．

6.3 (a) 正しい．6.1(b) 節で説明している．(b) 正しい．標準誤差は標本数の平方根をとる．(c) 正しい．独立性条件と成功・失敗条件は満たしている．(d) 正しい．独立性条件と成功・失敗条件は満たしている．

6.5 (a) 誤り．(b) 正しい．95% CI: 82% ± 2%. (c) 正しい．信頼区間の定義による．(d) 正しい．標本数を 4 倍すると標準誤差は小さくなり，$1/\sqrt{4}$ 倍される．(e) 正しい．95% CI は 50% 以上となる．

6.7 ランダムサンプルなら独立性条件は満たし，成功失敗条件も満たしている．誤差率は $ME = z^\star \sqrt{\frac{\hat{p}(1-\hat{p})}{n}} = 1.96 \sqrt{\frac{0.56 \times 0.44}{600}} = 0.0397 \approx 4\%$

6.9 (a) いいえ．サンプルは SAT を受験，オンライン調査に答えた学生のみを代表している．(b) (0.5289, 0.5711). 高校 3 年生で SAT を受験した 53% - 57% は大学で海外履修プログラムに参加することは 90% 信頼できる．(c) ランダム・サンプルの 90% が真の割合を含む 90%信頼区間に入っている．(d) 正しい．信頼区間は 50%をかなり上回っている．

6.11 多数 (あるいは少数) が支持ということを次の仮説に翻訳する．

$$H_0 : p = 0.5 \qquad H_A : p \neq 0.5 \ .$$

標本比は $\hat{p} = 0.55$, 無党派 (independents) の標本数は $n = 617$. ランダムサンプルなので独立性条件は満たす．成功・失敗条件も満たしている (帰無値 $p_0 = 0.5$ により 617×0.5, $617 \times (1-0.5)$ は 10 以上になる．) したがって正規分布を利用して

$$SE = \sqrt{\frac{p(1-p)}{n}} = 0.02 \ .$$

検定統計量は

$$Z = \frac{0.55 - 0.5}{0.02} = 2.5$$

より片側裾確率は 0.0062, p-値は $2 \times 0.0062 = 0.0124$. この値は 0.05 より小さいので帰無仮説を棄却, 0.5 と異なることを支持するが，データからの点推定値は 0.5 以上なので TV 番組の主張を支持する証拠がある．
(b) いいえ．一般には仮説検定と信頼区間は一致すると言えるが，信頼水準に依存して結果が変わり得る．例えば 99% 信頼水準と有意水準 $\alpha = 0.05$ では解釈は異なり得る．

6.13 (a) $H_0 : p = 0.5$. $H_A : p \neq 0.5$. 独立性 (ランダムサンプルより) は満たされ，成功・失敗条件 ($p_0 = 0.5$ を使うと期待値は 40 成功, 40 失敗) も満たされている．$Z = 2.91 \rightarrow$ の片側確率 0.0018 なので p-値は 0.0036. p-値 < 0.05 なので帰無仮説を棄却する．(b) ランダムに選んだ 80 名の中で 53 名以上ソーダを識別できる確率は 0.0036.

6.15 標本比は $\hat{p} = 0.55$ なので標本サイズを求められる．90% 信頼区間の標準誤差は $1.65 \times SE = 1.65 \times \sqrt{\frac{p(1-p)}{n}}$. これが 0.01 以下になるには

$$1.65 \times \sqrt{\frac{0.55(1-0.55)}{n}} \leq 0.01$$

$$1.65^2 \frac{0.55(1-0.55)}{0.01^2} \leq n$$

より n は少なくとも 6739.

6.17 これはランダム実験ではなく，仲間の影響で行動しているかは不透明である．さらに挑発的シナリオでは 5 ケースと言う項目は成功・失敗条件を満たしていない．

また比をプールした仮説検定を考えても成功・失敗条件は満たしていない. 条件が満たされないので標本比の分布は正規分布に近いとは言えない.

6.19 (a) 誤り. 信頼区間はゼロより上にある. (b) 正しい. (c) 正しい. (d) 正しい. (e) 誤り. (-0.06,-0.02).

6.21 (a) 標準誤差は

$$SE = \sqrt{\frac{0.79(1-0.79)}{347} + \frac{0.55(1-0.55)}{617}} = 0.03$$

$z^{\star} = 1.96$ を用いると,

$$0.79 - 0.55 \pm 1.96 \times 0.03 \rightarrow (0.181, 0.299)$$

となる. 95%信頼区間により民主党員は無党派よりも計画には18.1%から29.9%支持率が高い. (b) 正しい.

6.23 (a) 大卒では23.7%. 非大卒では33.7%. (b) p_{CG} と p_{NCG} 分からないと答えた大卒と非大卒とする. $H_0: p_{CG} = p_{NCG}$. $H_A: p_{CG} \neq p_{NCG}$. 独立性はランダムサンプルなので満たされている. 成功・失敗条件はプールした比率を用いると ($\hat{p}_{pool} = 235/827 = 0.284$) 満たされている. $Z = -3.18 \rightarrow$ p-value $= 0.0014$. p-値は小さいので H_0 を棄却する.

6.25 (a) 大卒で35.2%, 非大卒で33.9%. (b) p_{CG} と p_{NCG} 大卒, 非大卒の海洋掘削支持の比率とする. $H_0: p_{CG} = p_{NCG}$. $H_A: p_{CG} \neq p_{NCG}$. 独立性はランダムサンプルよりみたしている. 成功・失敗比率はプールした比率から ($\hat{p}_{pool} = 286/827 = 0.346$) 満たされている. $Z = 0.39 \rightarrow$ p-value $= 0.6966$. p-値は $> \alpha$ (0.05) より H_0 は棄却できない.

6.27 添字 $_C$ は対照群, 添字 $_T$ はとトラック運転手とする. $H_0: p_C = p_T$. $H_A: p_C \neq p_T$. 独立性はランダムサンプルより満たされる. 成功・失敗条件も満たされている. ($\hat{p}_{pool} = 70/495 = 0.141$). $Z = -1.65 \rightarrow$ p-value $= 0.0989$ p-値は大きいので (alpha $= 0.05$), H_0 は棄却されない.

6.29 (a) 研究の要約:

		ウイルス性障害		
		あり (Yes)	なし (No)	全体
処理	ネビリピネ	26	94	120
	ロビナビル	10	110	120
	全体	36	204	240

(b) $H_0: p_N = p_L$. 差がない. $H_A: p_N \neq p_L$. 差がある. (c) ランダムに群に割り当てているので群間の独立性は満たされている. プールした比率から ($\hat{p}_{pool} = 36/240 = 0.15$), 成功・失敗条件は満たされている. $Z = 2.89 \rightarrow$ p-値 $= 0.0039$. p-値は小さいので H_0 を棄却する.

6.31 (a) 誤り. (b) 正しい. (c) 正しい. (d) 誤り.

6.33 (a) H_0: 学生が本を利用するタイプの分布は教授の予想通り. H_A: 学生が本を利用するタイプの分布は教授の予想に反している. (b) $E_{hard\ copy} = 126 \times 0.60 = 75.6$. $E_{print} = 126 \times 0.25 = 31.5$. $E_{online} = 126 \times 0.15 = 18.9$. (c) 独立性: ランダムではないので独立ではない. ただし教授が学期やクラスごとに比率は安定していると考えられる理由があれば独立とみなしてもよいだろう. 標本数: 期待値は少なくとも5以上ある. (d) $\chi^2 = 2.32$, $df = 2$, p-値 $= 0.313$. (e) p-値は大きいので H_0 を棄却できない.

6.35 (a) 二元分割表

	禁煙		
処理	はい	いいえ	全体
パッチ + 支援	40	110	150
パッチのみ	30	120	150
全体	70	230	300

(b-i) $E_{row_1, col_1} = \frac{(row\ 1\ total) \times (col\ 1\ total)}{table\ total} = 35$. 観測値より低い.

(b-ii) $E_{row_2, col_2} = \frac{(row\ 2\ total) \times (col\ 2\ total)}{table\ total} = 115$. 観測値より低い.

6.37 H_0: 大卒, 非大卒で差がない. H_A: 大卒か否かにより意見に差がある.

$E_{row\ 1, col\ 1} = 151.5$ $E_{row\ 1, col\ 2} = 134.5$
$E_{row\ 2, col\ 1} = 162.1$ $E_{row\ 2, col\ 2} = 143.9$
$E_{row\ 3, col\ 1} = 124.5$ $E_{row\ 3, col\ 2} = 110.5$

独立性: 標本はランダムで母集団の10%以下なので問題ない. 標本数: すべての期待値は最低でも5. $\chi^2 = 11.47$, $df = 2 \rightarrow$ p-値 $= 0.003$. p-値 $< \alpha$ なので H_0 を棄却する.

6.39 いいえ. 学期の開始時と最後の標本は独立でない.

6.41 (a) H_0: ロサンゼルス住民の年齢と輸送手段の選択は独立である. H_A: ロサンゼルス住民の年齢と輸送手段の選択は独立でない. (b) 期待件数が5を持たさない項目があり条件を満たしていない.

6.43 (a) ランダムなので独立性は満たされ, 成功・失敗条件も満たされている (40 喫煙者, 160 非喫煙者 non-smokers). 95%信頼区間 CI: (0.145, 0.255). (b) $z^{\star}SE$ が 0.02 より大きくない (95% 信頼水準) ように, $z^{\star} = 1.96$ 推定値 $\hat{p} = 0.2$ を SE 公式に代入する. $1.96\sqrt{0.2(1-0.2)/n} \leq 0.02$ より n は少なくとも 1,537.

6.45 (a) この大学を卒業後1年以内に職を見つけることのできる割合は $\hat{p} = 348/400 = 0.87$. (b) ランダムサンプルなので独立性は満たされる. 成功・失敗条件も満たされる: 成功 348, 失敗 52, なので 10 以上. (c) (0.8371, 0.9029). (d) (省略). (e) (0.8267, 0.9133).

6.47 カイ二乗適合度検定を利用する. H_0: 各選択は同等に起きる. H_A: ある選択が好まれる. 標本数: 99.

期待度数: 各選択に $(1/3) * 99 = 33$. (5 を超えている.) $df = 3 - 1 = 2$, $\chi^2 = \frac{(43-33)^2}{33} + \frac{(21-33)^2}{33} + \frac{(35-33)^2}{33} = 7.52 \to$ p-値 $= 0.023$. p-値は 5% より小さいので H_0 を棄却する.

6.49 (a) $H_0 : p = 0.38$. $H_A : p \neq 0.38$. 独立性 (ランダムサンプル) と成功・失敗条件は満たしている.

7 量的データに対する推測

7.1 (a) 自由度 $= 6 - 1 = 5$, $t_5^\star = 2.02$ (t 分布表の両側裾確率が 0.1 の列,自由度 $= 5$ の行). (b) 自由度 $= 21 - 1 = 20$, $t_{20}^\star = 2.53$ (t 分布表の両側裾確率が 0.1 の列,自由度が 20 の行). (c) 自由度 $= 28$, $t_{28}^\star = 2.05$. (d) 自由度 $= 11$, $t_{11}^\star = 3.11$.

7.3 (a) 0.085, H_0 を棄却しない. (b) 0.003, H_0 を棄却. (c) 0.438, H_0 を棄却しない. (d) 0.042, H_0 を棄却する.

7.5 平均は中点であるため,$\bar{x} = 20$ である. 許容誤差を求めると $ME = 1.015$ である. 許容誤差の公式で $t_{35}^\star = 2.03$ と $SE = s/\sqrt{n}$ を用いると,$s = 3$ が得られる.

7.7 (a) H_0: $\mu = 8$ (ニューヨーク市民は平均で一晩に 8 時間の睡眠を取る),H_A: $\mu \neq 8$ (ニューヨーク市民は平均で一晩に 8 時間未満あるいは 8 時間を超える睡眠を取る) (b) 独立性: 標本は無作為 (ランダム) 標本である. 最小値と最大値から懸念するような外れ値はないことが示唆される. $T = -1.75$. $df = 25 - 1 = 24$. (c) p-値 $= 0.093$. ニューヨーク市民が一晩に取る睡眠時間の真の母集団平均が 8 時間ならば,25 人のニューヨーク市民の無作為標本において一晩の平均時間が 7.73 時間以下である確率は 0.093 である. (d) p-値 > 0.05 であるから,H_0 を棄却しない. データは,ニューヨーク市民はが平均で一晩に 8 時間未満あるいは 8 時間を超える睡眠を取るという有力な証拠を与えない. (e) はい,なぜならば,H_0 を棄却しなかったから.

7.9 T は -2.09 か 2.09 のいずれかである. 従って,$\bar{x}$ は以下のどちらか一方である:

$$-2.09 = \frac{\bar{x} - 60}{\frac{8}{\sqrt{20}}} \to \bar{x} = 56.26$$

$$2.09 = \frac{\bar{x} - 60}{\frac{8}{\sqrt{20}}} \to \bar{x} = 63.74$$

7.11 (a) 1 標本 t 検定を行う. H_0: $\mu = 5$. H_A: $\mu \neq 5$. $\alpha = 0.05$ を用いる. これは無作為標本であるため,観測値は独立である. さらに続けるために,ピ

$Z = -20.5 \to$ p-値 ≈ 0. p-値は非常に小さいので H_0 を棄却する. (b) 38% の米国人が携帯電話からインターネットに利用していたとすると 2,254 のランダムサンプルで 17% より少なかったり 59% より多い割合を観察する確率はほぼゼロである. (c) (0.1545, 0.1855). 米国人で携帯電話からインターネットを利用している 95% 信頼区間はほぼ 15.5% から 18.6% である.

アノレッスンの年数の分布は近似的に正規分布であると仮定する. $SE = 2.2/\sqrt{20} = 0.4919$. 検定統計量は $T = (4.6 - 5)/SE = -0.81$ である. $df = 20 - 1 = 19$. 片側の裾の面積は約 0.21 であるから,p 値は約 0.42 である. その値は $\alpha = 0.05$ より大きいため,H_0 を棄却しない. すなわち,平均が 5 年であるという見解を棄却するほど十分に強い証拠はない.
(b) ここで $SE = 0.4919$ と $t_{df=19}^\star = 2.093$ を用いると,信頼区間は $(3.57, 5.63)$ となる. この都市の子供がピアノのレッスンを受ける平均年数は 3.57 年から 5.63 年であると 95% の確からしさで信じている.
(c) 一致する. なぜならば,帰無仮説を棄却しないし,帰無仮説の値である 5 は t 信頼区間に入っているから.

7.13 標本が大きければ,教養誤差は約 $1.96 \times 100/\sqrt{n}$ である. この値を 10 未満にしたいとすると,$n \geq 384.16$ となる. それは,少なくとも 385 の標本サイズが必要であることを意味する (標本サイズ計算のための切り上げ)

7.15 対応している,データは同一の都市の異なる時点において記録されている. ある都市のある時点の気温は,同じ都市の別の時点の気温と独立ではない.

7.17 (a) 学期初めと学期末で学生は同一であるため,データセットには対応がある. 従って,どの学生についても学期初めと学期末における成績は従属している. (b) 被験者は無作為に抽出されているため,男性群のどの観測値も別の (女性) 群のただ 1 つの観測値と特別な関係をもっていない. (c) 研究の最初と最後で被験者は同一なため,データセットには対応がある. 従って,どの被験者についても,研究の最初と最後の動脈の厚みは従属している. (d) 研究の最初と最後で被験者は同一なため,データセットには対応がある. 従って,どの被験者についても,研究の最初と最後の体重は従属している.

7.19 (a) 一方のデータセットの各観測値に特別に対応する同一の立地における観測値が他方のデータセットにある. 従って,データは対応している. (b) $H_0 : \mu_{\text{diff}} = 0$

(NOAA の測候所において 90°F を上回る日の平均回数は 1948 年と 2018 年で差がない) $H_A: \mu_{\text{diff}} \neq 0$ (差がある.) (c) 場所は無作為に抽出されたため，独立性は妥当である．標本サイズは少なくとも 30 であるため，特に極端な外れ値を探す：1 つもない (ヒストグラムの左側に離れている観測値は明白な外れ値とみなされるだろうが，特に極端なものではない). 従って，条件は満たされている． (d) $SE = 17.2/\sqrt{197} = 1.23$．$T = \frac{2.9 - 0}{1.23} = 2.36$．ここで自由度は $df = 197 - 1 = 196$．これから，片側の裾面積は 0.0096 であり，p-値は約 0.019 となる．(e) p-値は 0.05 より小さいから，H_0 を棄却する．NOAA の測候所で観測された 90°F を超える日は 1948 年より 2018 年の方が多いことに対する強い証拠をデータが提供する．(f) 第 1 種の過誤，誤って H_0 を棄却したかもしれないから，この過誤の意味することは，NOAA の測候所は実際には差（訳注：原著では decrease とあるが difference の誤りと思われる.）を観測しなかったが，抽出した標本が差があるように偶然見えたということである．(g) いいえ，なぜならば H_0 を棄却し，帰無仮説の値はゼロであるため．

7.21 (a) $SE = 1.23$ and $z^* = 1.65$. $2.9 \pm 1.65 \times 1.23 \to (0.87, 4.93)$.
(b) NOAA 測候所において 90°F に達した日の 2018 年の平均回数には 1948 年に比べて 0.87 から 4.93 の増加があったことを 95% の確からしさで信じている．
(c) はい，なぜならば信頼区間全体が 0 より上にあるから．

7.23 (a) これらのデータは対応している．例えば，1991 年 9 月の 13 日の金曜日は，別の月あるいは別の年の 9 月 6 日より，1991 年 9 月 6 日の金曜日の方がより似ているであろう．
(b) Let $\mu_{diff} = \mu_{sixth} - \mu_{thirteenth}$．$H_0: \mu_{diff} = 0$．$H_A: \mu_{diff} \neq 0$．
(c) 独立性：抽出された月は無作為ではない．しかし，これらの日付がそのような金曜日の 6 日／13 日の日付の組み合わせの単純無作為抽出とおおよそ同等であると考えると，独立性は妥当である．進めるためには，この強い仮定を置かなければいけないが，報告するどの結果にもこの仮定を言及すべきである．正規性：観測値が 10 個以下であるから，懸念すべきも明白な外れ値に気を付ける必要がある．差のヒストグラムの右側にぎりぎりのの外れ値がある．従って，公的な分析結果にはこれを報告することが望まれる．
(d) $df = 10 - 1 = 9$ に対して $T = 4.94 \to$ p-値 $= 0.001$.
(e) p-値 < 0.05 より，H_0 を棄却する．この交差点の平均自動車台数は『13 日の金曜日』より『6 日の金曜日』の方が多いという強い証拠をデータが与える．（この交差点をすべての交差点あるいは道路に一般化することに関して注意が必要である.）
(f) もしも交差点を通過する自動車の平均台数が『13 日の金曜日』と『6 日の金曜日』実際には同じだったとするならば，ゼロからこれほど遠く離れた検定統計量を観察する確率は 0.01 である．
(g) 第 1 種の過誤，すなわち誤って帰無仮説を棄却してしまう誤りを犯したかもしれない．

7.25 (a) $H_0: \mu_{diff} = 0$．$H_A: \mu_{diff} \neq 0$．$T = -2.71$．$df = 5$．p-値 $= 0.042$．p-値 < 0.05 より，H_0 を棄却する．緊急入院に関連する交通事故の平均回数は『13 日の金曜日』と『6 日の金曜日』で異なるという強い証拠をデータは提供する．さらに，その差の方向は『13 日の金曜日』に比べて『6 日の金曜日』の方が交通事故が低いということをデータは示している．
(b) (-6.49, -0.17).
(c) これは観察研究であり，実験ではない．従って，この記述から示唆される因果的介入を簡単に推論することはできない．差があることは本当である．しかし，例えば，これは『13 日の金曜日』に外出する責任ある大人が他の日の夜より危害を受ける可能性が高いということを意味しない．

7.27 (a) 亜麻仁を与えられた鶏の体重は平均 218.75 グラムであり，そら豆を与えられた鶏の平均体重は 160.20 グラムである．分布は両方とも比較的対称的であり，明らかな外れ値はない．亜麻仁を与えられた鶏の体重の方がより大きな変動性がある．
(b) $H_0: \mu_{ls} = \mu_{hb}$．$H_A: \mu_{ls} \neq \mu_{hb}$．
条件は読者の考えにお任せする．
$T = 3.02$, $df = min(11, 9) = 9 \to$ p-値 $= 0.014$．p-値 < 0.05 より，H_0 を棄却する．亜麻仁を与えられた鶏とそら豆を与えられた鶏の平均体重には有意な差があるという強い証拠をデータは提供する．
(c) 第 1 種の過誤，H_0 を棄却したため．
(d) はい，p-値が > 0.01 以上となるから，H_0 を棄却しなかったであろう．

7.29 $H_0: \mu_C = \mu_S$．$H_A: \mu_C \neq \mu_S$．$T = 3.27$, $df = 11 \to$ p-value $= 0.007$．p-値 < 0.05 より，H_0 を棄却する．カゼインを与えられた鶏の平均体重が大豆を与えられた鶏の平均体重とは異なる（カゼインを与えられた鶏の方がより多い）という強い証拠をデータは提供する．これは無作為化実験であるから，観察された差は飼料に起因すると考えられる．

7.31 Let $\mu_{diff} = \mu_{pre} - \mu_{post}$．$H_0: \mu_{diff} = 0$: 処置

(処理) には効果がない. $H_A: \mu_{diff} \neq 0$: 処置 (処理) は P.D.T. スコアに正または負の影響を与える. 条件: 被験者は処置 (処理) に無作為に割り当てられる. 従って群内および群間で独立性は満たされている. 標本サイズは 3 つとも 30 未満であるから, 明白な外れ値を探す. 第 1 の処置 (処理) 群にぎりぎりの外れ値がある. ぎりぎりなので先に進めることにするが, どの結果にもこの但し書きを報告すべきである. 3 つの群すべて: $df = 13$. $T_1 = 1.89 \rightarrow$ p-value $= 0.081$, $T_2 = 1.35 \rightarrow$ p-value $= 0.200$), $T_3 = -1.40 \rightarrow$ (p-value $= 0.185$). これらの群のいずれに対しても帰無仮説を棄却しない. 以前に注意したように, 適用した手法が第 1 群に対して妥当であるか否かに関しては一定の疑念が残る.

7.33 関心事となる差: 40. 片側の 90% の裾: $1.28 \times SE$. 棄却域の境界: $\pm 1.96 \times SE$ (5% 有意水準ならば). $3.24 \times SE = 40$ と設定し, $SE = \sqrt{\frac{94^2}{n} + \frac{94^2}{n}}$ に代入して, 標本サイズ n に対して解くと, 各肥料に対する区画数は 116 となる.

7.35 対立 (Alternative).

7.37 $H_0: \mu_1 = \mu_2 = \cdots = \mu_6$. H_A: 平均体重はいくつか (またはすべて) の群の間で異なる. Independenc: 若鶏は肥料のタイプに無作為に割り当てられている (おそらく互いに離されたまま), 従って, 観測値の独立性は妥当である. 近似的に正規分布に従う: 肥料の各タイプ内では体重の分布はかなり対称的である. 一定の分散: 並列ボックスプロットに基づくと, 分散一定の仮定は妥当と思われる. 実際に計算された標準偏差には差があるが, 標本がかなり小さいため, それは偶然に依るものかもしれない. $F_{5,65} = 15.36$ であり p-値は近似的に 0 である. p-値がこのような小さな値であるため, H_0 を棄却する. 平均体重はいくつか (またはすべて) の群の間で異なるという納得のいく証拠をデータが提供する.

7.39 (a) H_0: 各群に対する MET の母集団平均は互いに等しい. H_A: 少なくとも一組の平均が異なる. (b) 独立性: データがいかに収集されたかに関する情報が何もない. 従って, 独立性を評価できない. 先に進むために, 各群の被験者が独立であると仮定しなければならない. 実際の分析では, より詳細を求めて調査するであろう. 正規性: データはゼロ以上と制約され, 標準偏差は平均よりも大きいため, 非常に強い歪みが示唆される. しかし, 標本サイズが大きいため, 極端な歪みでも許容される. 一定の分散: 標準偏差は群間でそう大きく変わらないため, この条件は十分に満足されている. (c) 以下を見よ. 最後の列は省かれている:

	自由度	平方和	平均平方	F 値
coffee	4	10508	2627	5.2
Residuals	50734	25564819	504	
Total	50738	25575327		

(d) p-値は非常に小さいため, H_0 を棄却する. MET の平均値は少なくとも一組の群で異なるという納得のいく証拠がデータから提供された.

7.41 (a) H_0: すべての専攻で平均 GPA は同じである. H_A: 少なくとも 1 つの組で平均は異なる. (b) p-値 > 0.05 より, H_0 を棄却しない. 3 つの専攻群の平均 GPA の間の差に対する納得のいく証拠はデータから提供されない. (c) 全体の自由度は is $195 + 2 = 197$ であるため, 標本の大きさ $197 + 1 = 198$ である.

7.43 (a) 誤り. 群の個数が増加すると, 比較の回数も増える. 従って, 修正された有意水準は減少する. (b) 正しい. (c) 正しい. (d) 誤り. 標本サイズの大きさに関わらず, 観測値が独立であることが必要である.

7.45 (a) H_0: すべての処置 (処理) に対して平均スコアの差は等しい. H_A: 少なくとも 1 つの組の平均が異なる. (b) 条件を確認すべきである. 以前の練習問題を振り返ると, 患者は無作為化されたと分かるため, 独立性は満たされている. 特に 3 番目の群の場合には歪みに関して多少の懸念がある. しかし, これは受け入れ可能であろう. 各群の標準偏差は満足すべき程度に類似している. p-値は 0.05 より小さいから, H_0 を棄却する. 処置 (処理) による平均的減少の差に対する納得できる証拠をデータが提供している. (c) パート (b) で少なくとも 2 つの平均が異なることを見つけ出した. 従って, $K = 3 \times 2/2 = 3$ 個の 一対比較 t-検定を行う. 有意水準はどの組でも $\alpha = 0.05/3 = 0.0167$ 各一対比較検定に対して以下の仮説を用いよ. H_0: 2 つの平均は等しい. H_A: 2 つの平均は異なる. 標本サイズは等しい. プールされた標準偏差を用いる. 従って, $SE = 3.7\%$, 自由度は $df = 39$ である. 処置 1 対 処置 3 の p-値だけが 0.05 以下となる: p-値 $= 0.035$ (あるいは, s_1 と s_3 の代わりに s_{pooled} を用いると 0.024 となる. しかし, こうしても最終的な結論は変わらない). p-値は $0.05/3 = 0.0167$ より大きい, 従って, 異なるものがこの特定の組であると結論付ける強い証拠はない. すなわち, たとえ, それらがすべて同一であるという見解を棄却したとしても, どの特定の組が実際に異なっているかを特定することはできない.

7.47 $H_0: \mu_T = \mu_C$. $H_A: \mu_T \neq \mu_C$. $T = 2.24$, $df = 21 \rightarrow$ p-値 $= 0.036$. p-値 < 0.05 だから, H_0 を棄却する. 処置 (処理) 群の患者と対照群の患者による平均食物摂取量が異なるという強い証拠をデータが提供する. さらに, 気を散らされて食事をする処置群の患者の方が, 対照群の患者より多くの食物を摂取することがデータから示唆される.

7.49 偽. 一対比較の検定では, 等しい標本サイズが要求されるが, 標本サイズが同じであるということだけでは一対比較の検定を行うのに十分ではない. 一対比較検定は, 2 つの群の観測値の各組の間に特別な対応があ

7.51 (a) 我々は標本統計量，この場合は標本平均，の分布を組み立てる．そのような分布は標本分布と呼ばれる．(b) 標本平均の分布を扱うので，中心極限定理が適用するかどうかを確認する必要がある．標本サイズは 30 より大きい．また，無作為抽出が用いられたと聞いている．こられの条件が満たされているため，標本平均の分布は近似的に正規分布となり，従って対称的である．(c) 標本分布を扱うので，その変動性を標準誤差で測る．$SE = 18.2/\sqrt{45} = 2.713$．(d) 標本サイズが小さいと，標本平均はより変動性が高い．

7.53 (a) 1.0% を 2.84 標準誤差に等しくすべきである：$2.84 \times SE_{desired} = 1.0\%$ (詳細については 291 頁の例 7.37 を参照)．これは，望まれる検出力を達成するには標準誤差がほぼ $SE = 0.35\%$ であるべきことを意味する．
(b) 許容誤差は $0.5 \times (2.6\% - (-0.2\%)) = 1.4\%$ であった．従って，実験の標準誤差は $1.96 \times SE_{original} = 1.4\%$ であったはずである → $SE_{original} = 0.71\%$．
(c) 標準誤差は標本サイズの平方根に反比例して小さくなる．従って，標本サイズを $2.03^2 = 4.12$ 倍に大きくすべきである．

(d) チームは 4.12 倍大きな実験を行うべきである．そうすれば，新しい実験では，実験の各群において利用者の 4.12% の無作為標本が得られることになる．

7.55 独立性：無作為標本だから，この標本の学生たちは，自分たちが経験してきた排他的関係の件数に関して互いに独立と仮定できる．標本には排他的関係の経験のな学生は存在しないということに注意されたい．これは，学生の反応の中に欠落がある可能性を示唆する（おそらく正の値だけが報告された）．標本サイズは少なくとも 30 であり，特に極端な外れ値はない．従って，正規性の条件は妥当である．90% CI: (2.97, 3.43)．学部学生は，平均して 2.97 件から 3.43 件の排他的関係を経験していると 90% の確からしさで信じている．

7.57 帰無仮説は，標本平均ではなく，母集団平均 (μ) に関するべきである．帰無仮説は等号で記述されるべきであり，対立仮説は，観察された標本平均ではなく，帰無仮説で設定された値に関するべきである．修正：

$$H_0 : \mu = 10 \text{ 時間}$$
$$H_A : \mu \neq 10 \text{ 時間}$$

両側検定は，見つけると驚くであろうような何かをデータが示す可能性の考慮を許容する．

8 線形回帰への入門

8.1 (a) 残差プロットはゼロの周りにランダムに分布する残差を示す．分散は近似的にほぼ一定である．(b) 残差は扇型になっていて，x が小さいときに大きな変動を示している．x が大きい方にデータがかなり集中している．回帰モデルのフィットとしては問題がある．

8.3 (a) 強い関係があるが直線のデータへのフィットは良くない．(b) 強い関係があり，直線のデータへのフィットはまずまずである．(c) 関係は弱いが直線のフィットはよいだろう．(d) かなり関係はあるが，直線のデータへのフィットは良くない．(e) 強い関係があり直線のフィットはよいだろう．(f) 関係は弱いが直線のフィットはよいだろう．

8.5 (a) 試験 2 である．最終試験の直線の周りのばらつきは試験 1 に比べて小さい．(b) 試験 2 と最終試験は試験 1 に比べると互いに直線的関係がある．様々な回答があり得る．

8.7 (a) $r = -0.7 \rightarrow$ (4)．(b) $r = 0.45 \rightarrow$ (3)．(c) $r = 0.06 \rightarrow$ (1)．(d) $r = 0.92 \rightarrow$ (2)．

8.9 (a) 関係は正，弱く，直線的かもしれない．しかしデータのかたまりからかなり離れた左側に同一の身長の一団がいる．また運転しない学生がゼロのところに何人かいる．(b) 身長とスピードには明確な関係性は見いだせない．ただし潜在因子として性別があり，男性は女性より平均的には身長が高く，(個人的体験からは) スピードはより速い．(c) 平均的には男性の身長はより高く，スピードはより速い．性別変数は重要な潜在変数である．

8.11 (a) かなり弱い正の直線的関係がある．左下にデータのかたまりがある．(b) 計測単位を変更しても 2 変数間の関係の方向や強さは変わらない．(c) 計測単位を変えても相関は変わらないので $r = 0.636$．

8.13 (a) 肩幅と身長にはかなりの (moderate) の正の相関関係がある．(b) 計測単位を変えても相関係数は変化しない．

8.15 各問題では夫の年齢を妻の年齢の線形関数となっている．
(a) $age_H = age_W + 3$．
(b) $age_H = age_W - 2$．
(c) $age_H = 2 \times age_W$．
相関係数は 1 である．

8.17 相関は単位に依存しない．切片：kg．傾き：kg/cm．

8.19 過大評価．残差は (観測値)-(理論値) であるから，

負値は予測値は観測値より大きい.

8.21 (a) 強い正の直線的関係がある. (b) 説明変数：旅行者の数 (千人単位). 反応変数：旅行支出 (US 百万ドル単位). (c) 回帰直線を利用すると旅行客から支出額を予測できる. 例えば海外への宣伝費の水準を決めたり旅行業での期待される収入の予測などに役立つ. (d) データ上では線形の関係に見えても, 残差には非線形の関係が見られる. 残差のプロットは一見すると見つけるのが困難な非線形性を見いだせる. 単純な線形モデルを改善できる可能性がある.

8.23 (a) 傾きは $b_1 = R \times s_y/s_x = 0.636 \times 113/99 = 0.726$. 次に直線が点 $(\bar{x}, \bar{y})$ を通るので $\bar{y} = b_0 + b_1 \times \bar{x}$. 代入すると $\widehat{travel\ time} = 51 + 0.726 \times distance$. (b) b_1: 距離が 1 マイル長くなると 0.726 分時間がかかると予測する. b_0: 距離がゼロなら 51 分と予測する. この場合, それ自体には意味がないが直線を引くためには必要. (c) $R^2 = 0.636^2 = 0.40$. 約 40% の走行時間を回帰モデルで説明できる. (d) $\widehat{travel\ time} = 51 + 0.726 \times distance = 51 + 0.726 \times 103 \approx 126$ 分. (注意：この回帰モデルが良いか否かをチェックしていないので予測については注意する必要がある.) (e) $e_i = y_i - \hat{y}_i = 168 - 126 = 42$ 分. 正の残差は回帰モデルが過小に予測していることを意味する. (f) いいえ, 外挿には注意すべき.

8.25 (a) $\widehat{殺人} = -29.901 + 2.559 \times (貧困)\%$. (b) 貧困率がゼロの都市部の期待殺人件数は (百万人当たり) -29, これは意味がある数値とは言えないが切片である. (c) 百万人当たり殺人は 2.559 高い. (d) 貧困水準が殺人率の変動の 70.52% を説明している. (e) $\sqrt{0.7052} = 0.8398$.

8.27 (a) 右端に 1 個の外れ値がある. この点はデータの中心から遠く離れているのでレバレッジは高い. 影響点でもあり, この点を除くと回帰線は大きく変化する. (b) 右端に 1 個の外れ値がある. データの中心から遠く外れているのでレバレッジは高い. しかし直線の推定にはこの点はそれほど影響がないので, 影響点ではない. (c) 説明変数"x"の真ん中あたりに外れ値がある. この点のレバレッジは高くなく, 直線の推定にもあまり影響を与えないので影響点ではない.

8.29 (a) 負のある程度の直線的関係がある. 右端に外れ値が 1 個, 100% 都市化された地域にある. 右から左になるにつれて自宅保有率が高くなる. (b) 右端の外れ値は他のデータの中心からはかなり外れているのでレバレッジは高い. この点は影響点でもあり, このデータを除くと直線がかなり変化する.

8.31 (a) 正でやや強い線形関係がある. 外れ値が幾つかあるが, 影響点は見当たらない.
(b) $\widehat{weight} = -105.0113 + 1.0176 \times height$.
傾き：1 センチ身長が高いと平均的には 1.0176 キログラム体重が増加すると予測する.
切片：身長がゼロなら平均で -105.0113 キログラムと予測することになる. これはあり得ない予測なので切片は直線を推定する便宜上の値を意味する.
(c) H_0: 身長の係数がゼロ ($\beta_1 = 0$).
H_A: 身長の係数がゼロではない ($\beta_1 \neq 0$).
両側検定の p-値は非常に小さく H_0 を棄却する. データは身長と体重が正の相関をもとことを示している.
(d) $R^2 = 0.72^2 = 0.52$. 体重の変動の約 52% は慎重で説明できる.

8.33 (a) $H_0: \beta_1 = 0$. $H_A: \beta_1 \neq 0$. 表にあるように p-値は非常に小さく 0.05 以下であり, H_0 を棄却する. データは妻と夫の身長に正の相関があることの証拠を示している.
(b) $\widehat{height}_W = 43.5755 + 0.2863 \times height_H$.
(c) 傾き：夫の背が 1 インチ高いと平均的には妻の身長は 0.2863 増加する. 切片：身長がゼロインチの夫には平均的に 43.5755 インチの妻がいる. (d) 傾きは正なので r は正となり, $r = \sqrt{0.09} = 0.30$.
(e) 63.2612. R^2 は小さいので回帰モデルに基づく予測値はそれほどあてにならない.
(f) いいえ, 外挿は避けた方が良い.

8.35 (a) $H_0: \beta_1 = 0; H_A: \beta_1 \neq 0$ (b) p-値は 0 に近くデータは貧困率は殺人率の説明変数として十分意味がある. (c) $n = 20, df = 18, T^*_{18} = 2.10$; $2.559 \pm 2.10 \times 0.390 = (1.74, 3.378)$. 貧困率の 1 パーセント増は平均的に百万人当たりの殺人率は 1.74 - 3.378 増加する. (d) はい, H_0 を棄却, 信頼区間は 0 を含まない.

8.37 (a) 正しい. (b) 誤り, 相関は 2 つの数値変数の線形関係の指標である.

8.39 (a) 点推定値と標準誤差は $b_1 = 0.9112, SE = 0.0259$. T-スコアは $T = (0.9112-1)/0.0259 = -3.43$. $df = 168$ を用いると p-値は約 0.001 となり, $\alpha = 0.05$ より小さい. 妻と夫の年齢差はより大きくなると考えられる. (b) $\widehat{age}_W = 1.5740 + 0.9112 \times age_H$. (c) 傾き：夫の年齢が 1 歳上がると回帰モデルは平均に妻の年齢は 0.9112 歳上昇する. これは高齢になるほど夫の年齢に比べて妻の年齢は低くなり, 平均的な夫と妻の年齢差は大きくなることを意味する. 切片：ゼロ歳の夫の妻は平均的に 1.5740 歳. 切片には実質的な意味はなく, 直線の推定上から生じる. (d) $R = \sqrt{0.88} = 0.94$. 回帰係数は正なので相関も正. (e) $\widehat{age}_W = 1.5740 + 0.9112 \times 55 = 51.69$.

R^2 は高いので,回帰モデルによる予測値は信頼できる. (f) いいえ,同じモデルで 85 歳の夫の妻の年齢を予測すべきではない.外挿は危険,プロットのデータは大体 20 - 65 歳であり,その範囲外では回帰モデルは妥当でない可能性がある.

8.41 上方へのトレンドがある.しかしカロリー数が高くなると変動も大きくなり,しかも大きな値と小さな値に 2 つのクラスターがあるように見える.したがって直線を当てはめることに慎重であるべき.

8.43 (a) $r = -0.72 \to$ (2) (b) $r = 0.07 \to$ (4) (c) $r = 0.86 \to$ (1) (d) $r = 0.99 \to$ (3)

9 重回帰とロジスティック回帰

9.1 (a) $\widehat{baby\_weight} = 123.05 - 8.94 \times$ (喫煙, $smoke$) (b) 喫煙する母親の赤ん坊の推定体重は喫煙しない母親の赤ん坊より 8.94 オンス小さい.喫煙: $123.05 - 8.94 \times 1 = 114.11$ オンス.非喫煙: $123.05 - 8.94 \times 0 = 123.05$ オンス. (c) $H_0: \beta_1 = 0$. $H_A: \beta_1 \neq 0$. $T = -8.65$, p-値はほぼゼロで小さいので H_0 を棄却する.

9.3 (a) $\widehat{baby\_weight} = -80.41 + 0.44 \times$ (懐妊期間) $- 3.33 \times$ (パリティ) $- 0.01 \times$ (年齢) $+ 1.15 \times$ (身長) $+ 0.05 \times$ (体重) $- 8.40 \times$ (喫煙). (b) $\beta_{gestation}$, 回帰モデルは他の条件を一定とすると妊娠期間 1 日につき 0.44 オンスの増加を予測している. β_{age}: 回帰モデルは他の条件を一定とすると母親の年齢 1 年増えると 0.01 オンスの減少を予測している. (c) パリティ(Parity) は他の変数と相関があるかもしれず,回帰モデルの推定をよりを複雑にする. (d) $\widehat{baby\_weight} = 120.58$. $e = 120 - 120.58 = -0.58$. 回帰モデルはこの子の体重を過剰に予測している. (e) $R^2 = 0.2504$. $R^2_{adj} = 0.2468$.

9.5 (a) (-0.32, 0.16). 他の条件を一定とすると,信頼水準 95% で男子学生の GPA は女子学生より平均的に-0.32 点から+0.16 異なる. (b) はい, (切片を除き)p-値は 0.05 より大きい.

9.7 年齢変数 age を除く.

9.9 p-値のみに基づくと,変数 gestation か変数 smoke を加えるべきだろう.しかし変数 gestation を加えた修正 R^2 はより高いので前方選択法ではこの変数を入れるべきである. (他の説明も可能であり,例えば修正 R^2 のみを使用することもあり得る.)

9.11 p 値選択法を用いるべき.単に予測を良くしたいだけでなく意味のある説明変数を探すことに関心がある.

9.13 残差の (ほぼ) 正規性:データとして多くの観測値があり,ヒストグラムからは外れ値は特に見つからない.残差の変動:残差とフィットした理論値の散布図では特に何かの傾向は見つけられない.フィットした値がごく小さい所やごく大きいところに外れ値がありそうである.残差のばらつきはパリティ変数,喫煙変数ではほぼ一定.残差の独立性:残差と他の変数との散布図からは明らかな構造などは見当たらず,観測値の順番によるパターンはない.
目的変数と数値変数・説明変数との線形関係:母親の身長や体重についての残差はゼロの周りにあり,妊娠期間に対する残差も特に構造は見られず残差はゼロの周りに分布している.
すべての問題は比較的小さく,外れ値があるかもしれないが結果に影響するような影響点は見いだせない.

9.15 (a) 変数 total_length から幾つかの外れ値がある可能性があるが,確かではない. (b) 係数の推定値は取り入れた変数によりセンシティブであり,それは説明変数が共変動 (collinear) しているからである.例えばポッサムの性別は頭長に関係していることが,係数と p-値 (変数 sex_male により) が変化する理由だろう (変数 head_length). 同様なことが頭幅と頭長などについても言えるだろう.

9.17 (a) 確率 $\hat{p}_i$ を説明変数にロジスティック回帰するモデルは $\log\left(\frac{\hat{p}_i}{1-\hat{p}_i}\right) = 33.5095 - 1.4207 \times sex\_male_i - 0.2787 \times skull\_width_i + 0.5687 \times total\_length_i - 1.8057 \times tail\_length_i$. 変数 total_length はビクトリア・ポッサムと正の係数となっている. (b) $\hat{p} = 0.0062$. 確率はゼロに近いがモデルのチェックは行っていない. (様々な回答があり得る.)

9.19 (a) 誤り.説明変数に共線性があると互いに相関しているので 1 個の説明変数を加えると係数推定値や標準誤差の推定にかなり影響する. (b) 正しい. (c) 正しい.ただしデータが実験データで x_1 を設定できて他の変数には影響がない場合を想定する. (d) 誤り,正規性のチェックは平均と同様,統計的推測には役立つが外れ値がなければ多くの場合には意味がある.

9.21 (a) 変数 exclaim_subj は除くべきで AIC は小さくなる. (b) どの変数を除いても AIC は大きくなるので変数を除くべきではない.

9.23 (a) 回帰方程式は

$$\log\left(\frac{p_i}{1-p_i}\right) = -0.8124$$
$$- 2.6351 \times \texttt{to\_multiple}$$
$$+ 1.6272 \times \texttt{winner}$$
$$- 1.5881 \times \texttt{format}$$
$$- 3.0467 \times \texttt{re\_subj}$$

(b) まず $\log\left(\frac{p}{1-p}\right)$ を探し, p について解くと,

$$\log\left(\frac{p}{1-p}\right)$$
$$= -0.8124 - 2.6351 \times 0 + 1.6272 \times 1$$
$$- 1.5881 \times 0 - 3.0467 \times 0$$
$$= 0.8148$$
$$\frac{p}{1-p} = e^{0.8148} \quad \rightarrow \quad p = 0.693$$

(c) かなり高くすべきだが, e メールを利用している場合にはスパムでないメールを失う可能性がある. (様々な回答があり得る.)

付録 B
本書で利用したデータ

本書で利用したデータは Web に解説がありデータをダウンロードできる.

# 付 録 C

分布表

C.1 正規分布表

正規確率表 (normal probability table) は Z-スコアを用いて正規分布のパーセント分位点を求めることに利用できる．数表は Z-スコアとパーセント分位点を示している．簡易的な確率分布表は図表 C.1 に与えられているが，この付論の例で利用される．完全な数表の方は 414 頁で見つけることができる．

Z	Z の小数二桁									
	0.00	0.01	0.02	0.03	**0.04**	0.05	0.06	0.07	0.08	0.09
0.0	0.5000	0.5040	0.5080	0.5120	0.5160	0.5199	0.5239	0.5279	0.5319	0.5359
0.1	0.5398	0.5438	0.5478	0.5517	0.5557	0.5596	0.5636	0.5675	0.5714	0.5753
0.2	0.5793	0.5832	0.5871	0.5910	0.5948	0.5987	0.6026	0.6064	0.6103	0.6141
0.3	0.6179	0.6217	0.6255	0.6293	0.6331	0.6368	0.6406	0.6443	0.6480	0.6517
0.4	0.6554	0.6591	0.6628	0.6664	0.6700	0.6736	0.6772	0.6808	0.6844	0.6879
0.5	0.6915	0.6950	0.6985	0.7019	0.7054	0.7088	0.7123	0.7157	0.7190	0.7224
0.6	0.7257	0.7291	0.7324	0.7357	0.7389	0.7422	0.7454	0.7486	0.7517	0.7549
0.7	0.7580	0.7611	0.7642	0.7673	0.7704	0.7734	0.7764	0.7794	0.7823	0.7852
0.8	0.7881	0.7910	0.7939	0.7967	**0.7995**	0.8023	0.8051	0.8078	0.8106	0.8133
0.9	0.8159	0.8186	0.8212	0.8238	0.8264	0.8289	0.8315	0.8340	0.8365	0.8389
1.0	*0.8413*	0.8438	0.8461	0.8485	0.8508	0.8531	0.8554	0.8577	0.8599	0.8621
1.1	0.8643	0.8665	0.8686	0.8708	0.8729	0.8749	0.8770	0.8790	0.8810	0.8830
⋮	⋮	⋮	⋮	⋮	⋮	⋮	⋮	⋮	⋮	⋮

図表 C.1: 正規確率表の一部分．正規確率変数 ($Z = 1.00$ まで) のパーセント分位点と 0.8000 にもっとも近いパーセント分位点を示している．

正規確率表を用いて Z のパーセント点 (二桁で四捨五入) を求めるには，正規確率表から最初の桁について適切な行を見つけ，二桁目を列で求める．この行と列の交点が観測値のパーセント点になる．例えば $Z = 0.45$ は行 0.4 と列 0.05(図表 C.1) は 0.6736，あるいは 67.36^{th} パーセント点となる．

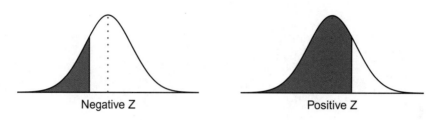

図表 C.2: Z の左側の面積は観測値のパーセント点.

例題 C.1

SAT スコアは正規分布 $N(1100, 200)$ にしたがうとする. アンは SAT で 1300 点, Z スコア $Z = 1$ とする. SAT テスト参加者でのパーセント点を知りたいとしよう.

アンのパーセンタイル (percentile) は彼女より低い SAT スコアをとった人の割合である. 次のグラフにそうした人を面積で示す:

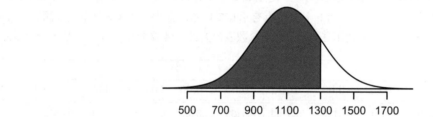

正規曲線の全面積は常に 1 であり, アンより SAT スコアが低かった人の割合はグラフの網掛け部分となる. この正規確率表では行 1.0, 列 0.00 の面積は 0.8413 となる. つまりアンの成績は SAT 受験者の 84th パーセント点となる.

例題 C.2

上側裾確率の求め方.

正規確率表は常に左側の面積を示している. したがって右側の面積を求めるには, 下方の裾面積を求め,1 から減じればよい. 例えばアンの下方に SAT 受験者の 84.13%がいれば, 15.87% の受験者はアンより高いスコアを意味する.

またパーセント点に対する Z スコアを見つけることもできる. 例えば 80th パーセント点に対する Z を見つけるには, 0.8000 に最も近い点を探す: 0.7995. 行と列を組み合わせて 80th パーセント点に対する Z-スコアを決めると 0.84 となる.

例題 C.3

80 パーセント点の SAT スコアの求め方.

表において 0.8000 にもっとも近い値を探そう．それは 0.7995，対応するのは $Z = 0.84$ となるが, 0.8 は行の値, 0.04 は列の値から求まる．次に Z-スコアの方程式を立て x の値を求める．

$$Z = 0.84 = \frac{x - 1100}{200} \quad \rightarrow \quad x = 1268$$

カレッジ・ボード (College Board) では 10 単位なので 80th パーセント点は 1270 である．(1268 とするのはここでの目的では問題はない．)

正規分布表についてより詳しくは 136 頁から始まる 4.1 節を参照されたい．

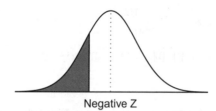

Negative Z

				Z の小数二桁 (Second decimal place)						
0.09	0.08	0.07	0.06	0.05	0.04	0.03	0.02	0.01	0.00	Z
0.0002	0.0003	0.0003	0.0003	0.0003	0.0003	0.0003	0.0003	0.0003	0.0003	-3.4
0.0003	0.0004	0.0004	0.0004	0.0004	0.0004	0.0004	0.0005	0.0005	0.0005	-3.3
0.0005	0.0005	0.0005	0.0006	0.0006	0.0006	0.0006	0.0006	0.0007	0.0007	-3.2
0.0007	0.0007	0.0008	0.0008	0.0008	0.0008	0.0009	0.0009	0.0009	0.0010	-3.1
0.0010	0.0010	0.0011	0.0011	0.0011	0.0012	0.0012	0.0013	0.0013	0.0013	-3.0
0.0014	0.0014	0.0015	0.0015	0.0016	0.0016	0.0017	0.0018	0.0018	0.0019	-2.9
0.0019	0.0020	0.0021	0.0021	0.0022	0.0023	0.0023	0.0024	0.0025	0.0026	-2.8
0.0026	0.0027	0.0028	0.0029	0.0030	0.0031	0.0032	0.0033	0.0034	0.0035	-2.7
0.0036	0.0037	0.0038	0.0039	0.0040	0.0041	0.0043	0.0044	0.0045	0.0047	-2.6
0.0048	0.0049	0.0051	0.0052	0.0054	0.0055	0.0057	0.0059	0.0060	0.0062	-2.5
0.0064	0.0066	0.0068	0.0069	0.0071	0.0073	0.0075	0.0078	0.0080	0.0082	-2.4
0.0084	0.0087	0.0089	0.0091	0.0094	0.0096	0.0099	0.0102	0.0104	0.0107	-2.3
0.0110	0.0113	0.0116	0.0119	0.0122	0.0125	0.0129	0.0132	0.0136	0.0139	-2.2
0.0143	0.0146	0.0150	0.0154	0.0158	0.0162	0.0166	0.0170	0.0174	0.0179	-2.1
0.0183	0.0188	0.0192	0.0197	0.0202	0.0207	0.0212	0.0217	0.0222	0.0228	-2.0
0.0233	0.0239	0.0244	0.0250	0.0256	0.0262	0.0268	0.0274	0.0281	0.0287	-1.9
0.0294	0.0301	0.0307	0.0314	0.0322	0.0329	0.0336	0.0344	0.0351	0.0359	-1.8
0.0367	0.0375	0.0384	0.0392	0.0401	0.0409	0.0418	0.0427	0.0436	0.0446	-1.7
0.0455	0.0465	0.0475	0.0485	0.0495	0.0505	0.0516	0.0526	0.0537	0.0548	-1.6
0.0559	0.0571	0.0582	0.0594	0.0606	0.0618	0.0630	0.0643	0.0655	0.0668	-1.5
0.0681	0.0694	0.0708	0.0721	0.0735	0.0749	0.0764	0.0778	0.0793	0.0808	-1.4
0.0823	0.0838	0.0853	0.0869	0.0885	0.0901	0.0918	0.0934	0.0951	0.0968	-1.3
0.0985	0.1003	0.1020	0.1038	0.1056	0.1075	0.1093	0.1112	0.1131	0.1151	-1.2
0.1170	0.1190	0.1210	0.1230	0.1251	0.1271	0.1292	0.1314	0.1335	0.1357	-1.1
0.1379	0.1401	0.1423	0.1446	0.1469	0.1492	0.1515	0.1539	0.1562	0.1587	-1.0
0.1611	0.1635	0.1660	0.1685	0.1711	0.1736	0.1762	0.1788	0.1814	0.1841	-0.9
0.1867	0.1894	0.1922	0.1949	0.1977	0.2005	0.2033	0.2061	0.2090	0.2119	-0.8
0.2148	0.2177	0.2206	0.2236	0.2266	0.2296	0.2327	0.2358	0.2389	0.2420	-0.7
0.2451	0.2483	0.2514	0.2546	0.2578	0.2611	0.2643	0.2676	0.2709	0.2743	-0.6
0.2776	0.2810	0.2843	0.2877	0.2912	0.2946	0.2981	0.3015	0.3050	0.3085	-0.5
0.3121	0.3156	0.3192	0.3228	0.3264	0.3300	0.3336	0.3372	0.3409	0.3446	-0.4
0.3483	0.3520	0.3557	0.3594	0.3632	0.3669	0.3707	0.3745	0.3783	0.3821	-0.3
0.3859	0.3897	0.3936	0.3974	0.4013	0.4052	0.4090	0.4129	0.4168	0.4207	-0.2
0.4247	0.4286	0.4325	0.4364	0.4404	0.4443	0.4483	0.4522	0.4562	0.4602	-0.1
0.4641	0.4681	0.4721	0.4761	0.4801	0.4840	0.4880	0.4920	0.4960	0.5000	-0.0

*For $Z \leq -3.50$, 確率は 0.0002 かそれ以下.

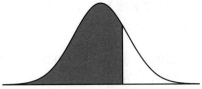
Positive Z

Z	Zの小数二桁 (Second decimal place)									
	0.00	0.01	0.02	0.03	0.04	0.05	0.06	0.07	0.08	0.09
0.0	0.5000	0.5040	0.5080	0.5120	0.5160	0.5199	0.5239	0.5279	0.5319	0.5359
0.1	0.5398	0.5438	0.5478	0.5517	0.5557	0.5596	0.5636	0.5675	0.5714	0.5753
0.2	0.5793	0.5832	0.5871	0.5910	0.5948	0.5987	0.6026	0.6064	0.6103	0.6141
0.3	0.6179	0.6217	0.6255	0.6293	0.6331	0.6368	0.6406	0.6443	0.6480	0.6517
0.4	0.6554	0.6591	0.6628	0.6664	0.6700	0.6736	0.6772	0.6808	0.6844	0.6879
0.5	0.6915	0.6950	0.6985	0.7019	0.7054	0.7088	0.7123	0.7157	0.7190	0.7224
0.6	0.7257	0.7291	0.7324	0.7357	0.7389	0.7422	0.7454	0.7486	0.7517	0.7549
0.7	0.7580	0.7611	0.7642	0.7673	0.7704	0.7734	0.7764	0.7794	0.7823	0.7852
0.8	0.7881	0.7910	0.7939	0.7967	0.7995	0.8023	0.8051	0.8078	0.8106	0.8133
0.9	0.8159	0.8186	0.8212	0.8238	0.8264	0.8289	0.8315	0.8340	0.8365	0.8389
1.0	0.8413	0.8438	0.8461	0.8485	0.8508	0.8531	0.8554	0.8577	0.8599	0.8621
1.1	0.8643	0.8665	0.8686	0.8708	0.8729	0.8749	0.8770	0.8790	0.8810	0.8830
1.2	0.8849	0.8869	0.8888	0.8907	0.8925	0.8944	0.8962	0.8980	0.8997	0.9015
1.3	0.9032	0.9049	0.9066	0.9082	0.9099	0.9115	0.9131	0.9147	0.9162	0.9177
1.4	0.9192	0.9207	0.9222	0.9236	0.9251	0.9265	0.9279	0.9292	0.9306	0.9319
1.5	0.9332	0.9345	0.9357	0.9370	0.9382	0.9394	0.9406	0.9418	0.9429	0.9441
1.6	0.9452	0.9463	0.9474	0.9484	0.9495	0.9505	0.9515	0.9525	0.9535	0.9545
1.7	0.9554	0.9564	0.9573	0.9582	0.9591	0.9599	0.9608	0.9616	0.9625	0.9633
1.8	0.9641	0.9649	0.9656	0.9664	0.9671	0.9678	0.9686	0.9693	0.9699	0.9706
1.9	0.9713	0.9719	0.9726	0.9732	0.9738	0.9744	0.9750	0.9756	0.9761	0.9767
2.0	0.9772	0.9778	0.9783	0.9788	0.9793	0.9798	0.9803	0.9808	0.9812	0.9817
2.1	0.9821	0.9826	0.9830	0.9834	0.9838	0.9842	0.9846	0.9850	0.9854	0.9857
2.2	0.9861	0.9864	0.9868	0.9871	0.9875	0.9878	0.9881	0.9884	0.9887	0.9890
2.3	0.9893	0.9896	0.9898	0.9901	0.9904	0.9906	0.9909	0.9911	0.9913	0.9916
2.4	0.9918	0.9920	0.9922	0.9925	0.9927	0.9929	0.9931	0.9932	0.9934	0.9936
2.5	0.9938	0.9940	0.9941	0.9943	0.9945	0.9946	0.9948	0.9949	0.9951	0.9952
2.6	0.9953	0.9955	0.9956	0.9957	0.9959	0.9960	0.9961	0.9962	0.9963	0.9964
2.7	0.9965	0.9966	0.9967	0.9968	0.9969	0.9970	0.9971	0.9972	0.9973	0.9974
2.8	0.9974	0.9975	0.9976	0.9977	0.9977	0.9978	0.9979	0.9979	0.9980	0.9981
2.9	0.9981	0.9982	0.9982	0.9983	0.9984	0.9984	0.9985	0.9985	0.9986	0.9986
3.0	0.9987	0.9987	0.9987	0.9988	0.9988	0.9989	0.9989	0.9989	0.9990	0.9990
3.1	0.9990	0.9991	0.9991	0.9991	0.9992	0.9992	0.9992	0.9992	0.9993	0.9993
3.2	0.9993	0.9993	0.9994	0.9994	0.9994	0.9994	0.9994	0.9995	0.9995	0.9995
3.3	0.9995	0.9995	0.9995	0.9996	0.9996	0.9996	0.9996	0.9996	0.9996	0.9997
3.4	0.9997	0.9997	0.9997	0.9997	0.9997	0.9997	0.9997	0.9997	0.9997	0.9998

* $Z \geq 3.50$ に対して確率は 0.9998 かそれ以上.

C.2　t確率表

t確率表はTスコアを用いてt分布の裾面積を求める，あるいは逆を求めることに使われる．数表はTスコアと対応するパーセント点を与えている．部分的なt確率表は図表C.3に示されているが，全体は418頁にある．t確率表の各行は異なる自由度のt分布を示している．列は裾確率に対応する．例えば$df = 18$のt分布を扱うときには，図表C.3で示されているように18行目を調べる．この行で上側10%のTスコア値の片側0.100の列を探せばよい．このカット・オフ点は1.33である．下側10%のカット・オフ点を欲しければ-1.33を使えばよい．正規分布と同様，t分布は対称である．

片側	0.100	0.050	0.025	0.010	0.005
両側	0.200	0.100	0.050	0.020	0.010
df 1	3.08	6.31	12.71	31.82	63.66
2	1.89	2.92	4.30	6.96	9.92
3	1.64	2.35	3.18	4.54	5.84
⋮	⋮	⋮	⋮	⋮	⋮
17	1.33	1.74	2.11	2.57	2.90
18	**1.33**	**1.73**	**2.10**	**2.55**	**2.88**
19	1.33	1.73	2.09	2.54	2.86
20	1.33	1.72	2.09	2.53	2.85
⋮	⋮	⋮	⋮	⋮	
400	1.28	1.65	1.97	2.34	2.59
500	1.28	1.65	1.96	2.33	2.59
∞	1.28	1.64	1.96	2.33	2.58

図表C.3: t表の概観．各列は異なるt分布を表現，列は特定の裾カット・オフ点を示す．$df = 18$の行を強調．

例題 C.4

自由度18のt分布が-2.10より下側の割合．

正規分布の場合と同様の図を書き，-2.10より下方を濃い部分とする．

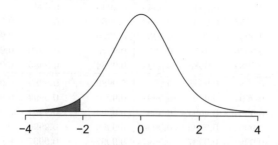

この面積を求めるためまず$df = 18$に対応する行を識別する．次に-2.10の絶対値を含む行を見つける:3番目片側の確率を探しているので数表の上部から3行目の片側面積0.025となる．すなわち分布の2.5%が-2.10となる．
次の例では数表に正確なT-スコアが出ていない場合を扱う．

例題 C.5

自由度 20 の t 分布が図表 C.4 の左パネルに示されている．1.65 以上になる確率を推定しなさい．

---

t 数表で自由度 $df = 20$ の行を識別する．1.65 を見ると表には値がないが，1 列と 2 列の間である．これらの値で 1.65 は限界なので対応する確率で裾確率の限界が定まる．最初と 2 番目の列に対応する裾確率は 0.050 と 0.10 であるので，分布の 5% と 10% の間には平均からの 1.65(標準偏差) 以上と結論できる．望むなら，統計ソフトウエアを利用すれば正確な確率が分かり 0.0573 となる．

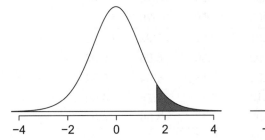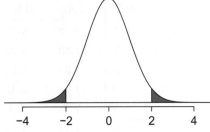

図表 C.4: 左：自由度 20 の t 分布，1.65 以上が濃い部分．右：自由度 475 の t 分布，0 から 2 単位以上の面積を濃い部分の裾とする．

例題 C.6

自由度 475 の t 分布が図表 C.4 の右パネルに示されている．平均から (上側，あるいは下側)2 単位以上となる確率を推定しなさい．

前と同様，$df = 475$ に対応する列を識別する．しかし存在しない！このことが生じるときには次の最小の列を探すと見つけると $df = 400$．次に列を探し 2.00，というのは $1.97 < 3 < 2.34$．最後に 2 つの裾値により確率の限界を探すと 0.02 と 0.05．t 分布は対称なのでこれらの値を使えばよい．

確認問題 C.7

自由度 19 の t 分布で 1.79 以上の確率を求めよ[1]．

例題 C.8

t 確率表を用いて $t_{18}^{\star}$ を求める．ここで $t_{18}^{\star}$ は自由度 19 の t 分布，分布の 95% は $-t_{18}^{\star}$ と $+t_{18}^{\star}$ の間にある．

95% 信頼区間にはカットオフ点 $t_{18}^{\star}$ を t 分布の 95% が $-t_{18}^{\star}$ と $t_{18}^{\star}$ にあればよい．このことは 2 つの裾確率が合わせて 0.05 となるのと同一である．416 頁の t 確率表より両裾確率が合計 0.05 となる値を探し，自由度 18 の列より $t_{18}^{\star} = 2.10$ となる．

---

[1] 濃い部分は -1.79 より大の領域．左側の裾は 0.025-0.05 の間なので，上側の裾は 0.95-0.975 の間．

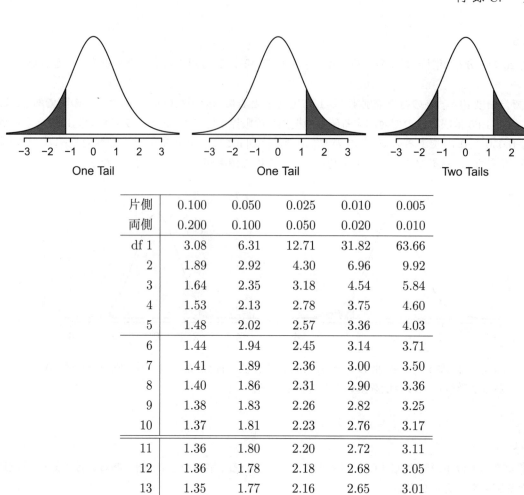

片側	0.100	0.050	0.025	0.010	0.005
両側	0.200	0.100	0.050	0.020	0.010
df 1	3.08	6.31	12.71	31.82	63.66
2	1.89	2.92	4.30	6.96	9.92
3	1.64	2.35	3.18	4.54	5.84
4	1.53	2.13	2.78	3.75	4.60
5	1.48	2.02	2.57	3.36	4.03
6	1.44	1.94	2.45	3.14	3.71
7	1.41	1.89	2.36	3.00	3.50
8	1.40	1.86	2.31	2.90	3.36
9	1.38	1.83	2.26	2.82	3.25
10	1.37	1.81	2.23	2.76	3.17
11	1.36	1.80	2.20	2.72	3.11
12	1.36	1.78	2.18	2.68	3.05
13	1.35	1.77	2.16	2.65	3.01
14	1.35	1.76	2.14	2.62	2.98
15	1.34	1.75	2.13	2.60	2.95
16	1.34	1.75	2.12	2.58	2.92
17	1.33	1.74	2.11	2.57	2.90
18	1.33	1.73	2.10	2.55	2.88
19	1.33	1.73	2.09	2.54	2.86
20	1.33	1.72	2.09	2.53	2.85
21	1.32	1.72	2.08	2.52	2.83
22	1.32	1.72	2.07	2.51	2.82
23	1.32	1.71	2.07	2.50	2.81
24	1.32	1.71	2.06	2.49	2.80
25	1.32	1.71	2.06	2.49	2.79
26	1.31	1.71	2.06	2.48	2.78
27	1.31	1.70	2.05	2.47	2.77
28	1.31	1.70	2.05	2.47	2.76
29	1.31	1.70	2.05	2.46	2.76
30	1.31	1.70	2.04	2.46	2.75

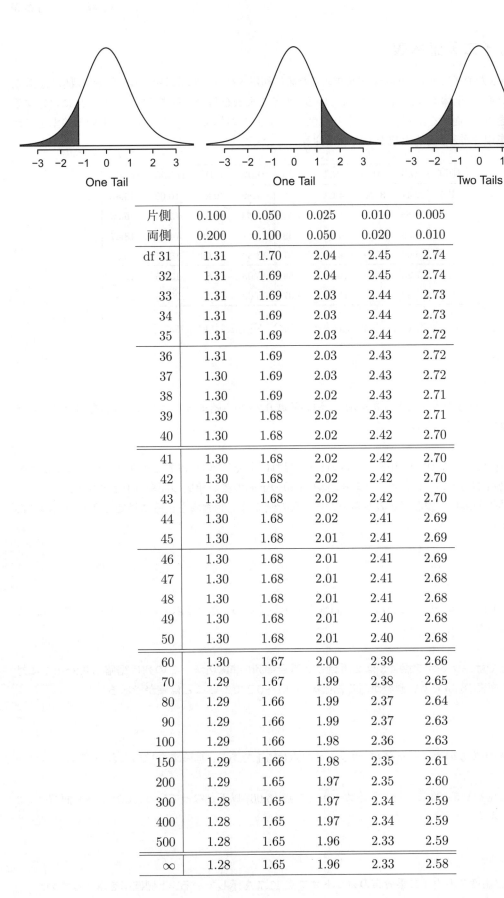

片側	0.100	0.050	0.025	0.010	0.005
両側	0.200	0.100	0.050	0.020	0.010
df 31	1.31	1.70	2.04	2.45	2.74
32	1.31	1.69	2.04	2.45	2.74
33	1.31	1.69	2.03	2.44	2.73
34	1.31	1.69	2.03	2.44	2.73
35	1.31	1.69	2.03	2.44	2.72
36	1.31	1.69	2.03	2.43	2.72
37	1.30	1.69	2.03	2.43	2.72
38	1.30	1.69	2.02	2.43	2.71
39	1.30	1.68	2.02	2.43	2.71
40	1.30	1.68	2.02	2.42	2.70
41	1.30	1.68	2.02	2.42	2.70
42	1.30	1.68	2.02	2.42	2.70
43	1.30	1.68	2.02	2.42	2.70
44	1.30	1.68	2.02	2.41	2.69
45	1.30	1.68	2.01	2.41	2.69
46	1.30	1.68	2.01	2.41	2.69
47	1.30	1.68	2.01	2.41	2.68
48	1.30	1.68	2.01	2.41	2.68
49	1.30	1.68	2.01	2.40	2.68
50	1.30	1.68	2.01	2.40	2.68
60	1.30	1.67	2.00	2.39	2.66
70	1.29	1.67	1.99	2.38	2.65
80	1.29	1.66	1.99	2.37	2.64
90	1.29	1.66	1.99	2.37	2.63
100	1.29	1.66	1.98	2.36	2.63
150	1.29	1.66	1.98	2.35	2.61
200	1.29	1.65	1.97	2.35	2.60
300	1.28	1.65	1.97	2.34	2.59
400	1.28	1.65	1.97	2.34	2.59
500	1.28	1.65	1.96	2.33	2.59
∞	1.28	1.65	1.96	2.33	2.58

C.3 カイ二乗確率表

カイ二乗確率表がカイ二乗分布の裾面積を求めるために利用される．カイ二乗表の一部分は既に図表C.5,に示されているが，全体は 422 頁に示されている．カイ二乗表を利用するには異なる自由度に対応する分布を各行を調べ，面積を識別する (つまり 0.025 から 0.05 の単位)．カイ二乗表は上側裾確率を与えているので正規分布と t 分布と異なることに注意しておく．

上側裾	0.3	0.2	0.1	0.05	0.02	0.01	0.005	0.001
df 2	2.41	**3.22**	**4.61**	5.99	7.82	9.21	10.60	13.82
3	*3.66*	*4.64*	*6.25*	*7.81*	*9.84*	*11.34*	*12.84*	*16.27*
4	4.88	5.99	7.78	9.49	11.67	13.28	14.86	18.47
5	6.06	7.29	9.24	11.07	13.39	15.09	16.75	20.52
6	7.23	8.56	10.64	12.59	15.03	16.81	18.55	22.46
7	8.38	9.80	12.02	14.07	16.62	18.48	20.28	24.32

図表 C.5: カイ二乗表の一部分．完全表は C.3 にある．

例題 C.9

図表C.6 (a) は自由度 3 のカイ二乗分布を示し，濃い領域 6.25 から始まっている．図表C.5 を用いて濃い領域の面積を推定しなさい．

この分布の自由度は 3 なので自由度 (df)3 の行だけ見ればよく，この行は表でイタリックになっている．次に値 6.25 が上側 0.1 の列にある．つまり図表C.6 (a) の上側の濃い領域の面積は 0.1 となる．

この例は例外的であり正確な値が表から分かる．次の例では上側確率を正確に推定できないためにある範囲を与える．

例題 C.10

図表C.6 (b) は自由度 2 のカイ二乗分布の上側確率を示している．値 4.3 以上に濃い領域としている．この裾確率を求めなさい．

自由度 2 の行ではカットオフ点 4.3 は 2 番目と 3 番目の列の間になる．この列は裾確率 0.2〜0.1 に対応するので，図表C.6 (b) で濃い領域がある裾確率が 0.1〜0.2 であることは確かである．

例題 C.11

図表C.6 (c) は自由度 5 のカイ二乗分布，カットオフ点は 5.1 である．裾確率を求めなさい．

---

df が 5 の列を見ると 5.1 はこの行の最小カットオフ点 (6.06) 以下となっている．したがって面積は 0.3 以上とだけ言える．

例題 C.12

図表C.6 (c) は自由度 7 のカイ二乗分布のカットオフ点 11.7 を示している．上側確率を求めなさい．

11.7 は df が 7 の行では 9.80 と 12.02 の間にある．したがって確率は 0.1〜0.2 の間にある．

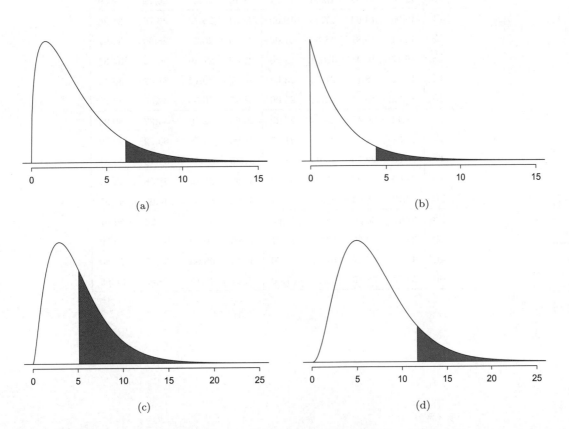

図表 C.6: **(a)** 自由度 3 のカイ二乗分布, 6.25 以上を濃い領域. **(b)** 自由度 2 のカイ二乗分布, 4.3 以上を濃い領域. **(c)** 自由度 5 のカイ二乗分布, 5.1 以上を濃い領域. **(d)** 自由度 7 のカイ二乗分布, 11.7 以上を濃い領域.

上側裾	0.3	0.2	0.1	0.05	0.02	0.01	0.005	0.001
df 1	1.07	1.64	2.71	3.84	5.41	6.63	7.88	10.83
2	2.41	3.22	4.61	5.99	7.82	9.21	10.60	13.82
3	3.66	4.64	6.25	7.81	9.84	11.34	12.84	16.27
4	4.88	5.99	7.78	9.49	11.67	13.28	14.86	18.47
5	6.06	7.29	9.24	11.07	13.39	15.09	16.75	20.52
6	7.23	8.56	10.64	12.59	15.03	16.81	18.55	22.46
7	8.38	9.80	12.02	14.07	16.62	18.48	20.28	24.32
8	9.52	11.03	13.36	15.51	18.17	20.09	21.95	26.12
9	10.66	12.24	14.68	16.92	19.68	21.67	23.59	27.88
10	11.78	13.44	15.99	18.31	21.16	23.21	25.19	29.59
11	12.90	14.63	17.28	19.68	22.62	24.72	26.76	31.26
12	14.01	15.81	18.55	21.03	24.05	26.22	28.30	32.91
13	15.12	16.98	19.81	22.36	25.47	27.69	29.82	34.53
14	16.22	18.15	21.06	23.68	26.87	29.14	31.32	36.12
15	17.32	19.31	22.31	25.00	28.26	30.58	32.80	37.70
16	18.42	20.47	23.54	26.30	29.63	32.00	34.27	39.25
17	19.51	21.61	24.77	27.59	31.00	33.41	35.72	40.79
18	20.60	22.76	25.99	28.87	32.35	34.81	37.16	42.31
19	21.69	23.90	27.20	30.14	33.69	36.19	38.58	43.82
20	22.77	25.04	28.41	31.41	35.02	37.57	40.00	45.31
25	28.17	30.68	34.38	37.65	41.57	44.31	46.93	52.62
30	33.53	36.25	40.26	43.77	47.96	50.89	53.67	59.70
40	44.16	47.27	51.81	55.76	60.44	63.69	66.77	73.40
50	54.72	58.16	63.17	67.50	72.61	76.15	79.49	86.66

索引

赤池の情報量基準, 383
R(統計ソフトウェア), 176
一般化線形モデル, 169, 380
一般加法ルール, 90
一般乗法ルール, 104
後ろ向き研究, 28
AIC, 383
影響点, 337
F-テスト, 298
円グラフ, 69
回帰, 313–343, 352–386
 モデルの仮定, 367–371
 ロジスティック, 380–386
 条件, 367–371
 相互作用項, 371
 重回帰, 352–371
 非線形曲線, 371
カイ二乗統計量, 238
外挿, 332
確率, 84–112
 分布, 91
確率分布, 129
確率変数, 118–126
仮説検定, 195–208
 p 値, 201, 200–201
 意思決定の誤り, 199–200
 有意水準, 200, 206
片側検定, 207
偏り, 175, 191
カテゴリカル変数, 352
加法ルール, 87
頑健統計量, 54
観察研究, 20
観測単位, 13
観測データ, 27
偽陰性, 109
機械学習 (ML), 99

棄却域, 288
期待値, 119–120
帰無仮説 (H_0), 195
ギャンブラーの誤解, 106
級間平方和, 298
共線関係, 357, 376
強度地図, 57
局所化, 35
擬陽性, 109
ギリシャ文字
 アルファ(α), 200
 シグマ (σ), 51, 121
 ベータ (β), 314
 ミュー (μ), 46, 119
 ラムダ (λ), 168
群間平均平方 (MSG), 298
けちの原理, 361
R 二乗 (R^2, 決定係数), 332
検察官の誤謬, 297
検出力, 288
検定統計量, 140
効果量, 289
後方削除法, 362
交絡因子, 27
交絡項, 27
交絡変数, 27
高レバレッジ, 337
誤差, 175
誤差平方和 (SSE), 298
コホート, 20
最小二乗回帰, 327–331
 R 二乗 (R^2), 332–333
 外挿, 332
最小二乗基準, 328
最小二乗直線, 328
最小二乗回帰
 R-squared (R^2), 332

サイズ効果, 211
差別, 386–387
残差, 317–319
残差プロット, 318
参照水準, 355
参照水準, 353
散布図, 17, 44
サンプル, 24–27
 バイアス, 25
 ランダムサンプル, 25–27
 単純無作為抽出, 28, 29
 多段抽出, 28, 30
 層, 28
 層別抽出, 28, 29
 有意標本, 26
 集落抽出, 28, 30
 非回答バイアス, 26
 非回答率, 26
時系列, 328, 367
事象, 88–89
実験, 20, 35
指標変数, 334, 352, 354, 374, 381
四分位点
 Q_1, 53
 Q_3, 53
四分位範囲, 53
シミュレーション, 76
シミュレーション, 76
重回帰, 352
集合, 88
修正 R^2 (R^2_{adj}), 357–358
周辺確率, 100–101
樹形図, 106–112
自由度
 t 分布, 260
 ANOVA, 298
 カイ二乗, 238
 回帰, 358
条件付き確率, 101–103
乗法ルール, 95
処理群, 37
事例証拠, 24
診断プロット, 367
信頼区間, 186
 95%, 187
 信頼水準, 188
 回帰, 343

 解釈, 191–192
信頼区間l, 192
信頼水準, 207
ステップワイズ, 362
正規確率表, 411
正規分布, 136–147
 標準, 137, 189
成功・失敗条件, 215
Z スコア, 138
説明変数, 314
線形回帰, 313
潜在変数, 27
前方選択法, 363
相関, 314, 320
総平方和 (SST), 298
双峰, 49
第 1 種の過誤, 199
対照群, 37
大数の法則, 86
第 2 種の過誤, 199
対立仮説 (H_A), 195
多重比較, 302
多峰, 49
単純無作為標本, 26
単峰, 49
中位数, 52, 53
中心極限定理, 258
 多くのデータ, 260
 比率, 177
 独立性, 178
T-スコア, 265
t 分布, 260–262
t 分布表, 260
t 確率表, 416
点推定値, 47, 175
 平均の差, 275
 比の差, 225
 比率, 215
点推定値, 177
点推定
 単一の平均, 258
データ
 baby_smoke, 277–280
 breast cancer, 227–230
 coal power support, 201–204
 county, 14–19, 57, 70–71
 CPR and blood thinner, 225–226

diabetes, 250–251
dolphins and mercury, 262–263
Ebola poll, 190
iPod, 247–250
loan50, 13, 44–55
loans, 65–70, 87–88, 90–91, 352
malaria vaccine, 75–78
mammography, 227–230
mario_kart, 374
midterm elections, 340–342
MLB batting, 295–300
nuclear arms reduction, 204–205
Payday regulation poll, 215–218, 221
photo_classify, 99–103
possum, 315–318
racial make-up of jury, 236–238, 241
resume, 380–386
S&P500 stock data, 242–245
smallpox, 103–106
solar survey, 175–192
stem cells, heart function, 275–277
stroke, 10–11, 17
Student football stadium, 219–220
textbooks, 270–272
Tire failure rate, 220–221
two exam comparison, 280–281
US adult heights, 128–130
white fish and mercury, 264–265
wind turbine survey, 190–192
データスヌーピング, 297
データフィッシング, 297
データ密度, 48
データ行列, 13
統計的実験, 35
同時確率, 100–101
独立, 94, 178
独立性, 178
ドット・プロット, 45
二重盲検, 37
ノイズ, 385
排反, 87
バイアス, 24, 26
箱ひげ図, 51
　　並列箱ひげ図, 70
外れ値, 53
ばらつき, 50
パラメータ, 137, 314, 329

バープロット
　　並列バー・プロット, 68
バー・プロット
　　積み重ねバー・プロット, 68
パーセンタイル, 53, 412
非回答率, 26
ヒストグラム, 48
非線形, 44, 315
非線形曲線, 371
非復元, 116
標準誤差, 176
標準誤差 (SE), 186
　　比率, 215
　　比率の差, 225
標準正規分布, 189
標準偏差, 50, 120
標準誤差 (SE)
　　平均の差, 276
標本, 25
　　バイアス, 26
標本空間, 92
標本誤差, 76, 175
標本サイズ, 175
標本統計量, 54
標本分散, 50
標本分布, 176
復元, 116
札, 89
プラセボ, 20, 37
プラセボ効果, 37
フル (最大) 回帰モデル, 361
ブロック, 35
分位点
　　第一四分位点, 53
　　第三分位点, 53
分割表, 65
　　列和, 65
　　列比, 66
　　行和, 65
　　行比, 65
分散, 120
分散分析 (ANOVA), 294–303
分布, 46
分布
　　t, 260–262
　　ベルヌーイ, 148
　　ポアソン, 168–169

二項, 153–159
　　　　　正規近似, 157–159
　　　幾何, 149–151
　　　正規, 136–147
　　　　　標準, 189
　　　負の二項, 163–166
プールされた比率, 228
プール化した標準偏差, 281
平均, 46
　　　average, 46
　　　加重平均, 48
平均平方誤差 (MSE), 298
ベイズの定理, 108–112
ベイズ統計学, 112
変換, 55
　　　切断, 370
　　　対数, 370
　　　平方根, 370
　　　逆, 370
偏差, 50
ベン図, 89
変動性, 53
補集合, 92
母集団, 24–27
ボンフェローニの補正, 302
前向き研究, 28
密度, 129
目隠し, 37
モザイク・プロット, 68
モデル選択, 361–365
モード, 49
有意水準, 206
　　　多重比較, 300–303
有限母集団修正, 178
歪み, 48, 53, 55
　　　右に歪み, 49
　　　対称, 49
　　　左に歪み, 49
　　　裾, 48
　　　長い裾, 49
要約統計量, 11, 54
予測区間, 343, 367
予測変数, 314
ランダム化実験, 20, 35
ランダム過程, 86–87
離散的, 183
ロジスティック回帰, 380

ロジット変換, 381

有意水準, 200

一般財団法人日本統計協会について

　一般財団法人日本統計協会は、統計情報の提供、調査研究を行うとともに、統計に係る国内外の機関との連携・協力を図り、統計の進歩発達に寄与することを目的とした非営利団体です。

　当協会は、明治初期からの長い歴史を持つ組織です。その前身は明治9年(1876年)に設立された表記学社(その後、スタチスチック社、統計学社と改称)と明治11年(1878年)に設立された製表社(その後、東京統計協会と改称)です。両団体は、統計の普及や統計の理論・技術の進歩に大きく貢献したほか、国勢調査実現のための促進運動や多くの統計家の育成を通じて統計の発展に寄与しています。昭和19年（1944年）に、統計学社と東京統計協会は統合して大日本統計協会となり、さらに昭和22年（1947年）には財団法人日本統計協会と改称しました。

　平成25年（2013年）の公益法人制度改革により、一般財団法人となり今日にいたっています。詳しくはhttps://www.jstat.or.jp/をご覧ください。

データ分析のための統計学入門

2025年2月　初版第4刷発行

訳者　　　国友　直人
　　　　　小暮　厚之
　　　　　吉田　靖

発行　　　一般財団法人　日本統計協会
　　　　　〒169-0073
　　　　　東京都新宿区百人町2－4－6
　　　　　　　　　　　　メイト新宿ビル6F
　　　　　電話　（03）5332-3151
　　　　　FAX　（03）5389-0691
　　　　　Email　jsa@jstat.or.jp
　　　　　http://www.jstat.or.jp

印刷　　　勝美印刷株式会社

ISBN978-4-8223-4240-1